面向新工科机械专业系列教材

“十三五”江苏省高等学校重点教材
（2018-2-081）

3D 打印成型工艺及材料

主　编　吴国庆
副主编　顾　海　李　彬　姜　杰

高等教育出版社·北京

内容提要

3D 打印又称为增材制造，是具有划时代意义的新技术。本书共分 10 章，主要介绍 3D 打印技术的基本概况，对光固化成型工艺、选区激光烧结工艺、选区激光熔化工艺、熔融沉积成型工艺、三维印刷成型工艺、分层实体制造工艺、生物打印工艺等七种成型技术的基本原理、系统组成、主要特点、成型材料及应用等内容进行论述，并简单介绍形状沉积制造工艺、电子束熔化成型工艺、激光近净成型工艺等其他三种成型技术和典型的 3D 打印综合实例。

本书可作为高等学校机械、机电、汽车、材料成型、艺术设计及生物医学等领域相关专业的本科生教材或参考书，也可供相关工程技术人员学习使用。

图书在版编目（CIP）数据

3D 打印成型工艺及材料 / 吴国庆主编. --北京：高等教育出版社，2018.12（2024.5重印）

ISBN 978-7-04-050964-9

Ⅰ.①3… Ⅱ.①吴… Ⅲ.①立体印刷-成型加工-高等学校-教材 ②立体印刷-印刷材料-高等学校-教材 Ⅳ.①TS853

中国版本图书馆 CIP 数据核字(2018)第 258270 号

策划编辑 薛立华　责任编辑 薛立华　封面设计 王 鹏　版式设计 马 云
插图绘制 于 博　责任校对 陈 杨　责任印制 刘思涵

出版发行 高等教育出版社
社　　址 北京市西城区德外大街 4 号
邮政编码 100120
印　　刷 三河市华骏印务包装有限公司
开　　本 787mm × 1092mm　1/16
印　　张 17.5
字　　数 420 千字
购书热线 010-58581118
咨询电话 400-810-0598

网　　址 http://www.hep.edu.cn
　　　　 http://www.hep.com.cn
网上订购 http://www.hepmall.com.cn
　　　　 http://www.hepmall.com
　　　　 http://www.hepmall.cn
版　　次 2018年12月第 1 版
印　　次 2024年5月第 6 次印刷
定　　价 35.20 元

物 料 号 50964-00

3D打印成型工艺及材料

1 计算机访问http://abook.hep.com.cn/1256281，或手机扫描二维码、下载并安装Abook应用。

2 注册并登录，进入"我的课程"。

3 输入封底数字课程账号（20位密码，刮开涂层可见），或通过Abook应用扫描封底数字课程账号二维码，完成课程绑定。

4 单击"进入课程"按钮，开始本数字课程的学习。

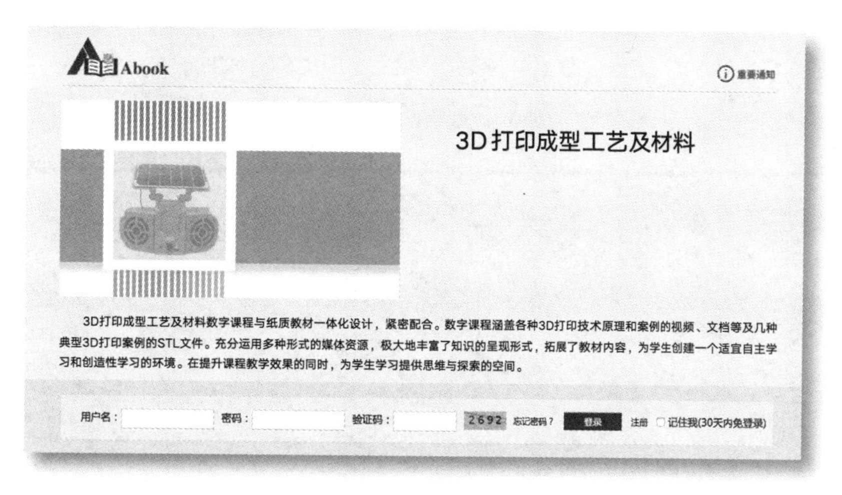

如有使用问题，请发邮件至abook@hep.com.cn。

http://abook.hep.com.cn/1256281

前言

3D 打印又称为增材制造，也称为材料累加制造、快速成型等，是指通过材料逐层增加的方式将数字模型制造成三维实体物件的过程。2012 年 4 月，英国著名经济学杂志《The Economist》发表封面文章《The Third Industrial Revolution》，认为 3D 打印将与其他数字化生产模式一起推动实现第三次工业革命。

3D 打印技术正成为世界各国日益关注的战略性产业核心技术。3D 打印技术不需要传统的刀具、夹具及多道加工工序，利用三维设计数据在一台设备上即可快速而精确地制造出任意复杂形状的零件，从而实现“自由制造”，解决许多过去难以制造的复杂结构零件的成型难题，可大大减少加工工序、缩短加工周期。而且越是结构复杂的产品，其制造的速度优势越显著。3D 打印技术集机械工程、计算机辅助设计、逆向工程技术、分层制造技术、数控技术、材料科学、激光技术于一体，是一门综合性和交叉性的前沿制造技术，是制造技术在制造理念上的一次革命性飞跃。3D 打印成型工艺及技术的飞速发展，为世界带来了颠覆性的变革。

本书共 10 章。第 1 章简要介绍 3D 打印技术的基本知识，包括 3D 打印成型原理、定义、国内外发展历程、基本流程、分类、材料及特点等；第 2~8 章分别详细介绍光固化成型工艺、选区激光烧结工艺、选区激光熔化工艺、熔融沉积成型工艺、三维印刷成型工艺、分层实体制造工艺、生物打印工艺等七种成型技术的研究与发展概述、基本原理、特点、工艺过程、系统组成、成型材料、成型质量影响因素及应用等；第 9 章简单介绍形状沉积制造工艺、电子束熔化成型工艺、激光近净成型工艺等其他三种新的成型技术；第 10 章介绍工业应用广泛的光固化成型工艺、选区激光烧结工艺、选区激光熔化工艺、熔融沉积成型工艺及三维印刷成型工艺的产品制造实例。

本书由南通理工学院吴国庆负责总体规划、审核统稿并担任主编，顾海、李彬、姜杰担任副主编。具体的编写分工如下：吴国庆负责编写第 1 章，姜杰负责编写第 2、8 章，张捷负责编写第 3、4 章，李彬负责编写第 5、9 章，顾海负责编写第 6、10 章，曹赛男负责编写第 7 章。

3D 打印技术涉及的学科和知识面广泛，远非作者的知识、能力和经验所及，在本书的编写过程中，编者参考了大量的文献，并结合自身的科研经历，引用了经过消化的许多专家和学者的创新思想、精辟理论和出色应用。在此向有关文献资料的原作者一并表示感谢！

在本书的编写过程中，南通理工学院和江苏省 3D 打印装备及应用技术重点建设实验室的黄天成、朱长永、缪亚东、芦欣、刘金金、陈俣烨等给予了许多无私帮助与支持，他们做了大量的资料查阅、汇总及实例整理等工作。在此对他们表示衷心的感谢。

本书为“十三五”江苏省高等学校重点教材（项目编号：2018-2-081）和江苏高校

品牌专业建设工程资助项目（PPZY2015C251）成果，同时得到了江苏省重点建设学科（苏教研〔2016〕9号）、江苏省高校自然科学研究重大项目（18KJA460006）、江苏省高校自然科学研究项目（18KJB460023、18KJD430006）、南通市科技计划项目（CP12016002、GY12017022）等的支持。

限于编者的水平和时间，书中不足之处在所难免，恳请读者批评指正。

编者

2018年8月

目　录

第1章 绪论

制造技术从制造原理上可以分为三类：第一类技术为等材制造，是在制造过程中，材料仅发生了形状的变化，其质量基本上没有发生变化；第二类技术为减材制造，是在制造过程中，材料不断减少；第三类技术为增材制造，即3D打印，是在制造过程中，材料不断增加。等材制造技术已经发展了几千年，减材制造技术发展了几百年，而增材制造技术的发展史仅仅是30年左右。

3D打印是20世纪80年代中期发展起来的一种高、新技术，是造型技术和制造技术的一次飞跃，它从成型原理上提出一个分层制造、逐层叠加成型的全新思维模式，即将计算机辅助设计（CAD）、计算机辅助制造（CAM）、计算机数字控制（CNC）、激光、精密伺服驱动和新材料等先进技术集于一体，依据计算机上构成的工件三维设计模型，对其进行分层切片，得到各层截面的二维轮廓信息，3D打印设备的成型头按照这些轮廓信息在控制系统的控制下，选择性地固化或切割一层层的成型材料，形成各个截面轮廓，并逐步顺序叠加成三维工件。

3D打印技术是通过CAD设计数据采用材料逐层累加的方法制造实体零件的技术，相对于传统的材料去除加工技术，是一种“自下而上”的材料累加的制造方法。自20世纪80年代末3D打印技术逐步发展，期间也被称为材料累加制造（Material Incr透rse Manufacturing）、快速成型（Rapid Prototyping）、分层制造（Layered Manufacturing）、实体自由制造（Solid Freeform Fabrication）和增材制造（Additive Manufacturing）等。名称各异的叫法分别从不同侧面表达了该制造技术的特点。

美国材料与试验协会（American Society for Testing and Materials，ASTM）F42国际委员会将3D打印定义为“Process of joining materials to make objects from 3D model data, usually layer upon layer, as opposed to subtractive manufacturing methodologies”，即一种利用三维模型数据通过连接材料获得实体的工艺，通常为逐层叠加，是与去除材料的制造方法截然不同的工艺。目前，3D打印已发展了许多成型工艺，包括光固化成型、选区激光烧结、选区激光熔化、分层实体制造、三维印刷成型和熔融沉积制造等。

从广义的原理来看，以设计数据为基础，将材料（包括液体、粉材、线材或块材等）自动化地累加起来成为实体结构的制造方法，都可视为增材制造技术。增材制造技术不需要传统的刀具、夹具及多道加工工序，利用三维设计数据在一台设备上可快速而精确地制造出任意复杂形状的零件，从而实现“自由制造”，解决许多过去难以制造的复杂结构零件的成型，并大大减少了加工工序，缩短了加工周期。而且越是复杂结构的产品，其制造的速度优势越显著。3D打印成型工艺及技术的飞速发展，为世界带来了颠覆性的变革。

1.1 3D打印的发展历程

1.1.1 国外发展历程

1892—1988年属于初期阶段。从历史上看，首次提出层叠成型方法的是J. E. Blanther。1982年，他在其美国专利（#473901）中曾建议用分层制造的方法来构成地形图。该方法的原理是：将地形图的轮廓线压印在一系列的蜡片上，然后按照轮廓线切割各蜡片，并将切割后的蜡片粘结在一起，熨平表面，从而得到对应的三维地形图。

1902年，Carlo Baese在他的美国专利（#774549）中提出了一种用光敏聚合物来制造塑料件的原理，这是现代第一种3D打印技术——光固化成型（Stereolithogrphy，SL）的最初设想。直到1982年，Charles W. Hull将光学技术应用于快速成型领域，并在UVP Veltopak公司的资助下，完成了第一个3D打印系统光固化成型系统（Stereo Lithography Apparatus，SLA）。该系统于1986年获得专利，是3D打印发展历程中的一个里程碑。同年，Charles成立了3D Systems公司，研发了著名的STL文件格式，STL格式逐渐成为CAD/CAM系统接口文件格式的工业标准。1988年，3D Systems公司推出了世界上第一台基于SL技术的商用3D打印机SLA-250，其体积非常大，Charles把它称为“立体平板印刷机”。尽管SLA-250身形巨大且价格高昂，但它的面世标志着3D打印商业化的起步。

自20世纪50年代起，世界上就先后涌现了几百种3D打印成型工艺及技术。包括但不局限于以下几种：Michael Feygin于1984年发明了叠层实体制造（Laminated Object Manufacturing，LOM）技术，Helisys于1991年推出第一台LOM系统；Scott Crump于1988年发明了熔融沉积制造（Fused Deposition Modeling，FDM）技术，并于1989年成立了Stratasys公司，三年后推出了第一台基于FDM技术的3D工业级打印机；C. R. Dechard于1989年发明了选区激光烧结（Selective Laser Sintering，SLS）技术，DTM公司于1992年推出了首台SLS打印机；美国麻省理工学院（MIT）的Emanual Sachs于1993年发明了三维印刷（Three Dimensional Printing，3DP）技术，Z Corporation于1995年获得MIT的许可，并开始开发基于3DP技术的打印机。需要注意的是，MIT发明的三维打印技术只是“3D打印”众多成型技术中的一种而已。通常所说的“3D打印”并非特指MIT的这项三维打印技术。

除了新工艺的提出，3D打印新技术也得到了快速发展。例如：2000年，Objet公司更新SLA技术，使用紫外线光感和液滴综合技术，大幅提高制造精度；2005年，Z Corporation推出世界上第一台高精度彩色3D打印机Spectrum Z510，让3D打印走进了彩色时代；2008年，Objet公司推出Connex 500，它是有史以来第一台能够同时使用几种不同的打印原料的3D打印机；2009年，澳大利亚Invetech公司和美国Organovo公司研制出全球首台商业化3D生物打印机，并打印出第一条血管；2009年，Bre Pettis带领团队创立了著名的桌面级3D打印机公司MakerBot，MakerBot打印机源自于RepRap开源项目。

MakerBot 出售 DIY 套件，购买者可自行组装 3D 打印机等。这些技术创新使 3D 打印越来越贴近人们的生活，并对许多产业产生深远甚至颠覆性的影响。2012 年 4 月，英国著名经济学杂志《The Economist》发表的封面文章《The Third Industrial Revolution》，认为 3D 打印将与其他数字化生产模式一起推动实现第三次工业革命。

2012 年，美国《时代》周刊已将 3D 打印产业列为“美国十大增长最快的工业”。据 3D 打印领域的年度权威报告 Wohlers Report 2018，2017 年全球 3D 打印产业增长了 21%，达 73.36 亿美元，其中金属 3D 打印尤其突出。根据报告显示，2017 年销售约 1768 套金属 3D 打印系统，而 2016 年仅为 983 套，增幅近 80%，如图 1-1 所示。

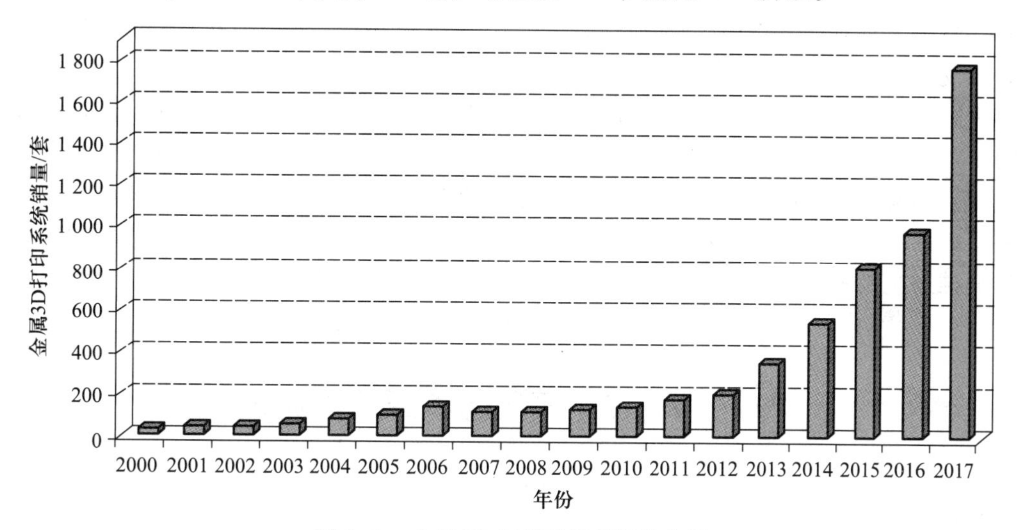

图 1-1　金属 3D 打印系统销售趋势图

从国际市场来看，3D 打印成型市场本身已进入商业化阶段，出现了多种成型工艺及相应的软件、设备及企业，如美国的 3D Systems、Stratasys，德国的 EOS 公司，以色列的 Objet 公司（已与 Stratasys 公司合并），瑞典的 Arcam 公司，比利时的 Materialise 公司等。

1.1.2　国内发展历程

3D 打印进入我国后，也得到了各级政府部门的关注与投入。我国自 20 世纪 90 年代初，在科技部等多部门持续支持下，西安交通大学、华中科技大学、清华大学、北京隆源自动成型系统有限公司等在典型的成型设备、软件、材料等方面的研究及其产业化方面获得了重大进展。随后国内许多高校和研究机构也开展了相关研究，如西北工业大学、北京航空航天大学、华南理工大学、南京航空航天大学、上海交通大学、大连理工大学、中北大学、中国工程物理研究院等单位都在做探索性的研究和应用工作。

1995 年，3D 打印技术被列为我国未来十年十大模具工业发展方向之一，国内的自然科学学科发展战略调研报告也将 3D 打印技术研究列为重点研究领域之一。2012 年 10 月，由亚洲制造业协会联合华中科技大学、北京航空航天大学、清华大学等权威科研机构和 3D 行业领先企业共同发起的中国 3D 打印技术产业联盟正式宣告成立。2012 年 11 月，中国宣布是世界上唯一掌握大型结构关键件激光成型技术的国家。

2015年2月，国家工信部、发改委和财政部联合发布了《国家增材制造（3D打印）产业发展推进计划（2015—2016年）》，要求把培育和发展3D打印产业作为推进制造业转型升级的一项重要任务，这将带来我国3D打印行业的快速发展。2017年11月，国家工信部、发改委、教育部、财政部等十二部委继续联合发布了《增材制造产业发展行动计划（2017—2020年）》，助推3D打印产业发展上升到国家高度，3D打印产业已成为“中国制造2025”的发展重点。

经过多年的发展，我国3D打印技术与世界先进水平基本同步，在高性能复杂大型金属承力构件增材制造等部分技术领域已达到国际先进水平，例如北京航空航天大学、西北工业大学和北京航空制造技术研究所制造出大尺寸金属零件，并应用在新型飞机研制过程中，显著提高了飞机研制速度。3D打印技术及产品已经在航空航天、汽车、生物医疗、文化创意等领域得到了初步应用，涌现出一批具备一定竞争力的骨干企业。但是，我国3D打印技术主要应用于模型制作，在高性能终端零部件直接制造方面还具有非常大的提升空间。同时，需要清楚认识到我国3D打印产业存在着关键核心技术有待突破，装备及核心器件、成型材料、工艺及软件等产业基础薄弱，政策与标准体系有待建立，缺乏有效的协调推进机制等问题。

1.2 3D打印基本原理与流程

1.2.1 基本原理

尽管3D打印技术包含多种工艺方法，但它们的基本原理都相同，其运作原理类似于传统喷墨打印机。传统喷墨打印机是将计算机屏幕上的一份文件或图形，通过打印命令将这份文件或图形传送给打印机，喷墨打印机即刻将这份文件或图形打印到纸张上。而3D打印技术的基本原理是：首先设计出所需产品或零件的计算机三维模型（如CAD模型）；然后根据工艺要求，按照一定的规则将该模型离散为一系列有序的二维单元，一般在 Z 向将其按一定厚度进行离散（也称为分层），把原来的三维CAD模型变成一系列的二维层片；再根据每个层片的轮廓信息进行工艺规划，选择合适的加工参数，自动生产数控代码；最后由成型系统接收控制指令，将一系列层片自动成型并将它们连接起来，得到一个三维物理实体。有必要的话，还可以对完成的三维产品进行后处理，如深度固化、修磨、着色等，使之达到原型或零件的要求。3D打印技术的基本原理如图1-2所示。

3D打印技术与传统制造方法不同，其加工过程基于“离散/堆积成型”思想，是从零件的CAD实体模型出发，通过软件分层离散，利用数控成型系统层层加工的方法将成型材料堆积而形成实体零件。3D打印技术可以自动、快速、直接和精确地将计算机中的设计模型转化为实物模型，甚至可以直接制造零件或模具，从而有效地缩短加工周期、提高产品质量，并减少约50%的制造费用。3D打印技术与传统制造技术的特征比较见表1-1。

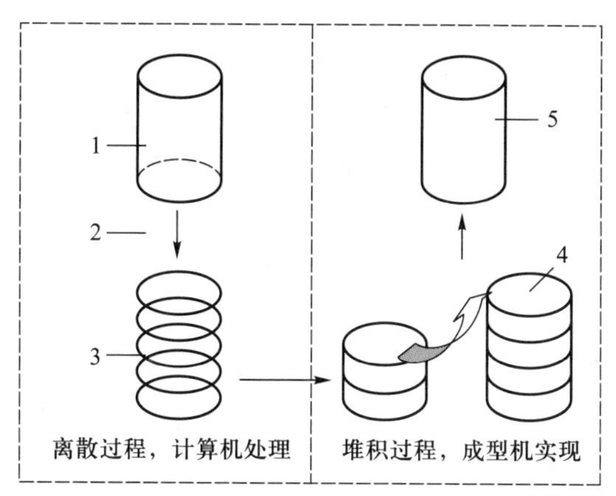

图 1-2 3D 打印技术基本原理示意图

1—CAD 实体模型；2—Z 轴向分层；3—CAD 模型分层数据文件；
4—层层堆积、加工；5—后处理

表 1-1 3D 打印技术与传统制造技术的特征比较

特征	传统制造技术	3D 打印技术
基本技术	车、铣、钻、磨、铸、锻	FDM、SLA、SLS、SLM、LOM、3DP 等
使用场合	大规模、批量化，不受限	小批量、造型复杂
零件复杂程度	受刀具或模具的限制，无法制造太复杂的曲面或异形深孔等	可制造任意复杂形状（曲面）的零件
适用材料	几乎所有材料	塑料、光敏树脂、陶瓷粉末、金属粉末等（有限）
材料利用率	产生切屑，利用率低	利用率高，材料基本无浪费
加工方法	去除成型，切削加工	添加成型，逐层加工
工具	切削工具	光束、热束
应用领域	广泛，不受限制	原型、模具、终端产品等
产品强度	较好	有待提高
产品周期	相对较长	相对较短
智能化	不容易实现	容易实现

1.2.2 基本流程

3D 打印的加工过程包括前处理、成型加工和后处理三个阶段，其中前处理是获得良好成型产品的关键所在。

1. 前处理阶段

在打印前准备打印文件，主要包括三维造型的数据源获取以及对数据模型进行分层处理。

（1）三维建模

由于3D打印系统是由三维CAD模型直接驱动的，因此首先要构建所加工工件的三维CAD模型。该三维CAD模型可以利用计算机辅助设计软件（如Pro/ENGINEER、I-DEAS、SOLIDWORKS、UG等）直接构建，也可以将已有产品的二维图样进行转换而形成三维模型，或对产品实体进行激光扫描、CT断层扫描，得到点云数据，然后利用反求工程的方法来构造三维模型。目前，所有的商业化软件系统都有STL文件的输出数据接口，详见1.5节。

（2）模型载入与数据处理

将建模输出的STL格式文件读入专门的分层软件，并对STL文件校验和修复。由于产品往往有一些不规则的自由曲面，加工前要对模型进行近似处理，以方便后续的数据处理工作。而STL格式文件简单、实用，目前已经成为3D打印领域的标准接口文件。它是用一系列小三角形平面来逼近原来的模型，每个小三角形用3个顶点坐标和一个法向量来描述，三角形平面的大小可以根据精度要求进行选择。STL数据校验无误后，就可以摆放打印模型位置。摆放时要考虑安装特征的精度、表面粗糙度、支撑去除难度、支撑用量以及功能件受力方向的强度等。

（3）模型切片处理

根据被加工模型的特征确定分层参数，包括层厚、路径参数和支撑参数等。层厚一般取0.05~0.5 mm，常取0.1 mm。层厚越小，成型精度越高，但成型时间也越长，效率也越低，反之则精度低，但效率高。分层完成后得到一个由层片累积起来的模型文件，存储为所用打印机识别的格式。

2. 成型加工阶段

打印设备开启后，启动控制软件，读入前处理阶段生产的层片数据文件，在计算机控制下，相应的成型头（激光头或喷头）按各截面信息作扫描运动，在工作台上一层一层地堆积材料，然后将各层相粘结，最终得到原型产品。

3. 后处理阶段

打印结束后，从成型系统里取出成型件，进行去除支撑、打磨、抛光、二次固化，或放在高温炉中进行后烧结，进一步提高其强度。

从整个打印过程可以看出，所有的打印方法都必须先由CAD数字模型经过分层切片处理。因此，打印前必须对数据进行前期处理，数据处理的结果直接影响打印件的质量和精度以及打印效率。图1-3为3D打印的数据处理流程。

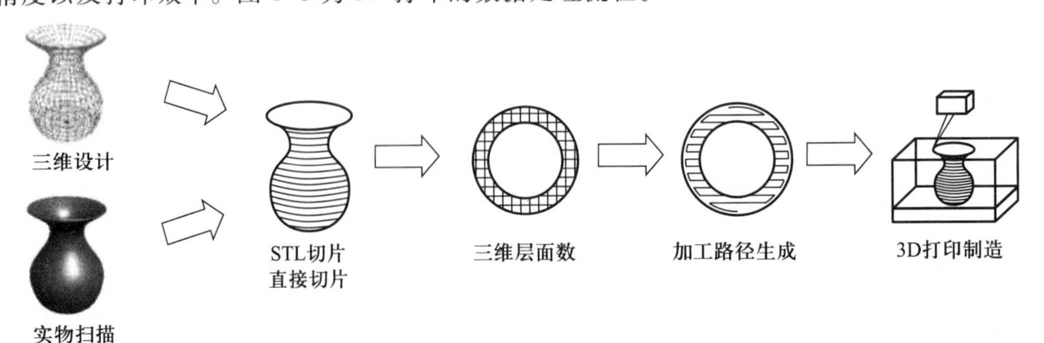

图1-3　3D打印的数据处理流程

1.3 3D 打印技术的分类

3D 打印技术按照成型工艺和加工材料的不同，有不同的分类。

1.3.1 按成型工艺分类

3D 打印技术按照成型工艺可分为两大类：一类是基于激光或其他光源的成型技术，包括光固化成型（SLA）工艺、分层实体制造（LOM）工艺、选区激光烧结（SLS）工艺、选区激光熔化工艺（SLM）等。另一类是基于喷射的成型技术，包括熔融沉积制造（FDM）工艺、三维印刷成型（3DP）工艺等。

1. 光固化成型（SLA）工艺

以光敏树脂为加工材料，在计算机的控制下，紫外激光束按各分层截面轮廓的轨迹进行逐点扫描，被扫描区内的树脂薄层产生光聚合反应后固化，形成制件的一个薄层截面。每一层固化完毕之后，工作平台移动一个层厚的高度，然后在之前固化的树脂表面再铺上一层新的光敏树脂以便进行循环扫描和固化。如此反复，每形成新的一层均粘附到前一层上，直到完成零件的制作。SLA 所用激光器的激光波长有限制，一般采用 UV He-Cd 激光器（325 nm）、UV Ar^+激光器（351 nm，364 nm）和固体激光器（355 nm）等。采用这种工艺成型的零件有较高的精度且表面光洁，但其缺点是可用材料的范围较窄，材料成本较高，激光器价格高昂，从而导致零件制作成本较高。

2. 分层实体制造（LOM）工艺

采用激光器和加热辊，按照二维分层模型所获得的数据，采用激光束，将单面涂有热熔胶的纸、塑料薄膜、陶瓷膜、金属薄膜等切割成产品模型的内、外轮廓，同时加热含有热熔胶的纸等材料，使得刚刚切好的一层和下面的已切割层粘结在一起。切割时工作台连续下降。切割掉的纸片仍留在原处，起支撑和固定作用。如此循环，逐层反复地切割与粘合，最终叠加成整个产品原型。薄膜的一般厚度为 0.07~0.1 mm。由于 LOM 工艺的层面信息只包含加工轮廓信息，因此可以达到很高的加工速度。其缺点是材料范围很窄，每层厚度不可调整。以纸质的片材为例，每层轮廓被激光切割后会留下燃烧的灰烬，且燃烧时有较大的有毒烟雾；而采用 PVC 薄膜作为片材的工艺，由于材料较贵，利用率较低，导致模型成本太高。

3. 选区激光烧结（SLS）工艺

采用高能激光器作能源，按照计算机输出的产品模型的分层轮廓，在选择区域内扫描和熔融工作台上已均匀铺层的粉末材料，处于扫描区域内的粉末被激光束熔融后，形成一层烧结层。逐层烧结后，再去掉多余的粉末即获得产品原型。为了提高产品原型的力学性能和热学性能，一般还需要对其进行高温烧结、热等静压、熔浸和浸渍等后处理。SLS 的材料适用范围很广，特别是在金属和陶瓷材料的成型方面有独特的优点。其缺点是所成型的零件精度和表面光洁度较差。

4. 选区激光熔化（SLM）工艺

该工艺是在选区激光烧结（SLS）工艺的基础上发展起来的，利用激光的高能光束对材料有选择地扫描，使金属粉末吸收能量后温度快速升高，发生熔化并接着进行快速固化，实现对金属粉末材料的激光加工。SLM 金属粉末包括铜、铁、铝及铝合金、钛及钛合金、镍及镍合金、不锈钢（309L、316L）、工具钢等。SLM 成型的零件致密度好，接近100%，成型精度高，形状不受限制，但是设备投入成本较高。

5. 熔融沉积制造（FDM）工艺

该技术不采用激光作能源，而是采用热熔喷头装置，使得熔融状态的塑料丝在计算机的控制下按模型分层数据控制的路径从喷头挤出，并在指定的位置沉积和凝固成型，逐层沉积和凝固，从而完成整个零件的加工过程。FDM 的能量传输和材料传输方式使得系统成本较低。其缺点是由于喷头的运动是机械运动，速度有一定限制，所以加工时间稍长，成型材料适用范围不广，喷头孔径不可能很小，因此原型的成型精度较低。

6. 三维印刷成型（3DP）工艺

三维印刷成型原理与日常办公用喷墨打印机的原理近似，首先在工作仓中均匀地铺粉，再用喷头按指定路径将液态的粘结剂喷涂在粉层上的指定区域，随着工作仓的下降逐层铺粉并喷涂粘结剂，待粘结剂固化后，除去多余的粉末材料，即可得到所需的产品原型。3DP 工艺涉及的粉末材料包括石膏粉末、塑料粉末、石英砂、陶瓷粉末、金属粉末等。该工艺可分为三种：粉末粘结 3DP 工艺、喷墨光固化 3DP 工艺、粉末粘结与喷墨光固化复合 3DP 工艺。其中粉末粘结 3DP 工艺与 SLS 类似，区别是粉末材料不是通过烧结连接起来的，而是通过喷头喷射粘结剂粘结成型。对于采用石膏粉末等作为成型材料的粉末粘结 3DP 工艺，其工件表面顺滑度受制于粉末颗粒的大小，所以工件表面粗糙，需用后处理来改善，并且原型件结构较松散，强度较低；对于采用可喷射树脂等作为成型材料的喷墨光固化 3DP 工艺，虽其成型精度高，但由于其喷墨量很小，每层的固化层片一般为 10~30 μm，加工时间较长，制作成本较高。

SLA、LOM、SLS、SLM、FDM 和 3DP 等六种常见 3D 打印成型工艺之间的比较见表1-2。

表 1-2　常见 3D 打印成型工艺比较

工艺	光固化成型	分层实体制造	选区激光烧结	选区激光熔化	熔融沉积制造	三维印刷成型
缩写	SLA	LOM	SLS	SLM	FDM	3DP
材料类型	液体（光敏聚合材料）	片材（塑料、纸、金属）	粉末（聚合材料、金属、陶瓷）	粉末（金属）	丝材（PLA、ABS、PC、PPSF 等）	粉末（石膏、蜡、金属、铸造砂、聚合材料）
精度/mm	0.05~0.2	0.1~0.2	0.1~0.2	0.05~0.1	0.15~0.25	0.1~0.2
速度	一般	快	快	快	慢	很快
是否需要支撑	是	是	否	否	是	否

续表

工艺	光固化成型	分层实体制造	选区激光烧结	选区激光熔化	熔融沉积制造	三维印刷成型
代表性公司	3D Systems、EnvisionTEC、Shining 3D	Fabrisonic、Helisys、Kira	EOS、3D Systems、Arcam	EOS、3D Systems、Arcam	Stratasys、Shining 3D	3D Systems、Objet、ExOne、Solidscape、Voxeljet

1.3.2 按加工材料分类

3D 打印技术可按照加工材料的不同进行分类，快速成型材料包括液态材料、离散颗粒和实体薄片，如图 1-4 所示。液态材料的快速成型方法有液态树脂固化成型和熔融材料凝结成型，而液态树脂固化又包括逐点固化和逐面固化；熔融材料凝结成型又包括逐点凝结和逐面凝结。离散颗粒材料快速成型方法包括激光熔融颗粒成型和粘结剂粘结颗粒成型两种方法。实体薄片材料快速成型方法有薄片粘结堆积成型和采用光堆积成型两种。

图 1-4 中，LTP（Liquid Thermal Polymerization）为树脂热固化成型，是一种用红外激光器固化热性光敏树脂的成型工艺，成型过程与 SLA 相同；SGC（Solid Ground Curing）为实体掩膜成型，将每层的 CAD 数据制成一掩膜，覆盖于树脂上方，通过在掩膜上方的 UV 光源发出的平行光束，把该层的图形迅速固化，未固化的树脂被清洗掉，接着用蜡填充该层未被固化的区域，随后蜡在成型室内较低的温度下凝固，再铣平该层蜡；BPM（Ballistic Particle Manufacturing）为弹道颗粒制造成型，将熔化的成型材料由喷嘴喷射到冰冷的平台上被迅速凝固成型；SF（Spatial Forming）为空间成型，每层切片的负型用有颜色的有机墨打印到陶瓷基体上，随后被紫外光固化，达到一定层数后，用含有金属颗粒的另一种墨填充未被有机墨喷射的区域，随后该种墨被固化，并铣平；SFP（Solid Foil Polymerisation）为实体薄片成型，先用某种光源固化树脂形成一半固化薄层，再用紫外光源在该半固化层上固化出该层的形状，未被 UV 固化的区域可以作为支撑，并且能够去除。

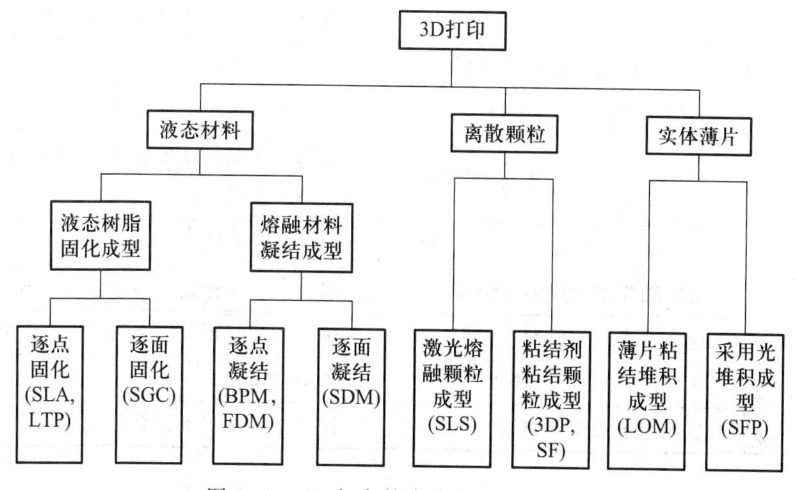

图 1-4 3D 打印技术按加工材料分类

1.4 3D 打印材料

材料作为制造产品的物质，不但决定着产品的外在品质与内在性能，也决定着产品的加工方式。自 20 世纪 70 年代，人们把信息、材料和能源誉为当代文明的三大支柱以来，材料研究一直得到高度重视和迅猛发展。随后，新材料、信息技术与生物技术又被并列为新技术革命的重要标志。在机械制造业，新材料更是有力地促进了传统制造业的改造和先进制造技术的涌现。

基于材料堆积方式的 3D 打印技术改变了传统制造的去除材料的加工方法，材料是在数字化模型离散化基础上通过累积式的建造方式堆积成型。因此，3D 打印技术对材料在形态和性能方面都有了不同要求。在早期的 3D 打印工艺方法研究中，材料研发根据工艺装备研发和建造技术的需要而发展，同时每一种 3D 打印工艺的推出和成熟都与材料研究与开发密切相关。一种新的 3D 打印材料的出现往往会使 3D 打印工艺及设备结构、成型件品质和成型效益取得巨大的进步。3D 打印的材料根据实体建造原理、技术和方法的不同进一步细分为液态材料、丝状材料、薄层材料和粉末材料等。不同的制造方法对应的成型材料的性状是不同的，不同的成型制造方法对成型材料性能的要求也是不同的。随着 3D 打印技术的发展和推广，许多材料专业公司加入到 3D 打印材料的研发中，3D 打印材料正向高性能、系列化的方向发展。

表 1-3 列出了 3D 打印的成型工艺以及相应的打印材料。

表 1-3 3D 打印的成型工艺及材料

材料形态	成型工艺	打印材料
液态材料	立体光刻技术（SLA）	光敏树脂
	数字光处理（DLP）	光敏树脂
	三维印刷成型（3DP）	聚合材料、蜡
	石膏 3D 打印（PP）	UV 墨水
丝状材料	熔融沉积成型（FDM）	热塑性材料、低熔点金属、食材
	电子束自由成型制造（EBF）	钛合金、不锈钢等
薄层材料	分层实体制造（LOM）	纸、金属薄膜、塑料薄膜
粉末材料	直接金属激光烧结（DMLS）	镍基、钴基、铁基合金、碳化物复合材料、氧化物陶瓷材料等
	电子束选区熔化成型（EBM）	钛合金、不锈钢等
	选区激光熔化成型（SLM）	镍合金、钛合金、钴铬合金、不锈钢、铝等
	选区激光烧结成型（SLS）	热塑性塑料颗粒、金属粉末、陶瓷粉末
	选择性热烧结（SHS）	热塑性粉末
	激光近净成型（LENS）	钛合金、不锈钢、复合材料等

当然，不同的打印材料是针对不同的应用的，3D 打印材料及其性能不仅影响着产品原型的性能及精度，而且也影响着与制造工艺相关联的建造过程。3D 打印技术对其成型材料的要求一般有以下几点：

1）适应逐层累加方式的 3D 打印建造模式。

2）在各种 3D 打印的建造方式下能快速实现层内建造及层间连接。

3）制造的原型零件具有一定尺寸精度、表面质量和尺寸稳定性。

4）制造的原型零件具有一定力学性能及性能稳定性或组织性能，且无毒、无污染。

5）应该有利于后续处理工艺。

1.5　3D 打印的数据建模与处理

1.5.1　三维建模方法

制造业是三维建模技术的最大用户，利用三维 CAD 模型可以为产品建立数字样机进行产品性能分析和验证，并实现数字化制造。所谓三维建模，就是用计算机系统来表示、控制、分析和输出描述三维物体的几何信息和拓扑信息，最后经过数据格式的转换输出可打印的数据文件。

三维模型可以用点在三维空间的集合表示，由各种几何元素，如三角形、线、面等连接的已知数据（点和其他信息）的集合。三维建模实际上是对产品进行数字化描述和定义的一个过程。目前，产品的三维建模途径有三种：

第一种是根据设计者的数据、草图、照片、工程图纸等信息在计算机上利用 CAD 软件人工构建三维模型，常被称为正向设计。目前，应用较多的具有三维建模功能的传统的 CAD 软件有 Catia、UG、Pro/ENGINEER、Inventor、Solid Edge、3ds Max、SOLIDWORKS、Rhinoceros 以及数字雕刻软件 Mudbox、Zbrush 等，还有专门针对 3D 打印的三维设计软件，如 Autodesk 123D、Tinkercad、Blender、SketchUp、3DTin、FreeCAD、3D One 等。

第二种是对已有产品（样品或模型）进行三维扫描或自动测量，再由计算机生成三维模型。这是一种自动化的建模方式，常被称为逆向工程或反求设计。两种建模途径如图 1-5 所示。

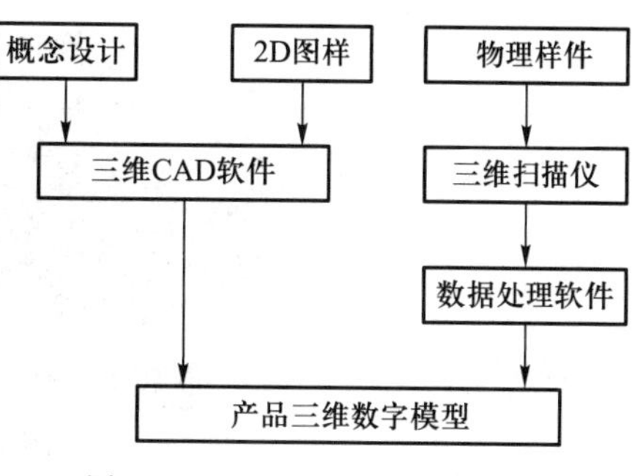

图 1-5　正向与逆向三维建模

这种建模途径用到三维扫描仪，它被用来探测搜集现实环境里物体的形状（几何构造）和外观（颜色、表面反照率等）信息，获得的数据通过三维重建，在虚拟环境中创建实际物体的数字模型。三维扫描仪大体分为接触式扫描和非接触式扫描。其中，非接触式扫描又分为光栅三维扫描仪（也称为拍照式三维扫描仪）和激光扫描仪。而光栅三维扫描仪又分为白光扫描和蓝光扫描，激光扫描又有点激光、线激光和面激光之分。常见的三维扫描仪品牌有 Breuckmann、Steinbichler、GOM、Artec 3D、Cyberware、Shining 3D 等。逆向工程测得的离散数据需要结合一定功能的数据拟合软件来处理，包括 3-matic、ImageWare、PolyWorks、Rapidform、Geomagic 等。

第三种是以建立的专用算法（过程建模）生成模型，主要针对不规则几何形体及自然景物的建模，用分形几何描述（通常以一个过程和相应的控制参数描述）。例如用一些控制参数和一个生成规则描述的植物模型，通常生成模型的存在形式是一个数据文件和一段代码（动态表示），包括随机插值模型、迭代函数系统、L 系统、粒子系统、动力系统等。三维建模过程也称为几何造型，几何造型就是用一套专门的数据结构来描述产品几何形体，供计算机进行识别和信息处理。几何造型的主要内容是：① 形体输入，即把形体从用户格式转换成计算机内部格式；② 形体数据的存储和管理；③ 形体控制，如对几何形体进行平移、缩放、旋转等几何变换；④ 形体修改，如应用集合运算、欧拉运算、有理样条等操作实现对形体局部或整体修改；⑤ 形体分析，如形体的容差分析、物质特性分析、曲率半径分析等；⑥ 形体显示，如消隐、光照、颜色的控制等；⑦ 建立形体的属性及其有关参数的结构化数据库。比较有代表性的 3D 打印建模软件是 OpenSCAD，不仅支持快速、精确地创建基本几何对象，还支持条件、循环等编程逻辑，可以快速创建矩阵式的结构，如栅格、散热孔等。由于 OpenSCAD 采用函数驱动，只需修改相应的参数就可以自动进行相关部分的调整。

1.5.2 STL 数据和文件输出

STL 是由 3D Systems 公司为光固化 CAD 软件创建的一种文件格式。同时 STL 也被称为标准镶嵌语（Standard Tessellation Language）。该文件格式被许多软件支持，并广泛用于快速成型和计算机辅助制造领域。STL 文件只描述三维对象表面几何图形，不含有任何色彩、纹理或者其他常见 CAD 模型属性的信息。STL 数据的精度直接取决于离散化时三角形的数目。一般地，在 CAD 软件中输出 STL 文件时，设置的精度越高，STL 数据的三角数目越多，文件就越大。STL 文件有两种格式，即文本格式（ASCII 码）和二进制（Binary）两种类型，文本格式文件是相应二进制文件的 3 倍，二进制文件由于简洁而更加常见。图 1-6 为 3D 模型三角化前、后对比。

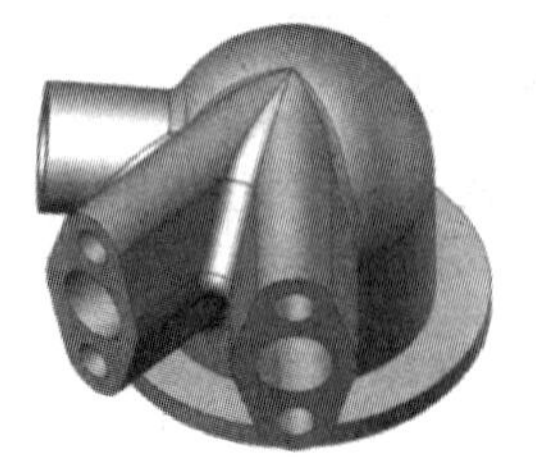

(a) 原始3D模型

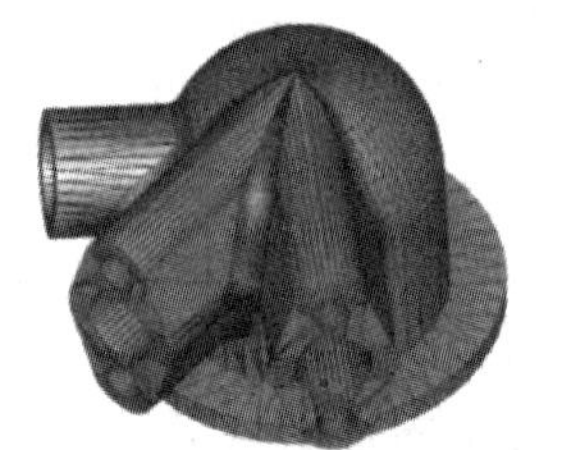

(b) 三角化后数据模型

图 1-6 3D 模型的三角化

一个 STL 文件通过存储法线和顶点（根据右手法则排序）信息来构成三角形面，从而拟合坐标系中物体的轮廓表面。STL 文件中的坐标值必须是非负数，并没有缩放比例信息，但单位可以是任意的。除了对取值有要求外，STL 文件还必须符合以下三维模型描述规范。

1）共顶点规则　每相邻的两个三角形只能共享两个顶点，即一个三角形的顶点不能落在相邻的任何一个三角形的边上。

2）取向规则　对于每个小三角形平面的法向量必须由内部指向外部，三角形三个顶点排列的顺序同法向量符合右手法则。每相邻的两个三角形面片所共有的两个顶点在它们的顶点排列中都是不相同的。

3）充满规则　在 STL 三维模型的所有表面上必须布满小三角形面片。

4）取值规则　每个顶点的坐标值必须是非负的，即 STL 模型必须落在第一象限。

在三维模型生成后，要进行 STL 文件的输出。几乎所有 CAD/CAM 软件都具有 STL 文件的输出接口，操作非常方便。在输出过程中，根据模型复杂程度，相应地选择所要求的精度指标。由于 STL 文件在生成过程中会出现一些错误，导致不满足上述四点描述规范，以及坏边、壳体、重叠与交叉三角形面片等问题，需要对 STL 文件进行浏览和处理。目前，有多种用于浏览和处理 STL 格式文件的软件和打印数据处理专用软件，比较典型的有 SolidView、MeshLab、Netfabb、Autofab、Magics RP、Mimics 等。

1.6　3D 打印的优势与局限

1.6.1　3D 打印的优势

3D 打印技术已经应用到各行各业，并在工业设计、文学艺术、机械制造、航空航天、军事、建筑、影视、家电、医学、考古、首饰等领域得到广泛应用。相较于传统制造技术，3D 打印技术的优势主要表现为以下几个方面。

（1）降低制造成本

对于传统制造而言，产品的形状越复杂，制造成本越高。但是对于 3D 打印而言，打印一个形状复杂的物品和打印一个形状简单的物品所消耗的成本相差无几，并不会因为产品形状的复杂程度提高而消耗更多的时间或成本。这种制造复杂物品而不增加成本的打印将从根本上打破传统的定价模式，并改变整个制造业成本构成的方式。

（2）适于产品多样化和个性化、便携制造

传统制造方法制造不同零件一般需要不同设备的分工协作，而同一台 3D 打印设备只需要不同的数字设计蓝图和一批新的原材料就可以打印许多形状和材质均不同的零件，它可以像经验丰富的工匠一样每次都做出不同形状的物品，满足个性化需求。同时，3D 打印设备具备自动移动的特点，可以制造出比自身体积大的物品，就单位生产空间而言，3D 打印机与传统制造设备相比，其制造能力和潜力都要强大。

（3）产品无需组装、缩短交付时间

传统的大规模生产建立在产业链和流水线基础上，在现代化工厂中，机器生产出相同的零部件，然后由机器人或工人进行组装。产品组成部件越多，供应链和产品线都将拉得越长，组装和运输所耗费的时间和成本就越多。而3D打印由于其生产特点，可以做到同时打印多个零部件，从而实现一体化成型，省略组装过程，既缩短了供应链，也节省了劳动力和运输方面的大量成本。

（4）产品按需打印、即时生产

3D打印机可以根据需求按需打印，这样可以最大限度地减少库存和运输成本。这种即时生产减少了企业的实物库存，极大降低了企业的生产成本和资金风险，将对商业模式产生革新。供应链越短，库存和浪费就越少，生产制造对社会造成的污染也将越少。

（5）降低技能门槛

在传统制造业中，培养一个娴熟的工人需要很长的时间，而3D打印技术的出现可以显著降低生产技能的门槛。3D打印机从设计文件中自动分割计算出生产需要的各种指令集，制造同样复杂的物品，3D打印机所需要的操作技能相对传统设备少很多。这种摆脱原来高门槛的非技能制造业，将进一步开辟新的商业模式，并能在远程环境或极端情况下为人们提供新的生产方式。

（6）拓展设计空间

从制造物品的复杂性角度，传统制造技术和手工制造的产品形状有限，制造形状的能力受制于所使用的工具，而3D打印技术具备明显优势，甚至可以制造出目前只能存在于设计之中、人们在自然界未曾见过的形状。应用3D打印设备，可以突破传统制造技术的局限，开辟巨大的设计空间，设计人员可以完全按照产品的使用功能进行产品的设计，无需考虑产品的加工装配等诸多环节。

（7）大幅降低材料耗损、多材料无限组合

相对于传统的制造技术，3D打印机制造的副产品较少，浪费量也少，一般约为5%的材料损耗。而传统金属加工的浪费量更是惊人，一些精细化生产甚至会造成约90%的原材料的丢弃浪费。随着打印材料的进步，“近净成型”制造将取代传统制造工艺成为更加节约、环保的加工方式。同时，打印材料之间可以无限组合，而传统制造技术很难将不同原材料结合成单一产品。相信随着多材料3D打印技术的发展，有能力将不同原材料无缝融合在一起形成新的材料，制造出色彩种类繁多、具有独特属性和功能的产品零件。

（8）精确的实体复制

类似于数字文件复制，3D打印未来将使得数字复制扩展到实体领域。通过3D扫描技术和打印技术的运用，人们可以十分精确地对实体进行扫描、复制操作。3D扫描技术和打印技术将共同提高实体世界和数字世界之间形态转换的分辨率，实现异地零件的精确复制。

1.6.2　3D打印的局限

（1）产品原型的制造精度相对低

由于分层制造存在台阶效应，各层虽然都分解得非常薄，但在一定微观尺度下，仍会形成具有一定厚度的多级“台阶”，造成精度上的偏差。同时，多数3D打印成型工艺制造的产品原型都需要后处理，当表面压力和温度同时提升时，产品原型会因材料的收缩与变形进一步降低制造精度。

（2）材料性能差，产品力学性能有限

由于3D打印成型工艺是层层叠加的增材制造，决定了层与层之间即使结合得再紧密，也无法达到传统模具整体浇注成型的材料性能。这就意味着，如果在一定外力条件下，特别是沿着层与层衔接处，打印的部件将非常容易解体。虽然出现了一些新的金属3D打印技术，但是要满足许多工业需求、机械用途或者进一步机加工的话，还不太可能。目前，3D打印设备制造的产品也多用于原型，要达到作为功能性部件的要求还有相当局限性。

（3）可打印材料有限，成本高昂

目前，可用于3D打印的材料有300多种，多为塑料、光敏树脂、石膏、无机粉料等，制造精度、复杂性、强度等难以达到较高要求，主要用于模型、玩具等产品领域。对于金属材料来说，如果液化成型难以实现，则只能采用粉末冶金方式，技术难度高，因此诸多金属材料在短期内很难实际应用。除了金属3D打印前期高昂的设备投入外，日常工作中的金属粉末材料的投入成本也是巨大的。3D打印材料成本是阻碍专业3D打印在各领域普及应用的重要因素之一。

思考与练习

1. 3D打印技术的成型原理是什么？
2. 3D打印技术与传统制造技术有何区别与联系？
3. 简述3D打印技术的发展历程。
4. 3D打印的基本流程可以分为哪几个步骤？
5. 简述3D打印技术的分类，并通过网络、文献、报刊等途径，查阅3D打印成型工艺，试述各工艺之间的区别。
6. 简述三维建模的途径有哪些。
7. 3D打印的优势与局限有哪些？

第2章 光固化成型工艺及材料

光固化成型（Stereo Lithography Apparatus，SLA）有时也被简称为SL（Stereolithography），它是利用液态光敏材料的光敏特性，在特定波长的光源或其他如电子束、可见光或不可见光等的照射能量刺激下由液态转变为固态聚合物，实现三维物体的快速成型。SLA是最早发展起来的快速成型技术，已经成为目前世界上研究最深入、技术最成熟、应用最广泛的一种快速成型方法。随着SLA技术的不断发展，又出现了以光固化为基础的数字投影成型（Digital Light Processing，DLP）技术和喷射（PolyJet）技术。SLA技术能简捷、全自动地制造出表面质量和尺寸精度较高、几何形状较复杂的原型，主要应用于制造各种模具、原型等。

2.1 概　　述

现代SLA技术的奠基人Charles W. Hull于1986年首次提出SLA技术并申请了专利。1988年诞生了第一个商业光固化快速成型系统SLA-Ⅰ。随后，Hull与UVP的股东Raymond Fred联合创立了3D Systems公司，开发SLA技术的商业应用，许多关于快速成型的概念和技术在3D Systems公司中发展成熟。

目前研究SLA技术的国外有3D Systems公司、EOS公司、F&S公司、C-MET公司、Huntsman公司等，国内有西安交通大学、清华大学、华中科技大学等研究机构，以及北京隆源自动成型系统有限公司、陕西恒通智能机器有限公司、杭州先临三维科技股份有限公司等企业。其中3D Systems公司作为该技术的开拓者，是全世界最大的快速成型机制造商。该公司在提高SLA技术的制件精度及激光诱导光敏树脂聚合等方面做了深入的研究，并提出了一些有效的制造方法。3D Systems公司现有多个成型机商品系列，目前该公司生产的SLA成型机最新型号为ProJet系列和ProX系列，图2-1所示为ProX 950 SLA系统。

图2-1　ProX 950 SLA系统

除了3D Systems公司外，许多国家的企业、大学也开发了SLA系统并商业化，如德国的EOS公司、Fockele & Schwarze公司，日本的C-MET公司、索尼公司，法国的

Laser 3D 公司，美国的 Dayton 大学、MIT 等。欧洲的一些国家也开展了该项技术的研究。

我国在光固化快速成型技术方面的研究虽然起步较晚，但也取得了丰硕的成果。西安交通大学、清华大学、南京理工大学等对 SLA 技术进行了较为系统的研究，这些单位先后开发了一系列光固化快速成型设备，取得了众多成果。图 2-2 为杭州先临三维科技有限公司开发的 iSLA-650 Pro 系统。目前国内外所有的 SLA 设备在技术水平上已经相当接近，但由于售后服务和价格的原因，国内企业在竞争时具有明显优势。

图 2-2 iSLA-650 Pro

DLP 技术是与 SLA 技术基本上同时提出的光固化快速成型技术，但是由于掩膜生成工艺的制约，该技术的发展明显滞后于扫描式快速成型技术。随着近年来微型光学元件技术的飞速发展，如 LCD、DMD 等显示技术的出现，面曝光快速成型技术也逐渐得到了发展。尽管该技术克服了扫描式光固化的很多缺点，但同时也带来了制件变形、难以制作大面积制件等新问题，对曝光光源和树脂的选择也提出了更高的要求，很多基于面曝光快速成型技术的设想目前还处于实验阶段。

PolyJet 技术是 2008 年 1 月由 Objet 公司发布的，是全球首例可以实现不同模型材料同时喷射的技术。PolyJet 拥有全球最先进的三维打印系统，可以在单个建造工作中打印由不同机械和物理特性材料组成的零部件，其工作原理是通过控制每个打印头上的喷嘴，根据方位和模型类型从指定的喷嘴喷射设置好的模型材料。具备了喷射矩阵的管理能力便可以全面控制喷射材料的机械特性，从而使用户可以选择和构建出最适合、最贴近设计目标的材料。该技术将引领三维打印技术发展的新方向。

2.2 成型原理及工艺

2.2.1 成型原理

光固化是具有光敏性的液态树脂受光源能量激发发生化学变化的相转变过程，液态树脂会经历凝胶和玻璃化转变过程形成固态网络。由于树脂的官能度不同，形成的固态网络结构也有所不同，若单体带有两个官能团，如二元醇、二元酸，可以得到线性聚合物。若单体具有两个以上的官能团，其化学键合则为高分子架桥情况，可以形成不溶、不熔体型结构。

光固化树脂材料中主要包括光引发剂、预聚体、反应性稀释剂，根据聚合机理的不同可分为自由基聚合和阳离子聚合，其中自由基聚合占大多数。

1. 自由基聚合

自由基聚合体系是研究最多、最早的光固化树脂体系。它的聚合过程可分为链引发、链增长、链终止三个阶段。

(1) 链引发阶段

适当波长及强度的光能被光引发剂吸收后，光引发剂（PI）将会发生光物理过程至某一激发态，如果该激发态的能量比化学键断裂所需要的总能量大，就能产生初级自由基（PI*）。其过程如下：

$$(\mathrm{PI})(\text{光引发剂})\xrightarrow{h\nu}(\mathrm{PI})^{*}(\text{激发态生成})$$

$$(\mathrm{PI})^{*}\longrightarrow \mathrm{PI}^{*}(\text{初级自由基})$$

式中：h 为普朗克常数；ν 为光子频率。

产生初级自由基后，活性单体就会与初级自由基合成，进而生成单体自由基并放热，活化能低，反应速率快。

(2) 链增长阶段

该阶段为单体分子与自由基迅速合成大分子自由基的过程，即

$$\mathrm{R}^{*}+n\mathrm{RCH}\longrightarrow \mathrm{CH_2R{-}(RCHCH_2)_{\mathit{n}}{-}RCHC^{*}H_2}$$

(3) 链终止阶段

自由基有极强的相互作用倾向，当两个自由基相遇时就会终止反应，从而丧失活性最终形成稳定的大分子，支架材料由液态转化为固态成型。其反应机理如下：

$$\mathrm{R^{*}+P^{*}=\!=\!=R{-}P}$$

$$\mathrm{P^{*}+P^{*}=\!=\!=P{-}P}$$

$$\mathrm{R^{*}+R^{*}=\!=\!=R{-}R}$$

$$\mathrm{R{-}CH_2C^{*}H_2+R{-}CH_2C^{*}H_2=\!=\!=R{-}CH{=}CH_2+R{-}CH_2CH_3}$$

$$\mathrm{P^{*}+R'H=\!=\!=P{-}H+R^{*}}$$

$$\mathrm{P^{*}+O_2=\!=\!=P{-}OO^{*}}$$

$$\mathrm{P{-}OO^{*}+R'H=\!=\!=POO{-}H+R'^{*}}$$

最终固化完成后将会生成交联网络结构，如图2-3所示。

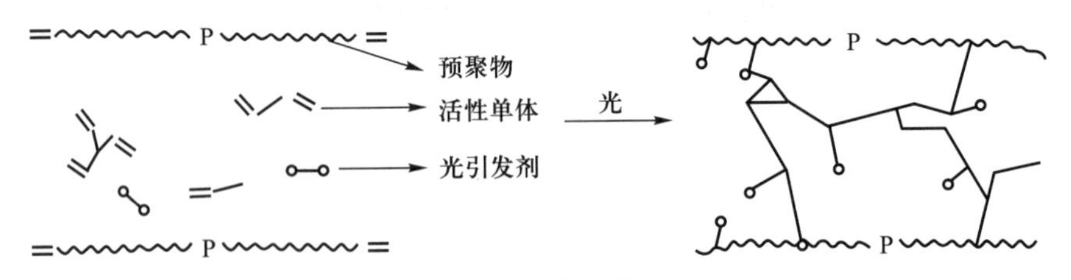

图2-3 光固化反应机理

2. 阳离子聚合

光引发阳离子聚合是利用阳离子光引发剂在光照下产生的质子酸，催化环氧基的开环聚合或富电子碳碳双键（如乙烯基醚）的阳离子聚合。这类阳离子光引发剂主要有硫盐、碘盐。以碘盐阳离子光引发剂为例，其光解过程及引发环氧聚合过程如下：

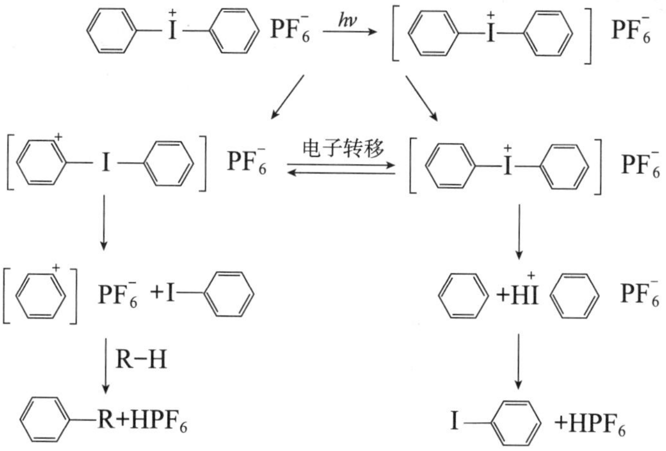

光解结果产生酸性很强的 HPF_6，可令环氧基团发生开环聚合。

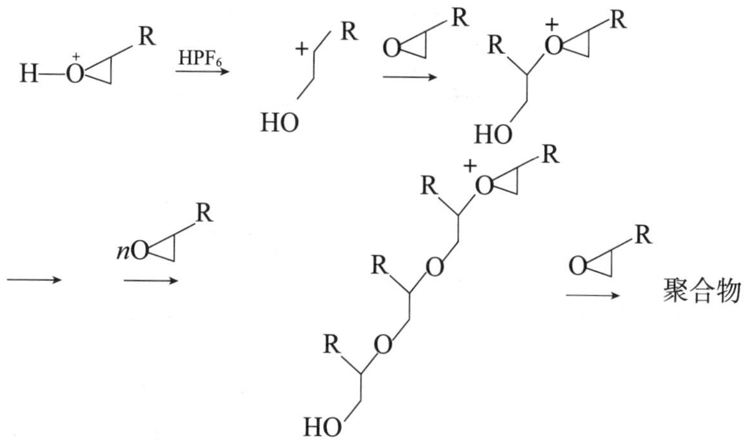

阳离子光固化体系的单体或低聚物还可以是乙烯基醚类，在强酸催化下进行乙烯基醚双键的阳离子加成聚合。

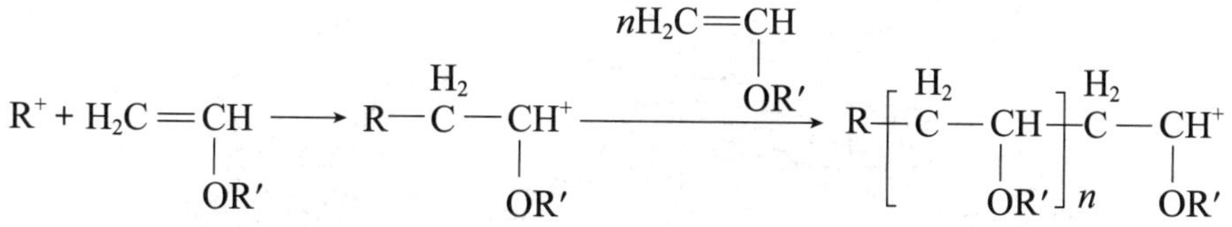

2.2.2 成型工艺

1. 工艺原理

（1）SLA 成型工艺

SLA 成型工艺是基于液态光敏树脂的光聚合原理工作的，其成型过程如图 2-4 所示。

储液槽中盛装液态光敏树脂，成型开始时，工作台处在树脂液面下的某一深度，如0.05~0.2 mm。然后成型机中的紫外光扫描器按照数控指令和分层的截面信息进行扫描，被照射的液态光敏树脂因为吸收了能量，发生聚合反应从液态变成固态，形成零件的一个薄层。一层固化完成后，未被紫外光扫描的树脂仍然是液态的，工作台下降一个层厚的距离，以使在原先固化好的树脂表面再敷上一层新的液态树脂，刮板将粘度较大的树脂液面刮平，然后进行下一层的扫描加工，新固化的一层牢固地粘结在上一层上，如此重复堆积，最终形成三维实体原型。

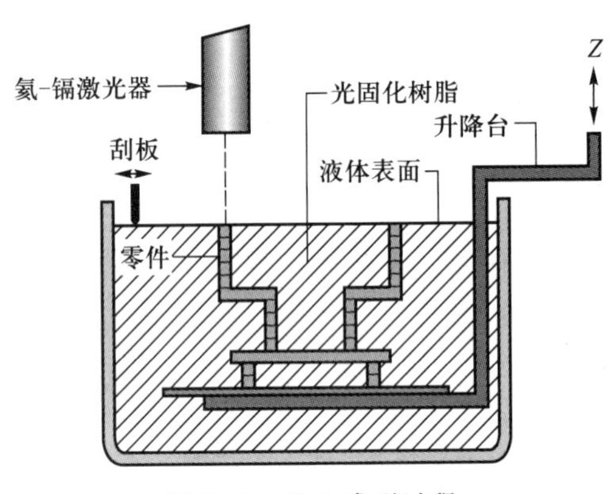

图 2-4 SLA 成型过程

(2) DLP 成型工艺

数字投影成型（DLP）也称掩膜曝光快速成型，主要依赖于数字微镜（Digital Micromirror Divice，DMD）技术的发展。

数字微镜由美国德州仪器公司（TI）于1987年发明，至今已开发出各种不同尺寸规格的型号。数字微镜由上百万个规则排列的可以沿其对角线偏转的铝制小微镜组成，每个小微镜构成一个像素点，微镜结构如图2-5所示。单片小微镜有“+1”“-1”“0”三个存在状态，这里以偏转角为±12°的数字微镜为例进行说明。入射光以入射角24°照射在数字微镜表面上，当小微镜处于“+1”态时，偏转至+12°，光线被反射至投影区域，投影

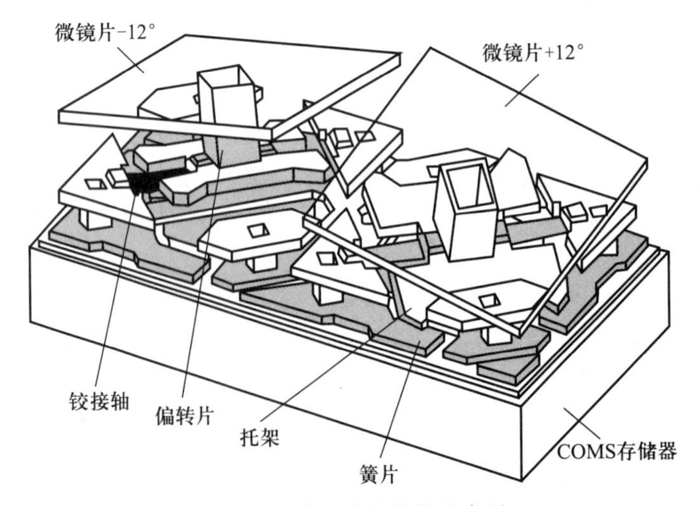

图 2-5 数字微镜结构示意图

面上对应的像素点被照亮；当小微镜处于“-1”态时，偏转至-12°，光线被反射出投影区域，投影面对应的像素点不被照亮；不工作时小微镜处于“0”态。在数百万个小微镜的共同作用下，根据计算机提供的数据信号各自偏转+12°或-12°，最终在投影面上形成二维截面轮廓信息。

DLP 成型过程如图 2-6 所示。计算机根据切片图像控制数字微镜，光照射到数字微镜上生成二维截面轮廓，光束传输系统将二维轮廓投射到树脂面上，使树脂按零件的截面轮廓固化成型。一层制作完成后，工作台向下移动一层厚度的距离，新的液态树脂覆盖在已制作的结构上方，继续下一层的制作，层层堆叠完成三维模型的制作。

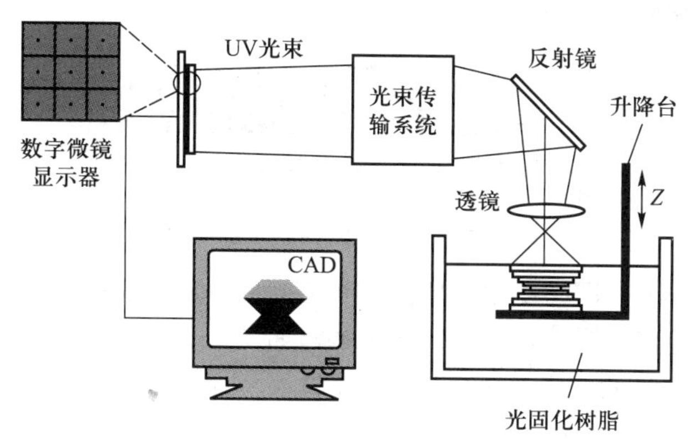

图 2-6 DLP 成型过程

数字微镜与光束传输系统也可置于成型平台的下方，即下置式 DLP 成型技术，其成型原理与过程与上置式相同，如图 2-7 所示。

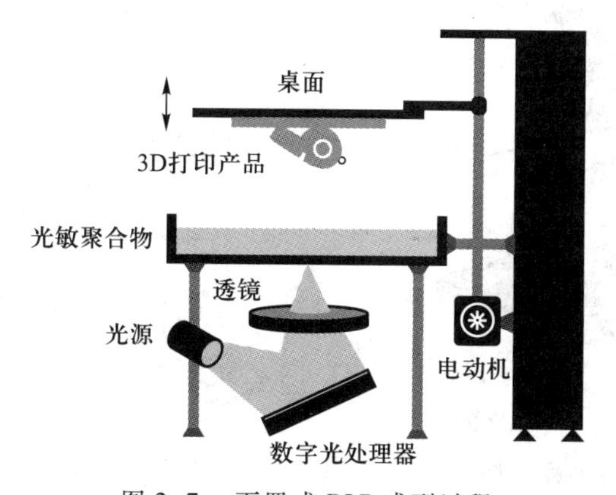

图 2-7 下置式 DLP 成型过程

(3) PolyJet 成型工艺

喷射（PolyJet）技术是基于喷射液滴的逐层堆积和固化的一种 3D 打印工艺成型技术。PolyJet 是由实体掩膜成型（Solid Ground Curing，SGC）发展而来的。以色列 Cubital 公司 Nissan Cohen 发明的 SGC 与 3DP 相似，但是整个操作过程的逻辑与之相反，将成型的物质直接喷撒至工作台面后固化，形成想要的成品，这又与 FDM 有异曲同工之妙。

SGC 的基本原理是采用紫外光来固化树脂，其成型过程如图 2-8 所示。电子成像系统先在一块特殊玻璃上通过曝光和高压充电过程产生与截面形状一致的静电潜像，并吸附上碳粉形成截面形状的负像，接着以此为“底片”用强紫外光对涂覆的一层光敏树脂进行同时曝光固化，把多余的树脂吸附走之后，用石蜡填充截面中的空隙部分，接着用铣刀把截面铣平，在此基础上进行下一个截面的涂覆与固化。

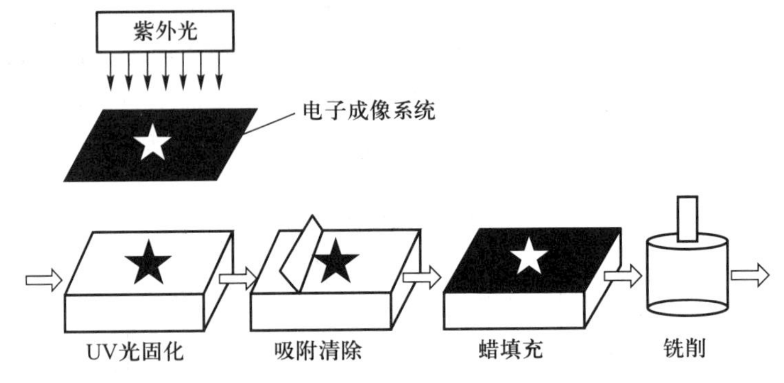

图 2-8 SGC 成型过程

相较于 SGC，PolyJet 同样使用 CAD，并将各元件大大地整合，减少复杂的机构，并且不再使用机械式的剖面整平装置。PolyJet 结构如图 2-9 所示，整个系统包括原料喷撒器、控制器、CAD、硬化光源、打印头以及喷嘴等装置。与其他 3D 打印技术相比，PolyJet 的运动系统相对比较简单，如图 2-10 所示，只需要 X、Y、Z 三个方向的直线运动和定位，且三个方向上的运动都是独立进行的，不需要实现联动。

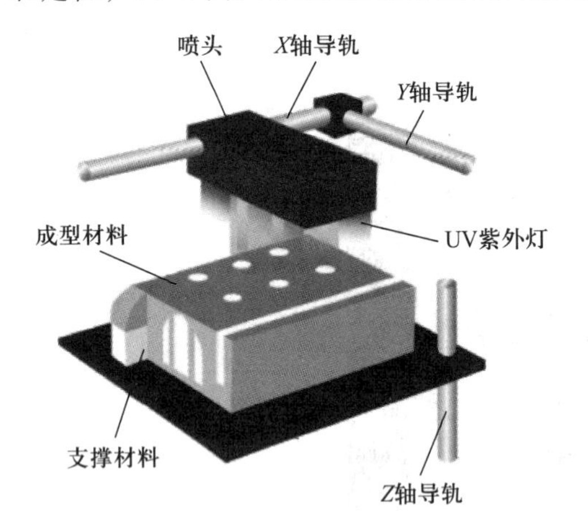

图 2-9 PolyJet 结构示意图

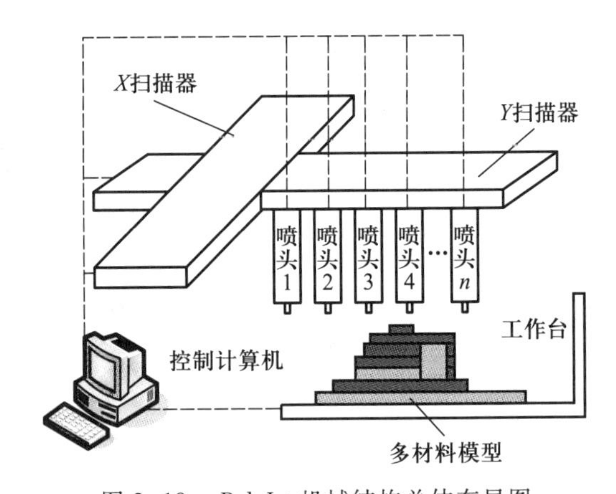

图 2-10 PolyJet 机械结构总体布局图

PolyJet 的成型过程如图 2-11 所示，通过压电式喷头将液态光敏树脂喷射到工作台上，形成给定厚度的具有一定几何轮廓的一层光敏树脂液体，然后由紫外灯发射紫外光对工作台上的这层液态光敏树脂进行光照固化；完成固化后，工作台精准下降一个成型层厚，然后进行第二层具有一定几何轮廓的液态光敏树脂固化成型；如此循环进行多层固化成型，形成三维实体模型。

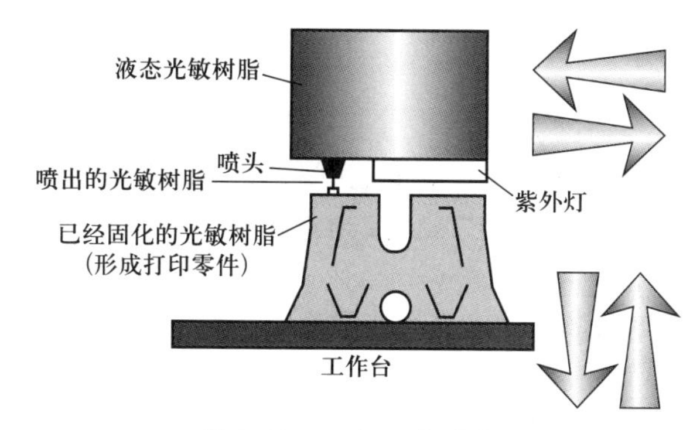

图 2-11　PolyJet 成型过程

2. 后处理

光固化成型的后处理主要包括原型的清洗、去除支撑、后固化以及必要的打磨等工作。下面以某一 SLA 原型为例给出其后处理过程，如图 2-12 所示。

1）原型叠层制作完成后，工作台升出液面，停留 5~10 min，以晾干滞留在原型表面的树脂和排除包裹在原型内部多余的树脂，如图 2-12a 所示。

2）将原型和工作台网板一起斜放晾干，并将其浸入丙酮、酒精等清洗液中，搅动并刷掉残留的气泡，如图 2-12b 所示。如果网板是固定于设备工作台上的，直接用铲刀将原型从网板上取下进行清洗，如图 2-12c 所示。

3）原型清洗完毕后，去除支撑结构，即将图 2-12c 中原型底部及中空部分的支撑去除干净。去除支撑时，应注意不要刮伤原型表面和精细结构。

4）再次清洗后置于紫外线烘箱中进行整体后固化，如图 2-12d 所示。对于有些性能要求不高的原型，可以不作后固化处理。

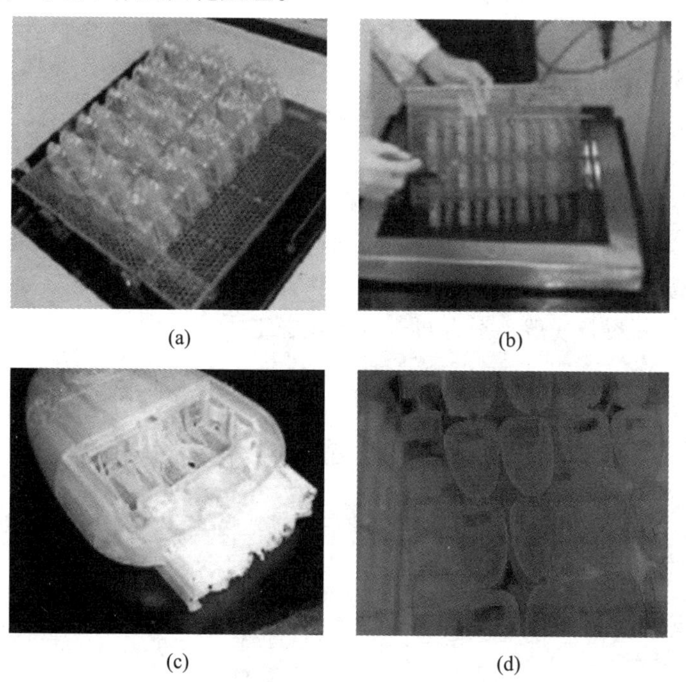

图 2-12　SLA 后处理过程

2.2.3　工艺特点

在当前应用较多的几种快速成型工艺方法中，SLA成型制件原型表面质量好，成型精度和尺寸精度高，在工业生产中应用广泛。该技术有其自身的特点，其优、缺点如下。

1. SLA成型工艺的优点

1）成型过程自动化程度高。SLA系统非常稳定，加工开始后，成型过程可以完全自动化，直至原型制作完成。

2）尺寸精度高。SLA原型的尺寸精度可达到±0.1 mm以内，有时甚至可达到±0.05 mm。

3）表面质量较好。虽然在每层固化时侧面及曲面可能出现台阶，但在原型制件的上表面仍可得到玻璃状的效果。

4）系统分辨率较高。可以制作结构十分复杂、尺寸比较精细的模型。尤其对于内部结构十分复杂、一般切削刀具难以进入的模型，能轻松地一次成型。

5）可以直接制作面向熔模精密铸造的具有中空结构的消失模。

6）制作的原型可以在一定程度上替代塑料件。

2. SLA成型工艺的缺点

1）成型制件外形尺寸稳定性差。在成型过程中伴随着物理和化学变化，导致成型件较软、薄的部位易产生翘曲变形，需要支撑，否则会引起制件变形。

2）需要设计模型的支撑结构。支撑结构需在成型零件未完全固化时手工去除，容易破坏成型件的表面精度。

3）SLA设备运转及维护费用高。由于液态树脂材料和激光器的价格较高，并且为了使光学元件处于理想的工作状态，需要进行定期的调整，对空间环境要求严格，其费用也比较高。

4）可使用的材料种类较少。目前可用的材料主要为感光性的液态树脂，并且在大多数情况下，不能进行抗力和热量的测试。

5）液态树脂有一定的气味和毒性。平时需要避光保存，以防止提前发生聚合反应，选择时有局限性。

6）成型制件需要二次固化。在很多情况下，经SLA系统光固化后的原型树脂并未完全被激光固化，为提高模型的使用性能和尺寸稳定性，通常需要二次固化。

7）SLA成型件不便进行机械加工。液态树脂固化后的性能尚不如常用的工业塑料件，强度较弱，易断裂，一般不适合再进行机械加工。

2.3　成型系统

2.3.1　SLA成型系统

SLA系统的组成一般包括光源系统、光学扫描系统、托板升降系统、涂覆刮平系统、液面及温度控制系统、控光快门系统等。图 2-13 所示为振镜扫描式 SLA 系统示意图。成型光束通过振镜偏转可进行 $X-Y$ 二维平面内的扫描运动，工作台可沿 Z 轴升降。控制系统根据各分层截面信息控制振镜按设定的路径逐点扫描，同时控制光阑与快门使一次聚焦后的紫外光进入光纤，在成型头经过二次聚焦后照射在树脂液面上进行点固化，一层固化完成后，控制 Z 轴下降一个层厚的距离，固化新的一层树脂，如此重复直至整个零件制造完毕。

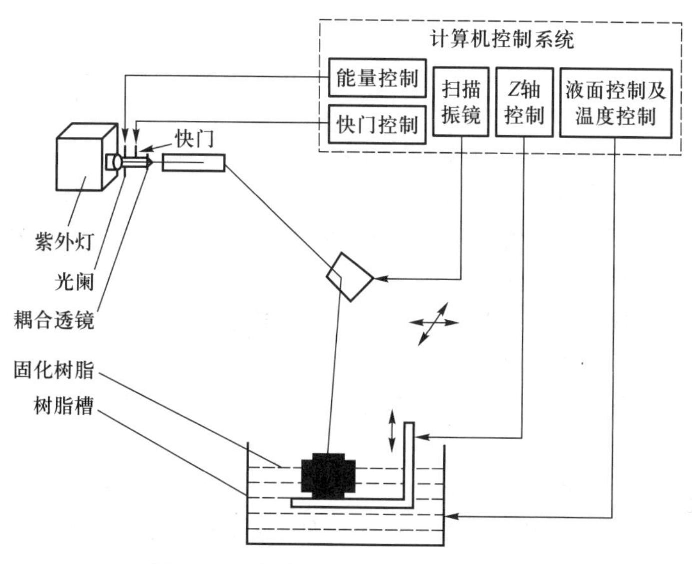

图 2-13 振镜扫描式 SLA 系统示意图

1. 光源系统

当光源的光谱能量分布与光敏树脂吸收谱线相一致时，组成树脂的有机高分子吸收紫外线，造成分解、交联和聚合，其物理或化学性质发生变化。由光固化的物理机理可知，对光源的选择主要取决于光敏剂对不同频率的光子的吸收。由于大部分光敏剂在紫外区的光吸收系数较大，一般使用很低的光能量密度就可使树脂固化，所以一般都采用输出在紫外波段的光源。目前，SLA 工艺所用的光源主要是激光器，可分为三类：气体激光器、固体激光器和半导体激光器。另外，也有采用普通紫外灯作为 SLA 光源的。

（1）气体激光器

1）He-Cd 激光器　紫外线固化树脂能量效率高，温升较低；树脂的吸收系数不易提高，输出光噪声成分占 10%，且低频的热成分较多。因此，固化分辨率较低，一般水平方向≥10 μm，垂直方向≥30 μm；输出功率通常为 15~50 mW，输出波长为 325 nm，激光器寿命为 2 000 h。

2）Ar^+激光器　树脂的吸收系数可用掺入染料等方法得到大幅度提高，激光器噪声<1%。因此，固化分辨率较高，水平方向可达 2 μm，垂直方向可达 10 μm，全方位为 5~10 μm；能量转化效率较低，激光器功率较大，曝光时间较长，发热量较大；输出功率为 100~500 mW，输出波长为 351~365 nm。

3）N_2激光器　工作物质是氮气，采用气体放电激发的原理，放电类型为辉光放电，氮分子激光器增益高，粒子数反转持续时间短，因此无需谐振腔反馈，其输出光为放大的自发辐射。输出功率为0.1~500 mW，输出波长为337.1 nm，使用寿命长达数万小时。

（2）固体激光器

一般SLA所用的固体激光器输出波长为355 nm，具有如下优点：输出功率高，可达500 mW或更高；寿命长，保用寿命为5 000 h，实际寿命更长，且更换激光二极管后可继续使用（相对He-Cd激光器而言，更换激光二极管的费用比更换气体激光管的费用要低得多）；光斑模式好，利于聚焦。采用固体激光器的成型机扫描速度快，通常可达5 m/s或更快。

（3）半导体激光器

半导体激光器是以半导体材料为工作介质的激光器。和其他类型的激光器相比，半导体激光器具有体积小、寿命长、驱动方式简单、能耗小等优点。

半导体激光器根据最终所输出光线形状的不同，可分为点激光器、线激光器和栅激光器。其中，点激光器扫描速度慢，但精度高；栅激光器扫描速度快，但精度低；线激光器扫描介于两者之间，是目前应用较广的一种半导体激光器。

半导体激光器根据其输出波长，又可分为可见光半导体激光器和紫外半导体激光器。可见光半导体激光器在制作零件方面，同气体激光器和固体激光器相比，还存在着诸如树脂材料性能差、固化效率低等缺点。目前尚无可以实用化的应用于快速成型的紫外半导体激光器。

激光器的选择主要根据固化的光波波长、输出功率、工作状态（CW代表连续波）及价格等因素来确定。目前可用于SLA设备的光源在表2-1中做了简单的比较。

表2-1 几种紫外光源的性能比较

光源＼性能	波长/nm	功率/mW	寿命/h	工作状态	光束质量	运行成本
He-Cd激光器	325	15~50	2 000	多模CW	高	较高
Ar^+激光器	351~365	100~500	2 000	多模CW	高	较高
Nd.YVO4	266	100~1 000	>5 000	单模CW	高	稍高
紫外汞灯	300~400	4 000*	>1 000	CW	稍差	极低
N_2激光器	337.1	0.1~500	>10 000	脉冲	高	较高
可见光半导体激光器	488,532	15~200	>10 000	CW	高	极低

* 灯输出的光功率密度，单位是 mW/cm^2。

（4）普通紫外灯

普通紫外光源有氘灯、氢弧灯、汞灯、氙灯和汞氙灯等。

氘灯、氢弧灯都是点光源，作为一种热阴极弧光放电灯，泡壳内充有高纯度气体，外壳由紫外透过率高、光洁度好的石英玻璃制成。工作时先加热灯丝，产生电子发射，使原子电离，当阳极加上高压后立即激发，可从阳极小圆孔（ϕ1 mm）中辐射出连续紫外光谱（185~400 nm）。当灯内充的气体是重氢（氘）时，称为氘灯；灯内充的气体是氢时，称为氢弧灯。两种灯相比较而言，氘灯的发光效率高于氢弧灯（在相同的电功率下），寿命都在 500 h 左右。氘灯的外形及紫外光谱同氢弧灯一样，在 190~350 nm 区域发射连续光谱，但是其输出光功率较低。

汞灯有高压汞灯和低压汞灯之分，高压汞灯多为球状，其体积小、亮度高，具有从 210 nm 开始的辐射光谱，但在远紫外区域内有效能量弱，因此作为实用的远紫外光源尚需进一步研制。低压汞灯多为棒状，是利用低压汞蒸气（0.133~1.333 Pa）放电时产生 253.7 nm 的紫外光源，它的辐射能量非常集中，当汞蒸气压为 0.8 Pa 时，253.7 nm 的紫外辐射能量最大，约占输入电功率的 60%。但低压汞灯的功率通常较小，一般不超过 100 W，棒状越长，功率越大；但极间距长，不是点光源，限制了它在远紫外曝光中的应用。

氙灯的光谱接近于太阳光谱，热辐射大，远紫外辐射只有百分之几，因而作为光固化快速成型的紫外光源也是不可取的。

汞氙灯是利用氙气作为基本气体，并充入适量的汞制成的球形弧光放电灯。由于汞的引入，它既具有氙灯即开即亮的优点，还具有汞灯有较高发光效率和节电的优点，因而是一种体积小、亮度高的球形点光源。它能产生从 210 nm 开始的近似连续辐射，且在远紫外（200~300 nm）范围内具有很强的能量辐射，输出电功率为 350~2 000 W。

远紫外汞氙灯如图 2-14 所示，含有的光谱非常丰富，不仅含有可固化树脂的紫外能量，而且含有大量的可见光和红外线。这些杂光在一定程度上会影响系统的正常工作。可见光会造成零件表面粗糙、边界不清晰等缺陷，从而影响固化零件的质量。红外线具有致热效应，如在焦点上红外线能量全部聚集起来的话，其热量是相当高的，温度将高达数百摄氏度。而在焦点处耦合用的光纤最高耐热也只有 100 ℃左右，所以红外线的热量会使光纤断裂，致使系统无法正常工作。

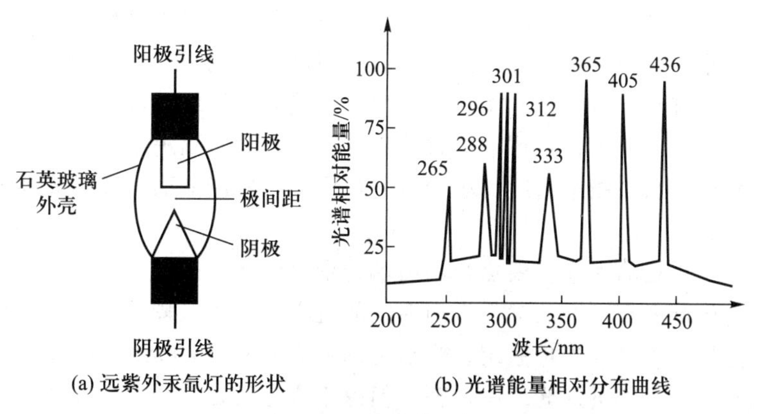

(a) 远紫外汞氙灯的形状　　(b) 光谱能量相对分布曲线

图 2-14　远紫外汞氙灯

一般采用冷光介质膜技术克服上述问题，即在聚光反射表面，镀一层或几层一定厚度的某种介质膜，该介质膜具有较强的紫外反射特性，而对红外光和可见光的反射能力很弱，致使反射罩具有较强的紫外波段反射能力。在紫外波段（250~350 nm），平均反射率在 90% 左右，而在其他波段，其透过率大于 80%，反射特性曲线如图 2-15 所示。

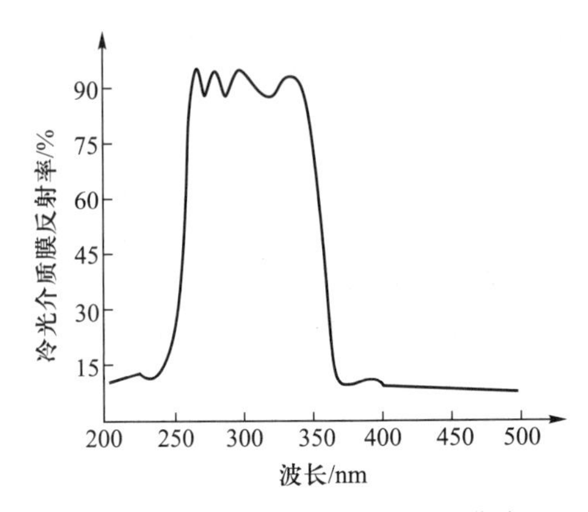

图 2-15　冷光介质膜反射特性曲线

（5）聚焦系统

SLA 技术要求传输至树脂液面的光能量具有较高的能量密度。通常，采用反射罩实现反光聚焦以提高光能量密度；经光纤输入端的耦合聚焦系统聚焦，进一步提高光能量密度；再由光纤传输，将光能量传至光纤输出端的耦合聚焦系统聚焦至树脂液面。光能量传输示意图如图 2-16 所示。

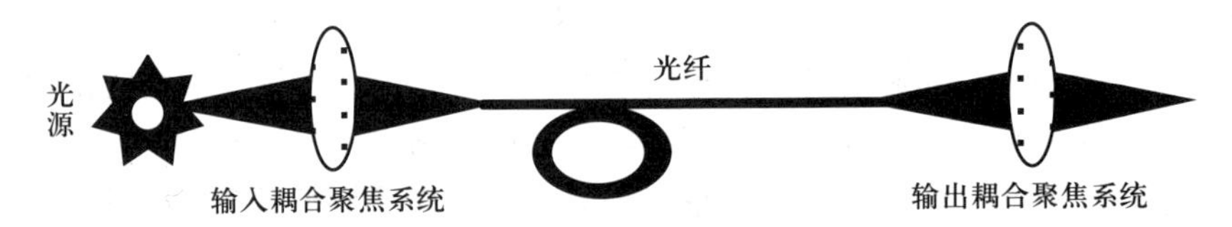

图 2-16　光能量传输示意图

集光系统有透镜集光、球面反射镜集光、抛物面反射镜集光及椭球面反射镜集光等。

经过集光的光能量，由于光源为非理想点光源，且聚光罩本身也会制造一定的误差等方面的原因，并非呈一理想点光源，而是一弥散圆斑（约为几个平方厘米），为了进一步提高光能量密度，有必要再次将光能量聚焦耦合，然后由光纤传输。光纤输出是光束以充满光纤数值孔径的形式射出，将这种形式的光能直接作用于光敏树脂，不满足成型要求，所以必须再次聚焦，以高能量密度、小光斑面积耦合至树脂液面，完成光能量输送，实现树脂的固化。

耦合聚焦系统包括输入耦合聚焦与输出耦合聚焦两部分。

将能量点光斑耦合至光纤的输入端面系统的是光能量输入耦合系统，也称为成像物镜系统。对于光能量输入耦合聚焦系统，当物镜的像方孔径角和光纤的数值孔径角相等时，轴上像点的光能量能全部进入光纤中传输，但由于点光斑是有一定尺寸的，即存在轴外像点，而轴外像点光束的主光线与光纤输入端面法线有一个不为零的夹角，使得光束的一部分光线的入射角大于光纤的数值孔径角，这样这部分光能量通不过光纤，这相当于几何光学中的挡光，而且随着物镜视场角的增大，轴外像点的挡光将增加，通过光纤的光能量将减少。为克服这种缺陷，光纤光学系统的光能量输入耦合聚焦系统，应设计成像方远心系统。由于像方远心系统的孔径光阑位于物镜前焦面处，使得物镜的像方主光线平行于其光轴，因此轴外像点与轴上像点一样，均正入射于光纤的输入端面上，即都能通过光纤来传输，不存在拦光现象。

要想使点光斑的能量经光纤柔性传输最后耦合聚焦于光敏树脂液面，必须在光纤输出端设置输出耦合聚焦系统（或称目镜系统）。耦合至光纤输入端的光束，无论是轴上像点还是轴外像点，其光线的入射角均不能大于光纤的数值孔径角，同时入射到光纤输入端的光束，无论是会聚光束还是平行光束，无论是正入射还是斜入射，经一定长度的光纤传输后，其输出端的光束一般为正出射的发散光束，且发散光线充满光纤的数值孔径角。因此，光纤的输出耦合聚焦系统，不能把光纤输出端的像作为自发光物体，而应严格考虑其光束的前后衔接，如同几何光学系统中的两个成像系统的衔接一样，即前一光学系统的出瞳应和后一光学系统的入瞳重合，把光纤的输出端面当作两个成像系统的中间像面位置，根据光纤输出的光束结构特性，犹如前方成像系统为像方远心光路。为了保证光瞳的衔接，光纤输出端的耦合光学系统应设计成物方远心光路。

2. 光学扫描系统

SLA 的光学扫描系统有数控 $X-Y$ 导轨式扫描系统和振镜式激光扫描系统两种，如图 2-17 所示。对于数控 $X-Y$ 导轨式扫描系统，实质上是一个在计算机控制下的二维运动工作台，它带动光纤和聚焦透镜完成零件的二维扫描成型。

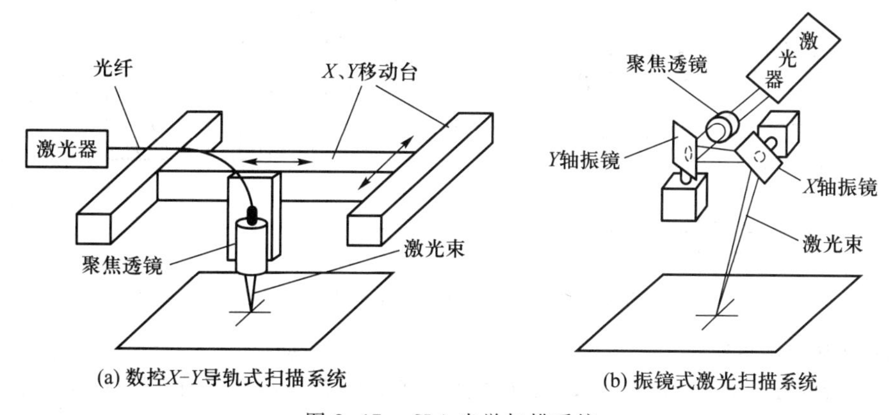

图 2-17 SLA 光学扫描系统

该系统在 $X-Y$ 平面内的动作由步进电动机驱动高精密同步带实现（由电动机作用于丝杠驱动扫描头）。数控 $X-Y$ 导轨式扫描系统具有结构简单、成本低、定位精度高的特点，二维导轨由计算机控制在 $X-Y$ 平面内实现扫描，它既可以使焦点作直线运动，又可以实现小视场、小相对孔径的条件，简化了物镜设计，但该系统扫描速度相对较慢，在高端设备应用中已逐渐被振镜式激光扫描系统所取代。

振镜扫描器常见于高精度大型快速成型系统，如美国 3D Systems 公司的 SLA 产品多用这种扫描器。这种扫描器是一种低惯量扫描器，主要用于激光扫描场合（激光刻字、刻线、照排、舞台艺术等），其原理是用具有低转动惯量的转子带动反射镜偏转光束。振镜扫描器能产生稳定状态的偏转，高保真度的正弦扫描以及非正弦的锯齿形、三角形或任意形式扫描。这种扫描器一般和 $f-\theta$ 聚焦透镜配用，在大视场范围内进行扫描。振镜扫描器具有低惯量、速度快、动态特性好的优点，但是它的结构复杂，对光路要求高，调整麻烦，价格较高。

振镜式激光扫描系统主要由执行电动机、反射镜片、聚焦系统以及控制系统组成。执行电动机为检流计式有限转角电动机，其机械偏转角一般在±20°以内，反射镜片粘结在电动机的转轴上，通过执行电动机的旋转带动反射镜片的偏转来实现激光束的偏转，其辅助的聚焦系统有静态聚焦方式和动态聚焦方式两种，根据实际聚焦工作面的大小选择不同的聚焦系统。静态聚焦方式又有振镜前聚焦方式的静态聚焦和振镜后聚焦方式的 $f\text{-}\theta$ 透镜聚焦；动态聚焦方式需要辅以一个 Z 轴执行电动机，并通过一定的机械结构将执行电动机的旋转运动转变为聚焦透镜的直线运动来实现动态调焦，同时加入特定的物镜组来实现工作面上聚焦光斑的调节。动态聚焦方式相对于静态聚焦方式要复杂得多，图 2-18 所示为采用动态聚焦方式的振镜式激光扫描系统示意图，激光器发射的激光束经过扩束镜之后，得到均匀的平行光束，然后通过动态聚焦方式的聚焦以及物镜组的光学放大后依次投射到 X 轴和 Y 轴振镜上，最后经过两个振镜二次反射到工作面上，形成扫描平面上的扫描点。可以通过控制振镜式激光扫描系统镜片的相互协调偏转以及动态聚焦的动态调焦来实现工作面上任意复杂图形的扫描。

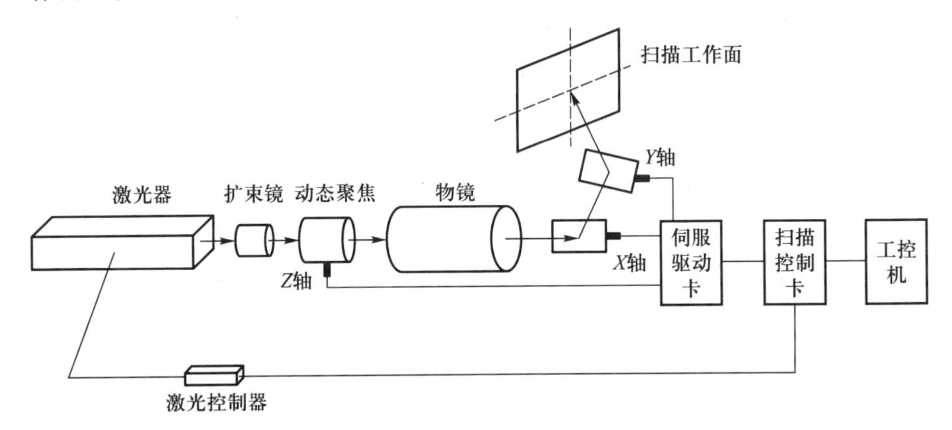

图 2-18　振镜式激光扫描系统示意图

3. 托板升降系统

托板升降系统如图 2-19 所示，其功能是完成零件支撑及在 Z 轴方向的运动，它与涂覆刮平系统相配合，就可实现待加工层树脂的涂覆。托板升降系统采用步进电动机驱动、精密滚珠丝杠传导及精密导轨导向的结构。制造零件时托板经常作下降、上升运动，为了减少运动对液面的搅动，可在托板上布置蜂窝状排列的小孔。

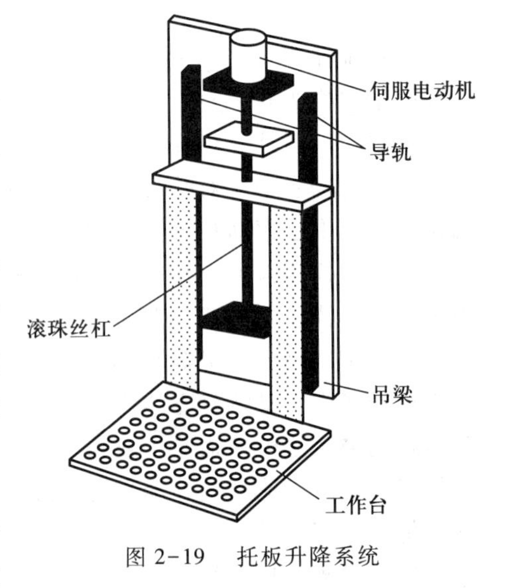

图 2-19　托板升降系统

4. 涂覆刮平系统

在有些 SLA 设备中常设有涂覆刮平系统，用于完成对树脂液面的涂覆作用。涂覆刮平运动可以使液面尽快流平，进而提高涂覆效率并缩短成型时间。现在常用的涂覆机构主要有吸附式、浸没式和吸附浸没式三种。

(1) 吸附式涂覆

吸附式涂覆如图 2-20 所示，由刮刀（有吸附槽和前、后刃）、压力控制阀和真空泵等组成。工件完成一层激光扫描后，电动机带动托板下降一个层厚的高度，由于真空泵抽气产生的负压使刮刀的吸附槽内吸有一定量的树脂，刮刀沿水平方向运动，将吸附槽内的树脂涂覆到已固化的工件层面上，同时刮刀的前、后刃修平高出的多余树脂，使液面平整，刮刀吸附槽内的负压还能消除由于工件托板移动在树脂中造成的气泡。此机构比较适合于断面尺寸较小的固化层面，但如果设置适当的刮刀移动速度，也可使较大的区域得到精确涂覆。

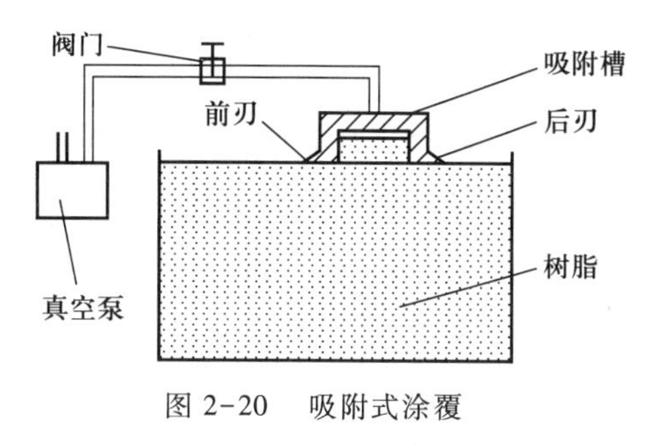

图 2-20 吸附式涂覆

（2）浸没式涂覆

当被加工的工件具有较大尺寸的实体断面时，采用上述吸附式涂覆机构很难保证涂覆质量，有些地方可能会因为吸附槽内的树脂材料不够，出现涂不满的现象。这种情况必须通过浸没式涂覆技术解决。

浸没式涂覆过程如图 2-21 所示，刮刀在结构上只有前、后刃而没有吸附槽，当工件完成一层的扫描之后，托板下降一个比较大的深度（大于几层层厚），然后再上升，到比最佳液面高度低一个层厚的位置，接着刮刀作来回运动，将表面多余的树脂和气泡刮走。此种方法能将较大的工件表面刮平，但刮走后的气泡仍留在树脂槽中，较难消失。若气泡附在工件上面，则可能导致工件出现气孔，影响质量。

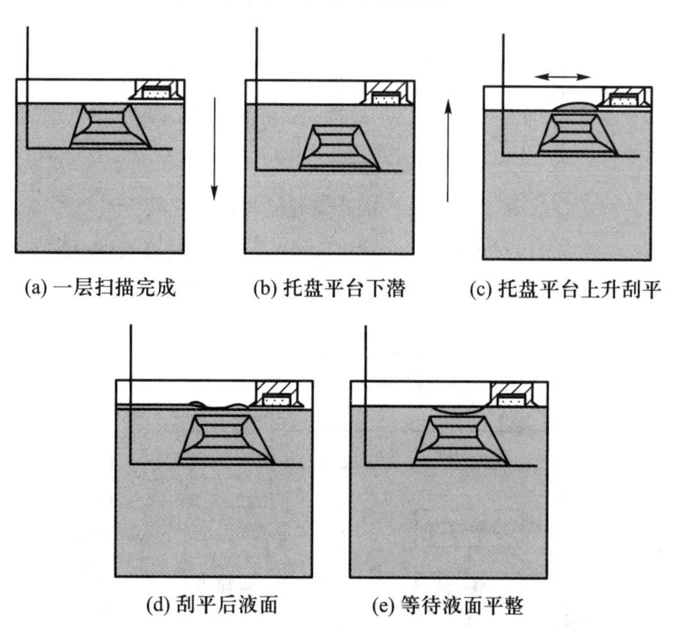

图 2-21 浸没式涂覆过程

（3）吸附浸没式涂覆

此机构综合了吸附式和浸没式的优点，同时增加了水平调节机构。它主要由真空机构、刮刀水平调节机构、运动机构和刮刀组成。真空机构通过调节阀控制负压值来控制刮刀吸附槽内的树脂液面的高度，保证吸附槽里有一定量的树脂；刮刀水平调节机构主要用于调节刮刀刀口的水平。由于液面在激光扫描时必须是水平的，因此刮刀的刀口也必须与液面平行。工作时，刮刀的吸附槽里由于存在负压，会一直有一定量的树脂。当完成一层扫描后，升降托板带动工件下降几层的高度，然后再上升到比液面低一个层厚的位置，接着电动机带动刮刀作来回运动，将液面多余的树脂和气泡刮走，激光就可以进行下一次的扫描了，通过这种技术能明显地提高工件的表面质量和精度。

2.3.2　DLP成型系统

基于数字微镜光固化快速成型系统的结构简图如图2-22所示，图中轮廓图形发生装置即为本系统的光学系统，是产生零件二维轮廓图形的核心。光学系统生成的轮廓图形被投射到透明的承载玻璃板上，光线透过承载玻璃板使光敏树脂按需固化，每固化一层，Z轴运动机构带动已固化零件向上运动一个层片厚度，接着进行下一层的固化，如此重复直至零件制造完成。为简化成型零件后处理，采用下照射曝光，这样由未固化液态树脂和承载玻璃板充当支撑，在加工过程中无需再另行添加支撑。

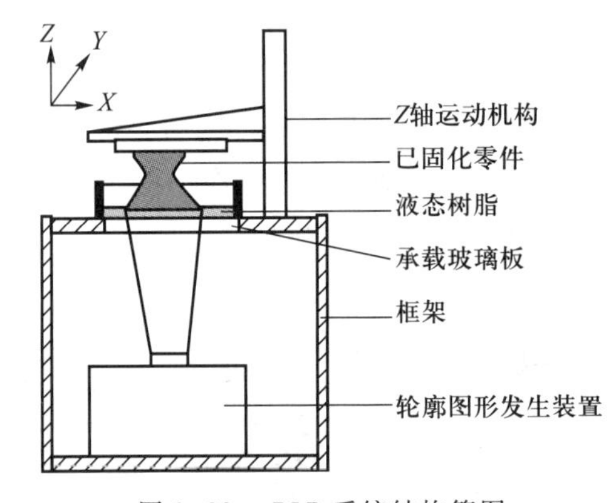

图2-22　DLP系统结构简图

如图2-23所示，整个DLP系统包括四大模块：光学系统、数据处理系统、控制系统和机械系统，各部分相互协作保证系统良好地工作。

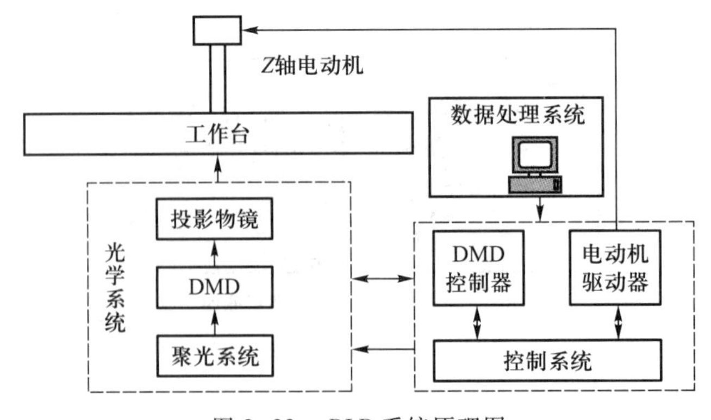

图2-23　DLP系统原理图

光学系统由数字微镜、聚光系统以及投影物镜三个部分组成。其中，聚光系统为数字微镜（DMD）提供均匀的照明入射光束，为树脂固化提供均匀的能量；投影物镜将数字微镜形成的二维轮廓投射到树脂面上，使树脂按零件的截面轮廓固化成型；数字微镜为实现零件二维轮廓的核心器件，通过控制系统给它的电信号，完成图形轮廓的生成，整个光路系统设计以实现数字微镜的工作原理为基点。图 2-24 为光学系统简图，从图中可以看出整个光学系统的组成。

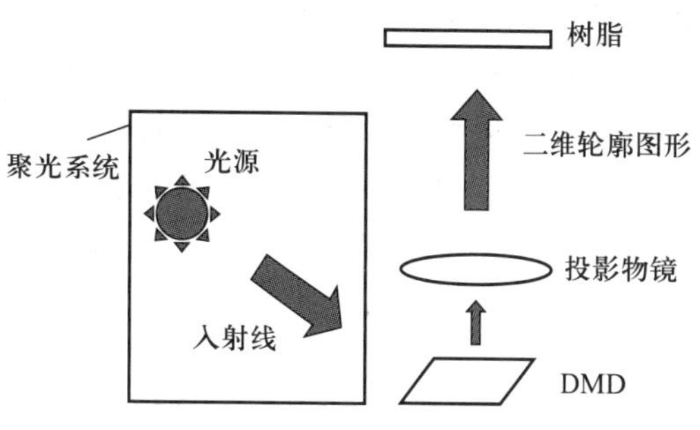

图 2-24 DLP 光学系统示意图

数据处理系统负责完成从零件 CAD 模型到零件二维轮廓图形的数据转换，投影式光固化快速成型技术得到零件轮廓图形（bmp 文件）后无需再为二维轮廓生成加工路径，因此处理速度相对较快。控制系统负责控制相关器件从计算机读入二维轮廓图片信息（bmp 文件），并根据 bmp 文件的相关信息为数字微镜的每一片小微镜提供电信号，使数字微镜按要求进行偏转，实现掩膜图形的生成。控制系统还对 Z 轴的动力装置进行控制，每曝光固化一层后，控制电动机运动使 Z 轴往上运动一个层厚，以便进行下一个层厚的加工。此外，控制系统还起到快门的作用，在 Z 轴静止时使光学系统中通过光线，而当 Z 轴运动时则严禁光线通过，以保证零件的加工精度。

机械系统为整个成型系统的骨架，为整个系统提供支撑，包括控制系统、光学系统、Z 轴运动部件的安装固定。由于本系统是采用投影曝光，对各个关键器件的平行度要求较高，因此机械结构还必须完成对曝光用的投影物镜、承载玻璃板与数字微镜之间的平面度的调节。

这四大模块在整个系统中都是不可或缺的，各模块共同作用、互相配合才能生产出合格的三维零件。

2.3.3 PolyJet 成型系统

PolyJet 成型系统与 SLA 系统的主要区别在喷头部分，PolyJet 的喷头结构如图 2-25 所示。

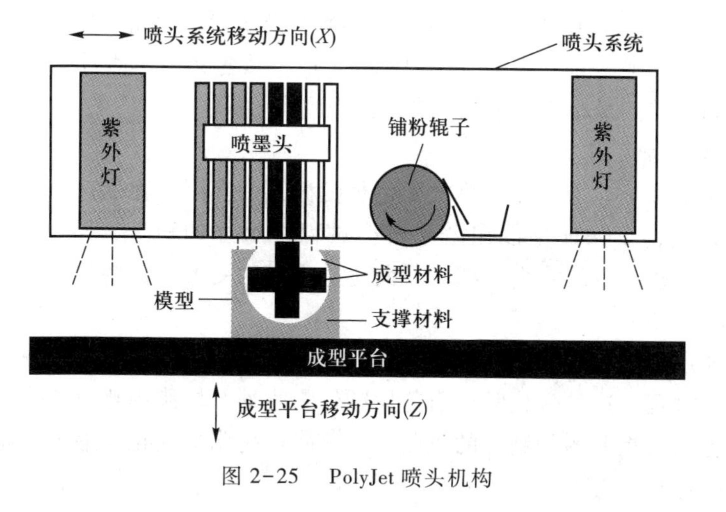

图 2-25 PolyJet 喷头机构

PolyJet 系统采用阵列式喷头，在计算机控制下，喷嘴工作腔内的液态光敏树脂瞬间形成液滴，在压力作用下液滴喷射到成型平台的指定位置，并立即使用紫外灯照射将其固化，薄层沉积在成型平台上，形成精确的 3D 模型或零件。PolyJet 系统成型材料为一种刚性材料和一种弹性材料，这两种材料可以根据图形像素点的要求以任意比例组合，形成连续多功能梯度的材料混合物，从而实现多材料的打印。在悬垂部分或形状复杂需要支撑的部位，该系统可喷射用手或水可轻松除去的凝胶状支撑材料。

2.4 成型材料

2.4.1 光敏树脂的性能要求

紫外光敏树脂在紫外光作用下产生物理或化学反应，能从液体转变为固体。光固化快速成型技术使用的树脂是从 UV 涂料配方基础上发展起来的，固化后又具有工程塑料的性能，因此其性能与一般的光敏树脂有所不同，一般应符合以下要求：

（1）液态树脂的稳定性好

在可见光条件下液态树脂性能稳定，不易发生化学反应，同时应有良好的热稳定性、化学稳定性及组成稳定性。

（2）粘度低

由于 SLA 成型过程是固化片层的叠加过程，每固化完一个片层，工作平台下降一定距离后，液态树脂需要很快覆盖已固化的片层，并且需要刮板刮平树脂液面。低粘度的树脂有利于成型中树脂的快速流平。

（3）固化速度快

树脂的固化速度直接影响成型的效率，从而影响经济效益，因此需要光固化树脂对紫外光有高的响应速率。树脂的光固化速度又称为光敏性，通常用临界曝光量（Critical Exposure Energy）E_C 来表征。E_C 的量纲是 mJ/cm^2，其含义是在透射深度下单位面积的树脂达到凝胶状态所需的最小曝光能量。

（4）一次固化程度高

在紫外固化条件下，未经后固化的固化程度称为一次固化程度。一般要求一次固化程度要达到 90%以上，以保证零件在激光成型过程中尺寸的稳定，防止零件变形。同时，可以减少后固化过程产生的收缩，减少后固化过程中的变形，保持零件精度。

（5）固化收缩率小

光固化快速成型的首要问题就是制造精度。光固化树脂在固化过程中，经过一个从液态向固态的转变过程，这种变化常会引起树脂体积收缩。树脂固化时的体积收缩造成的不仅仅是尺寸误差，更重要的是制件的翘曲变形。降低树脂的固化收缩率是光固化树脂研制过程中的主要目标。

(6) 透射深度适中

透射深度（Depth of Penetration）D_P 是树脂体系固有的参数。D_P 值关系到光固化树脂固化片层间的粘结情况，对固化制品的强度和精度等都有很大影响。用于SLA技术的光固化树脂必须有适中的透射深度系数 D_P，并根据 D_P 值调节固化片层的厚度。

(7) 湿态强度高

较高的湿态强度可以保证后固化过程不产生变形、膨胀及层间剥离。

(8) 溶胀小

湿态成型件在液态树脂中的溶胀会造成零件尺寸偏大，因此溶胀小可以减缓尺寸偏大趋势。

(9) 毒性小

毒性小有利于操作者的健康和不造成环境污染。

2.4.2 光敏树脂的组成

光敏树脂是一种由光聚合性预聚合物或低聚物、光聚合性单体以及光聚合引发剂等为主要成分组成的混合液体，其各组成成分及其基本功能见表2-2。其主要成分有低聚物、丙烯酸酯和环氧树脂等种类，它们决定了光固化产物的物理特性。低聚物的粘度一般很高，所以要将单体作为光聚合性稀释剂加入其中，以改善树脂整体流动性。在固化反应时单体也与低聚物的分子链反应并硬化。体系中的光聚合引发剂能在光能照射下分解，成为全体树脂聚合开始的“火种”。有时为了提高树脂反应时的感光度，还要加入增感剂，其作用是扩大被光引发剂吸收的光波长带，以提高光能吸收效率。此外，体系中还要加入消泡剂、稳定剂等。

表2-2 光敏树脂的组成成分及其基本功能

名称	功能	常用含量	类型
光引发剂	吸收紫外光能，引发聚合反应	≤10%	自由基型、阳离子型
低聚物	材料的主体，决定固化后材料的主要功能	≥40%	环氧烯酸酯、聚酯丙烯酸酯等
稀释单体	调整粘度并参与固化反应，影响固化膜性能	20%~50%	单官能度、双官能度、多官能度
其他	根据不同用途而异	0~30%	

(1) 低聚物

又称预聚物，是含有不饱和官能团的低分子聚合物，多数为丙烯酸酯的低聚物。在辐射固化材料的各组分中，低聚物是光敏树脂的主体，它的性能很大程度上决定了固化后材料的性能。一般而言，低聚物相对分子质量越大，固化时体积收缩越小，固化速度越快；但相对分子质量越大，粘度越高，需要更多的单体稀释剂。因此，低聚物的合成或选择是光敏树脂配方设计中重要的一个环节。表2-3为常用的光敏树脂低聚物类型和性能。

表 2-3 常用的光敏树脂低聚物类型和性能

类型	固化速率	抗拉强度	柔性	硬度	耐化学性	抗黄变性
环氧丙烯酸酯	快	高	差	高	极好	中至差
聚氨丙烯酸酯	快	可调	好	可调	好	可调
聚酯丙烯酸酯	可调	中	可调	中	好	差
聚醚丙烯酸酯	可调	低	好	低	差	好
丙烯酸树脂	快	低	好	低	差	极好
不饱和聚酯	慢	高	差	高	差	差

(2) 光引发剂

指任何能够吸收辐射能，经过化学变化产生具有引发聚合能力的活性中间体的物质。光引发剂是任何光敏树脂体系都需要的主要组分之一，它对光敏树脂体系的灵敏度（即固化速率）起决定作用。相对于单体和低聚物而言，光引发剂在光敏树脂体系中的浓度较低（一般不超过10%）。在实际应用中，光引发剂本身（固化后引发化学变化的部分）及其光化学反应的产物均不应该对固化后聚合物材料的化学和物理性能产生不良的影响。

(3) 稀释单体

稀释单体除了调节体系的粘度以外，还能影响到固化动力学、聚合程度以及生成聚合物的物理性质等。虽然光敏树脂的性质基本上由所使用的低聚物决定，但主要的技术安全问题却必须考虑所用稀释单体的性质。自由基固化工艺所使用的是丙烯酸酯、甲基丙烯酸酯和苯乙烯，阳离子聚合所使用的环氧化物以及乙烯基醚等都是辐射固化中常用的稀释单体。由于丙烯酸酯具有非常高（丙烯酸酯>甲基丙烯酸酯>乙烯基醚）的反应活性，工业中一般使用其衍生物作为稀释单体。稀释单体分为单、双官能团和多官能团单体。一般增加稀释单体的官能团会提高固化速度，但同时会对最终转化率带来不利影响，导致聚合物中含有大量残留稀释单体。

2.4.3 光敏树脂的分类

光敏树脂按照聚合机理的不同可以分为自由基聚合树脂、阳离子聚合树脂和混杂型聚合树脂三种类型。

(1) 自由基聚合树脂

自由基引发剂分为裂解型和夺氢型两种。裂解型自由基引发剂有芳香族羰基化合物、苯甲基缩酮、α-氨基酮类、酰基膦氧化物、苯偶姻类。夺氢型自由基引发剂种类多为二苯甲酮、硫杂蒽酮、芳香族酮类、樟脑醌等。

自由基体系预聚物方面：各种预聚体的结构千差万别，可选择种类繁多，性能差别很大。环氧丙烯酸酯通过环氧树脂的丙烯酸酯化制备，结构变化多。例如：酚醛环氧丙烯酸酯的官能度高、反应速度快，具有良好的耐热性、耐溶剂性等，但是价格高昂，粘度也较高。双酚A型环氧丙烯酸酯固化快、抗拉强度大，但脆性较大、柔韧性差。不饱和二元酸或酸酐与二元醇缩聚制备的不饱和聚酯比较坚硬，但是固化速度慢、柔韧性差、附着性差，尤其分子结构中大量的酰胺键提高了粘度。不饱和聚酯与丙烯酸酯制备的聚酯丙烯酸酯粘度低、柔韧性好，但硬度低、固化速度慢，不适于快速成型树脂体系。

此外，还有聚醚丙烯酸酯、丙烯酸树脂、不饱和聚酯等。上述自由基型预聚物中环氧丙烯酸酯使用量较大，它的优点是主链上的官能团允许多种结构的变化，既含有柔性链段又包含刚性结构，双丙烯酸酯键甚至三丙烯酸酯键也保证了固化树脂的交联网络密度。但是在固化过程中会释放出对人体有害的刺激性气味，并且氧阻聚现象的存在使得材料固化效果不佳。

与自由基型预聚物配合使用的活性稀释剂可以是1,6-己二醇二丙烯酸酯（HDDA）、乙氧基化三羟甲基丙烷三丙烯酸酯（EOTMPTA）、丙烯酸异冰片酯（IBOA）、二缩三丙二醇二丙烯酸酯（TPGDA）等。

自由基体系树脂固化后体积收缩比较严重，官能度越高，这种现象越明显。这主要是由于液态光敏树脂分子之间为范德华距离，经过聚合反应后链段的规整性提高，距离变至共价键距离导致的。体积收缩现象大大影响制件的精度，并且对于大平面的零件来讲，更容易出现翘曲变形、层间断裂导致制件失败。

总的来说，自由基聚合体系的研究较多，可选择的组分种类范围大。可根据需要选择成分，性能易于调节，固化速度快。缺点是氧阻聚作用抑制了自由基聚合，树脂的固化收缩现象严重，若撤走光源，反应立即停止。

（2）阳离子聚合树脂

阳离子聚合树脂以阳离子聚合机理发生开环聚合反应。商业化的阳离子有鎓盐、重氮盐、铁芳烃盐等，但是在光固化树脂体系中应用得最多的是以三芳基硫鎓盐和二芳基碘鎓盐为代表的鎓盐类。鎓盐类引发剂受光能激发裂解产生超强质子酸或路易斯酸，引发活性取决于配对阴离子的亲核性，鎓盐阴离子的亲核性越弱，质子酸的酸性越强，活性种引发活性越高。故具有不同阴离子的鎓盐引发活性顺序为 $SBF^{6-}>AsF^{6-}>PF^{6-}>BF^{4-}$。大多数鎓盐引发剂吸收波长低于350 nm，但是通过向体系中添加光敏剂即可提高鎓盐引发剂的引发效率。研究证明，自由基引发剂也可以起到提高光敏性的作用。环氧单体在质子酸引发下生成聚醚结构，阳离子聚合可以发生单离子链的终止反应及链转移，但不会发生双离子链终止，因此又称为活性聚合。

环氧化合物和乙烯基醚常用于阳离子聚合体系。最常用的预聚物是双酚A型环氧树脂，它可以提供良好的力学性能和粘结性能，但由于聚合速度慢、粘度大，需和其他低粘度活性稀释剂配合使用，从而优化性能。脂环族环氧化合物，例如3,4-环氧环己基-3,4-环氧环己基甲酸酯、二-(3,4-环氧环己基）己二酸酯等聚合速率较快，同时粘度低、固化收缩率小，但力学性能稍欠。阳离子型活性稀释剂一般为环氧或乙烯基醚类。常见的如单环氧基脂环族环氧化合物、4-羟丁基乙烯基醚（HBVE）、乙二醇二乙烯基醚、乙二醇丁基乙烯基醚、1,4-环己基二甲醇二乙烯基醚（CHVE）。乙烯基醚类粘度低，固化彻底，受湿度和温度影响小，还可以对环氧树脂低聚物进行改性。氧杂环丁烷是一种新型高端UV阳离子固化单体，在国外的光固化涂料研究中已经有广泛的使用，是一种活性很高、降粘作用良好的阳离子活性稀释剂。它可以和诱导期较长的缩水甘油醚体系配合，提高反应速率。还有螺还原酸酯、螺还原碳酸酯等膨胀单体也可以作为阳离子活性稀释剂使用，以降低树脂的固化收缩率。

阳离子聚合一旦开始，即使在撤走光源的条件下也可以持续反应。与此产生明显对比的是，自由基聚合随着光源的消失会立即停止反应。因此，当制件完成光固化以后，阳离子体系可以不经过二次固化进一步提升交联程度。阳离子体系增长速率常数和终止速率常数比自由基体系小一个数量级，聚合速率较自由基聚合慢。但阳离子体系体积收缩率小，因为环氧化合物部分开环聚合形成的结构单元距离为范德华距离，可以在一定程度上减少液态树脂范德华距离转变为共价键距离造成的体积收缩。总的来说，使固化前后体积收缩率降低。因此，湿气和杂质都会影响预聚物和稀释剂聚合，组分可选择范围小。

（3）混杂型聚合树脂

混杂型聚合树脂可以同时发生阳离子聚合和自由基聚合光固化反应，因此体系中成分较复杂，组分之间的相容性、聚合速率匹配等问题是研究的热点。有学者研究认为，混杂光固化体系在光引发、体积变化互补、性能调节等方面具有很好的协同效应。此外，混杂聚合可以有效克服自由基体系氧阻聚作用和阳离子体系对水汽的敏感问题。混杂体系树脂的研究主要围绕丙烯酸酯-环氧树脂混杂光敏树脂体系和丙烯酸酯-乙烯基醚混杂光敏树脂体系形成的互穿网络展开。目前涉及光固化快速成型树脂配方的国外专利也多是在丙烯酸酯和环氧树脂的基础上进行的各种配合研究。例如有学者用酚醛环氧树脂、脂环族环氧树脂、双酚A环氧丙烯酸酯等制备的光固化快速成型树脂，其拉伸强度为34 MPa，断裂伸长率为3.1%。

2.5　成型影响因素

光固化成型的精度一直是设备研发和用户制作原型过程中密切关注的问题。光固化快速成型技术发展到今天，光固化原型的精度一直是人们需要解决的难题。控制原型的翘曲变形和提高原型的尺寸精度及表面质量一直是研究领域的核心问题之一。原型的精度一般包括形状精度、尺寸精度和表面精度，即光固化成型件在形状、尺寸和表面相互位置三个方面与设计要求的符合程度。形状误差主要有翘曲变形、扭曲变形、椭圆度误差及局部缺陷等；尺寸误差是指成型件与CAD模型相比，在X、Y、Z三个方向上的尺寸相差值；表面精度主要包括由叠层累加产生的台阶误差及表面粗糙度等。

此处，以SLA技术为例，分析影响成型质量的各影响因素。影响SLA成型精度的因素有很多，包括成型前和成型过程中的数据处理、成型过程中光敏树脂的固化收缩、光学系统及激光扫描方式等。按照成型机的成型工艺过程，可将产生成型误差的因素按图2-26所示进行分类。

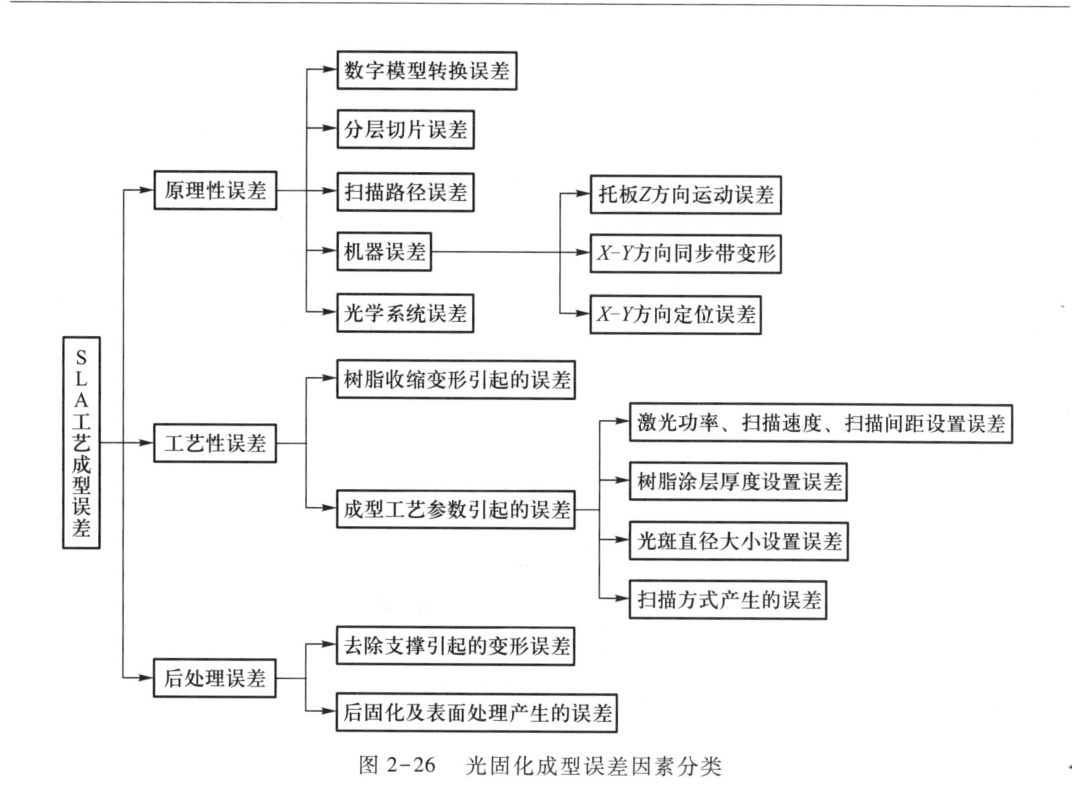

图 2-26 光固化成型误差因素分类

2.5.1 原理性误差

1. 数字模型转化误差

在成型过程开始前，必须对实体的三维 CAD 模型进行 STL 格式转化，这是一种用无数三角面片逼近三维曲面的实体模型，图 2-27 所示为球的 STL 格式。从本质上讲，小三角形不可能完全表达实际表面信息，不可避免地会产生弦差，导致截面轮廓线误差，如图 2-28 所示。可见，如果小三角形过少，就会造成成型件的形状、尺寸精度无法满足要求。但如果为了减小弦差值而增加小三角形的数量，将会使 STL 文件数据量增大，加长文件处理时间，甚至超出快速成型系统所能接收的范围，因此应适当调整 STL 格式的转化精度。

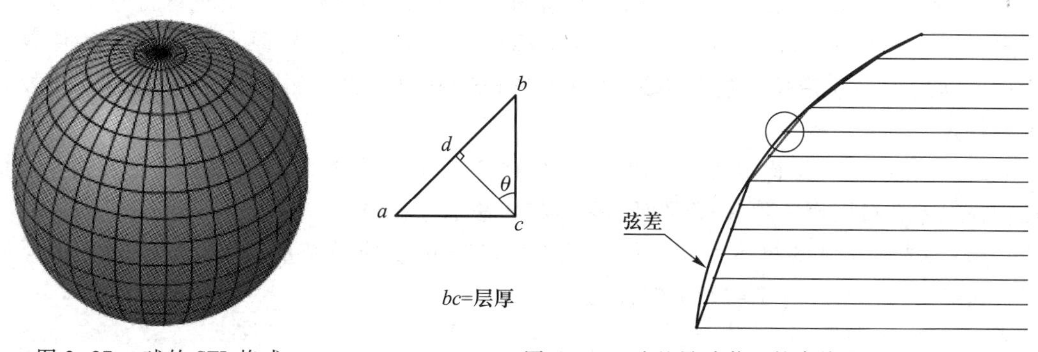

图 2-27 球的 STL 格式

图 2-28 弦差导致截面轮廓线误差

2. 分层切片误差

成型前模型需要沿 Z 轴方向进行切片分层，以便得到加工前所需的一系列截面轮廓信息。在进行切片处理时，因为切片厚度不可能太小，因此在成型工件表面会形成“台阶效应”，如图 2-29 所示，还可能遗失切片层间的微小特征结构（如凹坑等），形成误差。切片层厚度越小，误差越小，但层厚过小会增加切片层的数量，致使数据处理量庞大，增加了数据处理的时间。

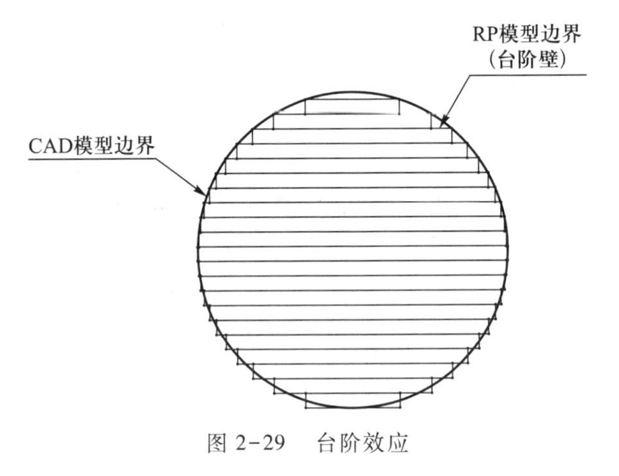

图 2-29　台阶效应

3. 扫描路径误差

对于扫描设备来说，一般很难真正扫描曲线，但可以用许多短线段近似表示曲线，这样就会产生扫描误差，如图 2-30 所示。如果误差超过了容许范围，可以加入插补点使路径逼近曲线，减少扫描路径的近似误差。

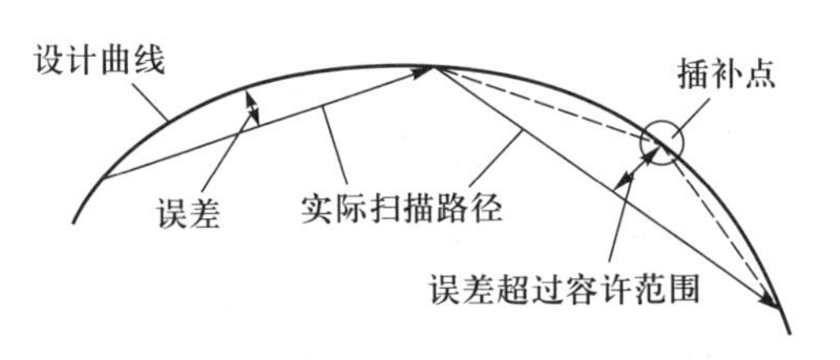

图 2-30　用短线段近似曲线造成的扫描误差

4. 光学系统误差

1）激光器和振镜扫描头由于温度变化和其他因素的影响，会出现零漂或增溢漂移现象，造成扫描坐标系偏移，使下层的坐标原点与上层的坐标原点不一致，致使各个断面层间发生相互错位。这可以通过对光斑进行在线检测，并对偏差量进行补偿校正消除误差。

2）振镜扫描头结构本身造成原理性的扫描路径枕形误差，振镜扫描头安装误差造成的扫描误差，可以用一种 X-Y 平面的多点校正法消除扫描误差。

3）激光器功率如果不稳定，使被照射的树脂接收的曝光量不均匀。光斑的质量不好、光斑直径不够小等都会影响制件的质量。

2.5.2　工艺性误差

1. 树脂收缩变形引起的误差

高分子材料的聚合反应一般会出现固化收缩的现象。因此，光固化成型时，光敏树脂的固化收缩会使成型件产生内应力，从而引起制件变形。沿层厚从正在固化的层表面向下，随固化程度不同，层内应力呈梯度分布。在层与层之间，新固化层收缩时要受到层间粘合力的限制。层内应力和层间应力的合力作用，致使工件产生翘曲变形。

2. 成型工艺参数引起的误差

（1）激光扫描方式

扫描方式与成型工件的内应力有密切关系，合适的扫描方式可减小零件的收缩量，避免翘曲和扭曲变形，提高成型精度。

SLA 工艺成型时多采用方向平行路径进行实体填充，即每一段填充路径均互相平行，在边界线内顺序往复扫描进行填充，也称为 Z 字形（Zig-Zag）或光栅式扫描方式，如图 2-31a 所示。但在扫描一行的过程中，扫描线经过型腔时，扫描器以跨越速度快速跨越。这种扫描方式需频繁跨越型腔部分，一方面空行程太多，会出现严重的“拉丝”现象（空行程中树脂感光固化成丝状）；另一方面扫描系统频繁地在填充速度和快进速度之间变换，会产生严重的振动和噪声，激光器要频繁进行开关切换，降低了加工效率。

图 2-31b 中采用分区扫描方式，在各个区域内采用连贯的 Zig-Zag 扫描方式，激光器扫描至边界即回折反向填充同一区域，并不跨越型腔部分；只有从一个区域转移到另一区域时，才快速跨越。这种扫描方式可以省去激光开关，提高成型效率，并且由于采用分区后分散了收缩应力，减小了收缩变形，提高了成型精度。

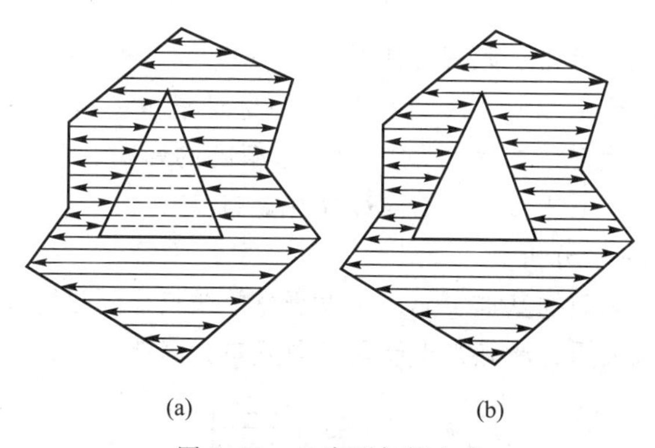

图 2-31　Z 字形扫描方式

（2）树脂涂层厚度

光固化是一种逐层累加的加工方法，一层液态树脂固化后，需要在已固化层表面涂上一层均匀厚度的液态树脂，使成型过程连续进行。树脂涂层厚度是影响光固化成型精度的关键因素之一。

在成型过程中要保证每一层铺涂的树脂厚度一致。当聚合深度小于层厚时，层与层之间将粘合不好，甚至会发生分层；如果聚合深度大于层厚时，将引起过固化而产生较大的残余应力，引起翘曲变形，影响成型精度。在扫描面积相等的条件下，固化层越厚，则固化的体积越大，层间产生的应力就越大，因此为了减小层间应力，应该尽可能地减小单层固化深度，以减小固化体积。

（3）光斑直径大小

在光固化成型中，圆形光斑有一定的直径，固化的线宽等于在该扫描速度下实际光斑的直径大小。如果不采用补偿，光斑尺寸对制件轮廓尺寸的影响如图2-32a所示。成型零件实体部分的外轮廓周边尺寸大了一个光斑半径，而内轮廓周边尺寸小了一个光斑半径，结果导致零件的实体尺寸大了一个光斑直径，使零件出现正偏差。为了减小或消除实体尺寸的正偏差，通常采用光斑补偿方法，使光斑扫描路径向实体内部缩进一个光斑半径，如图2-32b所示。从理论上说，光斑扫描按照向实体内部缩进一个光斑半径的路径扫描，所得零件的长度尺寸误差为零。

可以通过调整光斑补偿值的大小，修正制件的误差大小。光斑补偿值可根据尺寸误差情况设置，范围为0.1~0.3 mm。制件尺寸误差为正偏差，光斑补偿直径设置大一些；误差为负偏差，光斑补偿直径设置小一些。

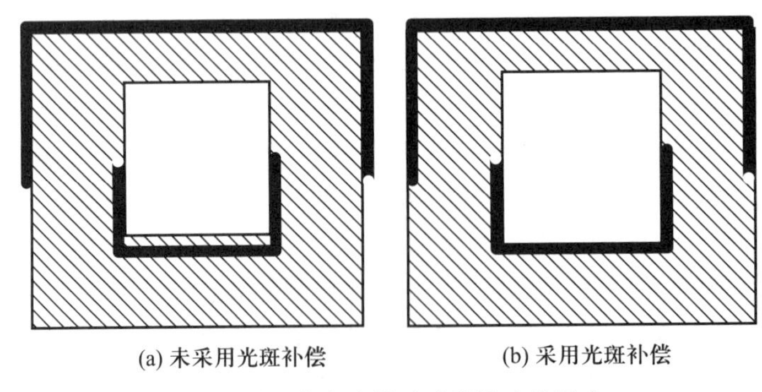

图2-32 光斑直径对成型尺寸的影响

（4）激光功率、扫描速度、扫描间距

光固化快速成型过程是一个“线-面-体”的材料累积过程，为了分析扫描过程工艺参数（激光功率、扫描速度、扫描间距）对成型精度的影响，首先对扫描固化过程进行理论分析，进而找出各个工艺参数对扫描过程的影响。

1）单线扫描固化理论分析

单线的扫描固化是成型的基本单元，所以研究单线扫描固化特性对于成型零件的特性具有重要的意义。测试表明，激光光束能量径向分布为高斯分布，如图2-33a所示。

$$I=\frac{2P_{\mathrm{L}}}{\pi W_0^2 v_{\mathrm{S}}}\exp\left(-\frac{2r^2}{W_0^2}\right) \tag{2-1}$$

式中：P_{L} 为紫外线束的功率；W_0 为光斑半径；v_{S} 为扫描速度。

扫描固化线条的轮廓线为抛物线，用公式表示为

$$\frac{2h^2}{W_0^2}+\frac{z}{D_{\mathrm{P}}}=\mathrm{In}\left(\sqrt{\frac{2}{\pi}}\frac{P_{\mathrm{L}}}{W_0 v_{\mathrm{S}} E_{\mathrm{C}}}\right) \tag{2-2}$$

式中：h 为光斑内任一点到光斑中心的距离；z 为固化线条内任一点到液面的距离；E_{C} 为临界曝光量；D_{P} 为透射深度。

依据式（2-2），在扫描参数已知的条件下，可以得知扫描固化线条的理论轮廓线如

图 2-33b 所示。

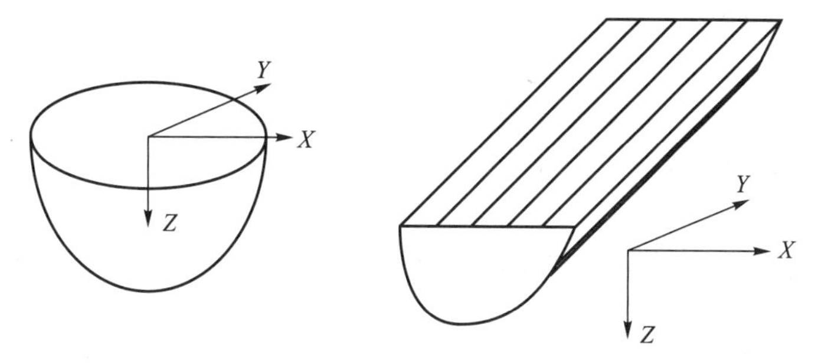

(a) 激光束强度近似形状　　(b) 单条固化线形状

图 2-33 光固化线条轮廓形状

在光斑的中心处具有最大的固化深度，此时 $h=0$，可得

$$z_{max}=D_P\ln\left(\sqrt{\frac{2}{\pi}}\frac{P_L}{W_0 v_S E_C}\right) \tag{2-3}$$

在树脂的液面上具有最大的固化宽度，此时 $z=0$，可得

$$h_{max}=\frac{\sqrt{2}W_0}{2}\sqrt{\ln\left(\sqrt{\frac{2}{\pi}}\frac{P_L}{W_0 v_S E_C}\right)} \tag{2-4}$$

单线扫描固化主要针对的是制件的轮廓线，通过单线扫描固化分析可知：

① 单线扫描时的固化深度同激光功率与扫描速度的比值成正比；

② 在激光能量、扫描速度、光斑直径、材料参数已知的条件下，可以计算出固化线条的最大固化深度和最大固化宽度。

固化成型线条的截面形状与理论扫描线条的截面形状存在一定差别，主要原因为：① 光斑束的照射方向并非垂直于树脂表面，而是以光锥形式投射的；② 经光纤耦合柔性传输并聚焦于树脂表面的光斑能量分布并非均匀，而是呈高斯型或准高斯型；③ 理想聚焦光斑不可能刚好与液面相重合，由于光斑瞄准是手动的，这一离散对准误差相对较大，使得光斑的投射方向或是聚焦投射，或是发散投射，由此造成了理论截面与实际截面在形状上有一定差别。

2）平面扫描特性理论分析

平面扫描就是用多条扫描线对一个截面进行扫描固化，当扫描间距 H_S 小于一定的数值时，各扫描线之间就会有能量的叠加，这种能量的叠加遵从曝光等效原理。

对于能量分布为高斯分布的光束，当扫描线之间的距离 H_S 小于 $4.3W_0$ 时，相互之间有能量的叠加。但仅有这样的能量叠加是不够的，因为各条扫描线之间还有许多树脂没有固化，造成一个固化层的固化厚度不均匀，这是由于在垂直于扫描线方向的能量分布不均造成的。

对于平面扫描固化，在工艺参数一定的条件下，需要得知平面的固化深度。平面扫描固化深度与激光功率/扫描速度的比值有关，固化深度 C_d 的计算方法为

$$C_d=D_P\ln\left(\frac{P_L}{H_S v_S E_C}\right) \tag{2-5}$$

由式（2-5）可知，平面扫描固化深度与扫描速度、激光功率和扫描间距有关。

2.5.3　后处理误差

SLA 成型工艺后处理误差主要包括未固化树脂引起的误差、后固化处理引起的误差、去除支撑引起的误差及表面处理引起的误差等。

1. 未固化树脂引起的误差

成型件内部残留有未固化的树脂，如果在后固化处理或成型件储存的过程中发生暗反应，残留树脂的固化收缩将引起成型件的变形，因此从成型件中排除残留树脂具有重要意义。如有封闭的成型件结构，常会将未固化的树脂封闭在里面，必须在设计 CAD 三维模型时预开一些排液的小孔，或者在成型后用钻头在适当位置钻出几个小孔，将未固化树脂排出。

2. 后固化处理引起的误差

用光固化方式进行后固化时，建议使用能透射到原型件内部的长波长光源，且使用照度较弱的光源进行辐照，以避免由于急剧反应引起的内部温度上升。随着固化过程产生的内应力，温度上升引起的软化等因素会使制件发生变形或者出现裂纹，从而引起原型误差。

3. 去除支撑引起的误差

用剪刀和镊子等工具去除支撑，然后用锉刀和砂布等进行光整过程中，对于比较脆的树脂材料，在后固化处理后去除支撑容易损伤制件，从而引起变形，建议在后固化处理前去除支撑。

4. 表面处理引起的误差

光固化快速成型技术制造的成型件表面存在 0.05～0.1 mm 的层间台阶效应，为了获得较高的表面质量及外观，需要经过打磨、喷漆等表面处理。用砂纸打磨制件表面的层间台阶，会引起原型尺寸的负方向误差；喷漆处理需先用腻子材料填补层间台阶，然后喷涂底色，覆盖凸出部分，还可进行抛光处理，喷漆处理会引起原型尺寸的正方向误差。

2.6　典型应用

光固化成型技术特别适合于新产品的开发、不规则或复杂形状零件制造（如具有复杂型面的飞行器模型和风洞模型）、大型零件的制造、模具设计与制造、产品设计的外观评估和装配检测、快速反求与复制，也适用于难加工材料的制造（如利用 SLA 技术制备碳化硅复合材料构件等）。这项技术不仅在制造业具有广泛的应用，而且在材料科学与工程、医学、文化艺术等领域也有广阔的应用前景。

1. 航空航天领域

在航空航天领域，SLA 模型可直接用于风洞试验，进行可制造性、可装配性检验。航空航天零件往往是在有限空间内运行的复杂系统，采用光固化成型技术以后，不但可以基于 SLA 原型进行装配干涉检查，还可以进行可制造性讨论评估，确定最佳的制造工艺。

通过快速熔模铸造、快速翻砂铸造等辅助技术进行特殊复杂零件（如涡轮、叶片、叶轮等）的单件、小批量生产，并进行发动机等部件的试制和试验，图 2-34a 所示为采用 SLA 技术制造的叶轮模型。

航空领域中发动机上许多零件都是经过精密铸造来制造的，对于高精度的木模制作，传统工艺成本极高，且制作时间也很长。采用 SLA 工艺，可以直接由 CAD 数字模型制作熔模铸造的母模，时间和成本可以显著降低。数小时之内，就可以由 CAD 数字模型得到成本较低、结构又十分复杂的用于熔模铸造的 SLA 快速原型母模。图 2-34b 所示为基于 SLA 技术采用精密熔模铸造方法制造的某发动机的关键零件。

利用光固化成型技术可以制造出多种弹体外壳，装上传感器后便可直接进行风洞试验，可减少制作复杂曲面模型的成本和时间，从而可以更快地从多种设计方案中筛选出最优的整流方案，在整个开发过程中大大缩短了试验周期和开发成本。此外，利用光固化成型技术制作的导弹全尺寸模型，在模型表面进行相应喷涂后，清晰展示了导弹外观、结构和战斗原理，其展示和讲解效果远远超出了单纯的计算机图样模拟方式，可在未正式量产之前对其可制造性和可装配性进行检验，图 2-34c 所示为采用 SLA 技术制造的导弹模型。

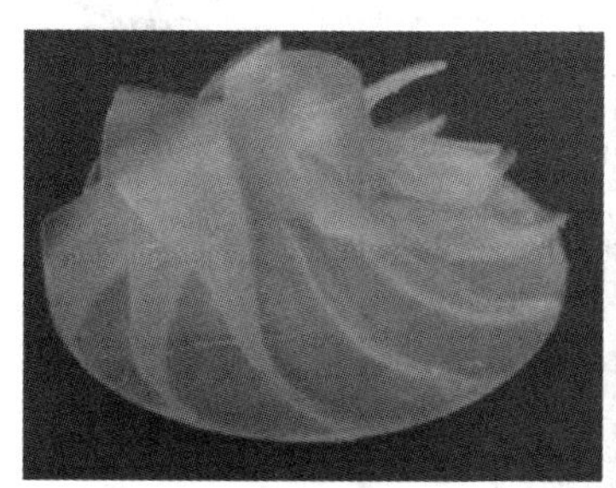

(a) 叶轮模型

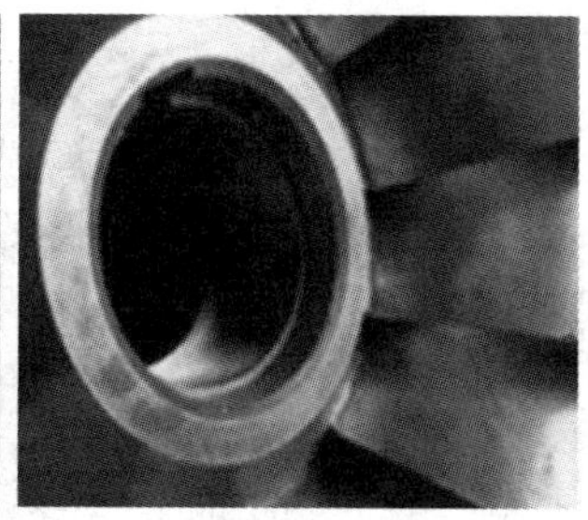

(b) 发动机关键零件

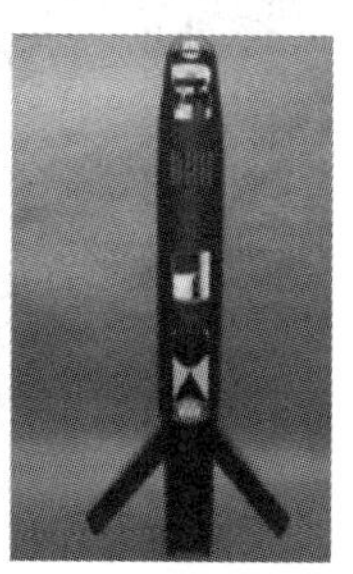

(c) 导弹模型

图 2-34　SLA 技术在航空航天领域的应用

2. 汽车领域

快速成型技术应用效益较为显著的行业为汽车制造业，世界上几乎所有著名的汽车生产商都较早地引入了快速成型技术辅助其新车型的开发，取得了显著的经济效益和时间效益。

现代汽车生产的特点就是产品的多型号、短周期。为了满足不同的生产需求，就需要不断地改型。虽然计算机模拟技术不断完善，可以完成各种动力、强度、刚度分析，但研究开发中仍需要做成实物以验证其外观形象、工装可安装性和可拆卸性。对于形状、结构十分复杂的零件，可以采用快速成型技术制作零件原型以验证设计人员的设计思想，并利用零件原型做功能性和装配性检验。图 2-35a 所示为采用 SLA 技术制造的汽车水箱面罩原型。

汽车发动机研发中需要进行流动分析实验。将透明的模型安装在一简单的实验台上，中间循环某种液体，在液体内加一些细小粒子或细气泡以显示液体在流道内的流动情况。该技术已成功地用于发动机冷却系统（气缸盖、机体水箱）、进（排）气管等的研究。问题的关键是透明模型的制造，传统制造方法时间长，花费大且不精确，而用 SLA 技术结合 CAD 造型仅仅需要 4~5 周的时间且花费只为之前的三分之一，制作出的透明模型能完全符合机体水箱和气缸盖的 CAD 数据要求，模型表面质量也能满足要求。图 2-35b 所示为用于冷却系统流动分析的气缸盖模型。为了进行分析，该气缸盖模型装在了曲轴箱上，并配备了必要的辅助零件。图中的蓝色液体高亮显示了腔体的内部结构。当分析结果不合格时，可以将模型拆卸，对模型零件进行修改之后重新组装，进行另一轮的流动分析，直至各项指标均满足要求为止。

光固化成型技术在汽车行业除了上述用途外，还可以与逆向工程技术、快速模具制造技术相结合，用于汽车车身设计、前后保险杠总成试制、内饰门板等结构样件/功能样件试制、赛车零件制作，等等。图 2-35c 所示为基于 SLA 原型，采用 Keltool 工艺快速制作的某赛车零件的模具及产品。

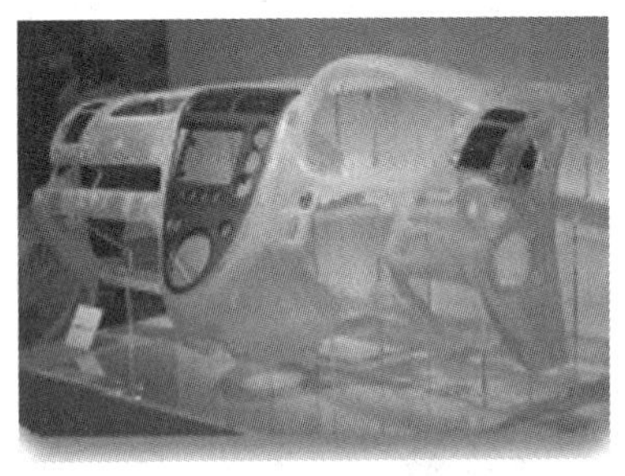

(a) 汽车水箱面罩原型

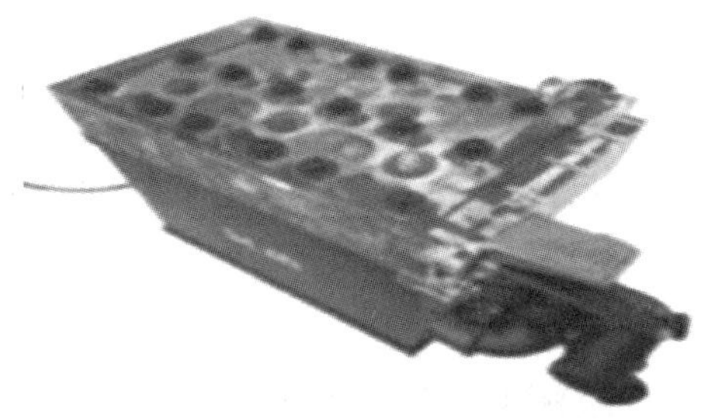

(b) 气缸盖模型

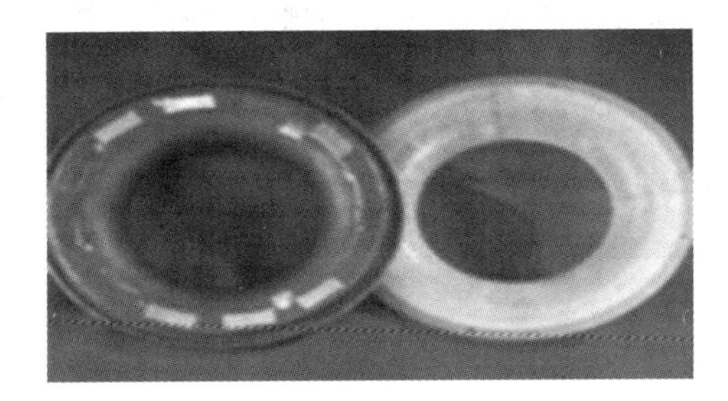

(c) 基于SLA原型的赛车零件模具及产品

图 2-35　SLA 技术在汽车领域的应用

3. 电器行业

随着消费水平的提高及消费者对个性化生活方式追求的日益增长，制造业中对电器产品的更新换代日新月异。不断改进的外观设计以及因为功能改变而带来的结构改变，都使得电器产品外壳零部件的快速制作具有广泛的市场需求。在若干快速成型工艺方法中，光固化原型的树脂品质是最适合于电器塑料外壳的功能要求的，因此光固化快速成型在电器行业中有着相当广泛的应用。图 2-36 所示 SLA 模型的树脂材料是 DSM 公司

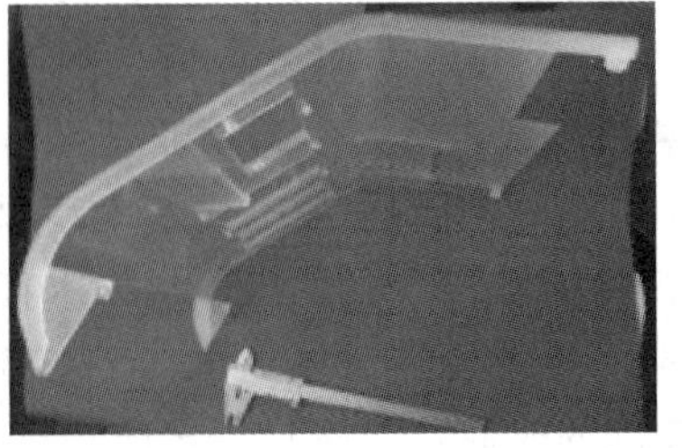

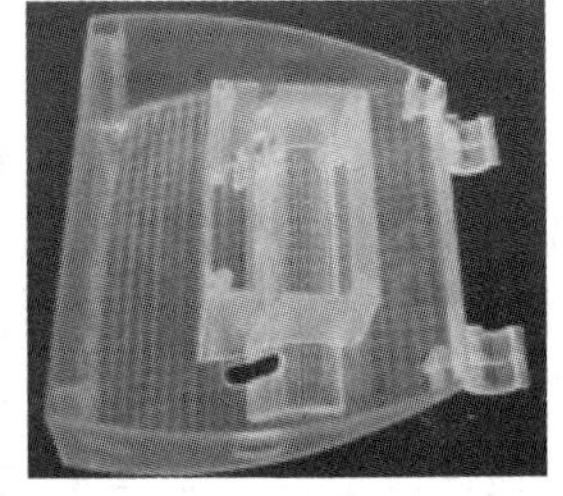

图 2-36　SLA 在电器行业的应用

的SOMOS11120，其性能与塑料件极为相近，可以进行钻孔和攻螺纹等操作，以满足电器产品样件的装配要求。

4. 铸造领域

在铸造生产中，模板、芯盒、压蜡型、压铸模等的制造往往是采用机加工方法，有时还需要钳工进行修整，费时耗资，而且精度不高。特别是对于一些形状复杂的铸件（例如飞机发动机的叶片，船用螺旋桨，汽车、拖拉机的缸体、缸盖等），模具的制造更是一个巨大的难题。虽然一些大型企业的铸造厂也备有一些数控机床、仿型铣等高级设备，但除了设备价格高昂外，模具加工的周期也很长，而且由于没有很好的软件系统支持，机床的编程也很困难。快速成型技术的出现，为铸模生产提供了速度更快、精度更高、结构更复杂的保障。图2-37a 所示为采用 SLA 技术制作的用来生产氧化铝基陶瓷芯的模具，该氧化铝陶瓷芯是在铸造生产燃气涡轮叶片时用作熔模的，其结构十分复杂，包含制作涡轮叶片内部冷却通道的结构，且精度要求高，对表面质量的要求也非常高。制作时，当浇注到模具内的液体凝固后，经过加热分解便可去除 SLA 模具，得到氧化铝基陶瓷芯。图 2-37b 所示为采用 SLA 技术制作的用来生产消失模的模具嵌件，该消失模是用来生产汽车发动机变速箱拨叉的。

(a) 用于生产氧化铝基陶瓷芯的SLA原型

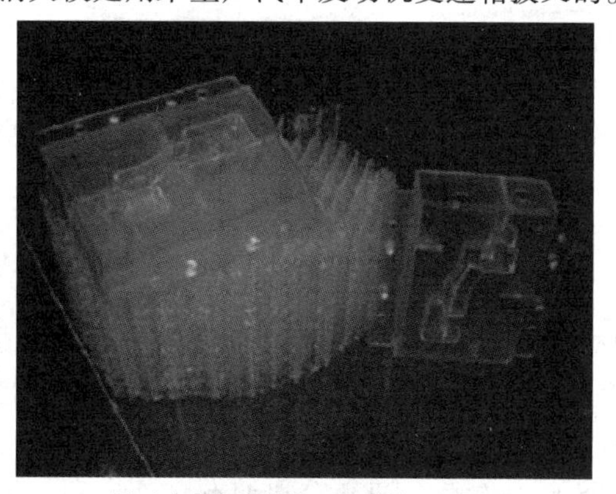

(b) 用于生产变速箱拨叉熔模的SLA原型

图 2-37 SLA 技术在铸造领域中的应用

思考与练习

1. 简述 SLA 工艺的基本原理。
2. 简述 SLA 工艺的特点。
3. 简述 DLP 工艺与 SLA 工艺的异同。
4. 简述 SLA 系统的一般组成。
5. 简述用于 SLA 工艺的光敏树脂材料的性能要求。
6. 简述光敏树脂的组成及各部分的作用。
7. 简述 SLA 工艺的误差来源。
8. 举例说明 SLA 工艺的典型应用。

第3章　选区激光烧结工艺及材料

选区激光烧结（Sclccted Laser Sintering，SLS）又称选择性激光烧结，是一种采用激光有选择地分层烧结固体粉末，并使烧结成型的固化层层层叠加生成所需形状零件的工艺。塑料、石蜡、金属、陶瓷等受热后能够粘结的粉末都可以作为 SLS 的原材料。金属粉末的激光烧结技术因其特殊的工业应用，已成为近年来研究的热点，该技术能够使高熔点金属直接烧结成型为金属零件，完成传统切削加工方法难以制造出的高强度零件的成型，尤其适合航天器件、飞机发动机零件及武器零件的制备，这对 3D 打印技术在工业上的应用具有重要的意义。

3.1　概　　述

SLS 思想最早是由美国德克萨斯大学奥斯汀分校的 Dechard 于 1986 年首先提出的，随后德克萨斯大学于 1988 年研制成功了第一台 SLS 成型机并获得了这一技术的发明专利，1992 年授权 DTM 公司将 SLS 系统商业化，随后推出了 Sinterstation2000 系列商品化 SLS 成型机。在 SLS 研究方面，DTM 公司拥有多项专利，无论是在成型设备还是在成型材料方面均处于领先地位，该会司于 2001 年被 3D Systems 公司收购。因此，3D Systems 公司拥有了较为先进的 SLS 技术。

另一家在 SLS 技术方面占有重要地位的是德国的 EOS 公司。EOS 公司于 1994 年推出三个系列的 SLS 成型机，其中 EOSINT P 用于烧结热塑性塑料粉末，制造塑料功能件及熔模铸造和真空铸造的原型；EOSINT M 用于金属粉末的直接烧结，制造金属模具和金属零件；EOSINT S 用于直接烧结树脂砂，制造复杂的铸造砂型和砂芯。图 3-1 和图 3-2 分别为 3D Systems 公司与 EOS 公司推出的 SLS 设备。

我国从 1994 年开始研究 SLS 技术，引进了多台国外 SLS 成型机。北京隆源自动成型系统有限公司于 1995 年成功研制了第一台国产化 AFS 激光快速成型机，随后华中科技大学也生产出了 HRPS 系列的 SLS 设备。这两家单位的 SLS 成型设备均已产业化，此外南京航空航天大学、西北工业大学、中北大学、湖南华曙高科技有限责任公司等单位也在研究 SLS 技术。

图 3-1 3D Systems iPro 系列 SLS 设备

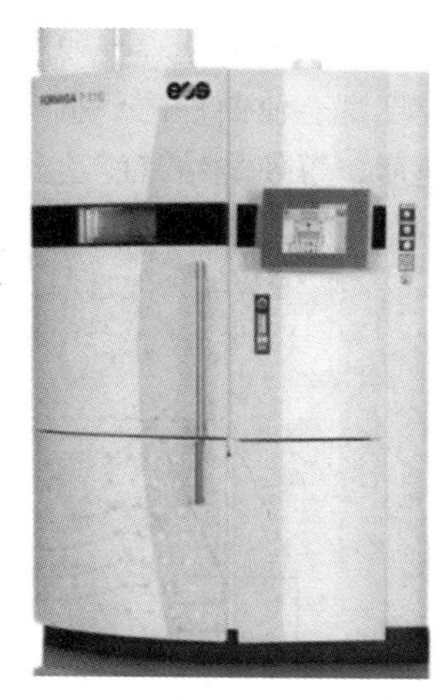

图 3-2 EOS FORMIGA P110
激光粉末烧结系统

3.2 成型原理及工艺

3.2.1 成型原理

选区激光烧结工艺使用的材料一般有石蜡、高分子、金属、陶瓷粉末和它们的复合粉末材料。材料不同，其具体的激光与粉末材料的相互作用及烧结工艺也略有不同。

激光能量是激光烧结快速成型工艺所必需的能量来源。激光与材料的能量转化要遵守能量守恒定律。激光束作用于粉末时，粉末会吸收大量的激光能量，温度升高，引起熔化、飞溅、汽化等现象。具体过程依赖于激光参数（能量、波长等）、材料特征和环境条件。一般来说，在不同数量级的激光功率密度作用下，粉末材料表面发生的现象是不同的。对于金属粉末，粉末材料主要是在激光能量的作用下发生熔化，当激光能量功率密度为 $10^4 \sim 10^6$ W/cm^{2}时，材料发生熔化。激光能量功率密度在 10^6 W/cm^{2}以上时，材料发生汽化。要使金属粉末直接 SLS 成型顺利进行，必须使得一层粉末材料全部或局部熔化，并和基体粘结，且该层的表面不发生汽化现象。

SLS 在烧结过程中的能量给予过程如图 3-3 所示，激光功率和扫描速度决定了粉末加热的温度和时间。一般而言，激光功率越大，扫描速度越低，烧结密度越高。因为在扫描速度相同的情况下，激光功率越大，激光对粉末传输的热量越多，粉末的烧结深度就越大。在激光功率密度相同的情况下，扫描速度越低，激光对粉末加热的时间越长，传输的热量越多，制件的密度也越大。如果激光功率太低而扫描速度很快，粉末加热温度低，烧结时间短，烧结密度小，粉末不能烧结，制造出的原型或零件强度低或根本不能成型。如果激光功率太高而扫描速度又很低，则会引起粉末严重汽化，烧结密度不仅不会增加，还会使烧结表面凹凸不平，影响颗粒之间、层与层之间的粘结。因此，不合适的激光功率密度和扫描速度都会使制件内部组织和性能不均匀，影响零件的质量。恰当选取激光功率密度和扫描速度，可使烧结密度达到最优值。

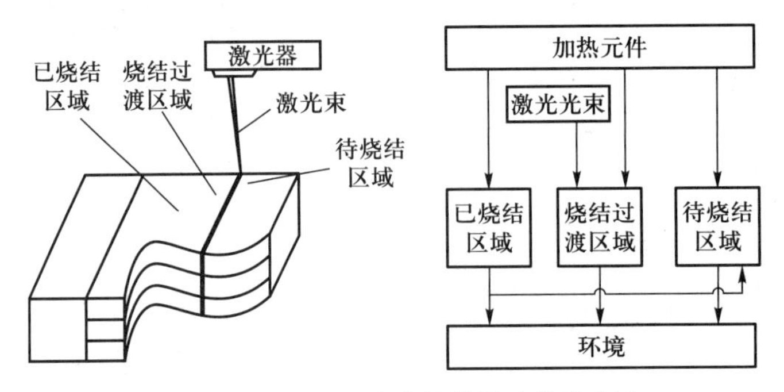

图3-3　烧结过程中能量给予过程示意图

金属粉末的SLS烧结主要有三种方法，分别是直接法、间接法和双组元法。

（1）直接法

直接法又称为单组元固态烧结（Single Component Solid States Sintering）法，金属粉末为单一的金属组元。激光束将粉末加热至稍低于熔化的温度，粉末之间的接触区域发生粘结，烧结的驱动力为粉末颗粒表面自由能的降低。直接法得到的零件再经热等静压烧结（Hot Isostatic Pressing，HIP）工艺处理，可使零件的最终相对密度达99.9%，但直接法的主要缺点是工作速度比较慢。

（2）间接法

间接烧结工艺使用的金属粉末实际上是一种金属组元与有机粘结剂的混合物，有机粘结剂的含量约为1%。由于有机材料的红外光吸收率高、熔点低，因而激光烧结过程中有机粘结剂熔化，金属颗粒便能粘结起来。烧结后的零件孔隙率约达45%，强度也不是很高，需要进一步加工。一般的后续加工工艺为脱脂（大约300 ℃）、高温焙烧（>700 ℃）、金属熔浸（如铜）。间接法的优点是烧结速度快，但主要缺点是工艺周期长，零件尺寸收缩大，精度难以保证。

（3）双组元法

为了消除间接法的缺点，采用一低熔点金属粉末替代有机粘结剂，即为双组元法。这时的金属粉末由高熔点（熔点为T_2）金属粉末（结构金属）和低熔点（熔点为T_1）金属粉末（粘结金属）混合而成。烧结时激光将粉末升温至两金属熔点之间的某一温度T（$T_1<T<T_2$），使粘结金属熔化，并在表面张力的作用下填充于结构金属的孔隙，从而将结构金属粉末粘结在一起。为了更好地降低孔隙率，粘结金属的颗粒尺寸必须比结构金属的小，这样可以使小颗粒熔化后更好地润湿大颗粒，填充颗粒间的孔隙，提高烧结体的致密度。此外，激光功率对烧结质量也有较大影响。如果激光功率过小，会使粘结金属熔化不充分，导致烧结体的残余孔隙过多；反之，如果功率太大，则会生成过多的金属液，使烧结体发生变形。因此，对双组元法而言，最佳的激光功率和颗粒粒径比是获得良好烧结结构的基本条件。双组元法烧结后的零件机械强度较低，需进行后续处理，如液相烧结。经液相烧结的零件相对密度可大于80%，零件的机械强度也很高。

上述介绍的三种金属 SLS 方法中，一般将直接法和双组元法统称为直接 SLS（direct SLS），而将间接法对应地称为间接 SLS（indirect SLS）。由于直接 SLS 可以显著缩短工艺周期，因而近几年来直接 SLS 在金属 SLS 中所占比重明显上升。

由于金属粉末的 SLS 温度较高，为了防止金属粉末氧化，烧结时必须将金属粉末封闭在充有保护气体的容器中。保护气体有氮气、氢气、氩气及其混合气体。烧结的金属不同，采用的保护气体也不同。

对于陶瓷粉末的 SLS 成型，一般要先在陶瓷粉末中加入粘结剂（目前所用的纯陶瓷粉末原料主要有 Al_2O_3和 SiC，而粘结剂有无机粘结剂、有机粘结剂和金属粘结剂三种）。在激光束扫描过程中，利用熔化的粘结剂将陶瓷粉末粘结在一起，从而形成一定的形状，然后再通过后处理以获得足够的强度，即采用间接 SLS。

塑料粉末的 SLS 成型均为直接 SLS，烧结好的制件一般不必进行后续处理。采用一次烧结成型，将粉末预热至稍低于其熔点的温度，然后控制激光束加热粉末，使其达到烧结温度，从而把粉末材料烧结在一起。

3.2.2 成型工艺

1. 成型过程

选区激光烧结工艺成型过程如图 3-4 所示。由 CAD 模型各层切片的平面几何信息生成 *X*-*Y* 激光扫描器在每层粉末上的数控运动指令，铺粉器将粉末一层一层地撒在工作台上，再用铺粉辊将粉末滚平、压实，每层粉末的厚度均对应于 CAD 模型的切片厚度（50~200 μm）。各层铺粉被 CO_2激光器选择性烧结到基体上，而未被激光扫描、烧结的粉末仍留在原处起支撑作用，直至烧结出整个零件。

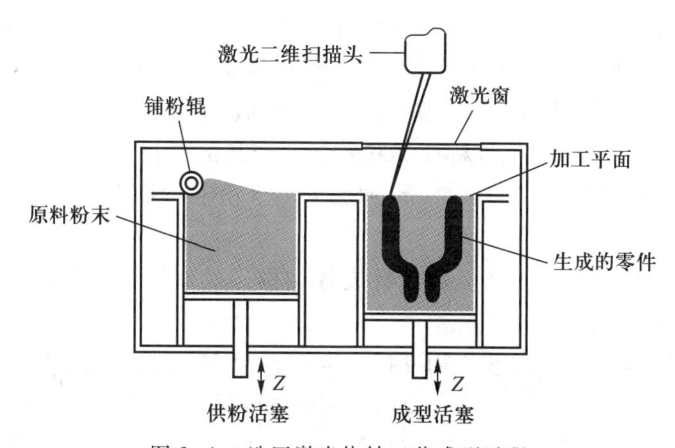

图 3-4 选区激光烧结工艺成型过程

当实体构建完成并充分冷却后，成型工作台会上升到初始的位置，将实体取出并将残留的粉末用后处理装置除去即可。

2. 后处理

SLS 形成的金属或陶瓷件只是一个坯体，其力学性能和热学性能通常不能满足实际应用的要求，因此必须进行后处理。常用的后处理方法主要有高温烧结、热等静压烧结、熔浸和浸渍等。

（1）高温烧结

将SLS成型件放入温控炉中，先在一定温度下脱掉粘结剂，然后再升高温度进行高温烧结。经过这样的处理后，坯体内部孔隙减少，制件的密度和强度得到提高。

（2）热等静压烧结

热等静压烧结将高温和高压同时作用于坯体，能够消除坯体内部的气孔，提高制件的密度和强度。有学者认为，可以先将坯体做冷等静压处理，以大幅度提高坯体的密度，然后再经高温烧结处理，提高制件的强度。以上两种后处理方式虽然能够提高制件的密度和强度，但是也会引起制件的收缩和变形。

（3）熔浸

熔浸是将坯体浸没在一种低熔点的液态金属中，金属液在毛细管力作用下沿着坯体内部的微小孔隙缓慢流动，最终将孔隙完全填充。经过这样的处理，零件的密度和强度都大大提高，而尺寸变化很小。

（4）浸渍

浸渍和熔浸相似，所不同的是浸渍是将液态非金属物质浸入多孔烧结坯体的孔隙内。和熔浸相似，经过浸渍处理的制件尺寸变化很小。

3.2.3　工艺特点

1. SLS成型工艺的优点

1）可采用多种材料。从原理上说，SLS可采用加热时能够熔化粘结的任何粉末材料，通过材料或各类含粘结剂的涂层颗粒制造出任何造型，满足不同的需要。

2）可制造多种原型。由于可用多种材料，SLS通过采用不同的原料，可以直接生产复杂形状的原型、型腔模三维构件或部件及工具。例如，制造可安装为最终产品模型的概念原型、蜡模铸造模型及其他少量母模生产，直接制造金属注塑模等。

3）高精度。依赖于使用的材料种类和粒径、产品的几何形状和复杂程度，SLS一般能够达到工件整体范围内±0.05~2.5 mm的偏差。当粉末粒径小于0.1 mm时，成型后的原型精度可达±1%。

4）无需支撑结构。SLS工艺无需设计支撑结构，成型过程中出现的悬空层面可直接由未烧结的粉末实现支撑。

5）材料利用率高。SLS工艺不用支撑，也不像LOM工艺那样出现许多工艺废料，也无需制作基底支撑，为常见几种3D打印工艺中材料利用率最高的，可接近100%。SLS工艺中采用的金属粉末（如钛合金、铝合金等）的价格较高，尼龙类等塑料粉末的价格也远高于FDM工艺的ABS材料，所以SLS模型的成本也相对较高。

2. SLS成型工艺的缺点

1）表面粗糙。SLS原材料是粉状的，原型建造是由材料粉层经过加热熔化实现逐层粘结的，因此原型表面严格地讲是粉粒状的，因而表面较为粗糙，精度不高。

2）烧结过程有异味。SLS工艺中粉层需要通过激光使其加热达到熔化状态，高分子材料或者粉粒在激光烧结时会挥发出异味气体。

3）有时辅助工艺较复杂。以聚酰胺粉末烧结为例，为避免激光扫描烧结过程中材料因高温起火燃烧，需在工作空间加入阻燃气体，多为氮气。烧结前要预热，烧结后要在封闭空间去除工件表面的浮粉，以避免粉尘污染。

3.3　成型系统

SLS 系统一般由高能激光系统、光学扫描系统、加热系统、供粉及铺粉系统等组成。图 3-5 所示为采用振镜式扫描的 SLS 系统。计算机根据切片截面信息控制激光器发出激光束，同时伺服电动机带动反射镜偏转激光束，激光束经过动态聚焦镜变成会聚光束在整个平面上扫描，一层加工完成后，控制供粉缸上升一个层厚，工作台下降一个层厚，铺粉辊在电动机驱动下铺一层新粉，开始新层的烧结，如此重复直至整个零件制造完毕。

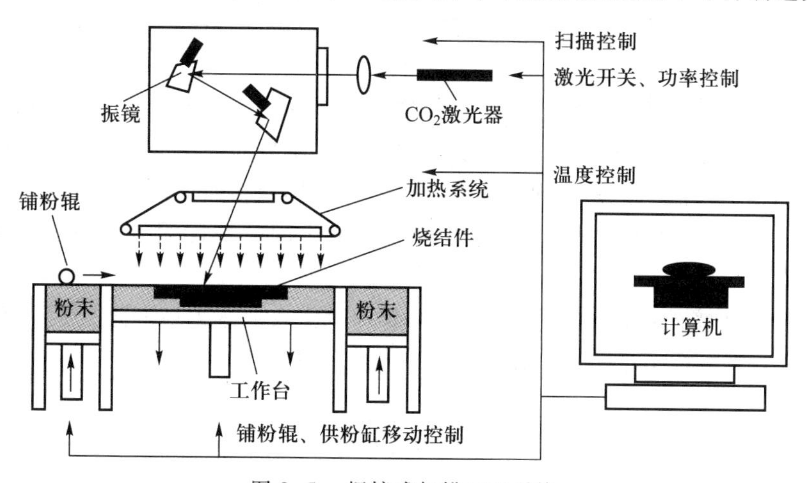

图 3-5　振镜式扫描 SLS 系统

3.3.1　光学扫描系统

SLS 采用红外激光器作能源，使用的成型材料多为粉末材料。加工时，首先将粉末预热到稍低于其熔点的温度（熔融温度以下 20～30 ℃，然后在铺粉辊的作用下将粉末铺平；激光束在计算机控制下根据分层截面信息进行有选择的烧结，材料粉末在高强度的激光照射下被烧结在一起，得到零件的截面，并与下面已成型的部分粘结；一层完成后再进行下一层烧结，全部烧结完后去掉多余的粉末，就可以得到一个烧结好的零件。目前，SLS 主要采用振镜式激光扫描和 $X-Y$ 直线导轨扫描。

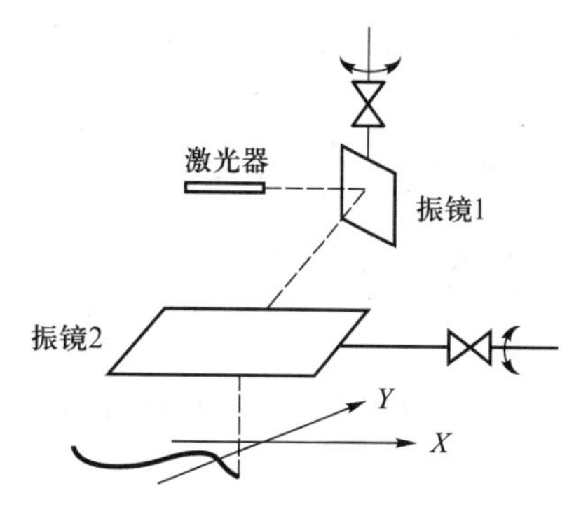

图 3-6　振镜式激光扫描原理图

图 3-6 为振镜式激光扫描原理图。来自激光器的激光束照到 X 方向的振镜 1，经振镜 1 反射到 Y 方向的

振镜2，再经振镜2反射到工作台的烧结区内形成一个扫描点。振镜1和振镜2的偏转角可由计算机精确控制，复杂的二维曲线通过控制振镜1和振镜2的偏转实现。振镜扫描的特点是：电动机带动振镜偏转，振镜转动惯量小，可不考虑加、减速的影响，响应速度快；扫描速度快，变速范围宽，能满足绝大部分材料的烧结要求；扫描光斑的形状随振镜的偏转角变化，各扫描点能量分布不均，影响材料成型的物化和力学性能；扫描速度随振镜偏转角的变化而变化，为保持各点速度相同，需进行复杂的插补运算，增加了数据处理与转换的工作量；为使振镜的偏转控制与激光束的光强匹配、减小误差，需要复杂的误差补偿运算。

图3-7为X-Y直线导轨扫描原理图。来自激光器的激光束经镜1的反射指向X正向，随X一起移动的镜2将激光束反射到工作台的烧结区内，形成一个烧结点。扫描轨迹是通过控制X、Y两轴的运动从而带动镜1和镜2来实现的。X-Y直线导轨扫描的特点是：数据处理相对简捷，控制易于实现；扫描精度取决于X-Y直线导轨的精度；激光聚焦容易，扫描过程中扫描光斑形状恒定；导轨惯性大，需考虑加减速影响，扫描速度相对较慢，加工效率不高，故X-Y直线导轨扫描在SLS工艺中已很少应用。以下仍重点介绍振镜式激光扫描。

振镜式激光扫描系统在扫描过程中，扫描点与振镜X、Y轴反射镜的摆动角度以及动态聚焦的调焦距离是一一对应的，但是它们之间的关系是非线性的，要实现振镜式激光扫描系统的精确扫描控制，首先必须得到其精确的扫描模型，通过扫描模型得到扫描点坐标与振镜X轴和Y轴反射镜摆角及动态聚焦移动距离之间的精确函数关系，从而实现振镜式激光扫描系统扫描控制。

振镜式激光物镜前扫描方式原理如图3-8所示。入射激光束经过振镜X轴和Y轴反射镜反射后，由f-θ透镜聚焦在工作面上。理想情况下，焦点距离工作场中心的距离L满足以下关系：

$$L=f\theta \tag{3-1}$$

式中：f为f-θ透镜的焦距；θ为入射激光束与f-θ法线的夹角。

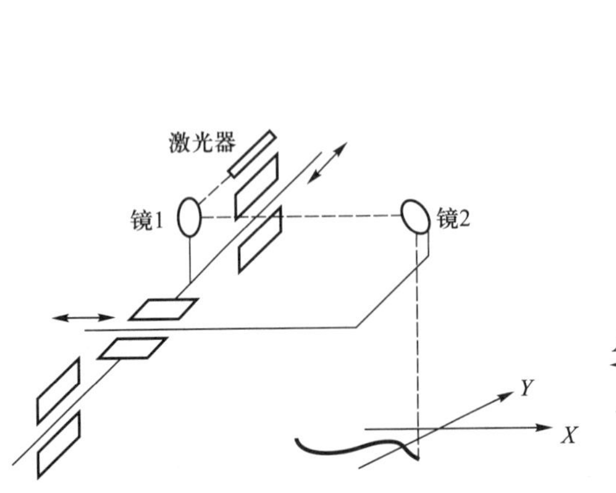

图3-7　直线导轨扫描原理图

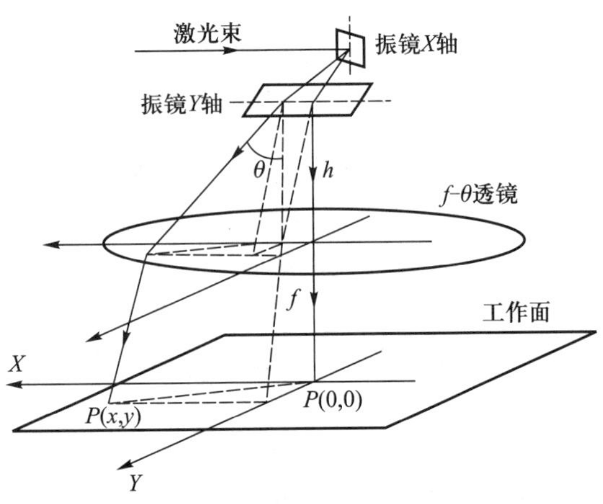

图3-8　振镜式激光物镜前扫描方式原理图

通过计算可得工作场上扫描点的轨迹：

$$x=\frac{L\sin 2\theta_X}{\cos(L/f)} \tag{3-2}$$

$$y=\frac{L\sin 2\theta_X}{\tan(L/f)} \tag{3-3}$$

式中：$L=\sqrt{x^2+y^2}$为扫描点离工作场中心的距离；θ_X 为振镜 X 轴的机械偏转角度；θ_Y 为振镜 Y 轴的机械偏转角度。

综上所述，振镜式激光物镜前扫描方式的数学模型为

$$\theta_X=0.5\arctan\frac{x\cos(\sqrt{x^2+y^2}/f)}{\sqrt{x^2+y^2}} \tag{3-4}$$

$$\theta_Y=0.5\arctan\frac{y\tan(\sqrt{x^2+y^2}/f)}{\sqrt{x^2+y^2}} \tag{3-5}$$

3.3.2 供粉及铺粉系统

图 3-9 所示为供粉及铺粉系统示意图，该系统由烧结槽、供粉槽及铺粉辊组成。烧结槽与供粉槽均为活塞缸筒结构。两槽内分别在 Z 轴方向和 W 轴方向通过安装的步进电动机驱动活塞的上、下运动来实现烧结和供粉工作。烧结槽的顶面为激光烧结成型的工作台面，是激光扫描工作区。在成型过程中，加工完一层，W 轴方向的活塞上升一定高度，Z 轴方向的活塞下降一个铺粉层厚。

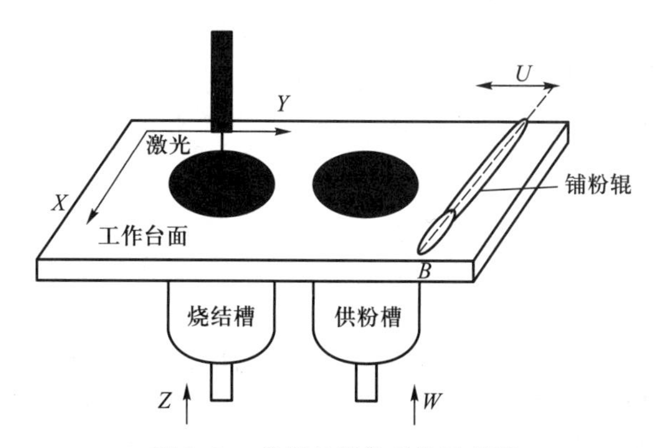

图 3-9 供粉及铺粉系统示意图

然后，铺粉辊在电动机驱动下沿 U 轴方向按照程序设定的运动距离自右向左运动，同时铺粉辊在电动机驱动下绕自身中心轴 B 轴逆向转动；运动到达终点后，铺粉辊停止转动，同时铺粉辊反向自左向右运动返回原位，完成一层新粉铺敷，开始新层的烧结。

铺粉过程可以概括为：

1）烧结槽下降一个层厚，同时供粉槽上升一定高度。

2）铺粉装置自右向左运动，同时铺粉辊逆向转动，铺粉装置运动至程序设定的终点。

3）铺粉辊停止转动，铺粉装置自左向右运动，按程序设定的距离返回原位。铺粉参数有扫描层厚，供粉槽的上升高度，供粉槽、烧结槽的升降速度，铺粉装置的平动速度，铺粉辊的转动速度。扫描层厚直接影响烧结件的精度、表面粗糙度及成型时间。供粉槽的上升高度、铺粉装置的平动速度及铺粉辊的转动速度影响铺粉层的密实度及平整性，间接影响烧结件的质量。铺粉参数应根据具体的烧结材料及工件烧结精度要求而定。

对于供粉槽而言，其主要功能是在扫描准备阶段向上进给粉末，所以主要考虑供粉槽是否提供足够的粉末来完成零件的制作，以及根据单层厚度确定送粉量。对于具有双向送粉机构的选择性激光烧结系统，理论上的供粉槽储粉量可按下式计算：

$$h_{\text{store}}=h_{\text{L-store}}+h_{\text{R-store}}=\frac{h_{\text{part}}w_{\text{center}}}{w_{\text{side}}} \tag{3-6}$$

式中：$h_{\text{L-store}}$、$h_{\text{R-store}}$分别为左、右供粉槽的储粉高度；w_{center}、w_{side}分别为烧结槽和供粉槽的宽度；h_{part}为待制作零件的高度。

制作每层零件的送粉量可以按下式计算：

$$h_{\text{send}}=\frac{h_{\text{thickness}}w_{\text{center}}}{w_{\text{side}}} \tag{3-7}$$

3.4 成型材料

SLS 技术是一种基于粉床的增材制造技术，以粉末作为成型材料，所使用的成型材料十分广泛，从理论上讲，任何被激光加热后能够在粉粒间形成原子间连接的粉末材料都可以作为 SLS 的成型材料。但是粉末材料的特性对 SLS 制件的性能影响较大，其中粒径、粒径分布及形状等最为重要。

3.4.1 粉末特性

1. 粒径

粉末的粒径会影响 SLS 成型件的表面光洁度、精度、烧结速率及粉床密度等。在 SLS 成型过程中，粉末的切片厚度和每层的表面光洁度都是由粉末粒径决定的。由于切片厚度不能小于粉末粒径，当粉末粒径减小时，SLS 制件就可以在更小的切片厚度下制造，这样就可以减小阶梯效应，提高其成型精度。同时，减小粉末粒径可以减小铺粉后单层粉末的粗糙度，从而提高制件的表面光洁度。因此，SLS 用粉末的平均粒径一般不超过 100 μm，否则制件会存在非常明显的阶梯效应，而且表面非常粗糙。但平均粒径小于 10 μm 的粉末同样不适用于 SLS 工艺，因为在铺粉过程中，由于摩擦产生的静电会使此种粉末吸附在铺粉辊上，造成铺粉困难。

粒径的大小也会影响高分子粉末的烧结速率。一般地，粉末平均粒径越小，其烧结速率越大，烧结件的强度也越高。粉床密度为铺粉完成后工作腔中粉体的密度，可近似为粉末的表观堆积密度，它会影响 SLS 制件的致密度、强度及尺寸精度等。研究表明，粉床密度越大，SLS 制件的致密度、强度及尺寸精度越高，粉末粒径对粉床密度有较大影响。一般而言，粉床密度随粒径减小而增大，这是因为小粒径颗粒更有利于堆积。但是当粉末的粒径太小时（如纳米级粉末），材料的比表面积增大，粉末颗粒间的摩擦力、粘附力以及其他表面作用力显著增大，因而影响粉末颗粒系统的堆积，粉床密度反而会随着粒径的减小而降低。

2. 粒径分布

常用粉末的粒径都不是单一的，而是由粒径不等的粉末颗粒组成。粒径分布（Particle Size Distribution）又称为粒度分布，是指用简单的表格、绘图和函数形式表示粉末颗粒群粒径的分布状态。

粉末粒径分布会影响固体颗粒的堆积，从而影响粉床密度。一个最佳的堆积相对密度是和一个特定的粒径分布相联系的，如将单分布球形颗粒进行正交堆积（图 3-10）时，其堆积相对密度为 60.5%（即孔隙率为 39.5%）。

正交堆积或其他堆积方式的单分布颗粒间存在一定体积的空隙，如果将更小的颗粒放于这些空隙中，那么堆积结构的孔隙率就会下降，堆积相对密度就会增加。增加粉床密度的一个方法是将几种不同粒径的粉末进行复合。图 3-11a、b 分别为大粒径粉末 A 的单粉末堆积图和大粒径粉末 A 与小粒径粉末 B 的复合堆积图。可以看出，单粉末堆积存在较大的孔隙，而在复合粉末堆积中，由于小粒径粉末占据了大粒径粉末堆积中的孔隙，因而其堆积相对密度得到提高。

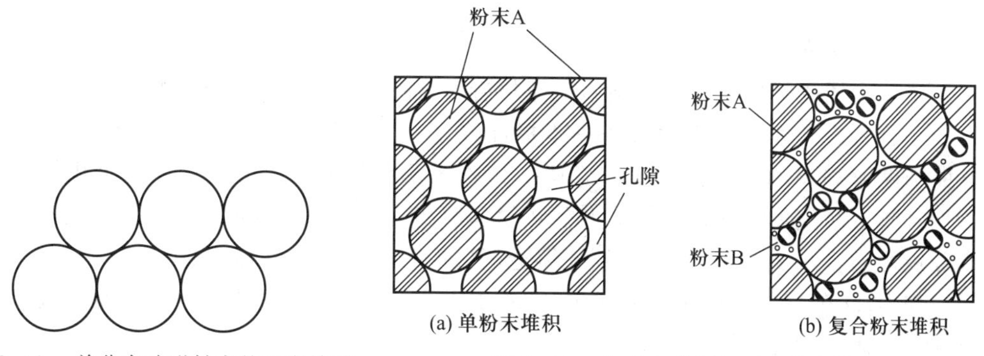

图 3-10 单分布球形粉末的正交堆积

图 3-11 单粉末堆积与复合粉末堆积

3. 粉末颗粒形状

粉末颗粒形状对 SLS 制件的形状精度、铺粉效果及烧结速度都有影响。一般而言球形粉末 SLS 制件的形状精度比不规则粉末高，由于规则的球形粉末具有更好的流动性，因而球形粉末的铺粉效果更好，尤其是当温度升高、粉末流动性下降的情况下，这种差别更加明显。研究表明，在平均粒径相同的情况下，不规则粉末颗粒的烧结速率是球形粉末的五倍，这是因为不规则颗粒间的接触点处的有效半径要比球形颗粒的半径小得多，因而表现出更快的烧结速率。高分子粉末的颗粒形状与制备方法有关，喷雾干燥法制备的高分子粉末为球形，如图 3-12a 所示；溶剂沉淀法制备的粉末为近球形，如图 3-12b 所示；而深冷冲击粉碎法制备的粉末呈不规则形状，如图 3-12c 所示。

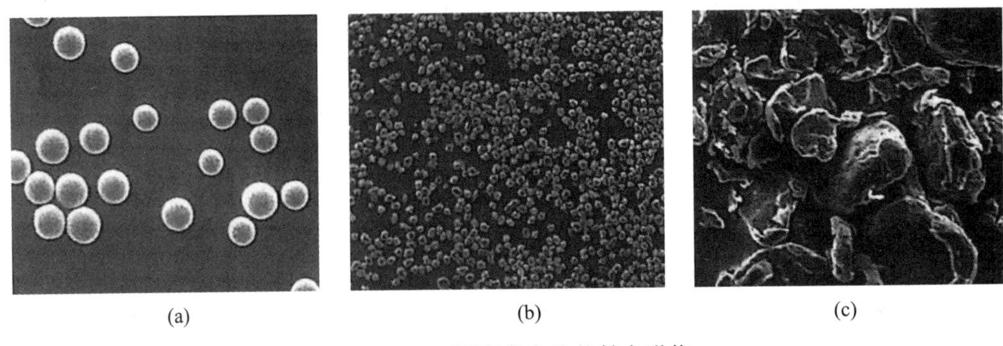

(a) (b) (c)

图 3-12 不同制备方法的粉末形状

3.4.2 成型材料分类

SLS 工艺成型材料广泛，目前已经成功地用石蜡、高分子、金属、陶瓷粉末和它们的复合粉末材料进行了烧结。由于 SLS 成型材料品种多、用料节省、成型件性能广泛，适合多种用途，所以 SLS 的应用越来越广泛。以下是常用的 SLS 成型材料：

1. 工程塑料（ABS）

ABS 与聚苯乙烯同属热塑性材料，其烧结成型性能与聚苯乙烯相近，只是烧结温度高 20 ℃左右，但 ABS 成型件强度较高，所以在国内外被广泛用于快速制造原型及功能件。

2. 聚苯乙烯（PS）

聚苯乙烯受热后可熔化、粘结，冷却后可以固化成型，而且该材料吸湿率小，收缩率也较小，其成型件浸树脂后可进一步提高强度，主要性能指标可达拉伸强度≥15 MPa、弯曲强度≥33 MPa、冲击强度>3 MPa，可作为原型件或功能件使用，也可用做消失模铸造用母模生产金属铸件，但其缺点是必须采用高温燃烧法（>300 ℃）进行脱模处理，造成环境污染，对于 PS 粉原料，用于铸造消失模时一般加入分解助剂。

如 DTM 公司的商业化产品 True Form Polymer，其成型件可进行消失模制造，但其价格高昂，达 89.5 美元/kg。

3. 聚碳酸酯（PC）

对聚碳酸酯烧结成型的研究比较成熟，其成型件强度高、表面质量好，且脱模容易，主要用于制造熔模铸造航空、医疗、汽车工业的金属零件用的消失模以及制作各行业通用的塑料模，如 DTM 公司的 DTM Polycarbanate。但聚碳酸酯价格比聚苯乙烯高。

4. 蜡粉

传统的熔模精铸用蜡（烷烃蜡、脂肪酸蜡等），蜡模强度较低，难以满足精细、复杂结构铸件的要求，且成型精度差，所以 DTM 研制了低熔点高分子蜡的复合材料。

5. 尼龙（PA）

尼龙材料用 SLS 方法可被制成功能零件，目前商业化广泛使用的有 4 种成分的材料。

1）标准的 DTM 尼龙（Standard Nylon） 能被用来制作具有良好耐热性能和耐蚀性的模型；

2）DTM 精细尼龙（DuraForm GF） 不仅具有与 DTM 尼龙相同的性能，还提高了制件的尺寸精度、降低了表面粗糙度，能制造微小特征，适合概念型和测试型制造，但价格高达 188 美元/kg（人民币约 1 500 元/kg）；

3）DTM 医用级的精细尼龙（Fine Nylon Medical Grade） 能通过高温蒸压被蒸汽消毒 5 个循环；

4）原型复合材料（ProtoFormTM Composite） 是 DuraForm GF 经玻璃强化的一种改性材料，与未被强化的 DTM 尼龙相比，它具有更好的加工性能，表面粗糙度可达 *Ra* 值为 4~51 μm，尺寸公差可达 0.25 mm，同时提高了耐热性和耐蚀性。

同时，EOS 公司研发了一种新的尼龙粉末材料（PA3200GF，有点类似于 DTM 的 DuraForm GF），这种材料成型后可以得到精度高、表面光洁度好的原型件。

6. 金属粉末

采用金属粉末进行快速成型是激光快速成型由原型制造到快速直接制造的趋势，可以大大加快新产品的开发速度，具有广阔的应用前景。金属粉末的选区激光烧结方法中，常用的金属粉末有三种。

（1）金属粉末和有机粘结剂的混合体

按一定比例将两种粉末混合均匀，然后用激光束对混合粉末进行选择烧结。其混合方法包括以下两种：

1）利用有机树脂包覆金属材料制得的覆膜金属粉末，这种粉末的制备工艺复杂，但烧结性能好，且所含有的树脂比例较小，更有利于后处理；

2）金属与有机树脂的混合粉末，制备较简单，但烧结性能较差。

在混合粉末中，粘结剂受激光作用迅速变为熔融状态，冷却后将金属基体粉末粘结在一起，烧结时通常需要保护气，其成型件的密度和强度较低，如作为功能件使用，需进行后续处理，包括烧失粘结剂、高温焙烧、金属熔渗（如渗铜）等工序，即可制得用于塑料零件生产的金属模具或放电加工用电极。

美国 Harrisl、Marcus 等人对 60Cu40PMMA 混合粉末进行了烧结，经后处理工艺，相对密度为 84%~96%。美国 DTM 公司已经商业化的金属粉末产品有：① RapidSteel 1.0，其材料成分为 1080 碳钢金属粉末+聚合物材料，平均粒度为 55 μm，聚合物均匀覆在粉粒的表面，厚度为 5 μm，激光功率 30 W，成型坯件的密度是钢密度的 55%，强度可达 2.8 MPa，所渗金属可以是纯铜，也可以是青铜，这种材料主要用来制造注塑模；② 在 RapidSteel 1.0 基础上发展 RapidSteel 2.0，其烧结成型件完全密实，达到铝合金的强度和硬度，能进行机加工、焊接、表面处理及热处理，可作为塑料件的注塑成型模具，注塑模的寿命已达 10 万件/副，也可以用来制造用于 Al、Mg、Zn 等有色金属零件压铸模，压铸模的寿命只有 200~500 件/副；③ Copper Polyamide，基体材料为铜粉，粘结剂为聚酰胺（Polyamide），其特点是成型后不需二次烧结，只需渗入低粘度耐高温的高分子材料（如环氧树脂等），成型件可用于常用塑料的注塑成型，但模具的寿命只有 100~400 件/副。

这些产品价格较高，南京航空航天大学在 RPMII 设备上对粉末材料铁粉（79%或钨粉）、聚酯粘结剂（21%）进行烧结，经渗铜处理得到 EDM 电极，并进行了 EDM 放电试验，试验表明，当采用的放电加工参数合理时，电极的体积损耗可降到 4%或更低，接近于纯铜。华北大学开发的覆膜金属粉（CMP1），成分为覆膜 1Cr18Ni9 粉末，烧结成型温度为 140 ℃，烧结件变形很小，成型尺寸精度±0.15 mm。吉林工业大学用有机树脂包覆的铁基合金 98Fe2Ni 进行了烧结研究。

（2）两种金属粉末的混合体

其中一种熔点较低，起粘结剂的作用，G. Scherer 研究了 Cu-Ni、WC、Co-Ni 等复合材料的 SLS 直接成型，结果发现，高熔点材料的烧结成型类似于液相烧结，激光能量将复合组分中低熔点的成分熔化，形成的液相将固相浸润，冷却后低熔点液相凝固将高熔点组分粘结起来。

所以，多元金属粉末中的粘结相大多采用的是金属 Sn 等低熔点材料，所选低熔点金属的熔点较低，而低熔点金属材料的强度一般也较低，使得制成的烧结件强度也低，性能很差。为了提高烧结件的性能，必须提高多元金属粉末中低熔点金属的熔点，最好用熔点接近或超过 1 000 ℃的金属材料作为粘结剂，用更高熔点金属作为合金的基体，高熔点金属原子间结合力强，高温下不易产生塑性变形，即抗蠕变能力强，才能得到力学性能、尺寸精度、表面质量、金属密度等可以满足使用要求的金属零件及模具，因此高熔点金属粉末激光直接烧结成型的研究备受关注。

美国 Austin 大学的 Agarwda 等人选用 Cu-Sn、Ni-Sn 或青铜锡粉复合粉末进行 SLS 成型研究，并成功地制造出金属零件。比利时的 Schueren 等人选用 Fe-Sn、Fe-Cu 混合粉末，Bourell 等人选用 Cu（70Pb30Sn）粉末材料进行了烧结试验，均取得了满意的结果。Kruth 等也进行了 Fe-Cu 合金粉末的成功烧结。

南京航空航天大学用 Ni 基合金 16CR4B4SI（粒度 150 目）混铜粉（FTD4，粒度 200 目）进行烧结成型的试验，成功地制造出具有较大角度的倒锥形状的金属零件。中国科学院金属研究所和西北工业大学等单位正致力于高熔点金属的激光快速成型。

（3）单一的金属粉末

对单元系烧结，特别是高熔点的金属，在较短的时间内需要达到熔融温度，需要很大功率的激光器，直接金属烧结成型存在的最大问题是因组织结构多孔导致制件密度低、力学性能差。

G. Zong 等研究了带气体保护装置的铁粉直接烧结成型，成型后的相对密度可达到 48%，要进一步提高其性能，还需进行致密化等其他处理。Hmse 于 1989 年对铁粉进行了研究，烧结的零件经热等静压处理后，相对密度达 90%以上。近年来，Austin 大学也对单一金属粉末激光烧结成型进行了研究，成功地制造了用于 F1 战斗机和 AIM9 导弹的 INCONEL625超合金和 Ti6Al4 合金的金属零件。美国航空材料公司采用脉冲 Nd：YAG 激光器已成功研究激光快速成型并用于开发先进钛合金构件。

7. 覆膜陶瓷粉末

选区激光烧结陶瓷粉末是在陶瓷粉末中加入粘结剂，其覆膜粉末制备工艺与覆膜金属粉末类似，被包覆的陶瓷可以是 Al_2O_3、ZrO_2和 SiC 等，粘结剂的种类很多，有金属粘结剂和塑料粘结剂（包括树脂、聚乙烯蜡、有机玻璃等），也可以使用无机粘结剂。如邓琦林等用 Al_2O_3（熔点为 2 050 ℃）为结构材料，分别以 PMMA、$NH_4H_2PO_4$（熔点为 190 ℃）和 Al 作为粘结剂，按一定的比例混合均匀烧结，经二次烧结处理工艺后获得铸造用陶瓷型壳，用该陶瓷型壳进行浇注即获得制作的金属零件。

8. 覆膜砂

覆膜砂采用热固性树脂如酚醛树脂加入锆砂、石英砂的方法制得，利用激光烧结方法，制得原型可直接用做铸造用砂型（芯）来制造金属零件，其中锆砂具有更好的铸造性能，尤其适用于具有复杂形状的有色合金铸造，如镁、铝等合金的铸造。美国 DTM 公司的覆膜锆砂（SandForm Zr）拉伸强度达 3.3 MPa，用于汽车制造业及航空工业等砂型铸造模型及型芯的制作。型砂与低熔点的高分子材料有两种混料方法，一种是机械混合，另一种是将高分子材料加热熔化，把型砂倒入，搅拌均匀，使型砂表面覆盖一层高分子材料。覆膜砂的烧结性能好，故较常用。

9. 纳米材料

对于纳米材料，由于其颗粒直径极其微小，比表面积很大。在不是很大的激光能量冲击作用下，纳米粉末就会发生飞溅，因而利用 SLS 方法对于单项纳米粉体材料的烧结成型比较困难。对于纳米材料激光烧结温度的控制，一般是对于聚合物纳米材料采用固相烧结的方法；对于陶瓷纳米材料，采用液相烧结的方法；对于金属纳米材料，由于其具有易燃、易爆的特点，目前采用直接成型烧结的研究不是太多。Zhigang Fang 在研究纳米 WC-Co 在烧结过程中晶粒长大时发现，在烧结的最初 5 min 内 WC 晶粒已经发生了充分的长大，超越 100 nm 达到亚微米级尺度。因此，如何通过控制烧结工艺来控制纳米晶粒在烧结过程中的晶粒长大，已经成为能否获得纳米材料的一个关键问题。南京航空航天大学赵剑锋等将 Al_2O_3纳米粉体与其他大颗粒粉末按一定比例混合进行烧结（一般为纳米粉体材料总量的 3%~5%，根据具体情况可达 15%），由于大颗粒粉末的存在，使混合粉末的松散密度增大，可以有效地抑制烧结过程中粉末材料的飞溅，有利于烧结。同时，他们正在开展激光与金属超微粒子相互作用机理的研究工作。

3.5 成型影响因素

SLS 工艺成型质量受多种因素影响，包括成型前数据的转换、成型设备的机械精度、成型过程的工艺参数以及成型材料的性质等。本节主要对成型过程中烧结机理以及几个主要工艺参数进行分析，各参数间既相互联系又各自对烧结精度有一定的影响。

3.5.1 原理性误差

某些粉末在室温下就会有结块的倾向。这种自发的变化是因为粉体比块体材料的稳定性差，即粉体处于高能状态。烧结的驱动力一般为体系的表面能和缺陷能。所谓缺陷能，是畸变或空位缺陷所储存的能量。粉末越细，粉体的表面积越大，即表面能越高。新生态物质的缺陷浓度较高，即缺陷能较高。由于粉末颗粒表面的凹凸不平和粉末颗粒中的孔隙都会影响粉末的表面积，因此原料越细，活性越高，烧结驱动力越大。从这个角度讲，烧结实际上是体系表面能和缺陷能降低的过程。利用粉末颗粒表面能的驱动力，借助高温激活粉末中原子、离子等的运动和迁移，从而使粉末颗粒间增加粘结面，降低表面能，形成稳定的、所需强度的制品，这就是高温烧结技术。烧结开始时粉体在熔点以下的温度加热，向表面能（表面积）减小的方向发生一系列物理化学变化及物质传输，从而使得颗粒结合起来，由松散状态逐渐致密化，且机械强度大大提高。烧结的致密化过程是依靠物质传递和迁移来实现的，存在某种推动作用使物质传递和迁移。粉末颗粒尺寸很小，总表面积大，具有较高的表面能，即使在加压成型件中，颗粒间接触面积也很小，总表面积很大而处于较高表面能状态。根据最小能量原理，在烧结过程中，颗粒将自发地向最低能量状态变化，使系统的表面能减小，同时表面张力增加。可见，烧结是一个自发的不可逆过程，系统表面能降低、表面张力增加是推动烧结进行的基本动力。

图 3-13 为粉末成型件的烧结过程示意图。图 3-13a 表示烧结前成型件中颗粒的堆积情况，此时颗粒间有的彼此接触，有的彼此分开，孔隙较多。随着烧结温度的升高和时间的延长，开始产生颗粒间的键合和重排，粒子开始相互靠拢，大孔隙逐渐消失，气孔的总体积减小，但粒子间仍以点接触为主，总面积并未减少，如图 3-13b 所示。图 3-13c 所示阶段开始有明显的传质过程，颗粒间由点接触逐渐扩大为面接触，粒界面积增加，固气表面积相应减少，但孔隙仍连通。随着传质的继续，粒界进一步扩大，气孔逐渐缩小和变形，最终转变为孤立的闭气孔，同时颗粒粒界开始移动，粒子长大，气孔逐渐迁移到粒界上而后消失，烧结体致密度增高，如图 3-13d 所示。

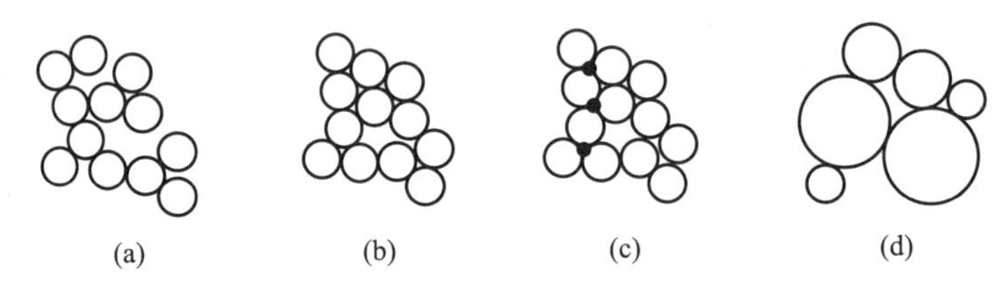

图 3-13 粉状成型件的烧结过程示意图

烧结时的物质迁移大致可分为表面迁移和体积迁移两类机制。表面迁移机制是由物质在颗粒表面流动而引起的。表面扩散和蒸发凝聚是主要的表面迁移机制。烧结体的基本尺寸不发生变化，密度也还保持原来的大小。体积迁移机制包括体积扩散、塑性流动亦即非晶物质的粘性流动，主要发生在烧结的后期。

烧结过程中颗粒之间的粘结大致可分为三个阶段，如图 3-14 所示。

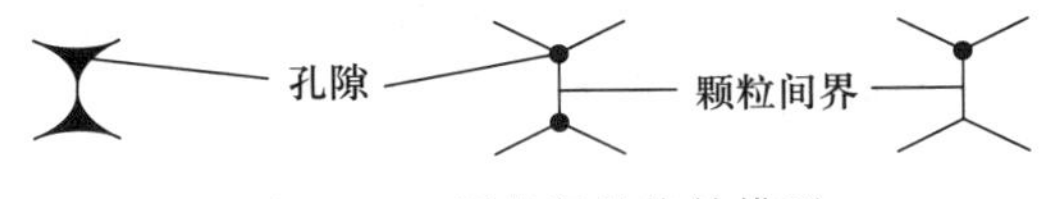

图 3-14 颗粒间的烧结模型

1）初期烧结颈形成阶段。通过形核、长大等原子迁移过程，粉末颗粒间的原始接触点形成烧结颈。烧结颈的长大速度与物质迁移机制有关。较细的粉末颗粒可以得到较快的烧结速率；烧结温度对烧结颈长大有重大影响。与温度相比较，烧结时间的作用相对较小。这一阶段还发生气体吸附和水分挥发，由于粉末颗粒结合面的增大，烧结体的强度有明显增加，但颗粒外形基本未变。

2）中间烧结颈长大阶段。原子向颗粒粘结面大量迁移时烧结颈扩大，颗粒间距缩小，孔隙的结构变得光滑，形成连续的孔隙网络。这阶段可以用烧结体的致密化和晶粒长大表征。在粉末烧结的致密化过程中，体积扩散、晶界扩散起主导作用。

3）最后烧结阶段。烧结是借助于体积扩散机制将孔隙孤立、球化及收缩。SLS 烧结用的激光器多为 CO_2激光器。CO_2激光器可以以连续和脉冲两种方式运行，当重复率很高时，输出为准连续激光。激光烧结工艺属于无压烧结，即在真空状态下，将粉末材料置于激光烧结成型机中，将其预热到一定温度，然后用激光扫描烧结成型。此时材料烧结的传质机理主要是蒸发凝聚和扩散传质。由烧结机理可知，只有体积扩散导致材料的致密化，而低温阶段以表面扩散为主，高温烧结阶段主要以体积扩散为主。从理论上讲，应尽可能快地从低温升到高温，创造体积扩散的条件。高温短时间的烧结是提高致密度的好方法。

激光的光束质量 M^2 是激光器输出特性中的一个重要参数，也是设计光路以及决定最终聚焦光斑的重要参考数据，衡量激光光束质量的主要指标包括激光束的束腰直径和远场发散角。激光束的光束质量的表达式为

$$M^2=\pi D_0\theta/(4\lambda) \tag{3-8}$$

式中：D_0 为激光束的束腰直径；θ 为激光束的远场发散角；λ 为激光波长。

激光束在经过透镜组的变换前后光束束腰直径与远场发散角之间的乘积是一定的，其表达式为

$$D_0\theta_0=D_1\theta_1 \tag{3-9}$$

式中：D_0 为进入透镜前的激光束束腰直径；θ_0 为进入透镜前的激光束远场发散角；D_1 为经过透镜后的激光束束腰直径；θ_1 为经过透镜后的激光束远场发散角。

由于在传输过程中激光束的束腰直径和远场发散角的乘积保持不变，因此最终聚焦在工作面上的激光束聚焦光斑直径可按下式计算：

$$D_f=D_0\theta_0/\theta_f\approx M^2\frac{4\lambda}{\pi}\frac{f}{D} \tag{3-10}$$

式中：θ_f 为激光束聚焦后的远场发散角；D 为激光束聚焦前最后一个透镜的直径（激光束充满聚焦前最后一个透镜）；f 为激光束聚焦前最后一个透镜的焦距。

从式（3-10）可以看出，激光束聚焦光斑直径的大小与激光束的光束质量及波长相关，同时也受聚焦透镜的焦距以及聚焦前最后一个透镜的直径即激光光束直径的影响。实际上对于给定的激光器，综合考虑聚焦光斑要求以及振镜响应性能的影响，通常通过设计合适的透镜以及扩大光束直径的方法来得到理想的聚焦光斑。

激光聚焦的另一个重要参数是光束的聚焦深度。激光束聚焦不同于一般的光束聚焦，其焦点不仅仅是一个聚焦点，而且有一定的聚焦深度，通常聚焦深度可按从激光束束腰处向两边至光束直径增大 5%处截取，聚焦深度可按下式估算：

$$h_\Delta=\pm\frac{0.8\pi D_f^2}{\lambda} \tag{3-11}$$

式中：D_f 为激光束聚焦光斑直径。

由式（3-11）可知，在一定聚焦光斑要求下，激光束的聚焦深度与波长成反比。在相同聚焦光斑要求下，波长较短的激光束可以得到较大的聚焦深度。

3.5.2 工艺性误差

SLS 过程中，烧结制件会发生收缩。如果粉末材料都是球形的，在固态未被压实时，最大密度只有全密度的 70%左右，烧结成型后制件的密度一般可以达到全密度的 98%以上。所以，烧结成型过程中密度的变化必然引起制件的收缩。

烧结后制件产生收缩的主要原因是：① 粉末烧结后密度变大，体积缩小，导致制件收缩（熔固收缩）。这种收缩不仅与材料特性有关，而且与粉末密度和激光烧结过程中的工艺参数有关。② 制件的温度从工作温度降到室温造成收缩（温致收缩）。

1. 激光功率

激光器功率可由下式确定：

$$P=\frac{d^2(T-T_i)}{2\beta A}\sqrt{\frac{2v}{ad}} \tag{3-12}$$

式中：d 为激光光斑的直径；v 为激光束的移动速度；T 为烧结温度；T_i为起始温度；a 为热扩散率；A 为材料的吸收系数；β 为激光发送系统的透明度。

在扫描系统中，为了降低所需激光的功率，应尽可能减少激光光斑的直径 d，提高粉末材料的起始温度 T_i，采用适当的激光扫描速度 v。在固体粉末选择性激光烧结中，激光功率和扫描速度决定了激光对粉末的加热温度和时间。如果激光功率低而且扫描速度快，则粉末的温度不能达到熔融温度，不能烧结，制造出的制件强度低或根本不能成型。如果激光功率高而且扫描速度很慢，则会引起粉末汽化或使烧结表面凹凸不平，影响颗粒之间、层与层之间的粘结。

在其他条件不变的情况下，当激光功率逐渐增大时，材料的收缩率逐渐升高。这是因为随着功率的增大，加热使温度升高，材料熔融，粉末颗粒密度由小变大，烧结制件收缩增大了。但是当激光功率超过一定值时，随着激光功率的增加，温度升高，表层的材料（如聚苯乙烯等）被烧结汽化，产生离子云，对激光产生屏蔽作用。

2. 扫描间距

激光扫描间距是指相邻两激光束扫描行之间的距离。它的大小直接影响传输给粉末能量的分布、粉末体烧结制件的精度。在不考虑材料本身热效应的前提下，对聚苯乙烯粉末进行激光烧结。用单一激光束以一定参数对其扫描，在热扩散的影响下，会烧结出一条烧结线，如图 3-15 所示。其中，h 为材料烧结时的熔融深度，W 为熔融宽度。如果激光束反复扫描，烧结线组成的截面如图 3-16 所示，可以通过熔融宽度 W、重叠量 D_w与光斑直径 d 的关系，找出相邻烧结线之间的重叠系数，由式（3-13）确定重叠部分的宽度与熔融宽度之比。

$$\Phi=D_w/W\times100\% \tag{3-13}$$

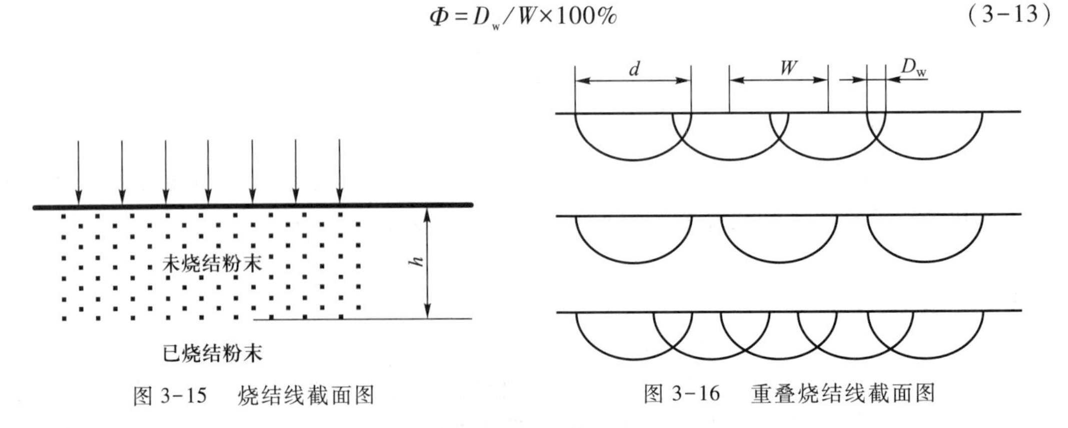

图 3-15　烧结线截面图　　图 3-16　重叠烧结线截面图

1）当 $d/2<W<d$ 时，扫描线的激光能量叠加后，分布基本上是均匀的，此时粉末烧结深度一致，烧结的制件密度均匀，是比较合适的情况。

2）当 $W \geq d$ 时，扫描区域彼此分离，激光扫描线和线之间没有连接成片或没有重叠的部分，其相邻区域总的激光能量小于粉末烧结需要的能量，不能使相邻区域的粉末烧结，此时的 Φ 值为零或过小，导致相邻两个烧结区域之间粘结不牢，烧结制件的表面凹凸不平，严重影响制件的强度。

3）当 $W \leq d/2$ 时，扫描线大部分重叠，此时相邻区域的激光能量可以使该区域的粉末部分重复烧结，Φ 值过大。激光总能量的分布呈现波峰波谷，能量分布不均匀，因此粉末烧结成型效率降低，并能引起制件较大的翘曲和收缩。

4）当 $W \ll d/2$ 时，总的激光能量太大，会引起材料汽化、变形。

当扫描线间距大于激光光斑直径时，固化后的扫描线之间是由激光热影响区未熔融的粉末颗粒材料粘结的。线与线之间的连接强度极小，不能改变扫描线自身的变化趋势，这时扫描线变形方向为线两侧，当扫描间距小于激光光斑直径时，扫描线固化在前一条扫描线的已烧结区域，即两条扫描线部分重叠，此时扫描线的变形由于受到前一条已烧结线的约束，其变形方向向上。特别是烧结制件的底部，由于上面逐层烧结，它一直处于上层粉末烧结的热量中，在收缩和内应力的作用下，导致制件的边缘向中心收缩。

3. 烧结层厚

材料在快速成型机上成型之前，必须对制件的三维 CAD 模型进行 STL 格式化和切片处理，以便得到一系列的截面轮廓。正是这种成型机理，导致烧结制件产生阶梯效应和小特征遗失等误差。

1）STL 格式化是用许多小的三角形平面片去逼近模型的曲面或平面，若要提高近似的程度，就需要用更多、更小的三角形平面片。但这也不可能完全表达原始设计的意图，离真正的表面还是有一定的距离，而且在边界上产生凹凸现象，这种 CAD 模型网络细化会带来表面形状失真的问题。

2）进行 STL 格式转化时，有时会产生一些局部缺陷。例如，表面曲率变化较大的分界处，可能出现锯齿状小凹坑。

3）对 STL 文件处理后的 CAD 模型进行切片处理时，由于受材料性能的制约，同时为了达到较高的生产率，切片间距不可能太小，这样会在模型表面造成阶梯效应，而且还可能遗失两相邻切片层之间的小特征结构（如小凸缘、小窄槽等），造成误差。

4. 制件摆放角度

从成型原理上看，切片过程中，制件模型在坐标系中的方向配置，不仅对激光烧结制件的表面粗糙度有直接的影响，而且与制件成型效率也有很大的关系。

1）当 CAD 模型的表面与直角坐标轴线平行时，不产生阶梯效应；当其表面接近垂直方向时，受阶梯效应影响小，而接近水平方向的表面则受阶梯效应的影响严重；当表面与轴线倾斜成角度时，阶梯现象明显。由此可见，对于同一个制件，各个表面的表面粗糙度不一定相同，成型精度会有较大的区别。

2）在坐标系中如何摆放制件，与激光烧结成型的效率密切相关，这是因为制件坐标直接影响成型层数。对同一个 CAD 模型，制件坐标不同，其在成型方向的成型高度就不同，而成型层数由下式得到：

$$N = H/t \tag{3-14}$$

式中：H 是成型高度；t 是层厚。层数越多，铺粉的累计辅助时间越长，烧结时间也越长，成型效率越低。

5. 激光扫描方式及扫描速度

在激光束扫描每一直线时，该扫描线从开始的熔融态到最终固相态的过程中，由于材料形状的改变而引起体积变化，导致扫描线在长度方向上收缩，从而引起扫描线的扭曲变形；在同一激光功率下，扫描速度不同，材料吸收的热量也不同，变形量不同引起的收缩变形也就不同。当扫描速度快时，材料吸收的热量相对少，材料的粉末颗粒密度变化小，制件收缩也小；当扫描速度慢时，材料接触激光的时间长，吸收热量多，颗粒密度变大，制件收缩也大。

6. 烧结制件材料及特性

由于工作温度一般高于室温，当制件冷却到室温时，制件都要收缩。其收缩量主要是由烧结材料和制件的几何形状决定的。在聚苯乙烯烧结成型试验中发现：随着制件的壁厚及尺寸的增大，收缩率也增大；烧结制件的冷却时间越短，收缩率越高；制件结构的角度越小，收缩率越大。

7. 其他因素

1）成型机 X、Y、Z 方向的运动定位误差，以及 Z 方向工作台的平直度、水平度和垂直度等对成型件的形状和尺寸精度有较大影响。对于平面精度而言，机器误差主要是激光扫描的误差，它取决于系统的定位精度；对于 Z 向精度而言，Z 向累计误差与传动精度和烧结的层数有关，机器误差主要是活塞传动系统的误差。

2）成型材料的性能对其加工精度起着决定性的作用。成型过程中材料状态发生变化，容易引起制件收缩、翘曲变形，导致制件内部产生残余应力，影响制件表面精度和尺寸精度。

3）制件后处理对其精度的影响。对成型后的制件需要进行剥离、打磨、抛光和表面喷涂等后处理。如果处理不当，制件形状、尺寸精度会受到很大影响。

3.5.3 制件缺陷及改进措施

SLS 各参数之间的组合都会在不同程度上存在着烧结缺陷。一般说来，烧结缺陷有制件表面粗糙度差、制件收缩变形、翘曲等。其中制件表面粗糙度差主要是由激光扫描间距不合适、烧结切片机理或者制件摆放角度等造成，易产生阶梯效应；制件收缩变形主要是由于激光功率过高、扫描间距小、扫描速度慢，使得局部激光功率密度大。针对以上激光烧结制件的缺陷，提出以下改进措施：

1. 提高制件表面精度

1）合理地选取工艺参数。根据不同材料的物理化学性能，合理地选取烧结加工的工艺参数。

2）寻找提高精度的方法。根据烧结制件的实际精度需求，从根本上寻求提高精度的方法，即在原有的定层厚切片基础上，开发出定精度切片软件。这样可以根据制件的设计精度反求出激光的烧结层厚，经济、合理、高效率地生产制件。

2. 提高制件尺寸精度

1）根据不同材料物理、化学性能，烧结加工中合理地选择激光烧结功率、激光扫描间距、扫描速度等工艺参数，再通过修正系数减少尺寸的收缩。

2）当激光束扫描过后，粉末从熔融状态到固相状态有一定的固化时间。如果在这个时间段内对此再从另一个方向进行扫描，则可以改变其固化取向，使变形方向发生改变，以减少收缩。

3）掌握好激光烧结材料的预热温度（一般低于熔融温度 2~3 ℃），减少温差；制件烧结后，降低制件的冷却速度，减少收缩。

4）在制件切片及成型时，可以将制件中较大的成型平面放在最底层。

3.6 典型应用

SLS 技术目前已被广泛应用于航天航空、机械制造、建筑设计、工业设计、医疗、汽车和家电等行业。

1. 模具制造领域

SLS 可以选择不同的材料粉末制造不同用途的模具，用 SLS 法可直接烧结金属模具和陶瓷模具，用作注塑、压铸、挤塑等塑料成型模及钣金成型模。图 3-17 所示为采用 SLS 工艺制作的高尔夫球头模具及产品。

图 3-17 采用 SLS 工艺制作的高尔夫球头模具及产品

2. 原型制作领域

SLS 特别适宜整体制造具有复杂形状的金属功能零件。在新产品试制和零件的单件小批生产中，不需复杂工装及模具，可大大提高制造速度，并降低制造成本。图 3-18 所示为基于 SLS 原型由快速无模具铸造方法制作的产品。

3. 医学应用领域

由于 SLS 工艺烧结的零件具有很高的孔隙率，故其在医学上可用于人工骨的制造。国外对于用 SLS 技术制备的人工骨进行的临床研究表明，人工骨的生物相容性良好。图 3-19 所示为 SLS 技术的医学应用实例。

图 3-18 基于 SLS 原型由快速无模具铸造方法制作的产品

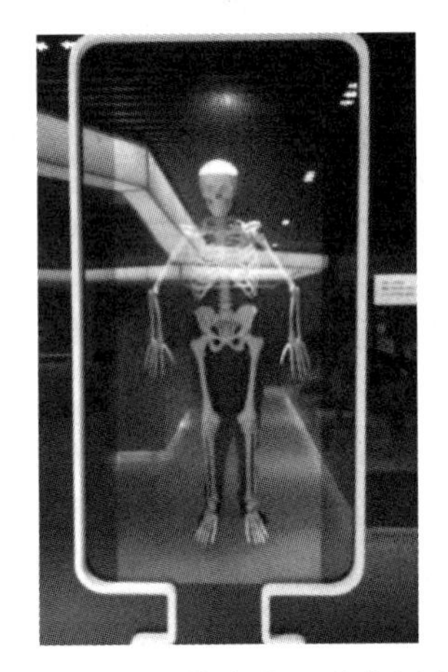

图 3-19 SLS 技术的医学应用实例

思考与练习

1. 简述选区激光烧结工艺的原理及其特点。
2. 简述 SLS 工艺烧结方法及其特点。
3. SLS 工艺常用的后处理方法有哪些?
4. 简述选区激光烧结工艺成型系统的构成。
5. 试述选区激光烧结工艺的典型应用,并举例说明。
6. 试分析选区激光烧结工艺成型影响因素。

第4章 选区激光熔化工艺及材料

选区激光熔化成型技术是以原型制造技术为基本原理发展起来的一种先进的激光增材制造技术。通过专用软件对零件三维数模进行切片分层，获得各截面的轮廓数据后，利用高能量激光束根据轮廓数据逐层选择性地熔化金属粉末，通过逐层铺粉，逐层熔化凝固堆积的方式，制造三维实体零件。

它是近年来发展起来的快速制造技术，相对其他快速成型技术而言 SLM 技术更高效、更便捷，开发前景更广阔，它可以利用单一金属或混合金属粉末直接制造出具有冶金结合、致密度接近 100%、具有较高尺寸精度和较好表面粗糙度的金属零件。SLM 技术综合运用了新材料、激光技术、计算机技术等前沿技术，受到国内外的高度重视，成为新时代极具发展潜力的高新技术。如果这一技术取得重大突破，将会带动制造业的跨越式发展。

4.1 概述

选区激光熔化技术思想来源于 SLS 技术并在其基础上得以发展，但它克服了 SLS 技术间接制造金属零部件的复杂工艺难题。得益于计算机的发展及激光器制造技术的逐渐成熟，德国 Fraunhofer 激光技术研究所（Fraunhofer Institute for Laser Technology，FILT）最早深入地探索了激光完全熔化金属粉末的成型，并于 1995 年首次提出了 SLM 技术。在其技术支持下，德国 EOS 公司于 1995 年底制造了第一台设备。随后，英国、德国、美国等欧美国家的众多公司开始相关研究。

SLM 设备的研发涉及光学（激光）、机械、自动化控制及材料等一系列的专业知识，目前欧美等发达国家在 SLM 设备的研发及商业化进程上处于世界领先地位。英国 MCP 公司自推出第一台 SLM-50 设备之后又相继推出了 SLM-100 以及最新的第三代 SLM-250 设备。德国 EOS GmbH 公司现在已经成为全球最大、同时也是技术最领先的选区激光熔化增材制造系统的制造商。近年来，EOS 公司的 EOSINT M280 增材制造设备是该公司最新开发的 SLM 设备，如图 4-1 所示，其采用了“纤维激光”的新系统，可形成更加精细的激光聚焦点以及很高的激光能量，可以将金属粉末直接烧结而得到最终产品，大大提高了生产效率。美国 3D Systems 公司推出了 sPro 系列 SLM 250 商用 3D 打印机（图 4-2），使用高功率激光器，根据 CAD 数据逐层熔化金属粉末，以创建功能性金属部件。该 3D 打印机能够提供长达 320 mm（12.6 in）的工艺金属零件的成型，零件具有出色的表面光洁度、精细的功能性细节与严格的公差。此外，美国的 PHENIX、德国的 Concept Laser 公司及日本的TRUMPF等公司的SLM设备均已商业化。它们之间的差异主要体现在激光器类型与能量、成型尺寸、激光光斑大小、铺粉方式、活塞缸及铺粉层厚等方面。除了以上几大公司进行SLM设备商业化生产外，国外还有很多高校和科研机构进行SLM设备的自主研发，比如比利时的鲁汶大学、日本的大阪大学等。

图4-1　EOSINT M280设备

图4-2　sPro系列SLM 250商用3D打印机

国内的SLM设备研发工作与国外相比起步较晚，设备稳定性方面稍微落后，但整体性能相当，主要研究单位有华中科技大学、华南理工大学、西北工业大学和北京航空制造研究所等。

2016年4月，由武汉光电国家实验室完成的“大型金属零件高效激光选区熔化增材制造关键技术与装备（俗称激光3D打印技术）”顺利通过了湖北省科技厅成果鉴定。深度融合了信息技术和制造技术等特征的激光3D打印技术，由4台激光器同时扫描，为目前世界上效率和尺寸最大的高精度金属零件激光3D打印装备。该装备攻克了多重技术难题，解决了航空航天复杂精密金属零件在材料结构功能一体化及减重等方面的关键技术难题，实现了复杂金属零件的高精度成型，提高了成型效率，缩短了装备研制周期。

4.2　成型原理及工艺

4.2.1　成型原理

选区激光熔化（SLM）成型技术的工作原理与选区激光烧结（SLS）类似。其主要的不同在于粉末的结合方式，SLS是通过低熔点金属或粘结剂的熔化将高熔点的金属或非金属粉末粘结在一起，SLM技术是将金属粉末完全熔化，因此要求的激光功率密度要大大高于SLS。

为实现金属粉末瞬间熔化，需要高功率密度的激光器，并且光斑聚焦至几十微米，SLM技术目前都选用光纤激光器，激光功率从50 W到400 W，功率密度达5×10^6 W/cm^2

以上，图 4-3 为 SLM 技术成型过程效果图。

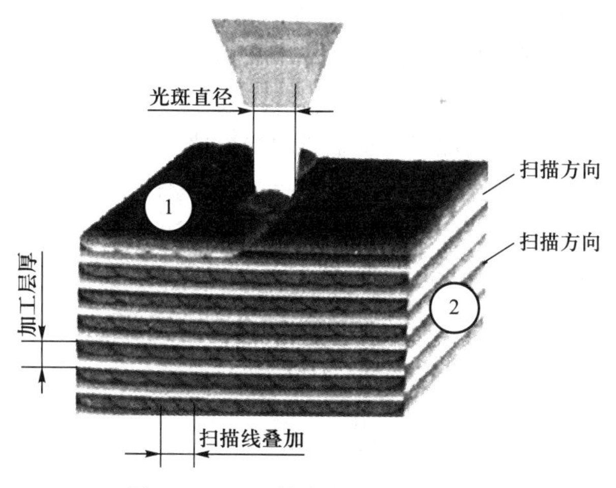

图 4-3　SLM 技术成型过程效果图

图 4-4 为 SLM 技术原理图，其成型原理主要如下：先通过切片软件对三维模型进行切片分层，把模型离散成二维截面图形，并规划扫描路径，再转化成激光扫描信息。扫描前，刮板将送粉缸中的金属粉末均匀平铺到激光加工区，随后激光器根据激光扫描信息控制扫描振镜偏转，有选择性地将激光束照射到加工区，得到当前二维截面的二维实体，然后成型区下降一个层厚，重复上述过程，逐层堆积得到产品原型。

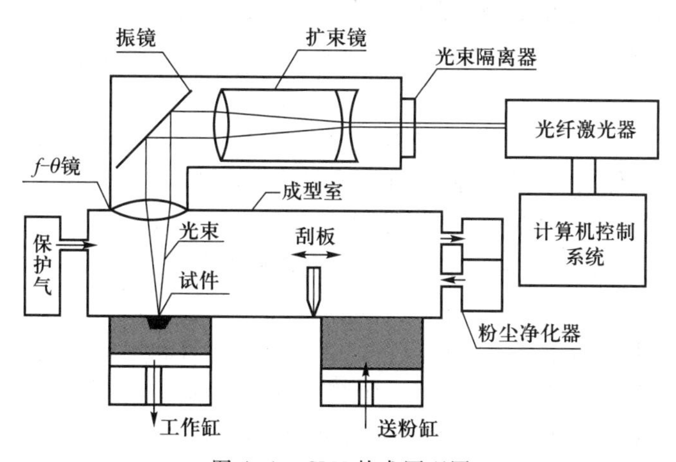

图 4-4　SLM 技术原理图

4.2.2　成型工艺

SLM 成型材料多为单一组分金属粉末，包括奥氏体不锈钢、镍基合金、钛基合金、钴-铬合金和贵重金属等。激光束快速熔化金属粉末并获得连续的熔道，可以直接获得几乎任意形状、具有完全冶金结合、高精度的近乎致密金属零件。

为了保证金属粉末材料的快速熔化，SLM 技术需要高功率密度激光器，光斑聚焦到几十到几百微米。SLM 技术目前最常使用光束模式优良的光纤激光器，其激光功率在

50 W 以上，功率密度达 5×10^6 W/cm^2 以上。在高激光能量密度的作用下，金属粉末完全熔化，经散热冷却后可实现与固体金属冶金焊合成型。SLM 技术正是通过此过程，层层累积成型出三维实体的快速成型技术。

在 SLM 成型过程中，为了提高粉末的成型性，就必须提高液态金属的润湿性。在成型过程中，若液态金属成球，则说明液态金属的润湿性不好。液态金属对固体金属的润湿性受工艺参数的影响，因此可优化工艺参数来提高特定粉末的润湿能力。研究结果表明，液态金属在缺少与氧化物发生化学反应的情况下是不能润湿固体氧化膜的，因此在成型过程中要防止氧化，虽然添加合金元素 P 可提高润湿性，但是元素 P 会影响成型件的力学性能。

4.2.3　工艺特点

SLM 技术的优点总结如下：

1）能将 CAD 模型直接制成终端金属产品，只需要简单的后处理或表面处理工艺。

2）适合各种复杂形状的工件，尤其适合内部有复杂异型结构（如空腔、三维网格）、用传统机械加工方法无法制造的复杂工件。

3）能得到具有非平衡态过饱和固溶体及均匀细小金相组织的实体，致密度几乎能达到 100%，SLM 零件的力学性能与锻造工艺所得相当。

4）使用具有高功率密度的激光器，以光斑很小的激光束加工金属，使得加工出来的金属零件具有很高的尺寸精度（达 0.1 mm）以及很好的表面粗糙度（*Ra* 值为 30～50 μm）。

5）由于激光光斑直径很小，因此能以较低的功率熔化高熔点金属，使得用单一成分的金属粉末来制造零件成为可能，而且可供选用的金属粉末种类也大大拓展了。

6）能采用钛粉、镍基高温合金粉进行直接加工，解决在航空航天中应用广泛的、组织均匀的高温合金零件复杂件加工难的问题，还能解决生物医学上组分连续变化的梯度功能材料的加工问题。

由于 SLM 技术具有以上优点，它具有广阔的应用前景和广泛的应用范围，如机械领域的工具及模具（微制造零件、微器件、工具插件、模具等）、生物医疗领域的生物植入零件或替代零件（齿、脊椎骨等）、电子领域的散热器件、航空航天领域的超轻结构件以及梯度功能复合材料零件等。

当然，SLM 技术也有着不少劣势，包括：

1）由于激光器功率和扫描振镜偏转角度的限制，SLM 设备能够成型的零件尺寸范围有限；

2）由于使用到高功率的激光器以及高质量的光学设备，机器制造成本高，目前国外设备售价居高不下；

3）由于使用了粉末材料，成型件表面质量差，产品需要进行二次加工后才能用于后续的工作；

4）加工过程中，容易出现球化和翘曲。

4.3　成型系统

SLM 的核心器件包括主机、激光器、光路传输系统等几个部分。下面分别介绍各个组成部分的功能、构成及特点。

4.3.1　主机

主机是构成 SLM 设备的最基本部件。从功能上分类，主机又由机架（包括各类支架、底座和外壳等）、成型室、传动机构、工作/送粉缸、铺粉机构和气体净化系统等部分构成。

1）机架。主要起到支撑作用，一般采取型材拼接而成，但由于 SLM 中金属材料重量大，一些承力部分通常采取焊接成型。

2）成型室。它是 SLM 成型的空间，在里面需要完成激光逐层熔化和送铺粉等关键步骤。成型室一般需要设计成密封状态，有些情况下（如成型纯钛等易氧化材料）还需要设计成可抽真空的容器。

3）传动机构。实现送粉、铺粉和零件的上下运动，通常采用电动机驱动丝杠的传动方式，有时也采用带传动。

4）工作缸/送粉缸。主要储存粉末和零件，通常设计成方形或圆形缸体，内部设计可上下运动的水平平台，实现 SLM 成型过程中的送粉和零件上下运动功能。

5）铺粉机构。实现 SLM 成型加工过程中粉末的铺放，通常采用铺粉辊或刮刀（金属、陶瓷和橡胶等）的形式，与 SLS 铺粉机构相似。

6）气体净化系统。主要是实时去除成型腔中的烟气，保证成型气氛的清洁度。另外，为了控制氧含量，还需要不断补充保护气体，有些还需要控制环境湿度。

4.3.2　激光器

激光器是 SLM 设备提供能量的核心功能部件，直接决定 SLM 零件的成型质量。SLM 设备主要采用光纤激光器，光束直径内的能量呈高斯分布。光纤激光器指用掺稀土元素玻璃光纤作为增益介质的激光器。图 4-5 为光纤激光器结构示意图，掺有稀土离子的光纤芯作为增益介质，掺杂光纤固定在两个反射镜间构成谐振腔，泵浦光从反射镜 M_1 入射到光纤中，从反射镜 M_2 输出激光。激光器具有工作效率高、使用寿命长和维护成本低等特点，其主要工作参数有激光功率、激光波长、激光光斑、光束质量因子等。

（1）激光功率。连续激光的功率或者脉冲激光在某一段时间的输出能量，通常以 W 为单位。如果激光器在时间 t 内输出能量为 E，则输出功率 $P=E/t$。

（2）激光波长。光具有波粒二象性，也就是光既可以看成是一种粒子，也可以看成是一种波。波具有周期性，一个波长是一个周期下光波的长度，一般用 λ 表示。

（3）激光光斑。激光光斑是激光器参数，指的是激光器发出激光的光束直径大小。

（4）光束质量因子。光束质量因子是激光光束质量的评估和控制理论基础，其表示方式为 M^2。

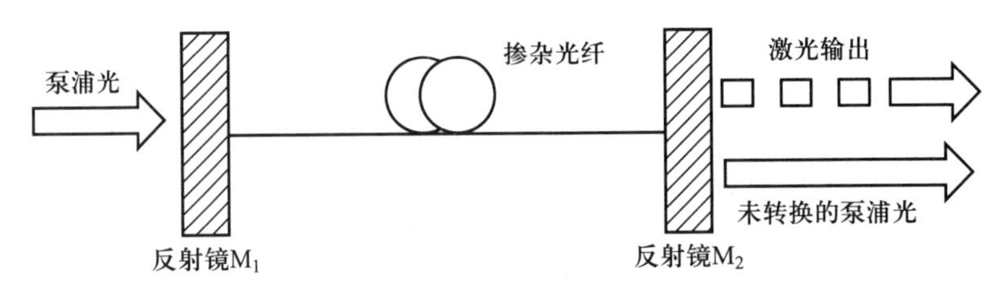

图 4-5　光纤激光器结构示意图

商品化光纤激光器主要有德国 IPG 和英国 SPI 两家公司的产品，其主要性能见表 4-1。

表 4-1　IPG 和 SPI 400W 激光器主要参数对比

序号	参数	IPG	SPI
1	型号	SP-400C-W-S6-A-A	YLR-400-WC-Y11
2	功率	400 W	400 W
3	中心波长	(1 070±10) nm	(1 070±5) nm
4	出口光斑	(5.0±0.7) mm	(5.0±0.5) mm
5	工作模式	CW/Modulated	CW/Modulated
6	光束质量	<1.1	<1.1
7	调制频率	100 kHz	50 kHz
8	功率稳定性	<2%	<3%
9	红光指示	波长 630~680 nm，1 mW	同光路指引
10	工作电压	200~240 V	200~240 V
11	冷却方式	水冷，冷却量 2 500 W	水冷，冷却量 1 100 W

4.3.3　光路传输系统

光路传输系统主要实现激光的扩束、扫描、聚焦和保护等功能，包括扩束镜、聚焦镜（或三维动态聚焦镜）、振镜及保护镜。各部分组成原理及功能分别说明如下。

（1）振镜扫描系统

SLM 成型致密金属零件要求成型过程中固液界面连续，这就要求扫描间距更为精细。因此，所采用的扫描策略数据较多，数据处理量大，要求振镜系统的驱动卡对数据的处理能力强、反应速度快。振镜扫描系统的工作原理如图 4-6 所示。入射激光束经过两片镜片（扫描镜 1 和扫描镜 2）反射，实现激光束 *X*-*Y* 平面内的运动。扫描镜 1 和扫描镜 2 分别由相应检流计 1 和检流计 2 控制并偏转。检流计 1 驱动扫描镜 1，使激光束沿 *Y* 轴方向移动；检流计 2 驱动扫描镜 2，使激光束被反射且沿 *X* 轴方向移动。两片扫描镜的联动，可实现激光束在 *X*-*Y* 平面内复杂曲线运动轨迹。

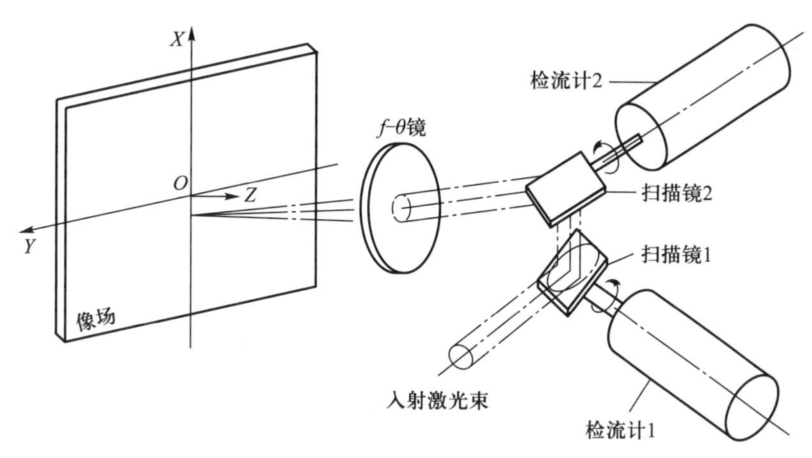

图 4-6 振镜扫描系统示意图

（2）聚焦系统

常用的聚焦系统包括动态聚焦系统和静态聚焦系统。动态聚焦是通过电动机驱动负透镜沿光轴移动实时补偿聚焦误差（焦点扫描场与工作场之间的误差）。所采用的动态聚焦系统由聚焦物镜、负透镜、水冷孔径光阑及空冷模块等组成，其结构如图 4-7a 所示。静态聚焦镜为 f-θ 镜，如图 4-7b 所示，而非一般光学透镜。对于一般光学透镜，当准直激光束经过反射镜和透射镜后聚焦于像场，其理想像高 y 与入射角的正切成正比，因此以等角速度偏转的入射光在像场内的扫描速度不是常数。为实现等速扫描，使用 f-θ 镜可以获得 $y=f\theta$ 关系式，即扫描速度与等角速度偏转的入射光呈线性变化。

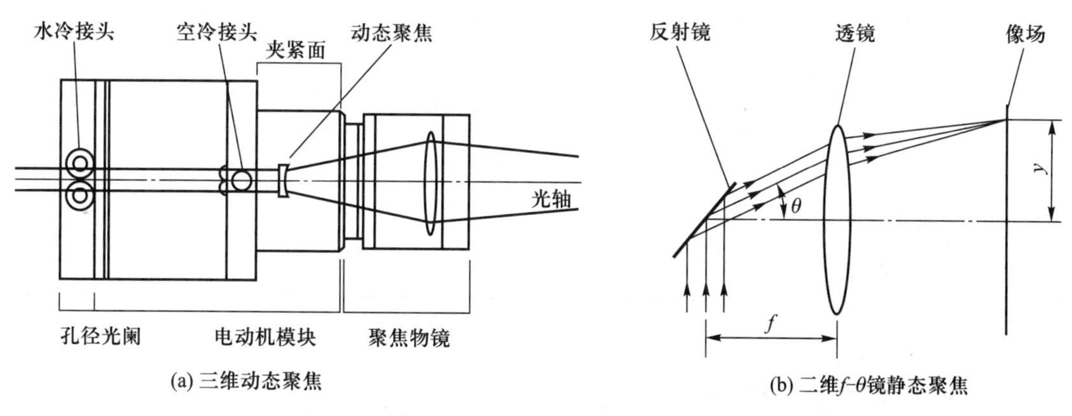

图 4-7 聚焦系统结构示意图

（3）保护镜

起到隔离成型室与激光器、振镜等光学器件的作用，防止粉尘对光学器件的影响。选择保护镜时要考虑减少特定波长激光能量通过保护镜时的损耗。SLM 设备如果采用光纤激光器，则应选择透射波长为 1 000 nm 左右的保护镜片，同时还应考虑耐温性能。激光穿透镜片会有部分能量被吸收产生热量，如果 SLM 成型时间较长，其热积累有可能会损坏镜片。

4.4 成型材料

4.4.1 粉末材料分类

可用于 SLM 技术的粉末材料主要分为三类，分别是混合粉末、预合金粉末、单质金属粉末。

1. 混合粉末

混合粉末由一定比例的不同粉末混合而成。现有研究表明，SLM 成型件的力学性能受致密度、成型均匀度的影响，目前混合粉的致密度还有待提高。

2. 预合金粉末

根据成分不同，可以将预合金粉末分为镍基、钴基、钛基、铁基、钨基、铜基等，研究表明，预合金粉末材料成型件的致密度可以超过 95%。

3. 单质金属粉末

一般单质金属粉末主要为金属钛，其成型性较好，致密度可达到 98%。

表 4-2 为目前用于 SLM 技术的主要金属粉末种类及特性。

表 4-2　用于 SLM 技术的主要金属粉末种类及特性

项目	名称及特性
金属粉末种类	铁基、钛及钛基、镍基、铝基
制备方法	水雾化、气雾化、旋转电极法
粒径分布/μm	20~50
氧含量/%	≤0.1

4.4.2 金属粉末材料特性

金属粉末材料特性对 SLM 工艺成型质量影响较大，因此对材料的堆积特性、粒径分布、颗粒形状、流动性、氧含量以及对激光的吸收率等均有较严格的要求。

1. 粉末堆积特性

金属粉末常用的制备方法有雾化法、旋转电极法。雾化法是将熔融金属雾化成细小液滴，在冷却介质中凝固成粉末。工业上一般采用二流雾化法，即水雾化法和气雾化法。从粉末形状而言，水雾化粉末为条形，气雾化粉末接近球形，所以气雾化法制备的粉末球形度远高于水雾化法。就表面粗糙度而言，水雾化粉末表面粗糙度值高于气雾化法。

旋转电极法是以金属或合金制成自耗电极，其端面受电弧加热而熔融为液体，通过电极高速旋转的离心力将液体抛出并粉碎为细小液滴，继而冷凝为粉末的制粉方法。与雾化法相比，旋转电极法制备的粉末非常接近球形，表面更光洁，孔隙率更低，如图 4-8 所示。

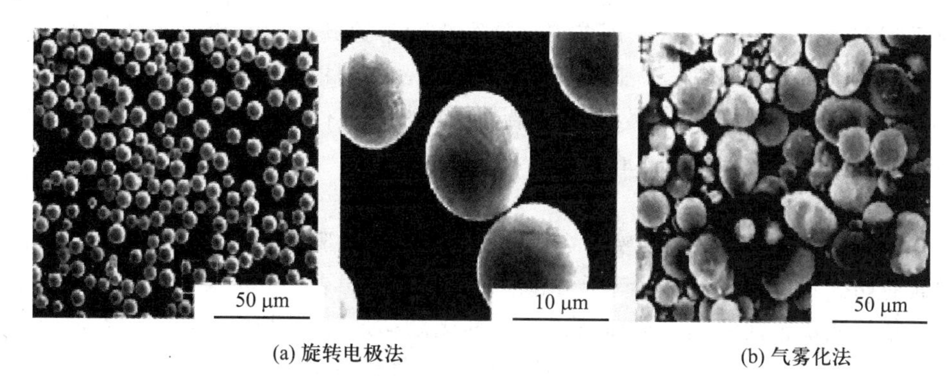

(a) 旋转电极法 (b) 气雾化法

图 4-8 不同方法制备的 Ti6Al4V 粉末形象

粉末装入容器时，颗粒群的孔隙率因为粉末的装法不同而不同。未摇实的粉末密度为松装密度，经振动摇实后的粉末密度为振实密度。对于 SLM 而言，由于铺粉辊垂直方向上的振动和轻压作用，所以采用振实密度较为合理。粉末铺粉密度越高，成型件的致密度也会越高。

孔隙率的大小与颗粒形状、表面粗糙度、粒径及粒径分布、颗粒直径与床层直径的比值、床层的填充方式等因素有关。一般说来孔隙率随着颗粒球形度的增加而降低，颗粒表面越光滑，床层的孔隙率也越小，如图 4-9 所示。

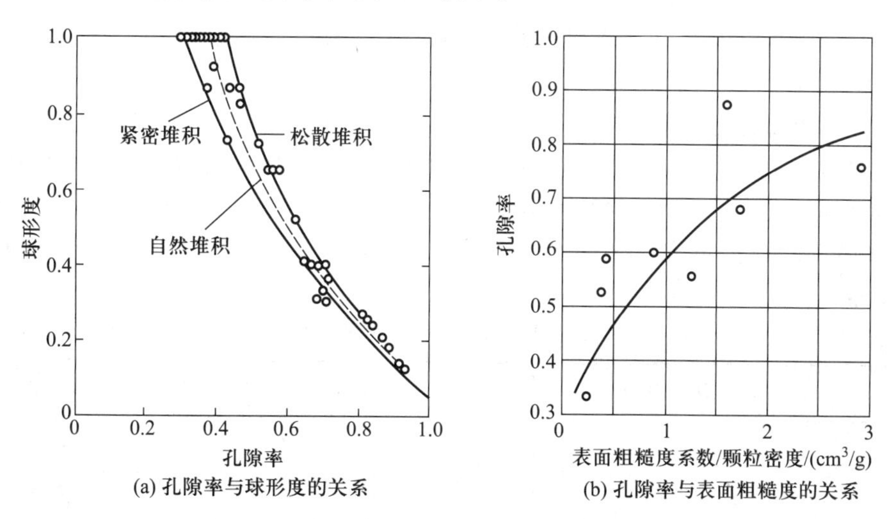

(a) 孔隙率与球形度的关系 (b) 孔隙率与表面粗糙度的关系

图 4-9 孔隙率与球形度和表面粗糙度的关系

2. 粒径分布

粒径是金属粉末诸多物性中最重要和最基本的特性值，它是用来表示粉末颗粒尺寸大小的几何参数。粒度的表示方法因颗粒的形状、大小和组成的不同而不同，粒度值通常用颗粒平均粒径表示。对于颗粒群，除了平均粒径指标外，通常人们更关心的是其中不同粒径的颗粒所占的分量，这就是粒度分布。理论上可用多种级别的粉末，使颗粒群的孔隙率接近零，然而实际上是不可能的。由大小不一（多分散）的颗粒所填充成的床层，小颗粒可以嵌入大颗粒之间的空隙中，因此床层孔隙率比单分散颗粒填充的床层小。可以通过筛分的方法分出不同粒级，然后再将不同粒级粉末按照优化比例配合来达到高致密度粉床的目的。

对于SLM技术来说，适合采用二组分体系级配来达到高的铺粉致密度。例如，通过旋转电极法制备的Ti6Al4V粉末能保持约65%理论密度的稳定振实密度，通过气雾化法制备的Ti6Al4V粉末的振实密度约为62%。若将两种粉末进行级配实验，将达到高于65%的振实密度，有利于制造完全密实的近终形复杂形状零件。

3. 粉末的流动性

粉末的流动性是粉末的重要特性之一。粉末流动时的阻力是由于粉末颗粒相互直接或间接接触而妨碍其他颗粒自由运动所引起的，这主要是由颗粒间的摩擦系数决定。由于颗粒间暂时粘着或聚合在一起，从而妨碍相互间运动。这种流动时的阻力与粉末种类、粒度、粒度分布、形状、松装密度、所吸收的水分、气体及颗粒的流动方法等有很大关系。例如，通过旋转电极法制备的Ti6Al4V粉末呈现标准球形，主要粒度分布在4~10 μm的范围内，颗粒之间的摩擦多为滚动摩擦，摩擦系数小，流动性能好。而气雾化粉末的流动性稍差，但是可将两种粉末混合，利用旋转电极法粉末的滚珠效应来提高混合粉末流动性，从而提高铺粉致密度。

4. 粉末的氧含量

粉末的氧含量也是粉末的重要特性，特别需要注意粉末表面的氧化物或氧化膜。因为粉末表面的氧化膜降低了SLM成型过程中液态金属与基板或已凝固部分的润湿性，导致制件出现分层和裂纹，降低其致密度。此外，氧化物的存在还直接影响零件的力学性能和微观组织。因此，对用于SLM成型的金属粉末，其氧含量一般要求在0.1%及以下。

5. 粉末对激光的吸收率

SLM技术是激光与金属粉末相互作用，从而产生金属粉末熔化与凝固的过程，因此金属粉末对激光的吸收率非常重要。表4-3为几种常见金属材料对不同波长激光的吸收率，可以看出激光波长越短，金属对其吸收率越高。对于目前配有波长为1 060 nm激光器的SLM而言，Ag、Cu和Al等对激光的吸收率非常低，因此SLM成型上述金属时存在一定的困难。

表4-3　几种常见金属对三种不同波长激光的吸收率

	CO_2（10 600 nm）	Nd：YAG（1 060 nm）	准分子（193~351 nm）
Al	2	10	18
Fe	4	35	60
Cu	1	8	70
Mo	4	42	60
Ni	5	25	58
Ag	1	3	77

4.4.3 常用的金属粉末材料

1. 钛合金

钛合金具有耐高温、高耐蚀性、高强度、低密度以及良好的生物相容性等优点，在航空航天、化工、核工业、运动器材及医疗器械等领域得到了广泛的应用。

Ti6Al4V（TC4）是最早使用于 SLM 工业生产的一种合金，现在对其研究主要集中于疲劳性能和裂纹生长行为与微观组织之间的关系。通过激光交替扫描策略制备出 TC4 合金试样，发现 SLM 成型 TC4 合金过程中的裂纹主要为冷裂纹，具有典型的穿晶断裂特征。这是由于 SLM 成型过程中激光熔化金属粉末产生高温梯度导致零件内部存在较高的残余应力，同时抗裂强度低的马氏体组织在残余应力的作用下产生裂纹，粗大的裂纹最终分解为较小的裂纹而终止扩展。

开发新型钛基合金是钛合金 SLM 应用研究的主要方向。由于钛以及钛合金的应变硬化指数低（近似为 0.15），抗塑性剪切变形能力和耐磨性差，因而限制了其制件在高温和腐蚀磨损条件下的使用。然而铼（Re）的熔点很高，一般用于超高温和强热震工作环境，如美国 Ultramet 公司采用金属有机化学气相沉积法（MOCVD）制备 Re 基复合喷管已经成功应用于航空发动机燃烧室，工作温度可达 2 200 ℃。因此，Re-Ti 合金的制备在航空航天、核能源和电子领域具有重大意义。Ni 具有磁性和良好的可塑性，因此 Ni-Ti 合金是常用的一种形状记忆合金。Ni-Ti 合金具有伪弹性、高弹性模量、阻尼特性、生物相容性和耐蚀性等性能。另外，钛合金多孔结构人造骨的研究日益增多，日本的京都大学通过 3D 打印技术给 4 位颈椎间盘突出患者制作出不同的人造骨并成功移植，该人造骨即为 Ni-Ti 合金。

2. 铝合金

铝合金具有优良的物理、化学和力学性能，在许多领域获得了广泛的应用，但是铝合金自身的特性（如易氧化、高反射性和导热性等）增加了选区激光熔化制造的难度。目前 SLM 成型铝合金中存在氧化、残余应力、孔隙缺陷及致密度等问题，这些问题主要通过严格的保护气氛，增加激光功率（最小为 150 W），降低扫描速度等来改善。

目前 SLM 成型铝合金材料主要是 Al-Si-Mg 系合金。对两种不同的 Al、Si、Mg 粉末进行 SLM 成型试验发现，粉末形状、粒径及化学成分是影响成型质量的主要原因，不断优化工艺参数可获得致密度达 99.5%、抗拉强度达 400 MPa 的铝合金试样。

3. 不锈钢

不锈钢具有耐化学腐蚀、耐高温和力学性能良好等特性，由于其粉末成型性好、制备工艺简单且成本低廉，是最早应用于 3D 金属打印的材料。华中科技大学、南京航空航天大学、中北大学等院校在金属 3D 打印方面研究比较深入。现研究主要集中在降低孔隙率、增加强度以及对熔化过程的金属粉末球化机制等方面。

研究者采用不同的工艺参数，对 304L 不锈钢粉末进行了 SLM 成型试验，得出 304L 不锈钢致密度经验公式，并总结出晶粒生长机制，认为在激光功率和粉末层厚一定时，适当增大扫描速度可减小球化现象，在扫描速度和粉末层厚固定时，随着激光功率的增加，球化现象加重。

4. 高温合金

高温合金是指以铁、镍、钴为基，能在 600 ℃以上的高温及一定应力环境下长期工作的一类金属材料。其具有较高的高温强度、良好的抗热腐蚀和抗氧化性能以及良好的塑性和韧性。目前按合金基体种类大致可分为铁基、镍基和钴基合金三类。高温合金主要用于高性能发动机，在现代先进的航空发动机中，高温合金材料的使用量占发动机总质量的 40%～60%。现代高性能航空发动机的发展对高温合金的使用温度和性能的要求越来越高。传统的铸锭冶金工艺冷却速度慢，铸锭中某些元素和第二相偏析严重，热加工性能差，组织不均匀，性能不稳定。而 3D 打印技术在高温合金成型中成为解决技术瓶颈的新方法。

Inconel718 合金是镍基高温合金中应用最为广泛的一种，也是目前航空发动机使用量最多的一种合金。随着激光能量密度的增加，试样的微观组织经历了粗大柱状晶、聚集的枝晶、细长且均匀分布的柱状枝晶等组织变化过程，在优化工艺参数的前提下，可获得致密度达 100%的试样。钴铬合金具有良好的生物相容性，安全可靠且价格便宜，已广泛应用于牙科领域。钴铬合金不含对人体有害的镍、铍元素，由其制备而成的烤瓷牙已成为非贵金属烤瓷牙的首选。SLM 制作合金烤瓷牙真正能够做到“私人订制”。

5. 镁合金

镁合金作为最轻的结构合金，由于其特殊的高强度和阻尼性能，在诸多应用领域具有替代钢和铝合金的可能。例如镁合金在汽车以及航空器组件方面的轻量化应用，可降低燃料使用量和废气排放。镁合金具有原位降解性并且其弹性模量低，强度接近人骨，优异的生物相容性，在外科植入方面比传统合金更有应用前景。

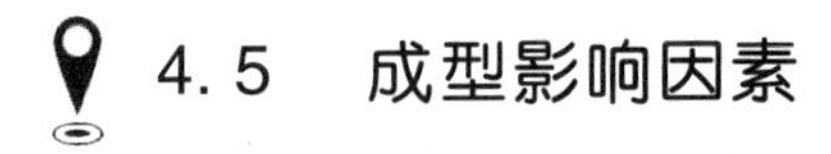

4.5 成型影响因素

4.5.1 原理性误差

1. 分层厚度及离焦量

SLM 快速成型技术的一个主要技术是离散切片技术，其中主要的参数是分层厚度，这与成型设备的铺粉能力有很大关联。在大部分情况下，层厚的选择受限于所使用的粉末粒度和铺粉精度。若分层厚度过大，则激光能量传至粉层底部时，能量已经严重衰减甚至为零，难以使底层粉末熔化，同时也无法对前一层进行部分重熔，导致层与层之间结合很差，强度较低，因此分层厚度一定要在激光熔化深度范围内。然而，并不是分层厚度越小越好，当所选择的层厚小于粉末颗粒直径时，在铺粉过程中，只能将小颗粒直径的粉末铺在成型平面上，而当使用的粉末颗粒直径较大时，则会导致没有铺上粉末，后一层铺粉厚度非常大；同时激光扫描过程中，对前一层的重熔就会使得已熔化层再次吸附粉末熔化，使得壁厚增大。需要指出的是，较小层厚会影响成型效率，因此要选择合理的分层厚度。

光纤激光器具有优良的光束质量，可获得极细微的聚焦光斑，理论值可达 21 μm。分析认为在离焦量为-3~+3 mm范围内，离焦量对单道熔池的宽度影响较小；但是，尽管激光光斑直径对熔池的宽度影响不大，实验过程中发现离焦量对熔深有显著的影响；小的聚焦光斑明显穿透能力更强。在薄壁件成型中，层与层之间的熔合显得极为重要，如果熔深不够，层与层之间搭接不良，那么容易造成侧面不连续而出现孔洞。而且在实验过程中发现离焦量的变化会引起激光聚焦后能量大幅度衰减，导致无法较好地利用激光，为保证熔深及激光能量，在成型过程中将离焦量设置为0。

2. 铺粉设备

SLM采用逐层铺粉、逐层扫描的方式，在整个成型系统里，铺粉单元就显得尤为重要，对成型零件的质量有着重要的影响。现今采用的铺粉方式主要分为柔性铺粉和刚性铺粉，其中与粉末直接接触铺平粉末的部件是极为关键的。在金属粉末直接成型零件的过程中，由于成型表面经过激光扫描熔化后总会有一些不平整，有些凸起部分大于铺粉厚度，这就会导致铺粉装置与已成型表面屡屡摩擦，这在大面积零件成型时会导致铺粉极不平整，进而导致随后的成型表面变差，或许在几十层乃至上百层后可以恢复，即便如此，在致密度方面已经非常差，所以在大多数情况下采用柔性铺粉设备。由于薄壁零件几乎都是在单道扫描线的基础上成型的，那么铺粉设备对成型零件的影响就不可忽视。在薄壁件成型时，由于扫描面积较小，普通的铺粉装置与薄壁接触过程中会使得铺粉片弹起，同时将表面的粉末带起，造成表面呈现波纹状，甚至零件部分脱落。因此，有必要对铺粉设备进行优化。在成型的单道方框中，使用普通的铺粉装置使得成型质量很差，将铺粉装置优化设计后效果较好。

4.5.2　工艺性误差

1. 扫描速度

以SLM成型薄壁零件为例。在激光功率一定的情况下，扫描速度决定了粉末吸收的激光能量及作用时间，这对粉末熔化量及流动性有着关键的影响。随着扫描速度的增大，粉末吸收激光能量逐渐降低，成型件的厚度及高度都逐渐下降。在这一过程中，薄壁厚度主要与熔池的状态有关，受限于激光光束能量密度分布以及小孔效应下的横向能量传递。薄壁高度基本没有太大的变化，基本维持在一个较为稳定的数值，约为2 mm。薄壁厚度逐渐减小，可获得较为细小的薄壁；但是随着速度增大到一定程度，堆积壁厚逐渐趋于一个值，这是因为随着扫描速度的增大，所获得的熔宽逐渐减小，当扫描速度增大到一定程度时，粉末整个热影响区不再变化，熔池宽度不再变化。但是如果速度继续增大，成型零件上容易出现孔隙，使得薄壁零件强度较差，在铺粉过程中容易被铺粉设备撞弯或撞折，导致成型失败。这主要是因为，扫描速度过大的情况下，无法在成型平面上形成连续的扫描线，高速度扫描时，扫描线质量较差，分成若干段，且产生了球化现象。分析认为，高扫描速度下，粉末吸收的能量下降，在扫描线上由于热积累的作用，使得有一段或部分粉末熔化，而熔化了的金属粉末将未扫描的粉末吸附过来团聚在一起形成小球状，造成扫描线断裂；在由单道扫描线堆积成型时，前一层断裂的地方粉末过多，在下一层扫描时就更容易出现能量不足的情况，金属粉末无法完全熔化，在层与层之间就会出现缺陷，这就势必在薄壁件成型时造成层与层之间无法完全融合或者出现孔隙。所以在激光功率一定的情况下，如选择较快的扫描速度，那么激光辐照时间就较短，而要使粉末获得同样的激光束的能量，就必须增加激光功率。但是，由于激光辐照时间过短，会使粉末在烧结过程中出现“飞溅”现象，使得粉末飞离作用区，粉末材料减少，进而影响成型件的质量。然而如果扫描速度过小，激光能量密度太大，金属粉末发生严重氧化现象，甚至燃烧、碳化。由于金属粉末的封装密度较低，在粉末空隙间存有大量的空气，即使再另加保护气的情况下，氧化现象仍旧不可避免。在10 W的功率下，当速度小于0.5 mm/s时，金属粉末就会发生燃烧现象。

2. 激光功率

激光功率主要影响激光作用区内的能量密度。在SLM中，扫描速度一定时，若激光功率低，则无法完全熔化扫描线的粉末，使得粉末无法完全熔化或处于烧结态，这些都会使得成型零件中孔隙增加，降低致密度和力学性能，在成型零件时容易形成孔洞；激光功率越高，激光作用范围内激光的能量密度越高，相同条件下材料的熔融也就越充分，越不易出现粉末夹杂等不良现象，熔化深度也逐渐增加。然而，如果功率过高，同样也是不利于成型的，这是因为高的激光功率作用下，粉末可吸收的能量增加，金属粉末量熔化更多，这样使得熔融金属容易向两侧流淌，使得熔池变宽，使得在薄壁件成型时壁宽精度无法保证。同时，熔融金属的增加使冷却凝固时间加长，更容易吸附熔池附近的粉末粘结在扫描线上，在单道多层成型时粘附的粉末造成表面粗糙且影响尺寸精度。另外，激光功率过高，引起激光作用区内激光能量密度过高，大的熔池表面积使固液界面的表面张力也相对较大，易产生或加剧粉末材料的剧烈汽化或飞溅现象，形成多孔状结构，致使表面不平整，甚至翘曲、变形。这些均不利于薄壁零件的精密成型，因此在扫描速度一定的情况下，要选择合适的激光功率。通常，在成型的过程中，将激光功率与扫描速度的选择相互结合起来，在合适的匹配条件下成型零件。

3. 扫描间距

扫描间距是指相邻两激光束扫描行之间的距离。它的大小直接影响传输给粉末能量的分布、成型件的精度。图4-10所示为采用平行线扫描方式进行选区熔化成型的加工扫描方式示意图。

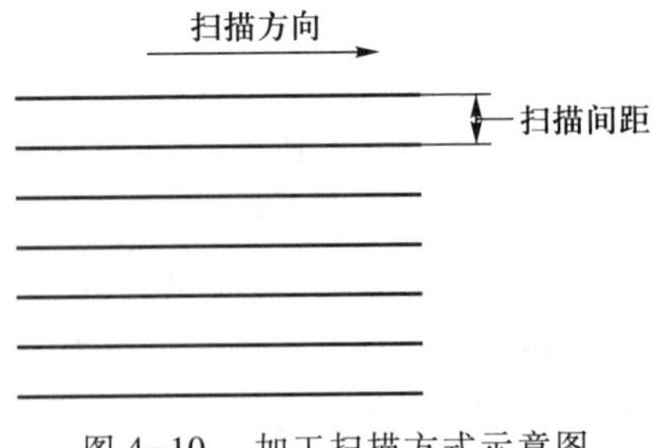

图4-10 加工扫描方式示意图

在不考虑材料本身热效应的前提下，单一激光束以一定参数对金属粉末扫描，在热扩散的影响下，会形成一条熔化线，如图4-11所示。其中h为材料的熔融深度，W为熔融宽度；如果激光束反复扫描时，熔化线组成的截面如图4-12所示，可以通过熔融宽度W、重叠量D_w与扫描间距d的关系，探讨合适的扫描间距参数。

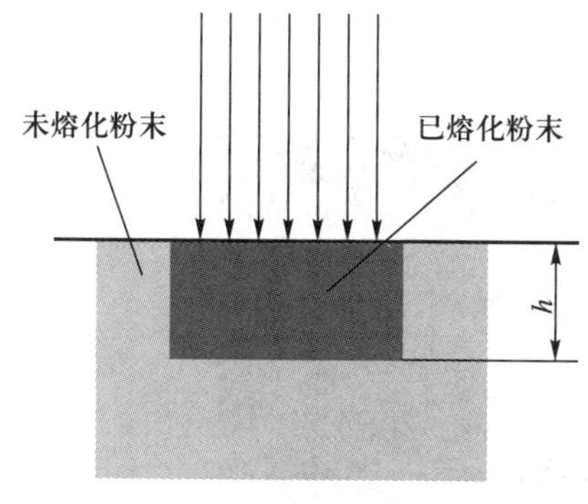

图 4-11 熔化线截面图

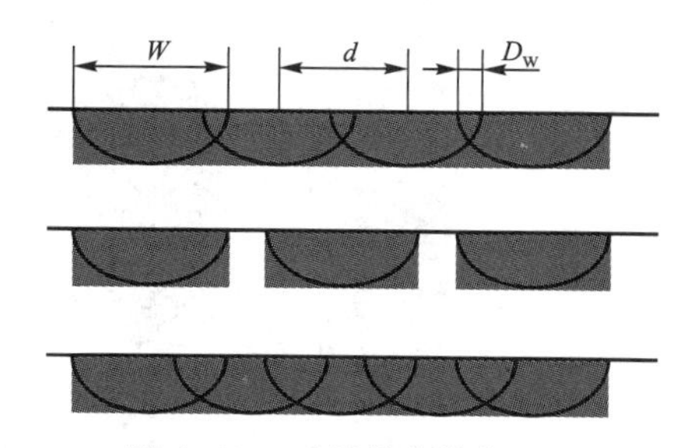

图 4-12 重叠熔化线截面图

通过理论分析及实验验证，扫描间距与熔融宽度之间有如下关系：

1）当 $W/2<d<W$ 时，扫描线的激光能量叠加后，分布基本上是均匀的，此时粉末熔化深度一致，成型件密度均匀，是比较合适的情况。

2）当 $d\geqslant W$ 时，扫描区域彼此分离，激光扫描线和线之间没有连接成片或没有重叠的部分，其相邻区域总的激光能量小于粉末熔化需要的能量，不能使相邻区域的粉末熔化，导致相邻两条熔化区域之间粘结不牢，成型件的表面凸凹不平，严重影响制件的强度。

3）当 $d\leqslant W/2$ 时，扫描线大部分重叠。此时相邻区域的激光能量可以使该区域的粉末部分重复熔化。激光总能量的分布呈现波峰波谷，能量分布不均匀，因此粉末熔化成型效率降低，并会引起制件较大的翘曲和收缩，甚至引起材料的汽化、变形。

4.6 典型应用

SLM 工艺适合加工形状复杂的零件，尤其是具有复杂内腔结构和具有个性化需求的零部件，适合单件小批生产。目前 SLM 工艺已开始应用于个性化医学零件、汽车、家电、工业设计、珠宝首饰、航空航天及医学生物等领域。

1. 航空航天领域

空中客车公司在 A300/A310 系列飞机的厨房、盥洗室和走廊等连接铰链上应用了增材制造结构件，并在其最新的 A350 XWB 型飞机上应用了 Ti6Al4V 增材制造结构件，如图 4-13 所示，且已通过欧洲航空安全局（EASA）及美国联邦航空管理局（FAA）的适航认证。

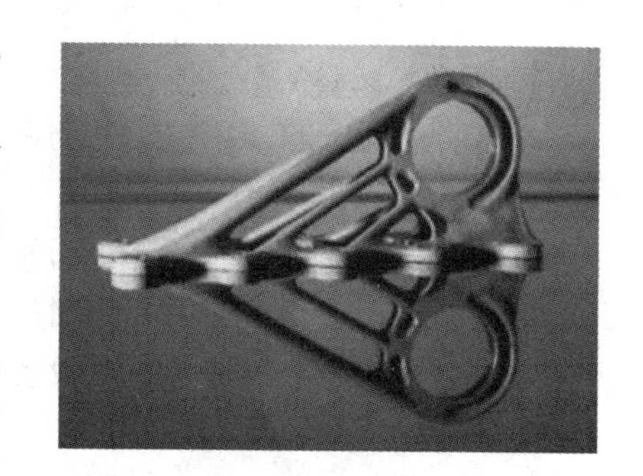

图 4-13 空客公司采用 SLM 技术制造的 Ti6Al4V 结构件

GE 公司采用增材制造技术制造了 LEAP 喷气发动机的金属燃料喷嘴，通过这一技术，将喷嘴原本 20 个不同的零部件变成了 1 个，如图 4-14 所示。

NASA 马歇尔航天飞行中心（NASA's Marshall

Space Flight Center）的研究人员于2012年将选区激光熔化成型技术应用于多个型号航天发动机复杂金属零件样件的制造，如图4-15所示。

图4-14　GE Aviation的LEAP喷气发动机

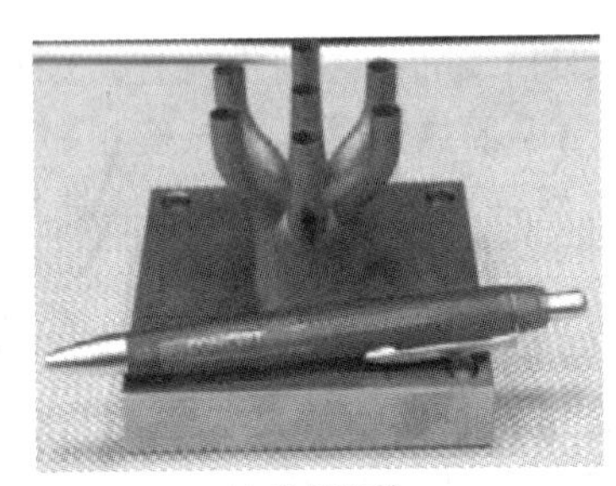

(a) 多通构件

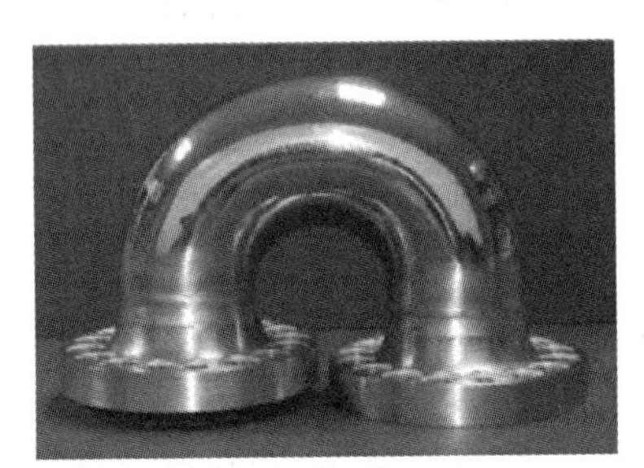

(b) J-2X燃气发生器导管

(c) RS-25缓冲器

图4-15　NASA采用SLM技术制备发动机零部件

2. 医学植入体

在牙科领域，3T RPD公司采用3T Frameworks生产商业化的牙冠、牙桥。系统采用3M Lava Scan ST设计系统和EOS M270来提供服务，周期仅为三天。Bibb等人实现SLM工艺成型可摘除局部义齿，这表明从病人获取扫描数据后自动制造RPD局部义齿是可行的，但是尚未商业化。国内如广州进达义齿有限公司等相关企业已经购置德国设备用于商业化牙冠、牙桥直接制造，一台设备即可替代月产万颗人工生产线。国内在前期研究中也针对患者每一个牙齿反求模型，然后通过SLM技术直接制造个性化牙冠、牙桥、舌侧正畸托槽。

Kruth以及Vanderbrouke研究了生物兼容性金属材料成型医疗器械的可能性（如植入

体）。Ruffo 研究发现，SLM 制造植入体表面多孔可控，类似多孔的结构可以促进与骨的结合，并在 2008—2009 年的 1 000 多例手术中，反馈效果极好。Tolochko 通过改变 SLM 的激光功率（60~100 W），制造梯度密度（全熔、烧结）的牙根植入体。在美国，SLM 制造 3 级医疗植入体已经符合 ISO13485 标准，这意味着对医疗器械的设计与制造需要一个综合管理系统。此外，Sercombe 等人研究显示在欧洲、澳大利亚、北美（美国除外）一些高风险医疗器械，如钛合金、钴铬合金已经开始在人体上使用。国内市场植入体大多依据欧美白种人设计，对我国人民来说个体适配性差，华南理工大学与北京大学医学部正在探索国人个性化植入体金属 SLM 直接制造。此外，国内一些医疗器械企业也开始研究并主导个性化植入体直接制造产业化工作。

3. 多孔功能件

多孔结构可用来做超轻航空件、热交换器、骨植入体等。Basalah、Ahmad 等人也研究了 SLM 成型钛合金的微观多孔结构，孔隙率为 31%~43%，与皮质骨孔隙率相当，力学性能抗压强度为 56~509 MPa，并且结构收缩率较低，仅为 1.5%~5%，适合用作骨植入体。Yadroitsev I 采用 PHENIX PM-100 成型设备，以 904L 不锈钢为材料，采用 50 W 的光纤激光器，成型了系列薄壁零件，壁厚最小为 140 μm；并以 316L 不锈钢为材料，成型了具有空间结构的微小网格零件。Reinhart、Gunther 等人研究指出增材制造借助其高度几何自由的优势为轻量化功能件制造提供了有利手段。在研究中采用周期性的多孔结构与拓扑优化结构，两者性能同样良好，但是多孔结构刚度降低，并通过扭矩加载实验得到验证。

为了获得预设计的多孔结构成型效果，国内研究人员在优化成型工艺的基础上，需逐步解决实体零件成型的极限成型角度、SLM 成型的几何特征最小尺寸、设计适合于 SLM 工艺的单元孔和多孔结构成型等问题。

思考与练习

1. 简述选区激光熔化工艺的基本原理。
2. 对比选区激光熔化工艺与选区激光烧结工艺的异同，并简述选区激光熔化的特点。
3. 选区激光熔化的成型材料有哪些？各有什么特点？
4. 简述选区激光熔化成型系统的构成及其各部分特点。
5. 试具体说明选区激光熔化成型工艺的典型应用。

第5章 熔融沉积成型工艺及材料

熔融沉积成型（Fused Deposition Modeling，FDM）又称熔融挤出成型（Melted Extrusion Modeling，MEM）或熔丝堆积，采用热熔喷嘴将线材加热成熔融态材料，按分层路径挤压、逐层沉积并凝固成型，是应用最为广泛的 3D 打印技术，同时也是最早开源的 3D 打印技术之一。FDM 成型材料主要包括石蜡、尼龙（聚酯塑料）、ABS、PLA、低熔点金属和陶瓷等。FDM 主要用于家用电器、工业设计和模具行业等新产品的开发，以及医疗、建筑、教育、艺术等领域的三维实体模型制造。目前，世界上以 Stratasys 公司开发的 FDM 制造系统的应用最为广泛。

5.1 概　　述

Scott Crump 于 1988 年首先提出了熔融沉积成型思想，并在同年成立了 Stratasys 公司。Stratasys 公司从 1993 年开始先后推出了 FDM1650、FDM2000、FDM3000 和 FDM8000 等机型。特别是 1998 年推出的 FDM-Quantum 机型，采用挤出头磁浮定位系统，可同时独立控制两个喷头，其中一个喷头用于填充成型材料，另一个喷头用于填充支撑材料，其造型速度为过去的 5 倍。目前，Stratasys 公司的 Mojo、Dimension、uPrint 和 Fortus 等多个产品均采用 FDM 为核心技术。

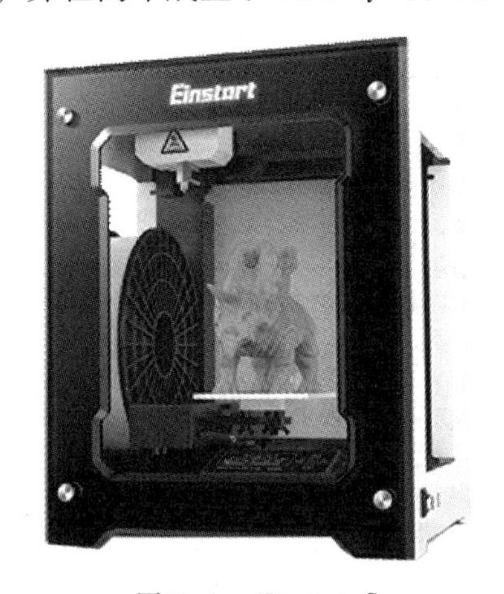

图 5-1　Einstart-S 桌面级 3D 打印机

近年来，桌面级 FDM 成型设备发展迅猛。最具代表性的桌面级 FDM 品牌有 MakerBot 公司的 MakerBot Replicator 系列、3D Systems 公司的 Cube 系列、北京太尔时代科技有限公司的 UP 系列以及杭州先临三维科技股份有限公司的 Einstart 系列等。图 5-1 所示为杭州先临三维科技股份有限公司的桌面级 3D 打印机。

5.2 成型原理及工艺

与其他 3D 打印工艺过程类似，FDM 成型工艺过程一般分为前处理、成型过程和后处理三部分。

5.2.1 成型原理

1. 熔融挤出过程

FDM 工艺采用喷头加热器将丝状或粒状热熔性材料加热熔化，并以极细丝状从喷嘴挤出。如图 5-2 所示，直径约为 1.75 mm 的丝材在摩擦轮驱动下进入加热腔直流道，受到加热腔的加热逐步升温。在温度达到丝材软化点之前，丝材与加热腔之间有一段间隙不变的区域，称为加料段。在加料段中，刚插入的丝材和已熔融的物料共存。尽管丝材已开始被加热，但仍能保持固体时的物性；已熔融的物料则呈流体特性。由于间隙较小，已熔融的物料只有薄薄的一层包裹在丝材外。此处的熔料不断受到加热腔的加热，能够及时将热量传递给丝材，熔融物料的温度可视为不随时间变化；又因为熔体层较薄，因此熔体内各点的温度近似相等。

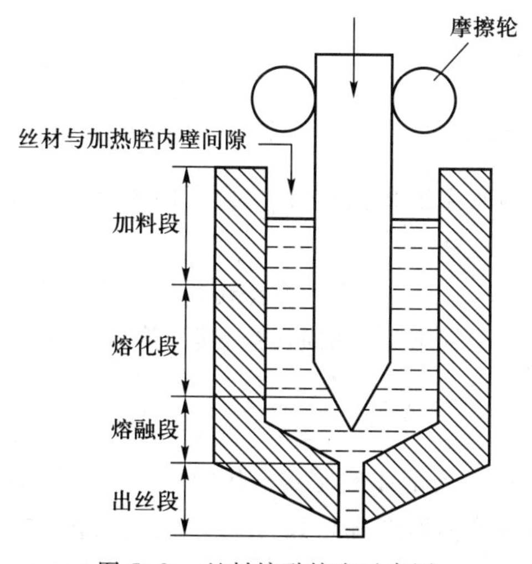

图 5-2 丝材熔融挤出示意图

随着丝材表面温度的升高，物料熔化，形成一段丝材直径逐渐变小直到完全熔融的区域，称为熔化段。在物料被挤出之前，有一段完全由熔融物料充满加热腔的区域，称为熔融段。理论上，只要丝材以一定的速度送进，加料段材料就能够保持固体时的物性而起到送进活塞的作用。

2. 喷头内熔体的热平衡

喷头内部的物料因弹性引起的各种效应（如膨胀和收缩）以及喷头中熔体流量大小、挤出过程中的压力降、熔体温度等对于温度的变化十分敏感。因此，在减少能量消耗的前提下，设计和计算喷头的温控装置，以求更好地保证挤出熔体的产量和质量。喷头的温控装置与热平衡分析和计算密切相关。假设喷头和机体之间不存在由传导进行的热交换，为使喷头稳定工作，必须控制整个喷头的热量平衡。

假设喷头内部温度处处相等，沿喷头接触方向不存在热流，热平衡分析中需要考虑的热流如图5-3所示。Q_{ME}、Q_{MA}、Q_{RAD}、$Q_{耗}$、Q_{H}、Q_{CA}分别为随熔体进入喷嘴的热量、喷头中被对流带走的热量、喷头中以热辐射方式失去的热量、喷头中单位时间内的热量耗散、加热系统供给的热量以及空气中流失的热量。

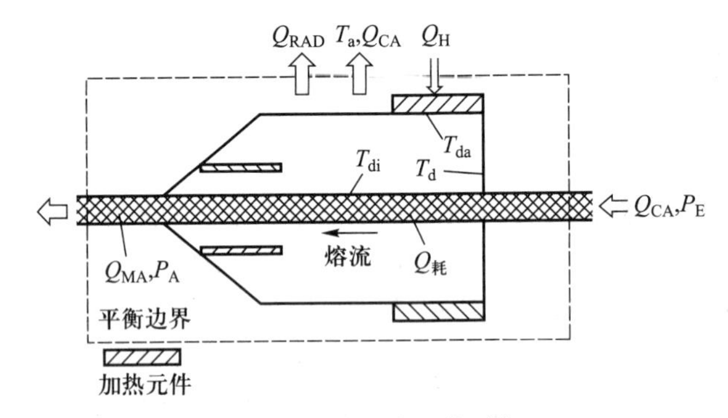

图5-3　喷头中的热平衡

热平衡的一般形式如下：

进入系统的热流-离开系统的热流+单位时间内系统产生的热量=单位时间内系统内存储的热量

喷头中的热量平衡式为

$$(Q_{ME}+Q_{H})-(Q_{MA}+Q_{CA}+Q_{RAD}+Q_{耗})=\frac{\partial}{\partial t}(m_{d}c_{pd}T_{d}) \tag{5-1}$$

在稳定工作状态（即喷头温度恒定）下，为了便于计算，假设流道壁是绝热的，则式（5-1）的平衡方程可简化为

$$Q_{耗}=Q_{MA}-Q_{ME} \tag{5-2}$$

熔体的温度升高是由热能的增加而引起的，其计算公式为

$$\Delta T_{M}=\frac{Q_{MA}-Q_{ME}}{mc_{p}}=\frac{P_{E}-P_{A}}{\rho c_{p}} \tag{5-3}$$

式中：m为（质量）流量；c_p为熔体的比定压热容；ρ为熔体密度。

可见，已知材料性质的熔体温度升高只与喷头在挤出过程中出现的压力损失有关。为了消除由于流道壁温度太低而引起的滞留现象，喷嘴的温度应比流入物料的温度和熔体的温度高。综合式（5-1）、式（5-2），得出热稳定的条件（喷头常温）为

$$Q_{H}=Q_{CA}-Q_{RAD} \tag{5-4}$$

通过式（5-4）可以看出，加热热能是辐射和对流损失热能之和。空气中流失的热量为

$$Q_{CA}=A_{da}\alpha_{CL}(T_{da}-T_{a}) \tag{5-5}$$

式中：A_{da}为喷头与温度为T_{da}的周围空气的热交换表面积，此时的室温为T_{a}，自然对流换热系数为α_{CL}，近似取值8 W/(m^2·K)。

辐射到周围的热流为

$$Q_{\mathrm{RAD}}=A_{\mathrm{da}}\varepsilon\sigma_{\mathrm{R}}(T_{\mathrm{da}}^{4}-T_{\mathrm{s}}^{4})=A_{\mathrm{da}}\alpha_{\mathrm{RAD}}(T_{\mathrm{da}}-T_{\mathrm{s}}) \tag{5-6}$$

式中：ε 为辐射系数，对于光滑的钢制表面，$\varepsilon=0.25$；对于氧化过的钢制表面，$\varepsilon=0.75$。σ_{R} 为黑体的辐射常数，$\sigma_{\mathrm{R}}=5.67\times10^{-8}$ W/(m^2·K)；α_{RAD}为辐射换热系数。

上述方法确定的加热功率是加热喷头所需的额定值，为保证有足够的热值储备，使控制系统在合理的区域内工作，实际加热负荷应该是计算的加热功率额定值的两倍。控制系统的工作点是可以进行调节的，以提高其加热功率上限。

3. 喷头内熔体流动性

如图 5-4 所示，喷嘴流道由直径分别为 D_1 和 D_2 的等截面圆管和由 D_1 过渡到 D_2 的锥形圆管组成。锥形圆管能更好地减小流道直径突变所带来的阻力变化，还可以避免发生局部紊流现象。直径为 D_2 的末端圆管用于熔体挤出成型前的稳定性流动，以便成型更精确、稳定的尺寸。不同流道内的流场导致各个流道出现不同压力差。

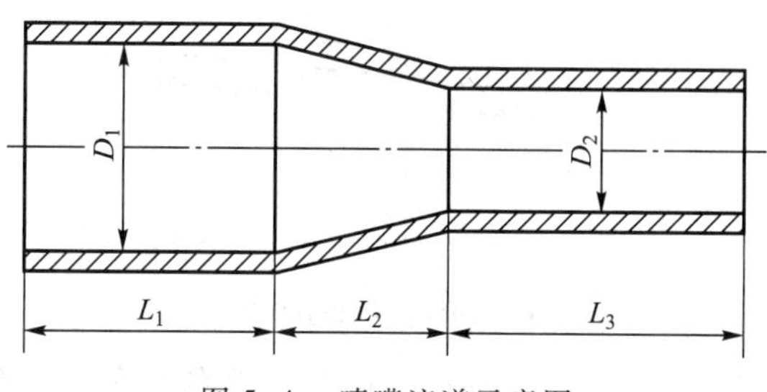

图 5-4　喷嘴流道示意图

（1）等截面圆形管道中的熔体流动

对于等截面内的熔体沿直径为 D_1 圆形管道的流动，如图 5-5 所示，根据熔体流动的对称特性，分析以管轴为中心、长度为 L_1、半径为 r_1 的圆形管道内的流动过程。假设熔体沿 z 向流动是等温且稳定的，忽略入口效应且流动是充分发展的，则此时的流动流场可简化为 z 方向单向流动。其压力差为

$$\Delta p=-p_{ZL}L=K_{\mathrm{p}}Q_V^{\eta}LD_1^{-3\eta-1} \tag{5-7}$$

式中：p_{ZL}为进口处压力梯度；Q_V 为体积流量；K_{p} 为相关系数。

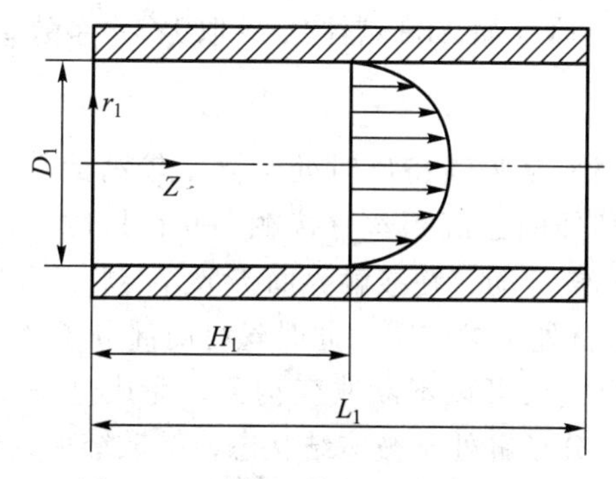

图 5-5　熔体沿等截面圆管的流动

（2）锥形圆管中的熔体流动

如图 5-6 所示，锥形圆管的直径可作为 H_2 的线性函数，并通过 L_2 段的锥形由 D_1 逐渐过渡到 D_2。假定熔体在喷嘴内流动过渡区域圆形管道的锥角很小，即 $D_1-D_2\ll L_2$，流道

视为近似润滑，且圆锥管内任何截面处的流动视为圆形管道中的流动。因此，如果设距离端口 H_2 处的圆锥截面的直径为 D，则此处的压力梯度与 $\overline{\tau}/D$ 成正比。于是，对于稳定流动而言，体积流率与轴向坐标 Z 无关。此时

$$p_Z = p_{ZL}\left(\frac{D}{D_1}\right)^{-1-3\eta} \tag{5-8}$$

式中，因 D 随 H_2 线性变化，有 $D=D_1+(D_2-D_1)(H_2/L_2)$，于是得

$$p_1-p_2=\frac{p_{ZL}LD_1}{-3\eta(D_1-D_2)}\left[\left(\frac{D_2}{D_1}\right)^{-3\eta}-1\right] \tag{5-9}$$

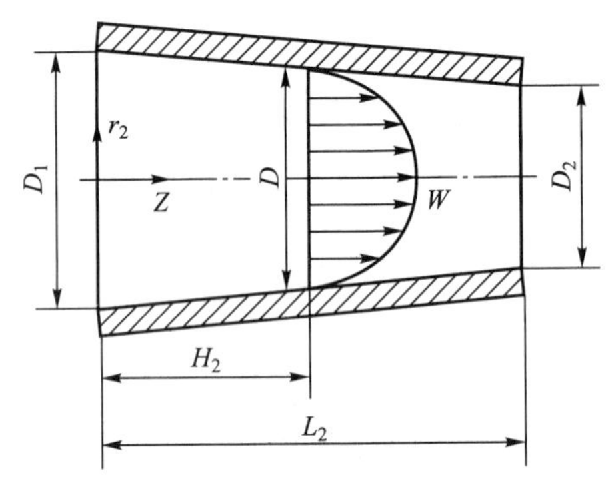

图 5-6 熔体沿锥形圆管的流动

整个流道中的总压力差 Δp 为两段圆形管道和一段锥形管道三段压力差之和（设直径缩小系数 $K_D=D_1/D_2$）。

$$\Delta p=\Delta p_1+\Delta p_2+\Delta p_3=\frac{Q_V^{\eta}K_p}{D_1^{3\eta+1}}\left[L_1+\frac{g(K_D)}{3\eta}L_2+K_D^{3\eta+1}L_3\right] \tag{5-10}$$

式中：$K_p=-\pi_p\mu_0\gamma_0\left(\frac{4}{\pi\gamma_0}\right)^{\eta}$；无因次压力梯度 $\pi_p=-2^{\eta+2}\left(\frac{3\eta+1}{\eta}\right)^{\eta}$；$\mu_0$ 为参考粘度；γ_0 为参考剪切速率；Q_V 为熔体沿管道的体积流量；$K_D=\frac{D_1}{D_2}$；η 为流体的动力粘度，对于牛顿流体，η 取 1，对于高聚物等非牛顿流体（如 ABS 熔体），η 取 1/3；系数 $g(K_D)=\frac{K_D(K_D^{3\eta}-1)}{K_D-1}$。

4. 丝材粘结机理

FDM 成型过程中，丝材刚从喷嘴挤出时处于温度较高的粘流态，在沿规划路径沉积过程中，挤压力使丝材与相邻的已沉积丝材接触，并在接触界面首先发生软化浸润；此后，热能激发丝材内部分子链运动，在接触界面扩散并与相邻丝材分子链发生交联；当温度低于 T_f 且高于 T_g 时，丝材处于橡胶态，此时丝材内部分子链主体不能运动，但仍处于松弛状态，主链中的支链及链段可以不断改变构象，完成进一步的扩散；当温度低于 T_g 时，丝材处于玻璃态，整个分子链处于被冻结状态，扩散结束，最终在宏观上实现丝材之间的热驱动粘结。丝材之间的粘结过程如图 5-7 所示。

高聚物的相对分子质量较大且内部分子链彼此交联缠绕，因而在粘结过程中，丝材内部大分子链在短期扩散作用下不能完全跨越粘结界面与相邻丝材形成互融，而只有主链中的部分链段通过界面与相邻丝材中的分子链发生交联，从而通过一定的化学键、氢键和范

图 5-7 丝材之间的粘结过程

德华力形成较小的内聚力，在宏观上形成丝材之间的粘结。丝材粘结建立在界面分子的不充分扩散基础上，丝材之间的粘结强度要低于丝材自身的拉伸强度，而且与界面的温度息息相关。

根据扩散焊接基本原理，越过界面的分子扩散量可表示为

$$\mathrm{d}m = D_0 \mathrm{e}^{-Q/RT} \frac{\mathrm{d}c}{\mathrm{d}x} \mathrm{d}t \tag{5-11}$$

式中：D_0 为扩散常数；Q 为物质的活化能；R 为理想气体常数；T 为界面温度；c 为扩散物质浓度；x 为扩散距离；$\mathrm{d}c/\mathrm{d}x$ 为扩散浓度梯度；t 为扩散时间。

由式（5-11）可知，材料确定的条件下，丝材粘结界面温度越高，有效扩散时间越充分，分子运动就越剧烈，丝材中越过界面的分子扩散量越多。

5.2.2 成型工艺

1. 前处理

前处理过程主要包括三维造型获取 3D 打印数据源及对模型数据进行分层处理。

（1）CAD 三维建模

三维模型是 3D 打印的基础，设计人员根据产品的要求，利用计算机辅助设计软件设计三维模型。三维建模的软件有通用全功能 3D 设计软件 3ds Max、Maya、Rhino、SketchUp 等，行业性的 3D 设计软件 Pro/ENGINEER、SOLIDWORKS、UG、CATIA 等，简单 3D 建模软件 Tinkercad、123D Design 等，也可采用逆向造型的方法获得三维模型。

（2）STL 文件转换及修复

建模完成后，一般需对其进行模型近似处理，主要是生成 STL 格式的数据文件。同时要保证 STL 模型无裂缝、空洞，无悬面、重叠面和交叉面，以免造成分层后出现不封闭的环和歧义现象。STL 文件格式是由美国 3D Systems 公司开发，用一系列相连的小三角平面来逼近模型的表面，从而得到 STL 格式的三维近似模型文件。目前，通常的 CAD 三维设计软件系统均可输出为 STL 文件格式，发生错误的概率较小。

（3）确定摆放方位

将正确的 STL 文件导入相应的 FDM 成型设备中，即可调整模型制作的摆放方位。一般遵循以下几个依据：

1）模型表面质量。一般情况下，若考虑模型的表面质量，应将对表面质量要求高的部分置于上表面或水平面。

2）模型强度。模型强度在 FDM 成型中比其他成型工艺更为重要。

3）支撑材料的添加。支撑结构必须稳定，保证支撑本身和上层物体不发生塌陷；支

撑结构的设计应尽可能少使用材料，以节约打印成本，提高打印效率；可以适当改变物体面和支撑接触面的形状使支撑更容易被剥离。

4）成型时间。为了减少成型时间，应选择尺寸小的方向作为叠层方向。

（4）切片分层

分层参数的确定就是对加工路径的规划及支撑材料的添加过程。分层参数包括层厚参数、路径参数及支撑参数等。分层参数设定结束后，对放置好的模型进行分层，自动生成辅助支撑和原型堆积基准面，存储为相应的3D打印成型设备识别的格式。

2. 成型过程

在计算机控制下，电动机驱动送料机构使丝材不断地向喷头送进，丝材在喷头中通过加热器将其加热成熔融态，计算机根据分层截面信息控制喷头沿一定路径和速度移动，熔融态材料从喷头中不断被挤出，随即与前一层粘结在一起。每成型一层，喷头上升一截面层的高度或工作台下降一个层的厚度，继续填充下一层，如此反复，直至完成整个实体造型，如图5-8所示。

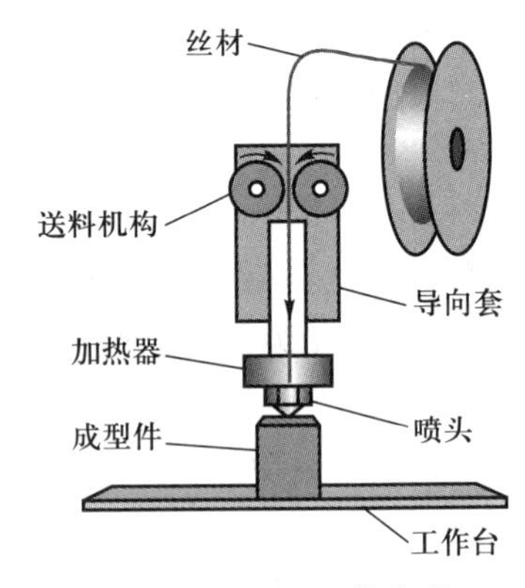

图5-8 FDM工艺成型原理示意图

为了节省材料成本和提高成型效率，目前很多FDM设备采用双喷头设计，两个喷头分别成型模型实体材料和支撑材料，如图5-9所示。采用双喷头工艺可以灵活地选择具有特殊性能的支撑材料（如水溶材料、低于模型材料熔点的热熔材料等），以便去除支撑材料。

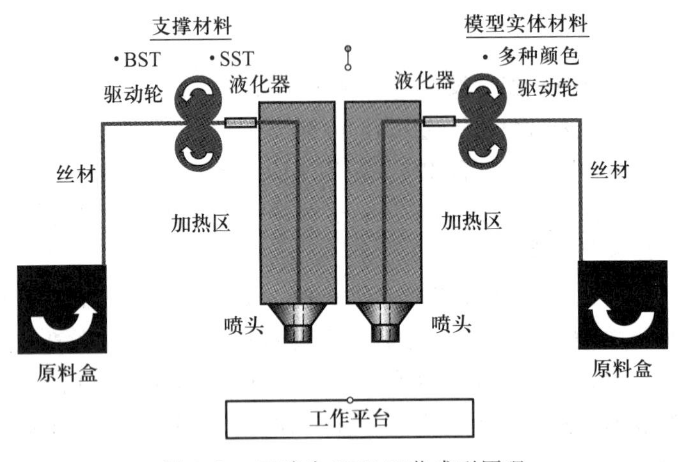

图5-9 双喷头FDM工艺成型原理

3. 后处理

FDM后处理主要是对原型进行表面处理，除了去除支撑外，还包括对模型的抛光打磨。去除支撑常使用的工具是锉刀和砂纸，不过在去除支撑的时候很容易伤到打印对象和操作人员。打磨的目的是去除零件毛坯上的各种毛刺、加工纹路，并且在必要时对机加工过程遗漏或无法加工的细节做修补。抛光的目的是在打磨工序后进一步加工使零件表面更加光亮平整，产生近似于镜面的效果。主要抛光方法包括机械处理、热处理、表面涂层处理和化学处理。

（1）机械处理

处理大型零件时，需要使用打磨机、砂轮机、喷砂机等设备，可节省大量时间。普通塑料件外观面最低需用 800 目水砂纸打磨两次以上方可喷油。使用砂纸目数越高，表面打磨越细腻。

珠光处理（Bead Blasting）是另外一种常用的后处理工艺，可用于大多数 FDM 材料。它可用于产品开发到制造的各个阶段，从原型设计到生产都能用。珠光处理喷射的介质通常是很小的塑料颗粒，一般是经过精细研磨的热塑性颗粒。操作人员手持喷嘴朝着抛光对象高速喷射介质小珠从而达到抛光的效果。珠光处理一般比较快，5～10 min 即可处理完成，处理过后产品表面光滑，有均匀的亚光效果，如图 5-10 所示。珠光处理一般是在一个密闭的腔室里进行的，对处理的对象有尺寸限制，而且整个过程需要用手拿着喷嘴，一次只能处理一个，不能大规模应用。珠光处理还可以为对象零部件后续进行上漆、涂层和镀层做准备，这些涂层通常用于强度更高的高性能材料。

图 5-10 珠光处理

（2）热处理

每种高分子材料的结构（柔性和刚性分子链）和热学性能不尽相同，因而需要采用的热处理工艺（温度、时间、冷却过程）也有所不同，目前这方面数据十分缺乏。即使是高分子专业人士，也需要经过大量实验才能给出合适的热处理工艺参数，实验耗时耗力。

（3）表面涂层处理

对 FDM 打印件进行表面涂层处理，其原理同美甲或墙体粉刷。液态涂层填充 3D 打印件表面的间隙、凹坑，并在重力和表面张力的作用下流延，从而提高 FDM 打印件表面的均匀性和平滑性，进而提高制品表面的光泽性和光滑度。

（4）化学处理

化学处理是基于高分子物理中的溶解度参数理论。有机溶剂经高温加热或配置水溶液后，其对塑料件表面层有较好的相容性，蒸汽或水溶液溶解在塑料件表层，产生溶胀作用，使其达到均匀打磨效果。换而言之，溶剂处理可以在短时间内使 3D 打印品变成高质量的成品。

5.2.3 工艺特点

与其他工艺相比，FDM 成型工艺具有以下优势：

1）运行成本低，操作和维护简单。FDM 成型设备采用的是热熔型喷头挤出成型，不需要价格高昂的激光器，不用定期调整，从而使维护成本降到最低水平。

2）成型材料广泛。FDM 成型材料一般采用高分子聚合物，如 ABS、PLA、PC、石蜡、尼龙等。FDM 也可以成型金属零件。

3）环境友好，安全环保。FDM 成型材料大部分是无毒的热塑性材料，在成型过程中无化学变化，不产生毒气，也不产生颗粒状粉尘，不会在设备中或附近形成粉末或液体污染。此外，FDM 成型材料可回收利用，实现循环使用。

4）后处理简单。FDM 成型支撑一般采用水溶式和剥离式。水溶式支撑可以大大减少后处理时间，保证成型件的精度；剥离式支撑也仅需几分钟就可与原型剥离。

5）易于搬运，对环境无限制。目前桌面级 FDM 成型设备体积小巧，对环境几乎没有任何限制，可在办公环境中安装使用。

同样，FDM 成型工艺缺点也显而易见，主要有以下几点：

1）FDM 成型件成型精度较低，成型件表面有较明显的条纹，不能成型对精度要求较高的零件。

2）成型件在沿叠层方向的强度比较差，易发生层间断裂现象。

3）需要设计和制作支撑结构，对于内部具有很复杂的内腔、孔等的零件，去除支撑比较麻烦。

4）由于采用喷头运动，且需对整个截面进行扫描填充，成型时间较长，不适合成型大型件。

5.3 成型系统

FDM 成型系统如图 5-11 所示，主要由机械系统和控制系统两部分组成：机械系统主要包括框架支撑系统、三轴运动系统和喷头打印系统等；控制系统主要由硬件系统和软件系统组成。

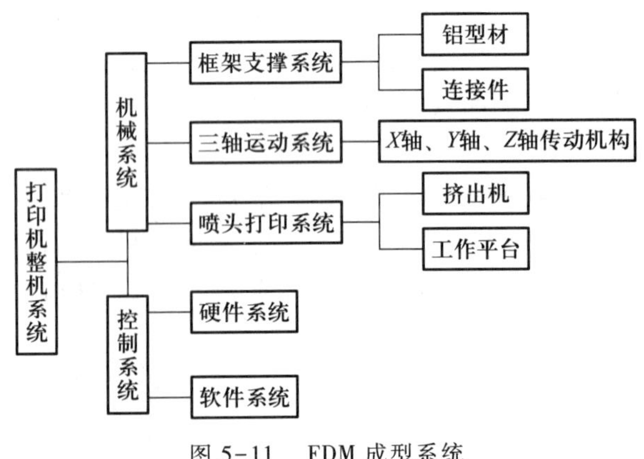

图 5-11 FDM 成型系统

5.3.1 机械系统

1. 运动系统

运动系统只完成扫描和喷头的升降动作，其精度决定了设备的运动精度。主流 FDM 成型设备主要采用两种结构：一是笛卡儿型，又称 XYZ 型或 Cartesian 型；二是并联臂型，又称 Delta 型或三角洲型。

（1）笛卡儿型

图 5-12 所示为 RepRap 系列 Prusa i3 型 3D 打印机。外观设计上并未做任何修饰和包装，实现功能才是其主要的目的，因此成为了 DIY 爱好者的主力机型。这一系列主要优点为运动结构简单，安装和维修较为容易，机器的成本较低；其缺点为打印精度较差，打印速度较慢，最终的打印效果不甚理想。

机器的整体外形尺寸小而紧凑，*X*、*Y* 轴由带轮和传动带带动，完成 *Y* 方向平台的前后往复运动和 *X* 轴喷头的左右往复运动。*Z* 轴则是由两个丝杠带动喷头整体上下移动。*X*、*Y*、*Z* 三轴运动都加入两根光杆作为导轨，减少了其在移动时产生的位移偏差。整个打印过程就是喷头根据软件生成的路径，每填充完一层，*Z* 方向的喷头便向上升高一个层厚，然后进行下一层轮廓的打印填充。由于喷头上下运动由两根丝杠同步完成，在实际的运动过程中，可能由于打印机喷头快速运动时产生的振动影响其同步性，从而影响打印质量和精度。长距离的直线光杆在长时间的使用过程中会发生或多或少的弯曲，使整体的打印效果受阻。

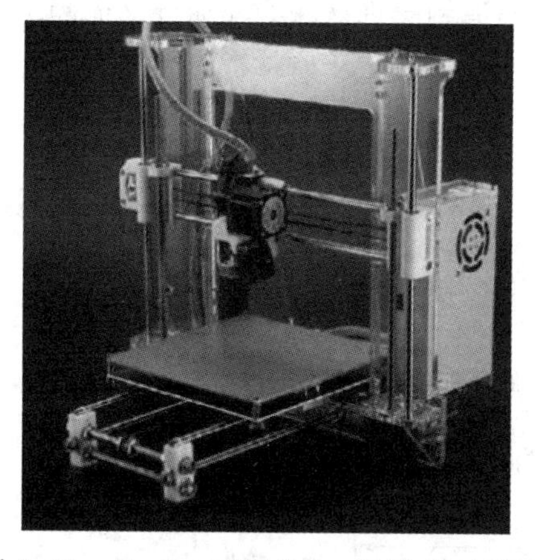

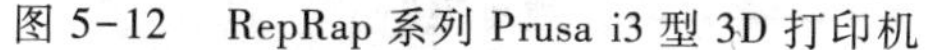

图 5-12 RepRap 系列 Prusa i3 型 3D 打印机

图 5-13 MakerBot 系列 Replicator 型 3D 打印机

图 5-13 所示为 MakerBot 系列 Replicator 型 3D 打印机。这一系列设备的机械结构与机加工中的数控铣床相类似。三轴承担三个维度的位置，使得喷头能到达设计尺寸中的任意位置。整机机械运动结构的驱动系统，*X* 轴与 *Y* 轴采用步进电动机通过带传动驱动，精密直线光轴导向，搭建成四方结构，喷头作 *X*-*Y* 平面上的扫面复合运动；*Z* 轴采用步进电动机通过精密滚珠丝杠驱动，同样使用精密直线光轴导向，完成平台的上下运动。

（2）并联臂型

Delta 型 3D 打印机，与上述笛卡儿型 3D 打印机的结构迥然不同，其工作原理为：连杆将滑块与打印机的喷头相连接，将滑块的运动转化为喷头的运动，通过连杆本身的刚度来完成对打印喷头的牵引，进而实现整个运动的控制。

图5-14所示为RepRap系列Kossel型3D打印机。X、Y、Z轴通过滑块连杆完成平台内所有位置的覆盖，每打印完一层三轴配合使喷头上升一个层厚，如此往复完成打印的过程。其优点很明显：打印体积更大、打印速度更快；组装简便，外形美观，而且价格低廉；其由亚克力板和铝制零件组装而成，每个亚克力部件都编上号码，更加方便装配与拆卸；为了保持低成本，开发团队使用了许多现成的标准零件。其缺点是占用的空间较大，平台的尺寸受限制，不可能无限制地放大、缩小，其与连杆的长度有很大关系，而且稳定性较差。

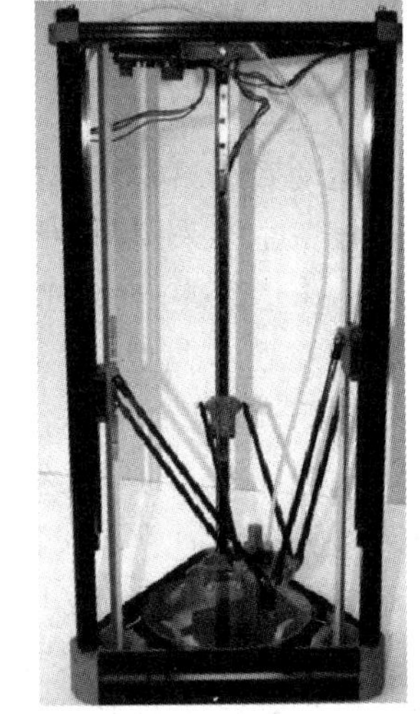

图5-14　RepRap系列Kossel型3D打印机

2. 挤出机构

(1) 挤出机构的分类

根据塑化方式的不同，可以将FDM的挤出机构分为气压式、螺杆式和柱塞式。

1) 气压式

对于高熔点的热塑性复合材料，或对于一些不易加工成丝材的材料，如EVA材料等，采用传统FDM成型模型相当困难。气压式FDM无需专门的挤压成丝设备来制造丝材，工作时只需将热塑性材料直接倒入喷头的腔体内，依靠加热装置将其加热到熔融挤压状态，通过控制压缩气体控制喷头的喷射速度以及喷射量与原型零件整体制造速度的匹配等，如图5-15所示。

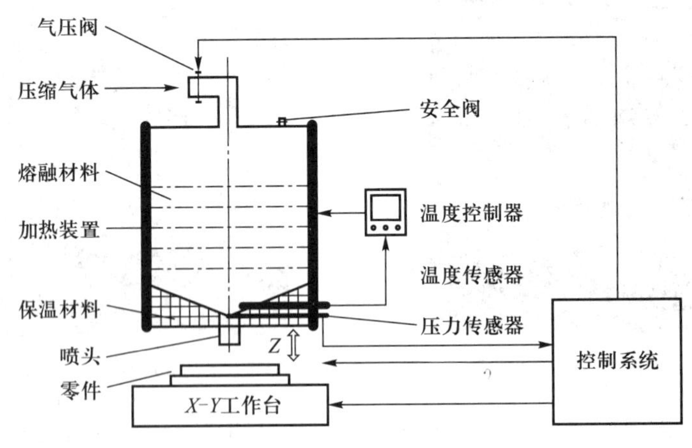

图5-15　气压式挤出

气压式挤出方式对材料的粘度非常敏感。粘度低时，挤出阻力小，材料的挤出速度变快；粘度增加时，挤出速度变慢，甚至发生喷嘴堵塞。随着材料被挤出，剩余材料逐渐减少，使气体空腔逐渐增大，气体的可压缩性和滞后性会导致材料在喷嘴的挤出滞后，响应速度变慢，同时一致性也发生变化。

2）螺杆式

螺杆式挤出则是由滚轮作用将熔融或半熔融的物料送入料筒，在螺杆和外加热器的作用下实现物料的塑化和混合作用，并由螺杆旋转产生的驱动力将熔融物料从喷头挤出，如图 5-16 所示。螺杆式挤出不但可以提高成型效率和工艺的稳定性，而且拓宽了成型材料的选择范围，大大降低了材料的制备成本和贮藏成本。

螺杆式挤出方式对材料的粘度变化比较敏感，螺杆长时间旋转会使料筒内部温度升高，导致材料粘度降低。在有材料换型需求的作业中，更换喷头非常麻烦，螺杆清洗十分困难，维护成本较高。

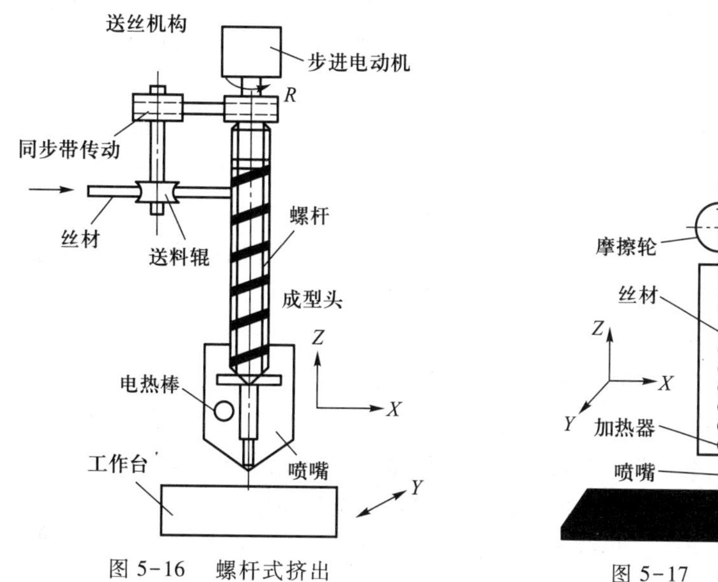

图 5-16 螺杆式挤出

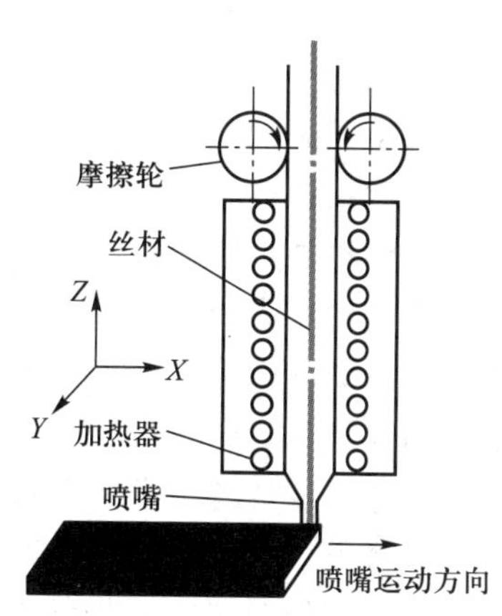

图 5-17 柱塞式挤出

3）柱塞式

柱塞式是由两个或多个电动机驱动的驱动轮（摩擦轮或带轮）提供驱动力，将丝材送入塑化装置熔化。其中后进的未熔融丝材起到柱塞的作用，驱动熔融物料经微型喷嘴挤出，如图 5-17 所示。相较于气压式挤出和螺杆式挤出，柱塞式挤出结构简单，方便日后维护与更换，且仅需一台步进电动机就可完成挤出功能，成本低廉。

（2）驱动机构分析

柱塞式挤出一般采用一对驱动轮将丝材送入进料管内。驱动轮通过挤压丝材，二者之间产生摩擦力，摩擦力为丝材提供了驱动力，促使丝材向喷头方向运动。如果驱动轮提供的驱动力小于喷头的阻力，就会出现丝材阻滞、无法进给的现象，导致喷射的熔融材料减少，从而导致成型件表面质量较差。

1）凹轮式

凹轮式驱动机构如图 5-18 所示。驱动轮边缘形状根据丝材的直径确定，其曲率一般与丝材的曲率相一致，接触方式为面接触，显著增加了接触面积，进而提高了凹轮表面与原材料表面间的滑动摩擦力，因而在压紧力一定的情况下，可以提供更为有效的驱动力。

假设凹轮对丝材压力为 F_N，在电动机的作用下旋转，与丝材产生相对位移，从而产生摩擦力，该摩擦力即为丝材运动的驱动力 F，即

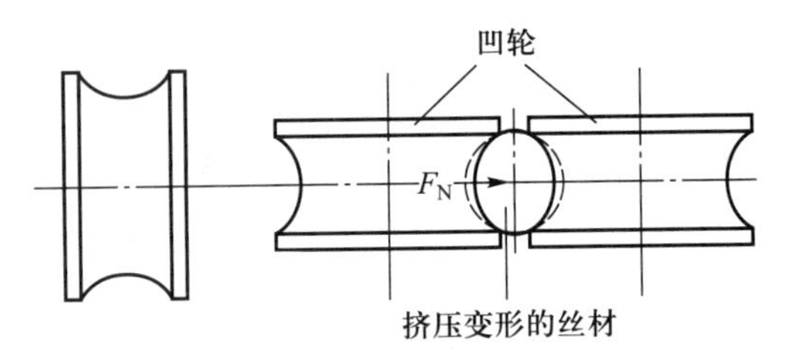

图 5-18　凹轮式驱动机构

$$F = f_1 F_N \tag{5-12}$$

式中：f_1 为凹轮表面与丝材表面之间的摩擦系数，其大小主要与凹形驱动轮表面粗糙度 Ra_1、丝材表面粗糙度 Ra_2、接触面积 A 及环境温度 T 有关，可表示为

$$f_1 = f(Ra_1,\ Ra_2,\ A,\ T) \tag{5-13}$$

若选择普通的金属光滑刚性轮作为凹轮，由于驱动轮表面光滑，Ra_1很小，导致需要将驱动轮和从动轮的距离 D 调整得较小，尽量增大夹紧力 F_N 才能保证提供足够大的进给驱动力。然而由于驱动轮和从动轮距离 D 过小，可能出现送丝过程中丝材卡死的现象；驱动轮边缘形状在制造后已经确定，其凹轮曲率只能适应相同曲率的丝材，而对于其他曲率的丝材，不能提供足够的驱动力，甚至无法提供驱动力。

若选择橡胶轮作为凹轮，由于橡胶部分与丝材接触后发生形变，增大了与丝材的接触面积。橡胶本身的摩擦系数远大于光滑的金属轮，很大程度上增大了驱动力。但是橡胶轮在需要较大出丝速度、驱动力较大时，容易发生很大变形，甚至可能会发生断裂，最终导致送丝不稳或者不能送丝，影响成型质量。而且橡胶轮的使用寿命有限，因为使用时总处于应力形变状态下，橡胶很快就会老化失效，需要更换驱动轮。

若能使用刚性的摩擦轮，并在摩擦轮上印花，或者加大摩擦轮与丝材的接触面积，多管齐下当能极大提高摩擦力。

2）V 形轮式

V 形轮式驱动机构就是将驱动轮边缘制成 V 形，如图 5-19 所示。丝材在 V 形轮两边缘之间，因而丝材两侧均受到了主动轮提供的摩擦力，V 形轮进而提供了更大的驱动力。

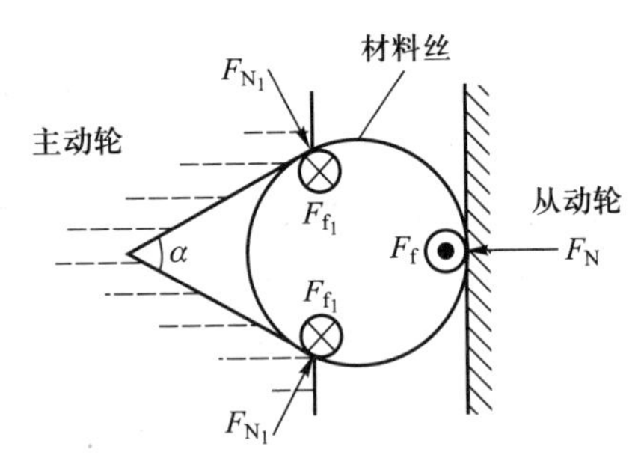

图 5-19　V 形轮受力分析

总摩擦驱动力为

$$F = 2F_{f_1} + F_f = 2fF_{N_1} - f_r F_N \tag{5-14}$$

式中：f 为主动轮和打印材料的外摩擦系数；f_r 为从动轮和材料的当量摩擦系数，从动轮属于轴承中的滚动摩擦，远小于主动轮摩擦系数 f，故忽略不计；F_{N_1}、F_N 分别为主动轮、从动轮对打印材料的正压力，则摩擦轮对丝材的驱动力为

$$F = 2fF_{N_1} \tag{5-15}$$

在驱动轮接触处，将打印材料横截面看作受力分析对象，可得

$$F_N^2 = F_{N_1}^2 + F_{N_1}^2 - 2F_{N_1}^2 \cos\alpha = 2F_{N_1}^2(1 - \cos\alpha) \tag{5-16}$$

当 $\alpha > 60°$ 时，$F_{N_1} < F_N$，不利于最大限度发挥材料的性能；当 α 较小时，F_{N_1} 又变得非常大，丝材受力可能超过其屈服极限。为此，应综合考虑选取合适的 α。

3）平带式

如图 5-20 所示，主动轮通过平带带动从动轮旋转，二者转速相同。两条平带通过一对从动轮和两组压轮压紧，丝材被两条平带夹紧。夹紧的平带带动丝材实现进给运动。

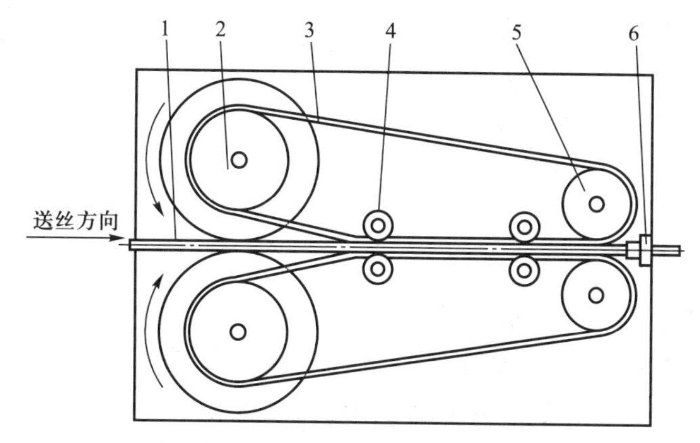

图 5-20 平带式驱动

1—丝材；2—主动轮；3—平带；4—压紧轮；5—从动轮；6—导套

平带式驱动机构不同于传统的送丝机构，通过平带与丝材压紧摩擦，形成了面接触式的摩擦力，摩擦力由于接触面积增大而显著提高，因而平带式驱动机构可以为丝材的进给运动提供很高的驱动力。同时，由于丝材在进丝和出丝的过程中，都要经过导套进行导向，要求丝材在进给的过程中不能出现运动轨迹的较大偏移，否则会导致丝材在导套处弯曲，进而阻塞，无法实现进给。这便要求从动轮和压轮设有开槽结构，该结构对丝材起到了良好的方向限定作用，使丝材在进给方向的运动具有良好的直线性。并且，平带的厚度不能过大，一般不超过 2 mm，否则会影响凹槽对丝材的方向限定作用。

4）齿轮式

齿轮式驱动是将齿轮作为驱动轮，如图 5-21 所示，轮齿起到增大摩擦力的作用。驱动轮表面粗糙度增加，从而提高了整体摩擦系数，提升了驱动摩擦力。同时，由于表面粗糙度大，也提高了丝材的抓取推送能力，也有利于进丝送丝，这在送丝机构中是一个相当重要的环节，即保证了系统的抓取丝材的能力。

图 5-21 齿轮式驱动

（3）驱动轮压紧机构分析

压紧装置主要为驱动轮提供压紧力。不同的压紧装置可以产生不同效果的压紧力。

1）固定间距式

固定间距式压紧装置的驱动机构的主动轮与从动轮的位置均处于固定状态，由驱动电动机为主动轮提供驱动力，丝材在这两轮的摩擦力推动下实现运动，如图 5-22 所示。该装置结构简单，实现较为容易。由于两轮之间间距一定，为保证丝材与两轮始终处于压紧状态，要求丝材的直径必须标准，然而这在实际的工程应用中几乎是不可能实现的。因此，由于丝材直径不稳定，极易导致驱动力不足或丝材卡在两轮之间的现象出现，从而引起丝材堵塞，使得成型不能顺利进行。

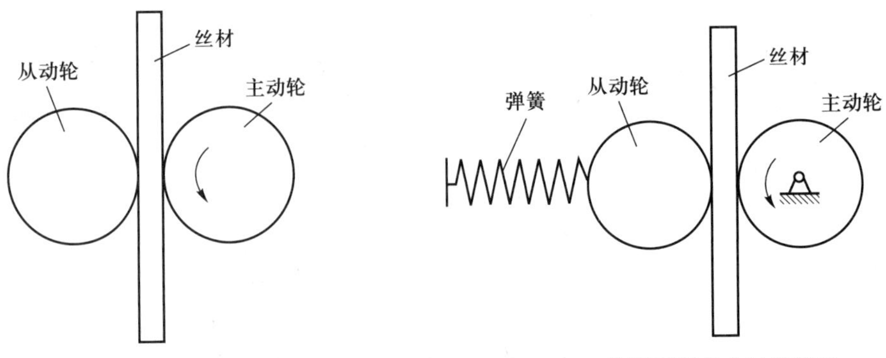

图 5-22 固定间距式压紧装置

图 5-23 弹簧可调节式压紧装置

2）弹簧可调节式

清华大学颜永年等提出的弹簧可调节式压紧装置可有效解决固定间距式压紧装置中出现的问题，如图 5-23 所示。它只将主动轮固定，从动轮的位置可来回移动，并通过压力弹簧挤压从动轮使丝材压紧在两轮之间。其设计的机构是将压力弹簧安装于送料装置的一侧，会使得送料机构的一侧凸出，使得整体结构不够紧凑，不利于整个出丝系统的整体设计。此外，该装置在进行换丝操作时，由于从动轮的位置不能控制，因此换丝过程比较困难。

3）自适应式

如图 5-24 所示，将弹簧的位置进行了调整，使得空间得到充分的利用，其结构变得更加紧凑。在工作过程中，通过弹簧预紧压力挤压手柄，使得从动轮可以将丝材紧紧压在主动轮上，增大了丝材与两轮的摩擦力，使丝材能够稳定、顺畅地流通。该装置能根据丝材的直径自动调节从动轮的相对位置，以达到自适应的效果。此外，该装置的换丝和退丝过程也较为方便，只要向下挤压手柄的一端，便可使从动轮与丝材分开，实现丝材的退换。

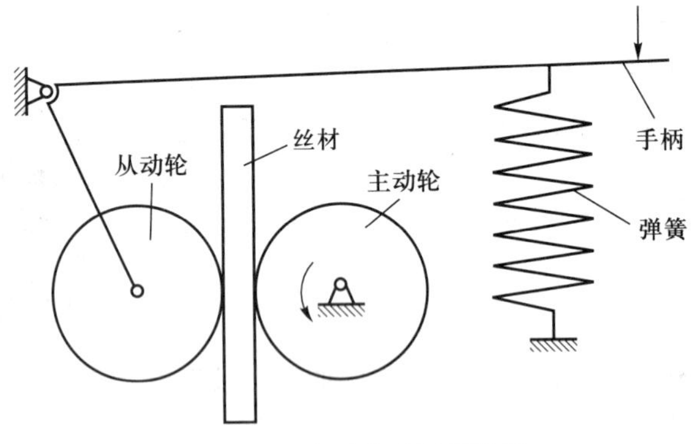

图 5-24 自适应式压紧装置

3. 喷头

喷头是 FDM 系统的核心部件之一，是熔料通过的最后通道，其质量的优劣直接影响着成型件的质量。理想的喷头应该满足以下要求：

1）材料能够在恒温下连续稳定地挤出。这是 FDM 对材料挤出过程的最基本的要求。恒温是为了保证粘结质量，连续是指材料的输入和输出在路径扫描期间是不间断的，这样可以简化控制过程和降低装置的复杂程度。稳定包括挤出量稳定和挤出材料的几何尺寸稳定两方面，目的都是为了保证成型精度和质量。本项要求最终体现在熔融的材料能无堵塞地挤出。

2）材料挤出具有良好的开关响应特性，以保证成型精度。FDM 是由 $X-Y$ 扫描运动，Z 工作平台的升降运动以及材料挤出相配合而完成。由于扫描运动不可避免地有启停过程，因此需要材料挤出也具有良好的启停特性，换言之就是开关响应特性。启停特性越好，材料输出精度越高，成型精度也就越高。

3）材料挤出速度具有良好的实时调节响应特性。FDM 对材料挤出系统的基本条件之一就是要求材料挤出运动能够同喷头 $X-Y$ 扫描运动实时匹配。在扫描运动起始与停止的加减速段，直线扫描、曲线扫描对材料的挤出速度要求各不相同，扫描运动的多变性要求喷头能够根据扫描运动的变化情况适时、精确地调节材料的挤出速度。另外，在采用自适应分层以及曲面分层技术的成型过程中，对材料输出的实时控制要求则更为苛刻。

4）挤出系统的体积和重量需限制在一定的范围内。目前大多数 FDM 中，均采用 $X-Y$ 扫描系统带动喷头进行扫描运动的方式来实现材料 X、Y 方向的堆积。喷头系统是 $X-Y$ 扫描系统的主要载荷。喷头系统体积小，可以减小成型空间，重量轻，可以减小运动惯性并降低对运动系统的要求，也是实现高速（高速度和高加速度）扫描的前提。

5）足够的挤出能力。提高成型效率是人们不断改进快速成型系统的原动力之一。实现材料的高速、连续挤出是提高成型效率的基本前提。目前，大多数 FDM 设备的扫描速度为 200～300 mm/s，因此要求喷头必须有足够的挤出能力来满足高速扫描的需要。实际上高精度直线运动系列的运动速度可以轻松达到 500 mm/s，甚至更高，但材料挤出速度是制约 FDM 速度不断提高的瓶颈之一。

5.3.2 控制系统

1. 硬件系统

FDM 系统硬件主要由计算机控制系统硬件、运动控制系统、送丝控制系统、温度控制系统及机床开关量控制系统 5 部分组成，如图 5-25 所示。计算机控制系统硬件由单台

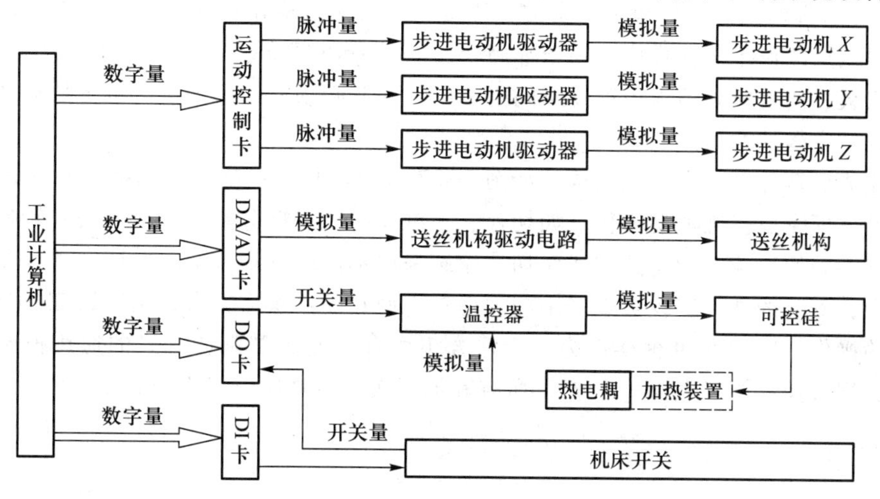

图 5-25 FDM 控制系统硬件结构示意图

工业 PC 机、运动控制卡、数模/模数（DA/AD）转换卡、数字量输入（DI）卡和数字量输出（DO）卡组成。它使用单台工业 PC 机完成上层数据处理和下层设备驱动功能，使用接口板卡作为计算机控制系统与其他子执行系统的接口。

（1）运动控制系统

运动控制系统采用步进式开环运动控制系统，通过三个步进电动机及其细分驱动器，以及检测开关实现运动机构和工作台的运动。利用步进电动机易于开环精确控制、无累积误差、系统简单、可靠性高等优点，满足运动机构和工作台的精度和稳定性要求。计算机控制系统通过运动控制卡实现对运动控制系统的控制。

（2）送丝控制系统

送丝机构以两台直流电动机为主构成，在 D/A 控制模块的配合下随时控制送丝的速度及开闭。送丝机构和喷头采用推、拉相结合的方式，以保证送丝稳定可靠，避免断丝或积瘤。送丝机构驱动电路控制送丝机构的运动，从而将实体材料和支撑材料分别送入实体喷头和支撑喷头进行加热熔化，并通过挤压力将材料从喷头中挤出。计算机控制系统通过数字量输出卡和模数/数模转换卡，经过送丝机构驱动电路实现对送丝机构的启停、正反转和调速控制。

（3）温度控制系统

采用独立的闭环控制系统，由三组温控器、可控硅及热电耦组成。它可以实现在系统工作时，分别将实体喷头、支撑喷头和加热工作室的温度控制在设置的范围内。计算机控制系统通过数字量输出卡来控制温控器的启停。

（4）机床开关量控制系统

对机床一些必要的开关量，如强电开关量、加热器开关量、调试开关量、上门开关量等进行控制，以达到机床特定的辅助功能。计算机控制系统通过带光电隔离功能的数字量输入卡和数字量输出卡来完成他们的控制。

2. 软件系统

FDM 快速成型系统的软件运行于 Windows 环境下的两种运行环境：用户态和内核态，如图 5-26 所示。数据处理部分软件运行于用户层（应用层），数控部分软件运行于内核层。在 VC++等通用编译环境下开发的程序是一般可执行应用程序，它运行于用户层，而运行于内核层的设备驱动程序必须依靠特定工具（如 NTDDK）进行开发。由于运行在不同的特权级，两者所处的虚拟存储空间也不同，因此必须有专门的接口负责数据处理软件与数控软件之间的通信。

快速成型软件系统分三层结构，如图 5-27 所示。其中：第一层包括所有快速成型系统的共性，即完成三维模型操作，如切片、三维变换、拼接分割、存盘、格式转换等；第二层根据不同的快速成型制造方式对切片轮廓采取不同的处理方法；在同一种快速成型制造方式中，不同的硬件实现会带来不同的用户界面和硬件操作方法，第三层完成与具体硬件相关的操作。HRP 软件框架作为一个适合于所有快速成型制造方式的通用框架，只能实现最高层（第一层）的概念操作，所有其他层次都由具体虚拟机来完成。

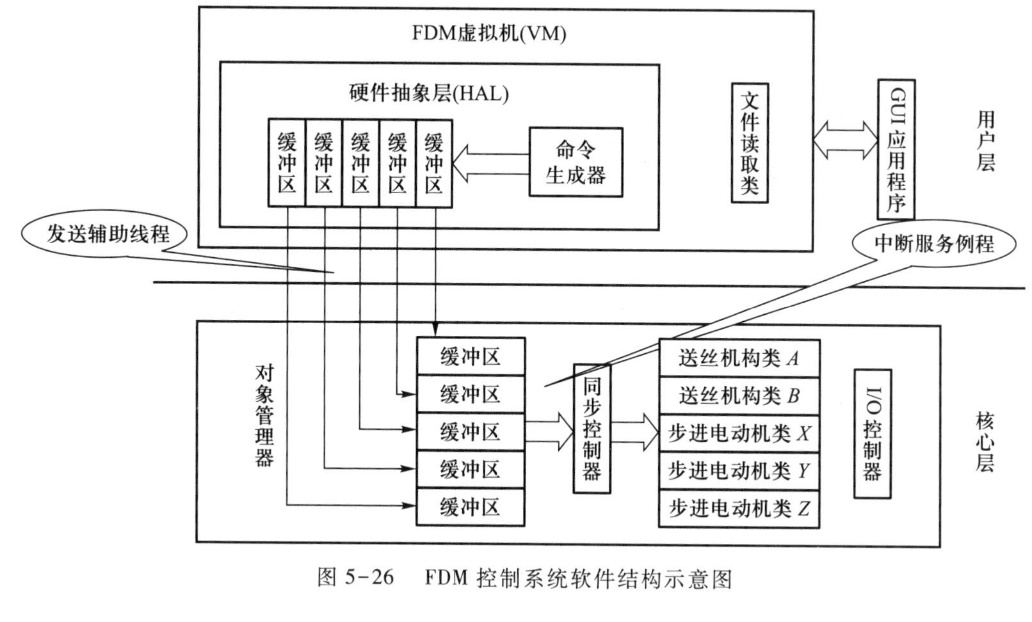

图 5-26　FDM 控制系统软件结构示意图

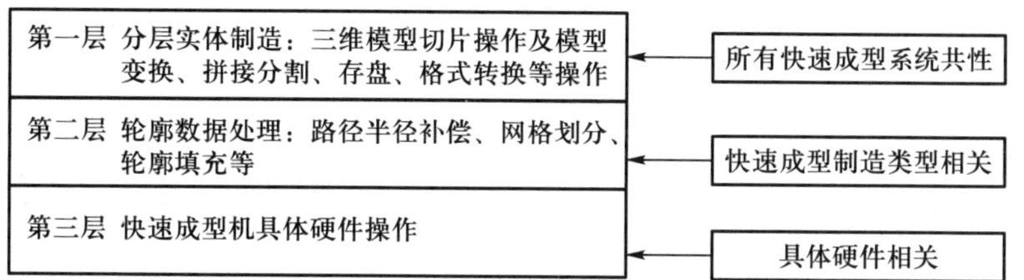

图 5-27　快速成型系统的三层模型

5.4 成型材料

目前，FDM 工艺成型材料基本上是聚合物，包括 ABS、PLA、石蜡、尼龙、聚碳酸酯(PC)、聚亚苯基砜（PPSF/PPSU）、聚醚酰亚胺（ULTEM）等。表 5-1 为 Stratasys 公司使用的成型材料及使用范围。支撑材料有两种类型，一种是剥离性支撑，需要手动剥离零件表面支撑；另一种是水溶性支撑，可分解于碱性水溶液中。表 5-2 为 Stratasys 公司 FDM 系统使用的支撑材料。

表 5-1　Stratasys 公司使用的成型材料及使用范围

材料型号	材料类型	使用范围
ABS P400	丙烯腈-丁二烯-苯乙烯聚合物细丝	概念型、测试型
ABSi P500	甲基丙烯酸-丙烯腈-丁二烯-苯乙烯聚合物细丝	注射模制造
ICW06 Wax	消失模铸造蜡丝	消失模制造

续表

材料型号	材料类型	使用范围
Elastomer E20	塑胶丝	医用模型制造
Polyster P1500	塑胶丝	直接制造塑料注射模具
PC	聚碳酸酯	功能性测试、如电动工具、汽车零件等
PPSF	聚苯砜	航天工业、汽车工业以及医疗产品业
PC/ABS	聚碳酸酯和ABS混合材料	玩具以及电子产业

表5-2 Stratasys公司FDM系统使用的支撑材料

FDM系统	成型材料	支撑材料
Prodigy Plus	ABS	水溶性
FDM Vantage i	ABS	水溶性
	PC	剥离性
FDM Vantage S	ABS	水溶性
	PC	剥离性
FDM Vantage SE	ABS	水溶性
	PC	剥离性
FDM Titan	ABS	水溶性
	PC、PPSF	剥离性
FDM Maxum	ABS	水溶性

5.4.1 成型材料

1. 聚合物的物性分析

用聚合物材料的力学性质反映聚合物所处的物理状态，通常用热-机械特性曲线，又称为温度-形变（或模量）曲线来表示，如图5-28所示。这种曲线显示出形变特征与聚合物所处的物理状态之间的关系。

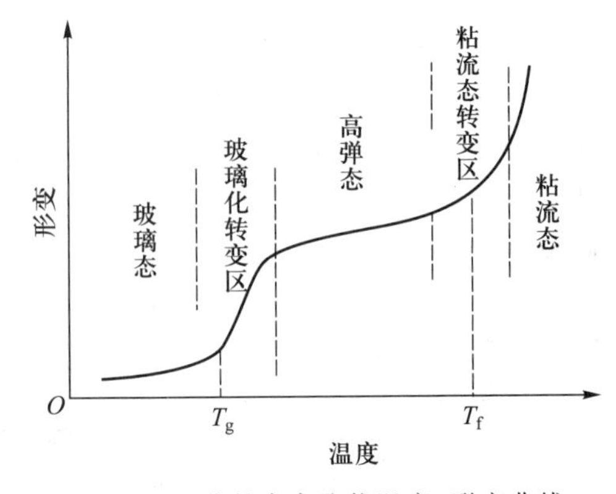

图5-28 非晶态高聚物温度-形变曲线

对高聚物而言，引起高聚物聚集态转变的主要因素是温度。形变的发展是连续的，说明无定型聚合物三种聚集态的转变不是相转变。当温度低于 T_g 时，聚合物处于玻璃态，呈现为刚硬固体。此时，聚合物的主价键和次价键所形成的内聚力使材料有相当大的力学强度，热运动能小，分子间力大，大分子单键内旋被冻结，仅有原子或基团的热振运动，外力作用尚不足以使大分子或链段作取向位移运动。因此，形变主要由键角变形所贡献，形变值小，在极限应力内形变具有可逆性，内应力和模量均较大，形变和形变恢复与时间无关（瞬时的），且随温度变化很小。所以，玻璃态固体的形变属于普通弹性形变，称普弹形变。若温度低到一定程度，很小的外力即可使大分子链发生断裂，相应的温度为脆化温度，这就使材料失去使用价值。

当温度在 T_g 与 T_f 之间时，聚合物处于高弹态，呈类橡胶性质。这时，温度较高，链段运动已激化（即解冻），但链状分子间的相对滑移运动仍受阻滞，外力作用只能使链段作取向位移运动。因此，形变是由链段取向引起大分子构象舒展做出的贡献，形变值大，内应力和模量均较小；除去外力后，由于链段无规则热运动而恢复了大分子的卷曲构象，形变仍是可逆的。而且，在 T_g 与 T_f（或 T_m）之间靠近 T_f（或 T_m）一侧，聚合物的粘性很大。

当温度达到或高于聚合物的粘流温度 T_f（无定型聚合物）或熔融温度 T_m（结晶性聚合物）时，聚合物处于粘流态下，呈现为高粘性熔体（液体）。在此状态下，分子间力能与热运动能的数量级相同，热能进一步激化了链状分子间的相对滑移运动，聚合物的两种运动单元同时显现，使聚集态（液体）与相态（液相结构）的性质一致。外力作用不仅使得大分子链作取向舒展运动，而且使链与链之间发生相对滑动。因此，高粘性熔体在力的作用下表现出持续不断的不可逆形变，称为粘性流动，亦常称为塑性形变。这时，冷却聚合物就能将形变永久保持下来。

当温度升高到聚合物的分解温度 T_d 附近时，将引起聚合物分解，以致降低制品的物理力学性能或引起外观不良等。无定型聚合物的三种聚集态，仅仅是动力学性质上的差异（因分子热运动形式不同），而不是物理相态上或热力学性质上的区别，故常称为力学三态。这样，一切动力学因素，如温度、力的大小和作用时间等的改变都会影响他们的性质，使其相互转变。

另外，实现聚合物材料的熔融沉积成型过程，必须考虑材料的可挤压性。一方面，聚合物挤出喷嘴的过程应完全处于粘流态，温度应控制在 T_f（或 T_m）以上；另一方面，丝材本身在挤压过程中起着活塞推进的作用，要求丝材在加热腔的引导段应具有足够的抗弯强度，温度应控制在玻璃态温度 T_g 附近。因此在引导段有时应考虑采取强制散热措施，以避免因轴向热传导引起太大的温升。

2. 聚合物的热物理性质

分析由温度引起的聚合物聚集态转变过程，材料的导温能力是一个重要的考察因素。导温系数为

$$a=\frac{\lambda}{\rho c_p} \tag{5-17}$$

式中：λ 为导热系数；ρ 为密度；c_p 为比定压热容。

对于结晶性聚合物，材料由结晶态向熔融态转变时还将经历一个吸热过程，表现为聚合物的热焓增量，记为 ΔH_m。

T_g、T_f、T_m、λ、ρ、c_p、ΔH_m 是聚合物加工过程中非常重要的热力学参数。不同的聚合物材料有不同的热力学性质，甚至于同一牌号的聚合物，因批号不同或生产厂家不同，其热力学系数也会有差异，因此在分析材料的加工性能时，首先必须了解材料的热力学性质，确定材料的热力学参数。

影响加工性能的另一个重要因素是聚合物的流变性质。大多数聚合物在加工过程中均会产生流动和形变。聚合物的流变性质主要体现在熔体粘度，所以聚合物的粘度及其变化特性是聚合物加工过程中极为重要的参数。

（1）温度对粘度的影响

对于处于粘流温度以上的聚合物，研究结果表明，热塑性聚合物熔体的粘度随温度升高而成指数的方式降低。在流变学中，粘度 η 对温度 T 的依赖关系为

$$\ln \eta_a = \ln \eta_0 + \Delta E_\eta / RT \tag{5-18}$$

或

$$\eta_a = \eta_0 + e^{\Delta E_\eta / RT} \tag{5-19}$$

式中，η_a为表观粘度；η_0为零剪切粘度；ΔE_η为粘流活化能；R 为气体常数；T 为热力学温度。

对于 ΔE_η较大的聚合物，只要不超过分解温度，提高加工温度将增加材料的流动性。代表粘度对温度依赖性的就是粘流活化能 ΔE_η。ΔE_η越大，粘度受温度变化影响越大。当温度较高（$T>T_g+100$ ℃）时，ΔE_η为一常量；当温度较低（$T>T_g \sim T_g+100$ ℃）时，ΔE_η随温度的下降而急剧增加。在实际加工中，一般推荐聚合物的加工温度为 T_f（或 T_m）以上 30 ℃左右。

（2）压力对粘度的影响

压力对粘度的影响是建立在聚合物熔体在较大压力作用下有一定的可压缩性的基础上。对于大多数的聚合物材料，当受到 10^7 Pa 压力作用时，聚合物的体积收缩率一般不超过 1%，但随着压力的增加，体积收缩急剧。如尼龙材料，当压力增加到 7×10^7 Pa 时，体积收缩达 5.1%。体积收缩引起大分子间的距离缩小，链段跃动范围减小，分子间的作用力增强，导致熔体粘度上升。因此，增加压力对粘度的影响和降低温度的影响有相似性。对于多数聚合物材料，压力增加到 10^8 Pa 时，熔体粘度变化相当于温度降低 30～50 ℃的效果。

（3）剪切速率对粘度的影响

在通常的加工条件下，大多数聚合物熔体都表现为非牛顿型流动，其粘度对剪切速率有依赖性。在非牛顿型流动区的低剪切率范围内，聚合物熔体的粘度为 $10^3 \sim 10^9$ Pa。当剪切速率提高时，大多数聚合物熔体的粘度下降。但不同种类的聚合物对剪切速率的敏感性有差别，因此在实际成型加工时，通过调整剪切速率来改变熔体的粘度，对于对剪切速率敏感的聚合物是有效的，而对那些对剪切速率不敏感的聚合物，采用对其粘度更为敏感的因素——温度来调整更合适。

在熔融沉积成型过程中，聚合物的流变行为对加工性能的影响主要体现在聚合物熔体在加热腔中的输送阶段。在实际成型过程中发现，聚合物熔体在加热腔中的挤出过程中因粘度过大造成喷嘴阻塞是造成成型失败的主要原因之一。反之，当粘度太小，经喷嘴挤出的细丝将呈“流滴”形态，丝径大幅度变小，当分层厚度较大时，喷嘴将逐渐远离堆积面，同样造成成型过程失败。

以上主要是从聚合物的可加工性的角度分析聚合物的加工性能与加工参数的依赖关系。如果从制品的成型质量的角度考虑，还将涉及所采用的具体的成型材料的结构性能以及在加工过程中的物理化学变化，如聚合物的结晶过程等。

3. 成型材料的性能要求

FDM 材料属于热塑性材料，在材料熔点左右的温度下产生离散体之间的连接，通过一定的组分搭配，获得一定的流动性，以保证在成型过程中产生较小的内应力，从而减小零件的畸变。同时，还必须具有一定的弯曲量和弯曲强度，从而易于制成丝、卷成卷，并在挤出时提供一定的强度，保证挤出熔融的材料。另外，FDM 材料还必须具有较低的粘性，才能产生较精确的路径宽度。

（1）材料的流动性

熔融沉积成型工艺要求材料具有低粘度，较好的流动性，这是为了降低熔融态材料在喷头中的流动阻力，使喷头顺利出丝；但是流动性太好，会使材料在喷头处出现堆积，产生“火柴头”形貌，影响表面精度；流动性太差，喷头的送丝压力不足，会出现供丝不及时，导致相邻路径有空隙出现，也会影响制件精度。

（2）材料的熔融温度

具有较低熔融温度的材料在较低温度即可由喷头挤出，有利于维护喷头与成型系统的寿命，并且可以节约能源，同时减少材料在挤出前后的温差，使材料成型前后热应力减小，避免热应力造成的翘曲变形与开裂现象。

（3）材料的力学性能

材料的力学性能主要要求具有较高的强度，尤其是单丝的抗拉强度、抗压强度和抗弯强度，避免在成型过程中由于供料辊之间的摩擦与拉力作用发生断丝与弯折，使成型过程终止。

（4）材料的收缩率

成型材料需要喷头内部保持一定的压力才能被顺利挤出，挤出前后材料会发生热胀冷缩。如果压力对材料的收缩率影响较大，会使喷嘴挤出的材料丝径与喷嘴的实际直径不一致，影响材料的尺寸精度与形状精度。FDM 成型材料的收缩率对温度也不能太敏感，否则会导致成型零件出现翘曲、开裂。

（5）材料的粘结性

FDM 制件的构建实质上是基于分层制造的工艺，因此零件成型以后的强度取决于材料之间的粘结性。粘结性过低的材料，会导致成型件的层连接处出现开裂等缺陷。

（6）材料的制丝要求

丝状材料要求表面光滑、直径均匀、内部密实，无中空、表面疙瘩等缺陷，另外在性能上要求柔韧性好，所以应对常温下呈脆性的原材料改性，提高其柔韧性。

（7）材料的吸湿性

材料吸湿性高，将会导致材料在高温熔融时会因水分挥发而影响成型质量。所以，用于成型的丝材应干燥保存。

4. 成型材料的分类

（1）ABS 材料

ABS（Acrylonitrile Butadiene Styrene）是丙烯腈、丁二烯和苯乙烯的三元共聚物，是一种非结晶性材料。A 代表丙烯腈，B 代表丁二烯，S 代表苯乙烯。丙烯腈有高强度、热稳定性及化学稳定性；丁二烯具有坚韧性、抗冲击特性；苯乙烯具有易加工、高光洁度及高强度。

ABS塑料具有各种优良的性能，如良好的冲击强度，较好的尺寸稳定性、耐热性、耐低温性以及优异的电性能、耐磨性，此外它的抗化学药品腐蚀性也很强，比较适用于成型加工和机械加工。ABS同其他材料的结合性好，易于表面印刷、涂层和镀层处理，如进行表面喷镀金属、电镀、焊接、热压和粘结等二次加工。ABS树脂是目前产量最大、应用最广泛的聚合物之一，它将PB、PAN、PS的各种性能优点有机地结合起来，兼具有韧、硬、刚相均衡的优良力学性能。另外，ABS树脂可与多种树脂配混成共混物，如PC/ABS、ABS/PVC、PA/ABS、PBT/ABS混合等能产生新性能，用于新的应用领域。在3D打印中，ABS是FDM成型工艺常用的热塑性工程塑料，广泛地应用于不同领域，如汽车、纺织、仪器仪表、电子电器和建筑等。

为了进一步提高ABS材料的性能，并使ABS材料更加符合3D打印的实际应用要求，人们对现有ABS材料进行改性，又开发了ABS-ESD、ABSplus、ABSi和ABS-M30i四种适用于3D打印的新型ABS改性材料。

1）ABS-ESD材料

ABS-ESD是美国Stratasys公司研发的一种理想的3D打印用的抗静电ABS材料，材料的热变形温度为90 ℃。它是一种基于ABS-M30的热塑性工程塑料，具备静电消散性能，可以用于防止静电堆积，主要用于易被静电损坏、降低产品性能或引起爆炸的物体。与PLA相比，ABS-ESD更加柔软，电镀性更好，但不能生物降解。通常建议ABS-ESD材料打印喷嘴温度为230~270 ℃，底板温度为120 ℃。

ABS-ESD材料在3D打印中能理想地用于电路板等电子产品的包装和运输，减少每年因静电造成的巨大损失，降低弹药装置爆炸事故的发生，广泛用于电子元器件的装配夹具和辅助工具、电子消费品和包装行业。

2）ABSplus材料

ABSplus材料是Stratasys公司研发的专用3D打印的材料，ABSplus的硬度比普通ABS材料大40%，是理想的快速成型材料之一。ABSplus材料经济实惠，特别耐用，适用于功能性测试，打印的部件具备持久的机械强度和稳定性。此外，因为ABSplus能够与可溶性支撑材料一起使用，因而无需手动移除支撑，即可轻松制造出复杂形状以及较深内部腔洞。ABSplus材料可以制作出更大面积和更精细的模型，其服务领域涉及航天航空、电子电器、国防、船舶、医疗、玩具、通信、汽车等各个行业。

3）ABSi材料

ABSi为半透明材料，具备汽车尾灯的效果，具有很高的耐热性，高强度，呈琥珀色，能很好地体现车灯的光源效果。材料颜色有半透明、半透明淡黄、半透明红等，材料热变形温度为86 ℃。该材料比ABS多了两种特性，即具有半透明度以及较高的耐撞击力。所以命名为ABSi，i即impact（撞击）。同时，ABSi的强度要比ABS更高，耐热性更好。利用ABSi材料可以制作出透光性好、非常绚丽的艺术灯，它也被广泛地应用于车灯行业，如汽车LED灯。ABSi除了用于汽车车灯等领域，还可以用于医疗行业。

4）ABS-M30i材料

ABS-M30i材料颜色为白色，是一种高强度材料，具备ABS-M30的常规特性，热变形温度接近100 ℃。ABS-M30i材料拥有比标准ABS材料更好的拉伸性、抗冲击性及抗弯曲性。ABS-M30i制作的样件通过了生物相容性认证（如ISO 10993认证），可以通过γ

射线照射及 EtO（Ethylene Oxide）灭菌测试。它能够让医疗、制药和食品包装工程师和设计师直接通过 CAD 数据在内部制造出手术规划模型、工具和夹具。

5）高分子合金材料 ABS/PA

ABS/PA 合金材料是一种典型的高分子合金材料。同其他的工程塑料相比，ABS/PA 合金的密度更小，比 PC/ABS 合金小 5%~6%，比 PC 小 10%，比 PC/PBT 合金小 14%，非常适合制造汽车元器件。此外，ABS/PA 合金具有良好的隔音性和优异的振动衰减性，有利于降低噪声，提高汽车的安静性及舒适性。因此，ABS/PA 合金在很多方面可以代替 PC/ABS、PC、PC/PBT 等工程塑料应用于汽车工业之中。

（2）PLA 材料

聚乳酸（Polylactic Acid，PLA）又名玉米淀粉树脂，是一种新型的生物降解材料，使用可再生的植物资源（如玉米）所提取出的淀粉原料制备而成，具有良好的生物可降解性。聚乳酸是目前市面上所有 FDM 技术的桌面型 3D 打印机最常使用的材料。

聚乳酸的加工温度为 170~230 ℃，具有良好的热稳定性和抗溶剂性。聚乳酸熔体具有良好的触变性和可加工性，可采用多种方式进行加工，如挤压、纺丝、双轴拉伸、注射吹塑等。由聚乳酸制成的产品除具有良好的生物降解能力外，其光泽度、透明性、手感和耐热性也很好。聚乳酸具有优越的生物相容性，被广泛应用于生物医用材料领域。

与其他高分子材料相比，聚乳酸具有很多突出的优异性能，使其在 3D 打印领域拥有广泛的应用前景。

1）聚乳酸具有良好的生物可降解性。PLA 是一种新型的生物降解材料，使用可再生的植物资源（如玉米）所提出的淀粉原料制成。淀粉原料经由发酵过程制成乳酸，再通过化学合成转换成聚乳酸。因此，它具有良好的生物可降解性，使用后能被自然界中的微生物完全降解，最终生成二氧化碳和水，不污染环境。

2）聚乳酸拥有良好的光泽性和透明度，与聚苯乙烯所制的薄膜相当，是一种可降解的高透明性聚合物。

3）聚乳酸具有良好的抗拉强度及延展度，可加工性强，适用于各种加工方式，如熔化挤出成型、射出成型、吹膜成型、发泡成型及真空成型。在 3D 打印中，聚乳酸良好的流变性能和可加工性，保证了其对 FDM 工艺的适应性。

4）聚乳酸薄膜具有良好的透气性、透氧性及透二氧化碳性能，并具备优良抑菌及抗霉特性，因此在 3D 打印制备生物医用材料中具有广阔的市场前景。

与此同时，聚乳酸也具有需要克服的缺点：

1）聚乳酸中有大量的酯键，亲水性差，降低了它与其他物质的互容能力。

2）聚乳酸的相对分子质量过大，聚乳酸本身又为线性聚合物，使得聚乳酸材料的脆性高，强度往往难以保障。同时其热变形温度低、抗冲击性差，也在一定程度上制约了它的发展。

3）聚乳酸降解周期难以控制，导致产品的服务期难以确定。

4）聚乳酸生产价格较高，较难以实现大众化应用。

（3）聚碳酸酯材料

聚碳酸酯（Polycarbonate，PC）是 20 世纪 50 年代末期发展起来的一种无色高透明度的热塑性工程塑料，其密度为 1.20~1.22 g/cm^3，线胀系数为 3.8×10^{-5} cm/(cm · ℃)，热变形温度为135 ℃。聚碳酸酯是一种具有耐冲击、韧性高、耐热性高、耐化学腐蚀、耐候性好且透光性好的热塑性聚合物，被广泛应用于眼镜片、饮料瓶、电动工具、汽车零件等各种领域。PC材料颜色比较单一，只有白色，但其强度比ABS材料高出60%左右，具备超强的工程材料属性，广泛应用于电子消费品、家电、汽车制造、航空航天、医疗器械等领域。

为了提高PC耐应力开裂能力，降低其缺口敏感性，人们采取多种方式对PC材料加以改性，这些PC改性也被应用于3D打印中。

1）PC材料的共混改性

① PC与聚酯PBT共混。PC主要与PBT形成共混物，少量与PBT共混。PC/PBT结合了PC的高冲击强度、耐热性和聚酯的抗化学品性。

② PC与聚甲醛共混。PC与聚甲醛以任意比例共混，当聚甲醛的用量增加时，耐溶剂应力开裂时间变长，耐热性有所提高，冲击韧性会下降。当它们的配比为（50~70）:（50~30）时，共混物的综合性能和耐热性较好，同时保持了PC的优异性能。

③ PC与聚乙烯（PE）共混。将PC与PE共混，主要改善了PC的加工流动性、耐应力开裂性及耐沸水性，同时它的电绝缘性和耐磨性也随之得到了改善。共混后其抗冲击韧性会提高，但耐热性会降低。

④ 使用增强材料改善PC。常用玻璃纤维、碳纤维、石棉纤维等增强PC。当玻璃纤维含量为10%~40%时，其拉伸强度、弯曲强度、耐热性和耐应力开裂性明显提高；当玻璃纤维含量小于10%时，增强效果不明显；当玻璃纤维含量大于40%时，成型加工性变差，制品韧性也随之下降。

2）PC材料的共聚改性

① 卤代双酚A型PC。将制备PC的主要单体双酚A改用其他双酚型单体，可以得到性能不同的PC，其中卤代双酚A最受欢迎。例如，采用四氯代双酚A和四溴代双酚A。四氯代双酚A可以制得耐热性更高，同时可保持透明性和良好韧性的PC；四溴代双酚A能使聚合物的耐热性大幅度提高。

② 聚酯PC。聚酯PC是20世纪80年代初才出现的新型PC。在聚酯PC中，对苯二甲酸双酚A酯的含量不超过25%，在此范围内含量增大，其共聚物的耐热性与纯的双酚A型相比提高幅度增大，但流动性和冲击韧性下降幅度也变大。聚酯PC的玻璃化转变温度为183~212 ℃，熔融温度不低于315 ℃，分解温度约为400 ℃，最高连续使用温度为160~170 ℃。其抗蠕变性、耐老化性也提高，透射率为86%~87%。

③ PC/ABS合金材料。PC/ABS是聚碳酸酯和丙烯腈-丁二烯苯-乙烯共聚物的混合物，PC/ABS材料颜色为黑色，是一种通过混炼后合成的应用最广泛的热塑性工程塑料。PC/ABS材料既具有PC树脂的优良耐热耐候性、尺寸稳定性、耐冲击性能和抗紫外线等性质，又具有PC材料所不具备的熔体粘度低、加工流动性好、价格低廉等优点，而且还可以有效降低制品的内应力和冲击强度对制品厚度的敏感性。同时，PC/ABS兼具PC和ABS两种材料的优良特性，耐冲击强度和抗拉伸强度比上述两种材料高，其热变形温度达到110 ℃，所以已成为市场上最广泛使用的注膜材料。

④ PC-ISO材料。PC-ISO（Polycarbonate-ISO）材料是一种通过医学卫生认证的白色热塑性材料，热变形温度为133 ℃，主要应用于生物医用领域，包括手术模拟、颅骨修

复、牙齿正畸等。它具备很好的力学性能，拉伸强度、抗弯曲强度都非常好，耐温性高达150 ℃。PC-ISO 材料可为病人定制切割和钻孔引导件，可通过 γ 射线或环氧乙烷消毒。通过医学卫生认证的成型件可以与肉体接触，提高外科手术精度，缩短外科手术时间和病人恢复时间，广泛应用于药品及医疗器械行业。同时，因为具备 PC 的所有性能，它也可以用于食品及药品包装行业，做出的样件可以作为概念模型、功能原型、制造工具及最终零部件使用。

（4）聚亚苯基砜材料

聚亚苯基砜（Polyphenylsulfone，PPSF/PPSU）材料是所有热塑性材料里面强度最高、耐热性和耐蚀性最好、韧性最强的材料，被广泛应用于航天工业、汽车工业、商业交通工具行业以及医疗产品。PPSF 材料颜色为琥珀色，耐热温度为 207.2~230 ℃，材料热变形温度为 189 ℃，适合高温的工作环境。PPSF 可以持续暴露在潮湿和高温环境中而仍能吸收巨大的冲击，不会产生开裂或断裂。

PPSF/PPSU 材料具备针对任何 FDM 热塑性塑料的最高耐热性、良好的机械强度与耐石油和溶剂性质。它与 FDM 技术相结合，能够制作出具有耐热性且可以接触化学品的 3D 打印部件，如汽车发动机罩原型、可灭菌医疗器械、内部高要求应用工具等。

（5）聚醚酰亚胺材料

美国 GE 公司当年销售的聚醚酰亚胺商品名为“ULTEM”，ULTEM 树脂是一种无定形热塑性聚醚酰亚胺。由于具有最佳的耐高温性及尺寸稳定性，以及抗化学性、电气性、高强度、阻燃性、高刚性等，可广泛应用于耐高温端子、IC 底座、FPCB（软性线路板）、照明设备、液体输送设备、医疗设备、飞机内部零件和家用电器等。聚醚酰亚胺（ULTEM）有很多种，如 ULTEM9075 和 ULTEM9085。

（6）低熔点合金

低熔点合金通常指含有 Bi、Sn、Pb、In 等金属的二元、三元、四元等合金，低熔点合金又称易熔合金。按其熔点的特性，可以分为两类：一类是共晶合金；另一类是非共晶合金。所有低熔点合金的熔点低于所组成合金的任何一种纯金属的熔点。

低熔点合金广泛地应用于工装夹具、电铸顶头、封装模具、电子工业（如 PCB 制版）等领域。

（7）食品材料

食品材料是指烹饪食物前所需要的一些东西。食品材料包含的东西很多，包括巧克力汁、面糊、奶酪、糖、水、酒精等。

专家对制作食物的 3D 打印机未来的设想是从藻类、昆虫、草等中提取人类所需的蛋白质等材料，用 3D 食物打印机制作出更营养、更健康的食物。人们可以根据自己的口味调整各种原料的配比，在家自己制作各种美味的食物。

5.4.2 支撑材料

图 5-29 所示为支撑材料和成型材料之间融合的放大图，两种材料之间扩散后的界面层厚度为界面 a。

当施加一定的外力，断裂总是发生在机械强度较弱的部位。若断裂发生在 b（成型材料）上，则制件的表面上容易出现小凹坑；若断裂发生在 c（支撑材料）上，则制件的表面上容易留下一些毛刺。这些必须进行表面光滑处理，才能得到理想的表面粗糙度。在去除支撑时，希望在界面 a 处断裂。

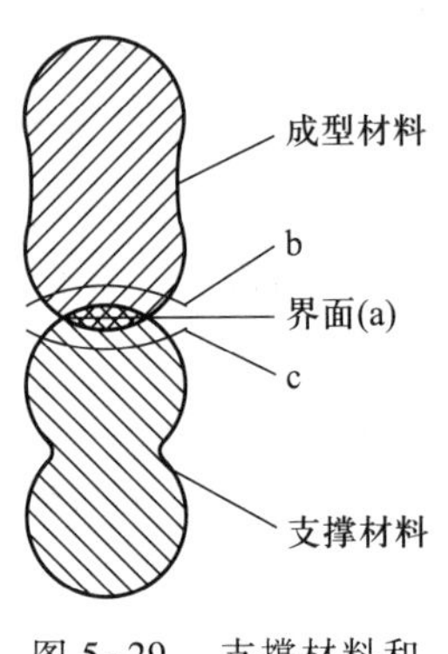

图 5-29　支撑材料和成型材料之间的粘结

为了便于支撑材料的去除，应保证相对于成型材料各层间支撑材料和成型材料之间形成相对较弱的粘结力。因此，应保证支撑各层之间有一定的粘结强度，以避免脱层现象。

支撑材料和成型材料对制丝要求、收缩率和吸湿性的要求一样，其他还需具备以下方面的性能：

（1）能承受一定高温

由于支撑材料要与成型材料在支撑面上接触，因此要求 FDM 成型的支撑材料在成型材料的高温下不发生分解与融化，否则会使成型件发生塌陷等。FDM 喷头挤出的丝径较小，冷却也较快，要求支撑材料能承受 100 ℃以下温度即可。

（2）与成型材料不粘结，便于剥离

添加支撑结构是 FDM 成型方式的辅助手段，在构建完成后应能方便地从成型材料上将其去除，而不会破坏成型表面的精度，所以支撑材料粘结性可以低一些。

（3）具有水溶性或者酸溶性

对于具有很复杂的内腔、孔等细微结构的原型，为了便于后处理，可使用水溶性支撑材料，解决人手不能或者难以拆除的支撑，有效避免制件结构太脆弱而被拆坏的隐患，这种支撑还可以提高制件的表面粗糙度。

（4）流动性要好

由于支撑对成型精度要求不高，为了提高机器的扫描速度，要求支撑材料具有很好的流动性，相对而言，对于粘度的要求可以差一些。

高抗冲聚苯乙烯（HIPS）是高分子支撑材料之一。高抗冲聚苯乙烯又称接枝型高冲击强度聚苯乙烯，简称是由本体悬浮聚合与本体聚合两种方法制得。高抗冲聚苯乙烯为白色不透明珠状或颗粒，相对密度为 1.04~1.06 g/cm^3，热变形温度为 70~84 ℃，韧性好，耐冲击，耐油，耐水，24 小时的吸水性为 0.10%~0.14%，电绝缘性好，体积电阻率大于 1 016 Ω · m，溶于苯、甲苯、醋酸乙酯、二氯乙烷等有机溶剂。

根据 HIPS 支撑材料易溶于 D-柠檬烯的特点，它已被广泛应用于 3D 打印的支撑材料中。该支撑材料是由 100%纯 HIPS（高抗冲聚苯乙烯）树脂制造的，可以在具有加热床的任何 FDM 成型的 3D 打印机中使用。

5.5　成型影响因素

FDM 工艺是一个包含 CAD/CAM、数控、材料、工艺参数设置及后处理的集成制造过程，每一环节都可以产生误差，从而影响成型件的精度及力学性能。按照误差产生的来源可分为原理性误差、工艺性误差和后处理误差，如图 5-30 所示。原理性误差是指成型原理及成型系统所产生的误差，是无法避免和降低的，或者是消除成本较高的误差。工艺性误差是指成型工艺过程产生的误差，是可以改善且成本较低的误差。后处理误差是指成型件后处理过程中产生的误差。

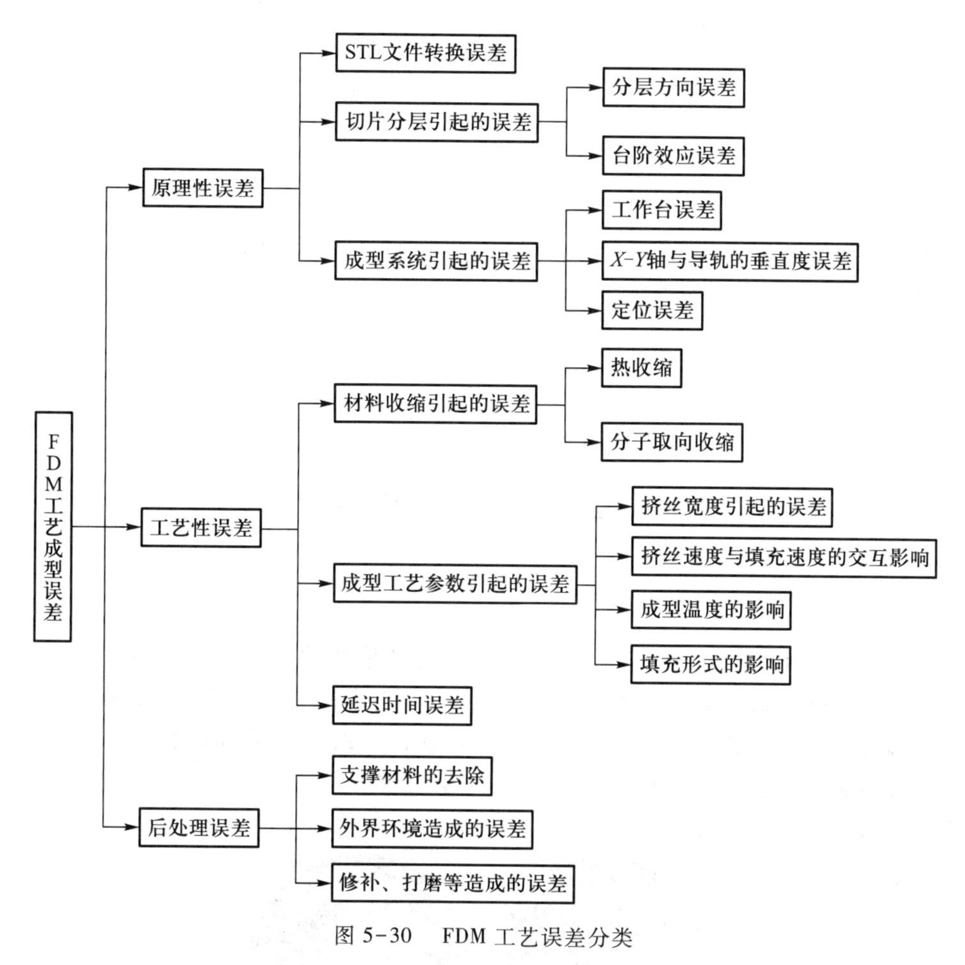

图 5-30 FDM 工艺误差分类

5.5.1 原理性误差

1. STL 文件转换误差

三维 CAD 模型是 3D 打印的基础，一般需通过格式转换才能导入到 3D 打印软件中进行打印。大多数快速成型系统使用标准的 STL 数据模型来定义成型的零件。STL 通过许多空间小三角形面片来逼近三维实体表面的数据模型，在模型多曲面连接处会出现重叠、空洞、畸变等缺陷，从而影响其表面精度。一般可通过增加三角形面片的数量来提高拟合精度，其几何误差常用弦高 ψ 来控制，弦高 ψ 指的是近似三角形外轮廓边与曲面之间的径向距离，如图 5-31 所示。

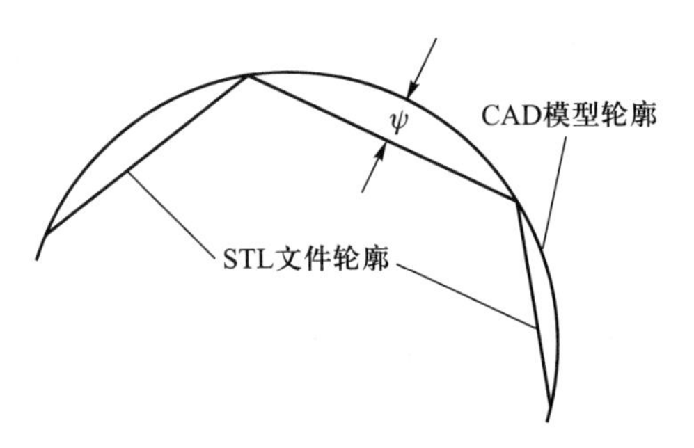

图 5-31　STL 文件转换误差

如果给定一个曲面 C^2 的连续参数 $P(u, v)$ 以及曲面与三角形 T 之间的弦高 ψ，则三角形的最大边长为 Ω，其计算公式如下：

$$\Omega=3\left[\frac{\psi}{2(M_1+M_2+M_3)}\right]^2 \tag{5-20}$$

$$M_1=\sup_{(u,v)\in T}\left\|\frac{\partial^2 P(u, v)}{\partial u^2}\right\| \tag{5-21}$$

$$M_2=\sup_{(u,v)\in T}\left\|\frac{\partial^2 P(u, v)}{\partial u\partial v}\right\| \tag{5-22}$$

$$M_3=\sup_{(u,v)\in T}\left\|\frac{\partial^2 P(u, v)}{\partial v^2}\right\| \tag{5-23}$$

图 5-32 是采用两种不同弦高 ψ 生成的 STL 文件格式的球体。图 5-32a 采用的弦高 $\psi=0.206$ mm，图 5-32b 采用的弦高 $\psi=0.008$ mm。对于同一个三维模型，设置不同的弦高参数，成型精度也不相同。理论上，增加面片数目可以有效提高成型精度、减小误差，但却不能彻底消除误差。而且将引起 STL 文件存储量增大，软件处理速度降低，成型时间也随之增加，降低加工效率。

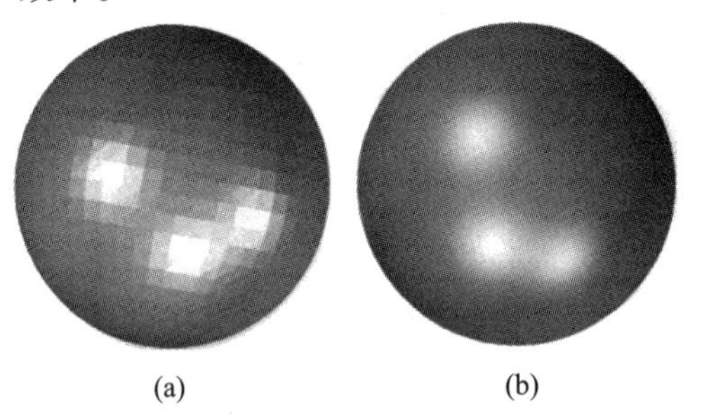

图 5-32　不同弦高的 STL 模型

2. 切片分层引起的误差

分层切片是指对三维 CAD 模型进行叠层方向（一般为 Z 方向）的离散化处理，具体过程为用一系列平行于 $X-Y$ 坐标面的平面截取 STL 实体数据模型进而获取各层的几何信息，每个层片包含的几何信息组合在一起构成整个实体模型的数据。通过对实体做切片处理，就能够把三维加工问题转换成二维加工问题，使加工工艺简单化。

分层切片过程中，由于层与层之间存在一定的厚度，因此切片不仅破坏了模型表面的连续性，而且会产生形状和尺寸上的误差，主要表现为两种形式：分层方向误差和台阶效应误差。

（1）分层方向误差

分层方向误差主要由分层厚度和制件的成型方向尺寸决定，假设分层厚度为 t，制件的成型方向尺寸为 H，则成型方向尺寸误差 ΔZ 为

$$\Delta Z=\begin{cases} H-t\text{int}\dfrac{H}{t} & \text{当 } H \text{ 为 } t \text{ 的整数倍时} \\ H-t\left[\text{int}\dfrac{H}{t}+1\right] & \text{当 } H \text{ 不是 } t \text{ 的整数倍时} \end{cases} \tag{5-24}$$

可见，对于成型方向尺寸误差而言，分层厚度对其精度影响不大，关键是要使制件的分层方向高度值为分层厚度的整数倍。

（2）台阶效应误差

台阶效应误差是指原型件在逐层堆积过程中，其零件表面出现了一系列的阶梯，造成了实际成型件的尺寸与设计模型的尺寸产生误差。台阶效应误差分为正向台阶误差和负向台阶误差，如图 5-33 所示。正向台阶误差是指成型件表面处于设计模型表面外侧时的台阶误差，负向台阶误差是指成型件表面处于设计模型表面内侧时的台阶误差。

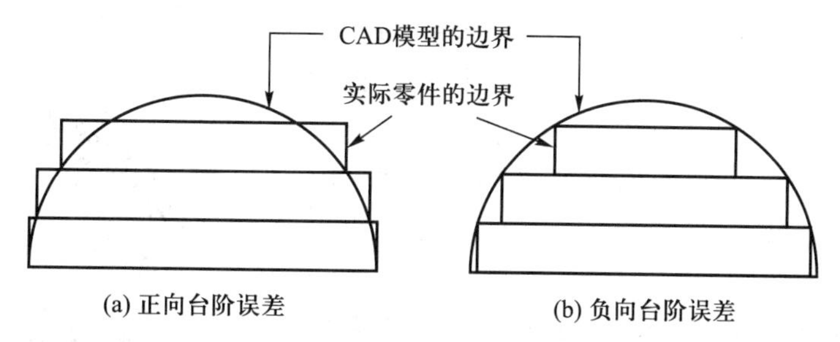

图 5-33　台阶效应误差

分层切片引起的误差不可完全避免，只能采用减小分层厚度或不同切片方法，如自适应分层、CAD 直接分层及曲面分层等减小台阶效应误差。

3. 成型系统引起的误差

成型系统引起的误差是指快速成型设备机械系统的误差，由于受到制造业水平的限制，因此其不可避免，只能通过提高成型设备的设计精度和制造精度来尽可能地减小。

（1）工作台误差

工作台误差主要包括 Z 方向的运动误差和 $X-Y$ 平面的误差。Z 轴方向的运动误差会直接影响制件在 Z 方向上的形状误差和位置误差，会使分层厚度精度降低，从而使制件表面粗糙度值增大，因此必须保证工作台平面与 Z 轴的垂直度。工作台在 $X-Y$ 平面的误差主要指工作台表面不水平，使得制件的理论设计形状与实际成型形状差距较大。

（2）X、Y 轴与导轨的垂直度误差

一般 FDM 成型系统采用 $X-Y$ 平面的二维运动，X、Y 轴采用交流伺服电动机通过精密滚珠丝杠传动，同时采用精密滚珠直线导轨导向，由步进电动机驱动同步齿轮带动喷头运动。各传动过程均会产生误差，同时设备精度受到机械加工水平的制约。

（3）定位误差

在 X、Y、Z 三个方向上，FDM 成型系统的重复定位均有可能不同，从而造成了定位误差。

成型系统引起的误差是成型过程中普遍存在的问题，一般难以避免。为了尽量减少这种误差，必须定期检测和维护成型设备。

5.5.2　工艺性误差

1. 材料收缩引起的误差

FDM 成型工艺一般采用 ABS、PLA 及石蜡等工程材料，材料在成型过程中会经历固体-熔融体-固体的两次相变过程：一次是由固态丝状受热熔化成熔融态；另一次是由熔融态经过喷嘴挤出后冷却为固态。成型材料在熔融体到固体的相变过程中会出现收缩，其收缩形式主要表现为热收缩和分子取向收缩。这一过程不仅会影响尺寸精度，而且会导致内应力，以致出现层间剥离等现象。

（1）热收缩

热收缩是材料因其固有的热膨胀率而产生的体积变化，是收缩产生的最主要原因，由热收缩引起的收缩量为

$$\Delta L=\alpha L\Delta T \tag{5-25}$$

式中：α 为材料的线胀系数；L 为零件尺寸；ΔT 为温差。

热收缩是产生零件尺寸误差和翘曲变形的主要原因，如图 5-34 所示，热收缩会使零件的外轮廓向内偏移、内轮廓向外偏移，引起很大的误差。

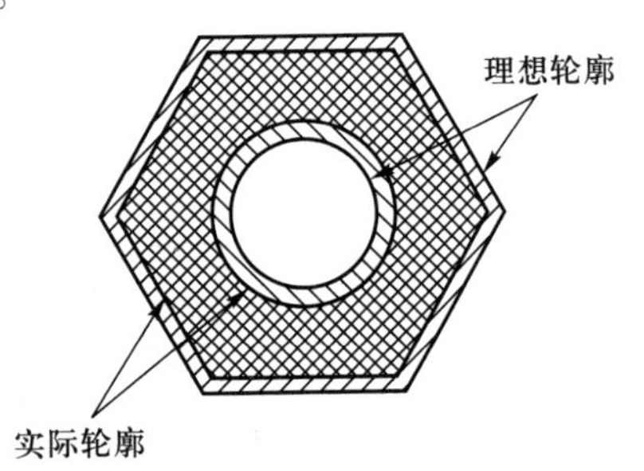

图 5-34　材料热收缩引起的误差

（2）分子取向收缩

分子取向收缩是由高分子材料取向引起的固有的收缩。在成型过程中，熔融态的成型材料分子沿着填充方向被拉长，随后冷却时又会收缩。由于高分子材料的取向作用，使得成型材料在沿填充方向上的收缩率大于与该方向垂直方向上的收缩率，从而导致材料产生尺寸误差。

沿填充方向和成型方向上成型材料的收缩率分别为

$$\Delta L_1=\beta_1\alpha_1\left(L+\frac{\Delta}{2}\right)\Delta t \tag{5-26}$$

$$\Delta L_2=\beta_2\alpha_2\left(L+\frac{\Delta}{2}\right)\Delta t \tag{5-27}$$

式中：β_1、β_2为实际零件尺寸的收缩，受成型形状、分层厚度、成型时间等因素的影响，按照经验估算，约为 0.3；α_1、α_2分别为成型材料在填充方向、成型方向上的线胀系数；L 为零件在水平方向的尺寸；Δt 为温差；Δ 为零件的尺寸公差。

减小或补偿材料收缩引起的误差的措施主要有：选择收缩率较小的成型材料或对已有的成型材料进行改性处理，减小收缩率；成型前对其 CAD 模型预先尺寸补偿，在填充方向上补偿 ΔL_1，在成型方向上补偿 ΔL_2。

2. 成型工艺参数引起的误差

（1）挤丝宽度引起的误差

FDM 成型过程中，熔融态丝材从喷嘴挤出时具有一定的宽度，导致填充零件轮廓路

径时的实际轮廓线部分超出理想轮廓线，如图 5-35 所示。所以在生成轮廓路径时，有必要对理想轮廓线进行补偿。

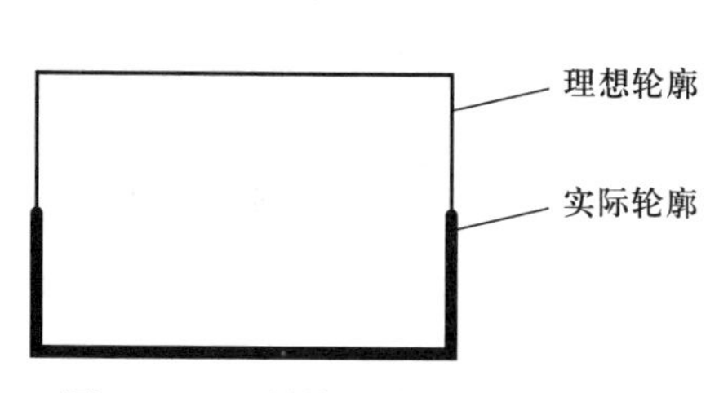

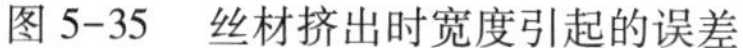

图 5-35　丝材挤出时宽度引起的误差

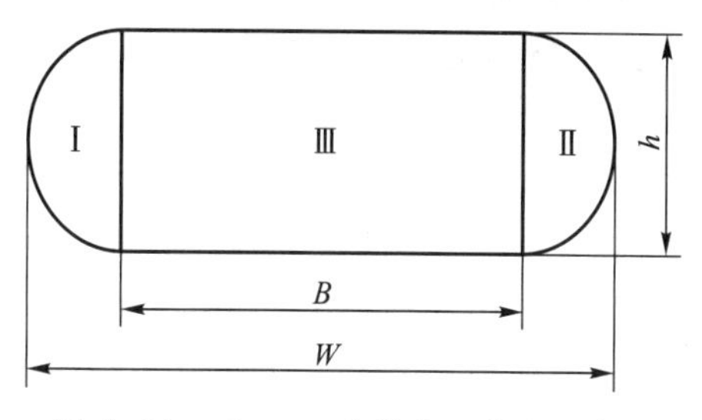

图 5-36　FDM 工艺挤出丝宽度示意图

在实际加工时，挤出丝的形状、大小受喷嘴孔直径、切片厚度、挤出速度、填充速度、喷嘴温度、成型室温度及材料收缩率等很多因素的影响，所以挤出丝宽度为一个变化的量，挤出丝宽度示意图如图 5-36 所示。

1）等体积法

当挤出速度较小时，挤出丝的截面形状可以简化成矩形区域Ⅲ，计算公式为

$$W=B=\frac{\pi d^2}{4h}\frac{v_j}{v_i} \tag{5-28}$$

当挤出速度较大时，挤出丝的截面形状为曲线区域Ⅰ、Ⅱ、Ⅲ的总面积，计算公式为

$$W=B+\frac{h^2}{2B} \tag{5-29}$$

$$B=\frac{\lambda^2-h^2}{2\lambda} \tag{5-30}$$

$$\lambda=\frac{\pi d^2}{2h}\frac{v_j}{v_i} \tag{5-31}$$

式中：v_j 为挤出速度；v_i 为填充速度；d 为喷嘴直径；h 为分层厚度；B 为丝宽模型矩形区域的宽度；W 为丝宽模型截面的宽度。

2）等质量法

当挤出速度较小时，挤出丝的截面形状可以简化成矩形区域Ⅲ，计算公式为

$$W=\frac{m}{10\,hv_iB} \tag{5-32}$$

当挤出速度较大时，挤出丝的截面形状为曲线区域Ⅰ、Ⅱ、Ⅲ的总面积，计算公式为

$$W=\sqrt{\left[\left(\frac{m}{5hv_iB}\right)^2-h^2\right]^2\frac{25h^2v_i^2\rho^2}{4m^2}+h^2} \tag{5-33}$$

式中：v_i 为填充速度；h 为分层厚度；ρ 为丝材密度；m 为单位时间出丝质量；B 为丝宽模型矩形区域的宽度；W 为丝宽模型截面的宽度。

（2）挤出速度与填充速度的交互影响

挤出速度是指丝材挤出的速度，填充速度是指喷头系统的坐标系运动速度，挤出和填充是 FDM 成型过程中的一对协同运动，是影响成型精度的重要因素。FDM 成型过程中，如果填充速度远低于挤出速度，由于喷头温度远高于挤出丝熔融温度，喷嘴周围的温度场

会使已成型层再度熔融形成节瘤，影响成型质量。如果填充速度远高于挤出速度，会使喷头甚至成型设备产生振动，同时使材料填充不足，出现断丝现象，影响正常加工。

因此，挤出速度和填充速度之间应在一个合理的范围内匹配，当分层厚度、喷嘴直径、材料粘附系数及其他因素一定，挤出速度与填充速度的比值处于不同范围时，挤出丝会出现以下三种情况：

1）$v_j/v_i<\alpha_1$，丝材在挤出后随喷头运动时被拉成细丝线，甚至出现断丝现象，不能形成完整的丝，在成型件表面出现空缺。

2）$v_j/v_i\in[\alpha_1,\ \alpha_2]$，能正常出丝，为适用的成型速度范围。

3）$v_j/v_i>\alpha_2$，丝宽逐渐增加，出现丝材堆积，成型件边缘出现严重变形，多余的材料粘附在喷嘴上，由于喷嘴的高温引起“碳化”，影响进一步加工。

其中：α_1为成型时出现断丝现象的临界值；α_2为出现粘附现象的临界值；v_j为挤出速度；v_i为填充速度。

（3）成型温度的影响

温度对 FDM 成型材料的性能有很大的影响，材料的性能直接影响成型件的成型精度和性能，因此在成型过程中对于温度的控制比较重要。成型过程中温度的控制主要有两个方面：喷头温度和成型室温度。对于工作台采用热床的成型系统而言，还包括热床温度。

1）喷头温度

喷头温度会影响材料的粘结性能、沉积性能、流动性能和挤出丝宽度等。喷头温度过高，成型材料处于熔融状态，熔融丝粘性系数变小，流动性强，挤出量过快，难以控制其成型精度，且在沉积过程中出现前一层成型材料还未冷却凝固，后一层成型材料就沉积在前一层上，从而使前一层材料坍塌破坏。当喷头温度过低，丝材挤出速度变慢，挤出材料的粘度增大，不仅加重挤出系统的负担，严重时会造成喷头堵塞，同时会使材料层间粘结强度降低，可能会引起层间剥离。

2）成型室温度

成型室温度或热床温度对成型过程中材料的内应力有大的影响，温度过高时，有助于减小成型件的内应力，但成型件的表面容易起皱；温度过低时，从喷头挤出的丝料在成型过程中冷却速度过快，热应力增大，造成成型件在成型过程中出现上一层完全冷却后下一层才开始沉积，粘结不牢固，出现翘曲、开裂等现象。

对于 ABS 丝材来说，喷头和成型室的温度对成型件质量的影响如图 5-37 所示。

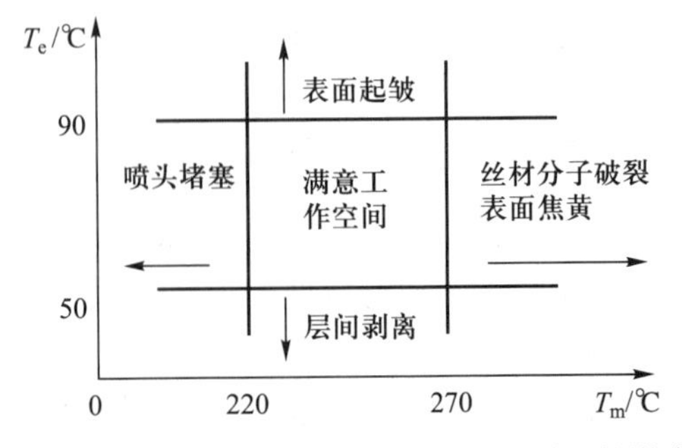

图 5-37　喷头和成型室温度对成型件质量的影响

(4) 填充形式的影响

FDM 成型过程中，除了需要对其成型轮廓进行填充之外，还需对轮廓内部实体部分以一定的方式进行密集扫描填充，以生成实体形状。填充方式不仅影响成型件的表面质量和成型效率，且与成型件的内部应力也有很大的关系，根据要求选择合适的填充方式，可以有效减小成型过程中的翘曲等现象。FDM 工艺填充方式主要有单向填充、多向填充、螺旋填充、偏置填充及复合填充等。

1) 单向填充

单向填充是最简单的填充样式，一般沿着一个方向（X 方向或 Y 方向）进行填充，如图 5-38 所示。该填充方式数据处理简单，但扫描短线较多，产生的延迟时间误差较大。

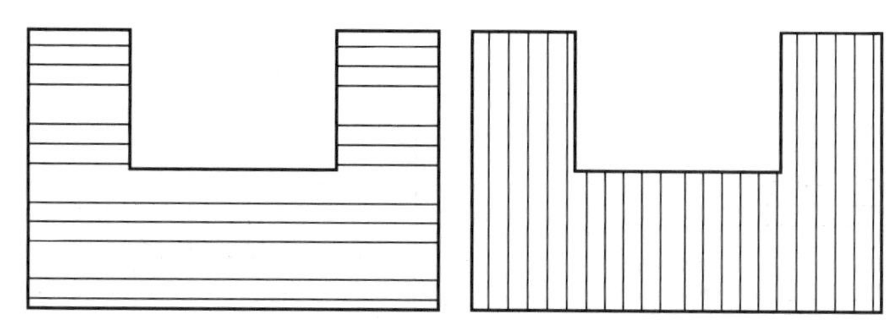

图 5-38 单向填充方式

2) 多向填充

多向填充是指根据模型截面轮廓的形状，自动选择沿长边的方向填充，如图 5-39 所示。这种填充方式可以有效减小单向填充所造成的误差和改善成型件的力学性能。

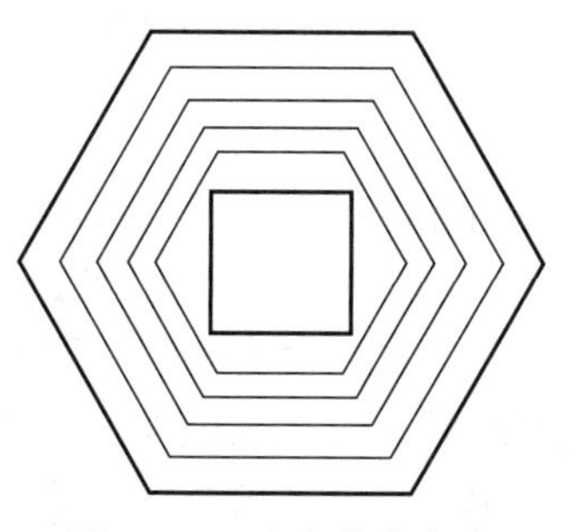

图 5-39 多向填充方式

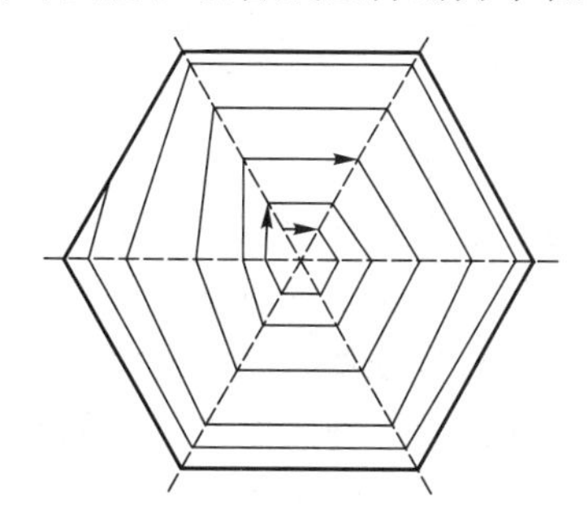

图 5-40 螺旋填充方式

3) 螺旋填充

螺旋填充一般是从成型件中心向四周扩展，如图 5-40 所示，可以很大程度上提高成型件成型过程中的热传递速度及成型件的力学性能，且扫描线较长，可减小延迟时间误差，但轮廓信息丢失严重，精度较低。

4) 偏置填充

偏置填充是指按轮廓形状由外向内逐层的偏置进行扫描，如图 5-41 所示，可以使扫描线尽量长，从而减小延迟时间误差，但由于必须重复进行偏置环的计算，导致计算量较大，填充路径较复杂。

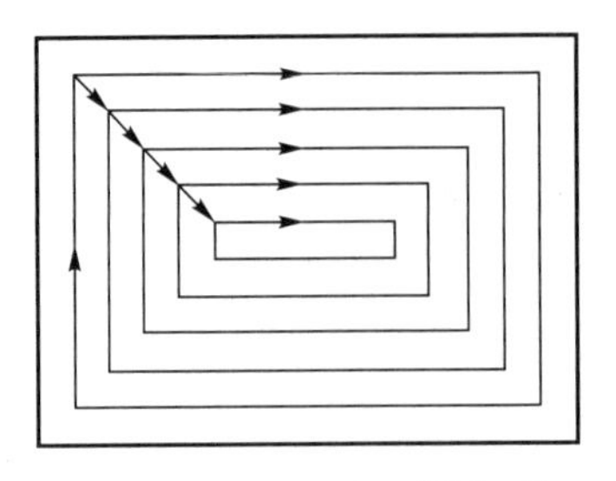

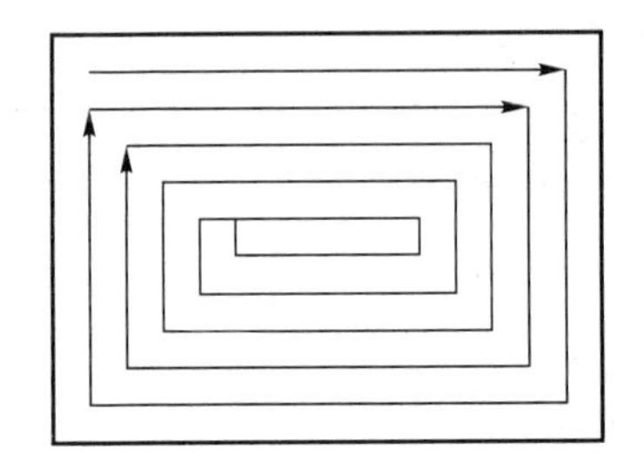

图 5-41　偏置填充方式

5）复合填充

复合填充是指内部区域采用偏置填充，其他区域采用线性填充，如图 5-42 所示。这样可以在保证成型件表面精度的前提下，有效简化填充过程，提高成型效率。

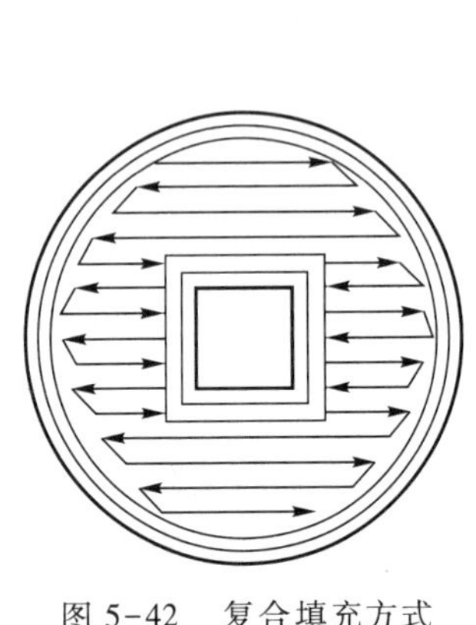

图 5-42　复合填充方式

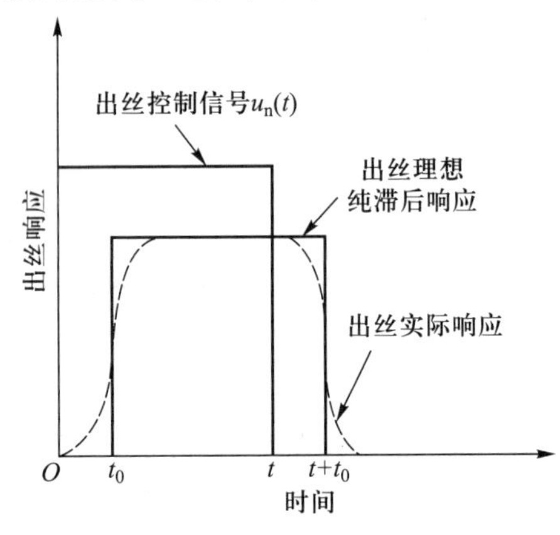

图 5-43　出丝延迟时间

3. 延迟时间误差

延迟时间是指由于送丝机构的机械滞后及材料的粘性滞后等原因导致的时间延迟，包括出丝延迟时间和断丝延迟时间。如图 5-43 所示，当送丝机构开始送丝时，喷头同时开始填充，但由于信号处理时间、丝材的弹性滞后效应及丝材与喷嘴间的摩擦阻尼，导致喷嘴滞后一段时间出丝，把这段滞后时间称为出丝延迟时间。当送丝机构停止送丝时，喷头同时停止填充，但由于喷头内仍有丝材，在背压的作用下，喷嘴仍会挤出丝材，把从送丝机构停止送丝到喷头断丝的这段时间称为断丝延迟时间。

出丝延迟时间会造成制件的底层轮廓残缺，填充不足，导致制件底边翘曲和整体变形。断丝延迟时间会在制件表面产生瘤状物，降低制件的表面质量。

FDM 成型过程中延迟时间的实际处理过程如图 5-44 所示。$A_1A_2A_3A_4A_5A_6A_7A_1$ 是待成型零件的实际轮廓，为了保证连续路径，需要运动系统从 P_0' 开始动作，喷头在到达 P_0 前填充速度已达到 v_i，运动到 P_0 时发出出丝指令，线段 P_0A_1 的长度和填充速度 v_i、出丝延迟时间有关。喷头沿 $A_1—A_2—A_3—A_4—A_5—A_6—A_7$ 填充，到 P_1 时发出关丝指令，线段 A_1P_1 的距离与填充速度 v_i、断丝延迟时间有关，然后继续运动到 P_1'，以防止喷头在接缝

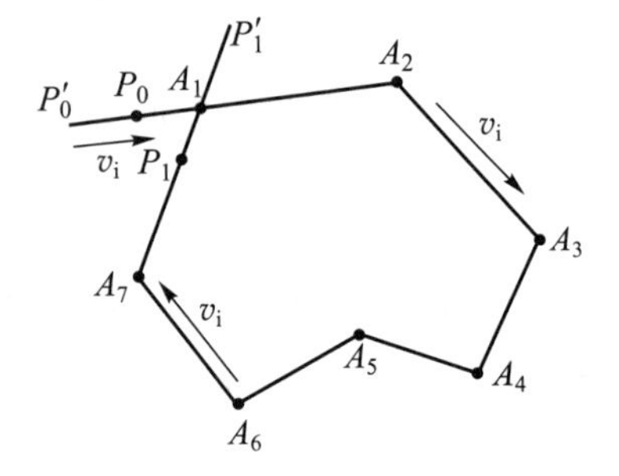

图 5-44　延迟时间实际处理过程

处使该处的材料过堆积。

5.5.3 后处理误差

FDM 成型系统完成零件成型后，将成型件从成型系统中剥离，然后需要对其进行后处理，如成型件的废料、支撑结构的去除，同时结合实际需求对成型件进行固化、修补、打磨、抛光和表面强化处理等，才能满足成型件的最终需求。

在后处理过程中，主要出现以下几种误差：

（1）支撑材料的去除

支撑材料的去除常用的方法有手工剥离、加热剥离和化学剥离。在手工剥离过程中，一般会用到腻子铲、斜口钳、镊子、异形锉等工具，容易对成型件表面造成刮伤。对于支撑材料和成型材料相同的成型件，由于粘结过于牢固，去除支撑时会在成型件表面造成一定的痕迹。加热剥离和化学剥离都是利用支撑材料的物理和化学特性，在加热或添加化学试剂后去除支撑材料，这种去除方式的特点是速度快、成型件表面较光滑，但价格比较高昂。

（2）外界环境造成的误差

成型件从成型系统取出后，由于周围环境温度、湿度等的变化，成型件会继续变形，造成误差。同时，由于在成型过程中成型件内部留有残余应力，也会使成型件在后续过程中发生变形。

（3）修补、打磨等造成的误差

成型件成型后，为了提高其表面质量，一般会对成型件表面较明显的小缺陷进行修补、打磨等。修补通常采用热熔塑料、乳胶和细粉料混合而成的腻子进行修补。打磨通常采用适当粒度的砂纸等对难去除支撑进行清理或对形状轮廓进行平整修改。修补、打磨等方式完全依赖手工操作，处理不当会影响成型件的尺寸和形状精度。

5.6 典型应用

FDM 技术已被广泛应用于汽车、机械、航空航天、家电、通信、电子、建筑、医学、玩具等产品的设计开发过程，如产品外观评估、方案选择、装配检查、功能测试、用户看样订货、塑料件开模前校验设计以及少量产品制造等，也应用于政府、大学及研究所等机构。用传统方法需几个星期、几个月才能制造的复杂产品原型，用 FDM 成型法无需使用任何刀具和模具，短时间便可完成。

1. 教育科研

一些大学已经将 3D 打印广泛应用于教学科研。例如一些本科及高职院校可以通过 3D 打印机培养学生硬件设计、软件开发、电路设计、设备维护、三维建模等方面的能力。老师们也可以通过 3D 打印机打印教具，比如分子模型、数字模型、生物样本、物理模型等。而中小学则可以通过 3D 打印机培养学生三维设计、三维思考能力并且提高动手能力，帮助学生将想法快速变为现实。有一些机器人大赛、方程式赛车等也用上了3D打印机打印零部件。图5-45所示为打印的分子模型。

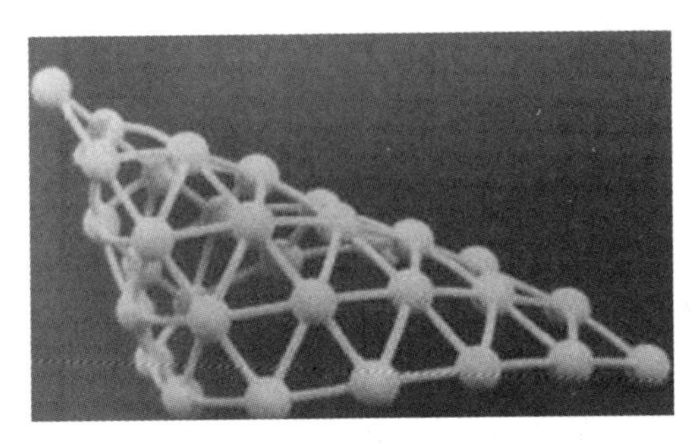

图5-45　FDM打印的分子模型

图5-46　汽车尾灯原型

2. 汽车领域

FDM主要的材料是工程材料，适合目前汽车行业塑料零部件使用，并趋向于选择各种新型的材料进行试制。目前大部分ABSi的用户为汽车行业设计者，它主要应用在制作汽车尾灯原型及其他需要让光线穿透的部件。图5-46所示为汽车尾灯原型。

丰田公司采用FDM工艺制作右侧镜支架和四个门把手的母模，使得2000年的Avalon车型的制造成本显著降低，右侧镜支架模具成本降低20万美元，四个门把手模具成本降低30万美元。

3. 电子电器领域

目前电子电器零部件在向不同的方向发展，要求做到小型、质轻、耐高温，特殊场合需要减少静电的发生，因此FDM技术广泛用于电子元器件的装配夹具和辅助工具、电子消费品和包装行业。图5-47所示为FDM制造的电子材料制品。

图5-47　FDM制造的电子材料制品

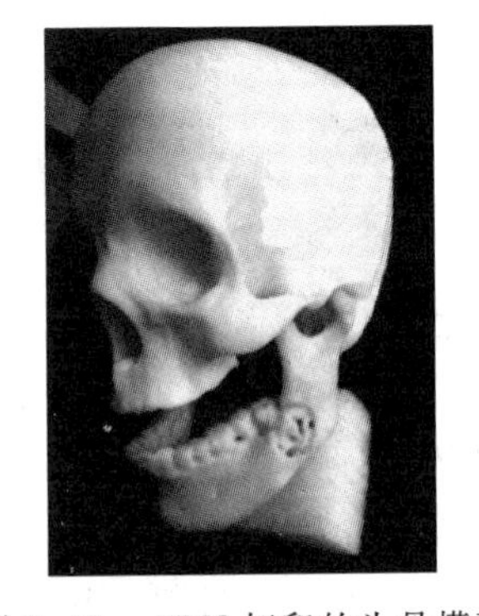

图5-48　FDM打印的头骨模型

4. 医疗领域

FDM技术中采用的聚乳酸，因其良好的生物材料的生物相容性、可降解性和材料自身的形状记忆功能，打印的心脏支架可有效克服金属支架需人工取出的缺陷。同时，FDM在骨科，如作为新型的骨科内固定材料（如骨钉、骨板）而被大量使用，其可被人体吸收代谢的特性使病人免受了二次开刀之苦。图5-48所示为FDM打印的头骨模型。

5. 建筑领域

传统的建筑模型采用外包加工手工制作而成，多采用各色卡纸、KT 板、航模木板、塑料棒、透明胶片等，手工制作工艺复杂、耗时较长、人工费用过高，只能作简单的外观展示，无法完全还原设计师的设计理念，更无法进行物理测试。Dimension SST1200es 3D 打印系统采用 ABSplus 材料通过熔融堆积的方式创建结构复杂的建筑模型，可百分之百还原设计师的创意，大大缩短设计周期，提高设计保密性，同时可降低建筑模型的制作成本。图 5-49 所示为 FDM 打印的建筑模型。

图 5-49　FDM 打印的建筑模型

6. 航空航天

美国弗吉尼亚大学工程师大卫·舍弗尔和工程系学生史蒂芬·伊丝特与乔纳森·图曼共同研制出一架利用 FDM 技术打印而成的无人飞机。这个飞机使用的原料是 ABSplus 材料，它的机翼宽 6.5 ft（约 1.98 m），由打印零件装配构成，该架 3D 打印的飞机模型可用于教学和测试。舍弗尔声称，五年前为了设计建造一个塑料涡轮风扇发动机需要两年时间，而且成本很高。但是使用 3D 技术，设计和建造这架 3D 飞机仅用 4 个月时间，成本大大降低。图 5-50 所示为 FDM 打印的无人机。

图 5-50　FDM 打印的无人机

7. 生活艺术

在人们的生活中，FDM 的工艺无处不在。图 5-51 所示的透明灯饰也是 FDM 工艺在生活中的应用实例。

艺术品是根据设计者的灵感构思设计加工出来的。随着计算机技术的发展，新一代的艺术家及设计师不需要整天埋头于工作间去亲手制造艺术作品，他们现在可以安坐于家中，用 CAD 软件创造出心目中的艺术品，然后再以 3D 打印技术把艺术品一次性打印出来，从而极大地简化艺术创作和制造过程，降低成本，更快地推出新作品。图 5-52 所示的模型是用 FDM 工艺制作的艺术品。

图 5-51　透明灯饰

图 5-52　FDM 打印的雕塑

思考与练习

1. 简述 FDM 的成型原理。
2. 简述 FDM 的优、缺点。
3. 简述 FDM 成型系统的组成。
4. FDM 对成型材料和支撑材料的性能要求有哪些?
5. FDM 成型质量的影响因素有哪些?
6. 简述 FDM 常用的后处理方法。

第6章 三维印刷成型工艺及材料

三维印刷成型（Three Dimensional Printing，3DP）工艺可分为三种：粉末粘结3DP工艺、喷墨光固化3DP工艺、粉末粘结与喷墨光固化复合3DP工艺。3DP工艺是以某种喷头作为成型源，其运动方式与喷墨打印机的打印头类似，相对于工作台台面做$X-Y$平面运动，所不同的是喷头喷出的不是传统喷墨打印机的墨水，而是粘结剂、熔融材料或光敏树脂等，基于离散/堆积原理的建造模式，实现三维实体的快速成型。本章以粉末粘结3DP工艺为例进行重点介绍。

6.1 概　述

1989年，美国麻省理工学院（MIT）的Emanual Sachs申请了3DP专利，该专利是非成型材料微滴喷射成型范畴的核心专利之一。1992年，Emanual Sachs等人利用平面打印机喷墨的原理成功喷射出具有粘性的溶液，再根据三维打印的思想以粉末为打印材料，最终获得三维实体模型。1993年，Emanual Sachs的团队开发出基于喷墨技术与3D打印成型工艺的3D打印机。

美国Z Corporation公司于1995年获得MIT的许可，自1997年以来陆续推出了一系列3DP打印机，后来该公司被3D Systems收购。图6-1为其中一款产品，主要以淀粉掺蜡或环氧树脂为粉末原料，将粘结溶液喷射到粉末层上，逐层粘结成型所需原型制件。

图6-1　Projet 660全彩3D打印机

3DP技术自出现以来，得到了国内外的广泛关注。在三维印刷成型零件的性能、打印材料、粘结剂和设备方面均有大量研究。Crau等人研究打印出粉浆浇注的氧化铝陶瓷模具，与传统烧制而成的陶瓷模具相比，三维印刷成型工艺打印出来的强度更高，耗时短，而且还可以控制粉浆的浇注速度。Lam等人以淀粉基聚合物为原料，用水作为粘结剂，打印出一个支架。Lee等人打印出三维石膏模具，其孔隙均匀，连通性好。Moon等人发现粘结剂的相对分子质量需小于15 000，以及粘结剂和材料对最后成型的模型参数的影响，使得三维打印模型的应用领域有了很大扩展。2000年，美国加州大学OrmeM等人所开发的设备样机可应用于印刷电路板、电子封装等半导体产业。同年，美国3D Systems公司研制出多个热喷头三维打印设备，该打印机的热塑性材料价格低廉，易于使用。

国内学者也很关注基于喷射技术的三维印刷成型工艺，并在有些研究方向取得一定的研究成果。中国科技大学自行研制的八喷头组合液滴喷射装置，有望在光电器件、材料科学以及微制造中得到应用。西安交通大学卢秉恒等人研制出一种基于压电喷射机理三维印刷成型机的喷头。清华大学颜永年等人以纳米磷灰石胶原复合材料和复合骨生长因子作为成型原料，采用液滴喷射成型的方式制造出多孔结构、非均质的细胞载体支架结构。谢永林等人研发的一款具有自主知识产权的热发泡喷头，打印宽度为102 mm，分辨率1 200 dpi（dpi为每英寸所打印的点数），最小墨滴4 pL①，号称“中国第一款工业级热发泡喷头”。除此之外，南京师范大学杨继全等人、淮海工学院杨建明等人在3DP成型工艺方面均有深入研究。

6.2 成型原理及工艺

6.2.1 成型原理

3DP工艺与SLS工艺类似，采用的成型原料也是粉末状，区别是3DP不是将材料熔融，而是通过喷射粘结剂将材料粘结起来，其工艺原理如图6-2所示。喷头在计算机控制下，按照截面轮廓的信息，在铺好的一层粉末材料上，有选择性地喷射粘结剂，使部分粉末粘结，形成截面层。一层完成后，工作台再下降一个层厚，铺粉，喷射粘结剂，进行下一层的粘结，如此循环形成产品原型。用粘结剂粘结的原型件强度较低，要置于加热炉中，作进一步的固化或烧结。

① $1\ \text{pL} = 10^{-15}\ \text{m}^3$。

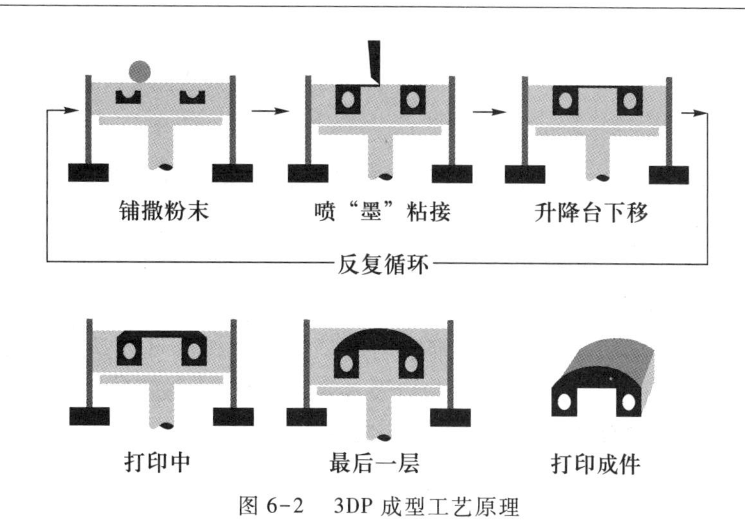

图 6-2 3DP 成型工艺原理

6.2.2 成型工艺

3DP 技术是一个多学科交叉的系统工程，涉及 CAD/CAM 技术、数据处理技术、材料技术、激光技术和计算机软件技术等。3DP 成型工艺过程包括模型设计、分层切片、数据准备、打印模型及后处理等步骤。在采用 3DP 设备制件前，必须对 CAD 模型进行数据处理，即从三维信息到二维信息的处理，这是非常重要的一个环节。成型件的质量高低与这一环节的方法及其精度有着非常紧密的关系。由 UG，Pro/ENGINEER 等 CAD 软件生成 CAD 模型，并输出 STL 文件，必要时需采用专用软件对 STL 文件进行检查并修正错误。但此时生成的 STL 文件还不能直接用于三维印刷，必须采用分层软件对其进行分层。层厚越大，精度越低，但成型时间越短；相反，层厚越小，精度越高，但成型时间越长。分层后得到的只是原型一定高度的外形轮廓，此时还必须对其内部进行填充，最终得到三维印刷数据文件。

3DP 具体工作过程如下：① 采集粉末原料；② 将粉末铺平到打印区域；③ 打印机喷头在模型横截面定位，喷粘结剂；④ 送粉活塞上升一层，实体模型下降一层以继续打印；⑤ 重复上述过程直至模型打印完毕；⑥ 去除多余粉末，固化模型，进行后处理操作。

在 3DP 成型工艺中，打印完成后的模型（即原型件）是完全埋在成型槽的粉末材料中的。一般需待模型在成型槽的粉末中保温一段时间后方可将其取出，如图 6-3 所示。在进行后处理操作时，操作人员要小心地把模型从成型槽中挖出来，用毛刷或气枪等工具将其表面的粉末清理干净。一般刚成型的模型很脆弱，在压力作用下会粉碎，所以需涂上一层蜡、乳胶或环氧树脂等固化渗透剂以提高其强度。

图 6-3 3DP 后处理

6.2.3　工艺特点

与传统制造技术比较，3DP 成型制造技术将固态粉末粘结生成三维实体零件的过程具有如下优点：

1）成本低，体积小。无需复杂、昂贵的激光系统，设备整体造价大大降低。喷射结构高度集成化，没有庞大的辅助设备，结构紧凑，适合办公室使用。

2）材料广泛。根据使用要求，三维印刷成型使用的材料可以是常用的高分子材料、陶瓷或金属材料，也可以是石膏粉、淀粉以及各种复合材料，还可以是梯度功能材料。

3）成型速度快。成型喷头一般具有多个喷嘴，喷射粘结剂的速度要比 SLS 或 SLA 单点逐线扫描快速得多，完成一个原型制件的成型时间有时只需半小时。

4）高度柔性。不受零件形状和结构的任何约束，且不需要支撑，未被喷射粘结剂的成型粉末起到支撑作用，因此尤其适合于做内腔复杂的原型制件。

5）成型过程无污染。成型过程中无大量热产生，无毒、无污染，环境友好。

6）可实现彩色打印。彩色 3DP 可以增强原型件的信息传递能力。

但是，3DP 成型制造技术在制造模型时也存在如下缺点：

1）精度和表面质量较差。受到粉末材料特性的约束，原型件精度和表面质量有待提高，可用于产品概念模型，不适合制作结构复杂和细节较多的薄型制件。

2）原型件强度低。由于粘结剂从喷头中喷出，粘结剂的粘结能力有限，原型的强度较低，零件易变形甚至出现裂纹，一般需要进行后处理。

3）原材料成本高。只能使用粉末材料，由于制造相关粉末材料的技术比较复杂，致使原材料（粉末、粘结剂）价格高昂。

6.3　成型系统

3DP 成型系统主要由喷墨系统、*XYZ* 运动系统、成型工作缸、供料工作缸、铺粉装置和余料回收系统等结构组成，如图 6-4 所示。

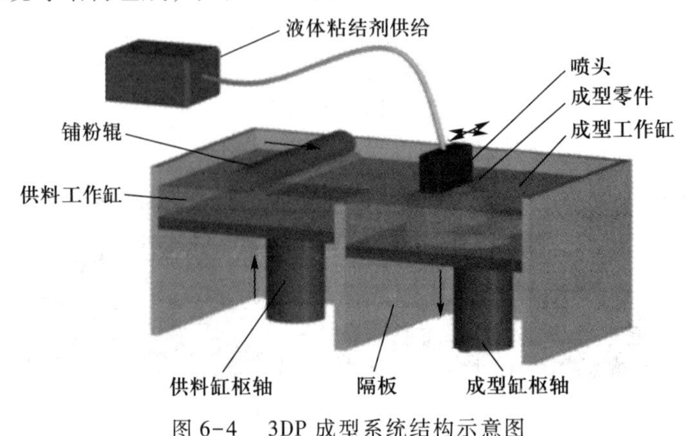

图 6-4　3DP 成型系统结构示意图

6.3.1 喷墨系统

3DP 工艺喷墨系统采用与喷墨打印机类似的技术，但喷头喷射出的不是普通墨水，而是一种粘结剂。喷头将这些粘结材料按层状打印数据喷射出来，将粉末粘结形成一个截面，并与已生成的截面粘结在一起，最后堆积成一个完整的原型。

3DP 工艺的喷射技术可分为连续式（Continuous Ink Jet，CIJ）和按需滴落式（Drop-on-demandink Jet，DOD）两大类，其中按需滴落喷射又可分为压电式、热发泡式、静电和超声波等，如图 6-5 所示。液滴喷射的发展历史可追溯至 1878 年，Lord Rayleigth 最先提出将水柱变成液滴（droplet）的概念。Elmgvist（1951 年）发明了第一套商业用途的喷墨喷射记录器（Inkjet Chart Recorder）。从 20 世纪 70 年代初始，IBM（1977 年）推出连续式喷墨打印机，Zoltan 等（1974 年）则发明了按需滴落式喷射技术，Canon 公司的 Endo 和 Hara（1979 年）发明了发泡式喷射技术（Bubble Jet），HP 公司的 John Vaught（1984 年）亦独立研发出类似技术，称之为热喷射（Thermal Jet）。

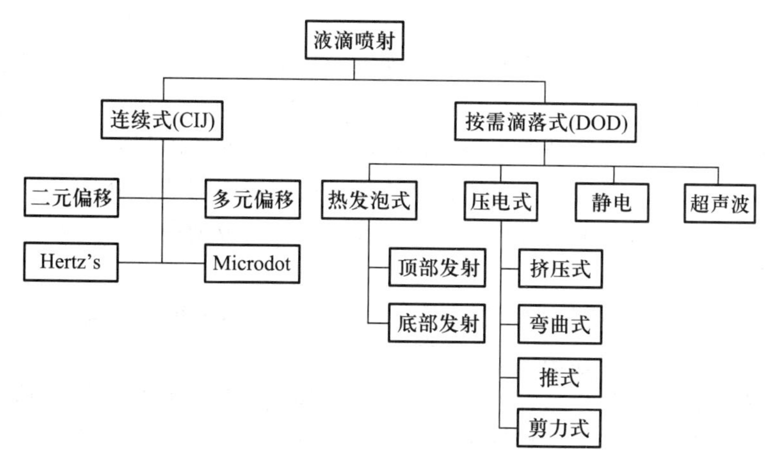

图 6-5 液滴喷射分类

1. 连续式喷射技术

在连续液滴喷射模式中，液滴发生器中的振荡器发出振动信号，产生的扰动使射流断裂并生成均匀的液滴；液滴在极化电场获得定量的电荷，当通过外加偏转电场时，液滴落下的轨迹被精确控制，液滴沉积在预定位置。而不带电的液滴将积于集液槽内回收。连续式喷射原理图如图 6-6 所示。

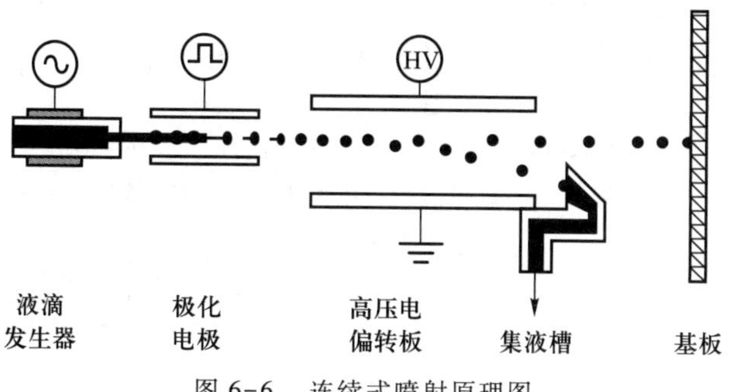

图 6-6 连续式喷射原理图

2. 按需滴落式喷射技术

按需滴落式喷射模式是根据需要有选择地喷射液滴，即根据系统控制信号，在需要产生喷射液滴时，系统给驱动装置一个激励信号，喷射装置产生相应的压力或位移变化，从而产生所需要的液滴。按需滴落式喷射技术的优点是液滴产生时间精确可控制，不需要液滴回收装置，液滴的利用率高。按需滴落式喷射原理图如图 6-7 所示。目前，在三维打印成型中，主要是采用按需滴落式喷射技术。

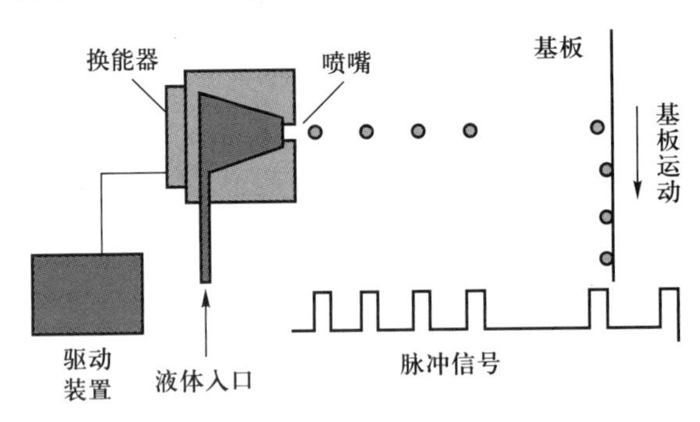

图 6-7 按需滴落式喷射原理图

常用的按需滴落式喷射技术主要有热发泡式和压电式两种。图 6-8a 为热发泡式喷射原理图，热发泡式喷射技术是将喷头内的加热元件瞬时加热，喷头内液体迅速汽化并形成气泡，气泡膨胀同时将液体从喷嘴中挤出形成液柱，加热元件冷却后热气泡缩小又将液柱拉回喷嘴，液柱前端由于惯性继续下落，从而造成液柱前端与液柱分离而形成液滴。由于液滴的喷出依赖于液滴温度升高并产生气泡，在三维打印成型中，加热无疑会对喷射的液体性质带来影响。

图 6-8b 所示为压电式喷射原理图。压电式喷射技术是利用压电陶瓷的压电效应，当压电陶瓷的两个电极加上电压后，振子发生弯曲变形，对腔体内的液体产生一个压力，这个压力以声波的形式在液体中传播。在喷头处，如果这个压力可以克服液体的表面张力，其能量足以形成液滴的表面能，则在喷头处的液体就可以脱离喷头而形成液滴。根据压电元件和液体腔的形状结构不同，压电式按需滴落喷头有四种结构形式，即挤压式、弯曲式、剪力式和推式，如图 6-9 所示。其中，弯曲式压电喷头较为常用。

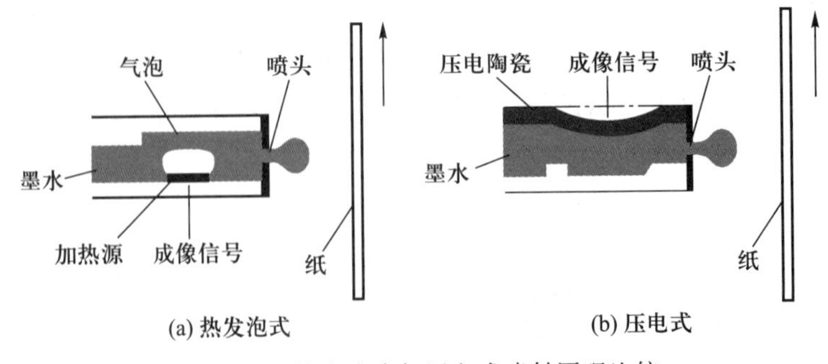

图 6-8 热发泡式与压电式喷射原理比较

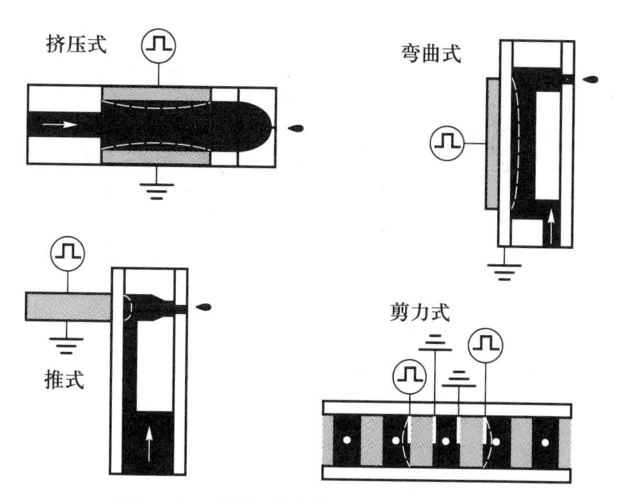

图 6-9 压电式喷射的四种结构形式

连续式和按需滴落式喷射技术两者之间性能差异见表 6-1。

表 6-1 常用喷射技术性能比较

喷射类型 / 喷射性能	连续式喷射技术	按需滴落式喷射技术	
		热发泡式	压电式
粘度/（10^6 Pa·s）	1~10	1~3	5~30
最大液滴直径/mm	~0.1	~0.035	~0.03
表面张力/（10^{-5} N/cm）	>40	>35	>32
Re 数	80~200	58~350	2.5~120
We 数	87.6~1 000	12~100	2.7~373
速度/（m/s）	8~20	5~10	2.5~20

在 3DP 领域研究中，一般都采用热发泡式喷头喷射成型材料或者粘结材料，通过加热产生热气泡的方式喷射液滴。这种方式不可避免地对喷射的材料性质产生影响，特别是对 3DP 在生物、制药等新兴领域的应用约束较大。由此，在 3DP 中采用压电式喷嘴喷射产生液滴可避免喷射时的加热问题，基于压电式喷墨打印机开发了新型的三维打印快速成型系统，降低了设备费用。采用压电式的喷头（由多个阵列喷嘴组成的微喷装置）越来越多地得以应用，如 Objet 公司开发的微喷光固化 3DP 工艺及 Eden 系列、Connex 系列设备所使用的 Spectra 等喷头即为压电式。

6.3.2 *X-Y-Z* 运动系统

X-Y-Z 运动是 3DP 工艺进行三维制件的基本条件。图 6-10 所示的 3DP 系统结构示意图中，*X*、*Y* 轴组成平面扫描运动框架，由伺服电动机驱动控制喷头的扫描运动；伺服电动机驱动控制工作台做垂直于 *X-Y* 平面的运动。扫描机构几乎不受载荷，但运动速度较快，具有运动的惯性，因此应具有良好的随动性。*Z* 轴应具备一定的承载能力和运动平稳性。

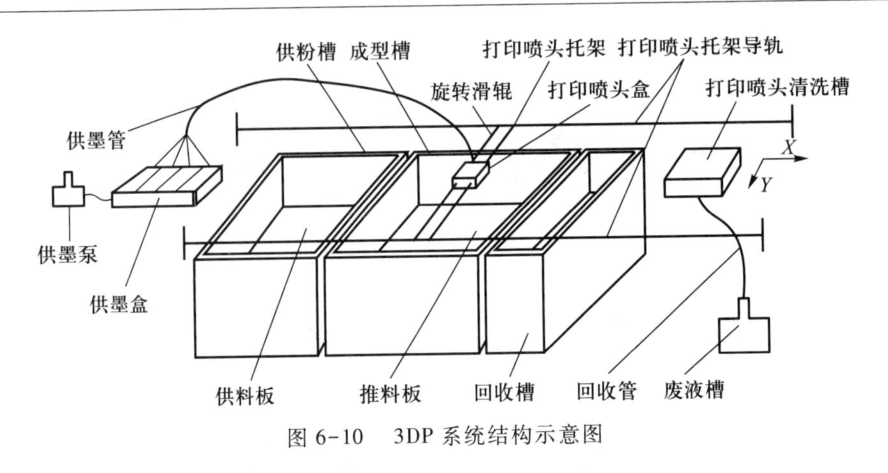

图6-10　3DP系统结构示意图

6.3.3　其他部件

1）成型工作缸。在缸中完成零件加工，工作缸每次下降的距离即为层厚。零件加工完后，缸升起，以便取出制作好的工件，并为下一次加工做准备。工作缸的升降由伺服电动机通过滚珠丝杠驱动。

2）供料工作缸。提供成型与支撑粉末材料。

3）余料回收袋。安装在成型机壳内，回收铺粉时多余的粉末材料。

4）铺粉辊装置。包括铺粉辊及其驱动系统。其作用是把粉末材料均匀地铺平在工作缸上，并在铺粉的同时把粉料压实。

6.4　成型材料

3DP成型材料来源广泛，包括金属粉末、陶瓷粉末、塑料粉末和干细胞溶液等，也可以是石膏、砂子等无机材料以及复合材料。粘结剂液体有单色和彩色之分，可以像彩色喷墨打印机打印出全彩色产品，用于打印彩色实物、模型、立体人像、玩具等，尤其是塑料粉末打印物品具有良好的力学性能和外观。将来成型材料应该向各个领域的材料发展，不仅可以打印粉末塑料类材料，也可以打印食物类材料。

6.4.1　粉末材料

3DP成型工艺对于粉末材料的要求如下：

1）打印材料粉末的颗粒形貌尽量接近球形或圆柱形，且粒径大小需适中。

球形或圆柱形颗粒的移动能力较强，便于粉末的铺展，同时球或圆柱更有利于粘结剂在粉末间隙流动，提高粘结剂的渗透速度。此外，粉末粒度对3D打印效果的影响也较为明显，粉末粒径太大，流动性虽好，但会影响产品的外观，且会降低粉末的比表面积，从而使可施胶面积下降，影响粘结强度。粉末粒径太小，流动性就差，粘结剂渗透难度增加，渗透时间延长，打印效率下降，但所得制件的质量和塑性较好。一般 3DP 成型工艺所用粉末的粉末粒度在 50~125 μm 的范围内。工程上粉体的等级及相应的粒度范围见表 6-2。

表 6-2 工程上粉体的等级及相应的粒度范围

粉体等级	粒度范围
粒体	大于 10 mm
粉粒	10 mm~100 μm
粉末	100~1 μm
细粉末或微粉末	1 μm~10 nm
超微粉末（纳米粉末）	小于 1 nm

2）粘结剂必须和打印材料粉末具有很好的界面相容性和渗透性。

3DP 中大多使用聚合物树脂作为粘结剂，其与强极性的金属、陶瓷及无机材料等粉末的极性差别较大，因此两者界面相容性较差，粘结效果差。因此这些材料粉末在使用前常常会以偶联剂或表面活性剂对其进行表面处理，以降低表面极性，同时也会尽量选择环氧等极性较强，与金属、陶瓷及无机材料等界面相容性和渗透性较好的树脂作为粘结剂。此外，为了实现粘结剂的快速渗透和润湿，粘结剂的流动性能也非常重要，可以选择一些可以通过光照、加热或溶剂挥发实现固化反应的预聚体或相对分子质量较小的树脂作为粘结剂，以减小粘结剂的粘度，提高其流动性能。然后通过光、热或溶剂挥发的方式，实现树脂的交联，提高粘结剂的粘连效果。

1. 石膏粉末材料

石膏粉末是 3DP 成型工艺应用较早、较为成熟的粉末之一，它具有价格低廉、环保安全、成型精度高等优点，并在生物医学、食品加工、工艺品等行业有较为广泛的应用。

石膏为长块状或不规则形纤维状的结晶集合体，大小不一，全体白色至灰白色。大块的石膏上、下两面平坦，无光泽及纹理，体重质松，易分成小块。石膏的纵断面具纤维状纹理，并有绢丝样光泽，无嗅，味淡。石膏以块大色白、质松、纤维状、无杂石者为佳。石膏烧之，火焰为淡红黄色，能熔成白色瓷状的碱性小球，烧至 120 ℃时失去部分结晶水即成白色粉末状或块状的嫩石膏。石膏粉有时因含杂质而成灰、浅黄、浅褐等色。石膏的化学本质是硫酸钙，通常所说的石膏是指生石膏，化学本质是二水硫酸钙（$CaSO_4 \cdot 2H_2O$）。当其在干燥条件下 128 ℃时会失去部分结晶水变为自半水石膏，其化学本质是自半水硫酸钙（自 $CaSO_4 \cdot 1/2H_2O$）。如果其在饱和蒸汽压下时会失去部分结晶水变为 α 型半水石膏，其化学本质是 α 型半水硫酸钙（$\alpha CaSO_4 \cdot 1/2H_2O$）。这两个半水石膏化学式相同，但结构不同。它们继续脱去结晶水形成无水石膏，化学本质是无水硫酸钙（$CaSO_4$）。

石膏的一些性质见表 6-3。

表 6-3 石膏的主要性质

石膏的性能	参数
莫氏硬度	1.5~2
相对密度	2.3 g/cm^3
单斜晶体莫氏硬度	2
斜方晶体莫氏硬度	3~3.5
硬化后膨胀率	1%

石膏的粒径在 100 μm 左右，具有六方晶系，相比于立方晶系的材料，接近圆柱的石膏更易于粘结剂的快速渗透。

石膏的微膨胀性使得石膏制品表面光滑饱满，颜色洁白，质地细腻，具有良好的装饰性和加工性，是用来制作雕塑的绝佳材料。相对其他诸多3D打印材料而言，石膏材料有着许多优势：

1）精细的颗粒粉末，颗粒直径易于调整。

2）价格相对低，性价比高。

3）安全环保，无毒无害。

4）模型表面有一定的颗粒感和视觉效果，满足艺术创作需要。

5）材料本身为白色，打印模型可实现彩色。

6）是唯一支持全彩色打印的材料，可用于建筑模型展示。

2. 陶瓷粉末材料

陶瓷材料由于其硬度、强度高和脆性大的特点，在航空航天、电子产品、医学等领域应用较广。其传统成型方式一般是通过模具挤压，整个过程成本高、周期长，但采用3DP成型工艺来打印陶瓷制品，省去了制模过程，可以大大降低成本、扩大生产效率。但是，有研究表明，此法制备陶瓷制件精度相对较差。

陶瓷制品是以天然粘土以及各种天然矿物为主要原料，经过粉碎混炼、成型和煅烧制得的。陶瓷材料可以分为普通陶瓷材料和特种陶瓷材料。普通陶瓷材料采用天然原料，如长石、粘土和石英等烧结而成，是典型的硅酸盐材料，主要组成元素是硅、铝、氧元素。普通陶瓷来源丰富、成本低、工艺成熟。

特种陶瓷按性能特征和用途又可分为日用陶瓷、建筑陶瓷、电绝缘陶瓷、化工陶瓷等。特种陶瓷材料采用高纯度人工合成的原料，利用精密控制工艺成型烧结制成，一般具有某些特殊性能，以适应各种需要。根据其主要成分划分，有氧化物陶瓷、氮化物陶瓷、碳化物陶瓷、金属陶瓷等。特种陶瓷具有特殊的力学、光、声、电、磁、热等性能。根据用途不同，特种陶瓷材料可分为结构陶瓷、工具陶瓷、功能陶瓷。3D打印制品属于特种陶瓷的范畴。

陶瓷材料的强度由其化学键所决定，在室温下几乎不能滑动或错位移动，因而很难产生塑性形变，所以其破坏方式为脆性断裂。陶瓷材料的室温强度是弹性变形抗力即当弹性变形达到极限程度而发生断裂时的应力。强度与弹性模量和硬度一样，是材料本身的物理参数，它决定于材料的成分、组织、结构，同时也随外界条件（如温度、应力状态等）

的变化而变化。由于陶瓷材料的脆性，在绝大多数情况下都是测定其弯曲强度，而很少测定拉伸强度。

陶瓷材料在常温下基本不出现或极少出现塑性变形，脆性比较大，这是影响陶瓷材料工程应用的主要障碍。

陶瓷材料具有化学稳定性好、高强度、高硬度、低密度、耐高温、耐腐蚀等很多优异特性，可以使用在航空航天、汽车、生物等行业。陶瓷材料主要有以下优点：

1）陶瓷材料是工程材料中刚度最好、硬度最高的，其硬度大多在 1 500 HV 以上。

2）陶瓷的抗压强度较高，但抗拉强度较低，塑性和韧性很差。

3）陶瓷材料一般具有很高的熔点（大多是在 2 000 ℃以上），并且能够在高温下呈现出极好的化学稳定性。

4）陶瓷是良好的隔热材料，导热性低于金属材料，同时陶瓷的线胀系数比金属低，当温度发生变化时，陶瓷具有良好的尺寸稳定性。

5）陶瓷材料在高温下不容易氧化，并对酸、碱、盐具有良好的抗腐蚀能力。

6）陶瓷材料还有其独特的光学性能，可用作光导纤维材料、固体激光器材料、光储存器等。透明陶瓷可用于高压钠灯管等。

7）磁性陶瓷（铁氧体，如 $MgFe_2O_4$、$CuFe_2O_4$、Fe_3O_4）在录音磁带、唱片、变压器铁心、大型计算机记忆元件方面有着广泛的应用。

3. 金属粉末材料

金属材料的 3DP 成型工艺近年来逐渐成为整个 3D 打印行业内的研究重点，尤其在航空航天、国防等一些重大领域。与 SLS、SLM 方法相比，3DP 设备成本低和能耗低的优势便体现出来。目前，3DP 成型工艺采用较多的金属材料及其应用领域见表 6-4。

表 6-4 3DP 成型工艺常用的金属材料及其应用领域

类型	牌号举例	应用领域
铁基合金	316L、GP1（17-4PH）、PH1（15-5PH）、18Ni300（MS1）	模具、刀具、管件、航空结构件
钛合金	CPTi、Ti6Al4V、Ti6242、TA15、TC11	航空航天
镍基合金	IN625、IN718、IN738LC	密封件、炉辊
铝合金	AlSi10Mg、AlSi12、6061、7050、7075	飞机零部件、卫星

4. 彩色砂岩粉末材料

砂岩是一种沉积岩，主要由砂粒胶结而成，其中砂粒含量大于 50%。绝大部分砂岩是由石英或长石组成的，石英和长石是组成地壳最常见的成分。砂岩的颜色和成分有关，可以是任何颜色，最常见的是棕色、黄色、红色、灰色和白色。

彩色砂岩用作建筑材料时，在切割过程中会产生很多的废弃物，即颗粒很细的彩色砂岩粉末，已经成为环境问题之一。彩色砂岩粉末用作 3DP 成型工艺材料，将有助于环保和节约资源。

3D 打印彩色砂岩材料使得打印出的原型表面更加明亮，增加打印对象的表现力，相机拍摄效果更好，好似大理石质感。这种极具光泽的表面，可以增强色彩的表现力，对于深色调的效果尤为明显。它会使黑色看起来更黑，使午夜蓝看上去更蓝、红色更加充满活力。

但是，彩色砂岩作为3D打印材料，虽然色彩感较强，却有很大的局限性，其材质较脆，基本上一摔即碎，不利于长期保存，这是需要尽快解决的问题。

除了石膏、陶瓷、金属、彩色砂岩等粉末材料外，复合材料和新材料也逐渐成为3DP成型工艺研究和应用的热点，如羟基磷灰石/双GMA复合材料、钛/羟基磷灰石复合体及功能梯度材料、石墨烯等。

6.4.2 粘结剂

3DP成型工艺所使用的粘结剂总体上大致分为液体和固体两类，而目前液体粘结剂应用较为广泛。液体粘结剂又分为以下几个类型：一是自身具有粘结作用的，如UV固化胶；二是本身不具备粘结作用，而是用来触发粉末之间的粘结反应的，如去离子水等；三是本身与粉末之间会发生反应而达到粘结成型作用的，如用于氧化铝粉末的酸性硫酸钙粘结剂。

此外，为了满足最终打印产品的各种性能要求，针对不同的粘结剂类型，常常需要在其中添加促凝剂、增流剂、保湿剂、润滑剂、pH调节剂等多种发挥不同作用的添加剂。目前，常用的粘结剂情况如表6-5所示。

表6-5 3DP成型工艺常用粘结剂

<table>
<tr><th colspan="2">粘结剂</th><th>添加剂</th><th>应用粉末类型</th></tr>
<tr><td rowspan="3">液体粘结剂</td><td>不具备粘结作用，如去离子水</td><td rowspan="3">甲醇、乙醇、聚乙二醇、丙三醇、柠檬酸、硫酸铝钾、异丙醇等</td><td>淀粉、石膏粉末</td></tr>
<tr><td>具有粘结作用，如UV胶</td><td>陶瓷粉末、金属粉末、砂粉、复合材料粉末</td></tr>
<tr><td>与粉末反应，如酸性硫酸钙</td><td>陶瓷粉末、复合材料粉末</td></tr>
<tr><td>固体粉末粘结剂</td><td>聚乙烯醇（PVA）粉、糊精粉末、速溶泡花碱等</td><td>柠檬酸、聚丙烯酸钠、聚乙烯吡咯烷酮（PVP）</td><td>陶瓷粉末、金属粉末、复合材料粉末</td></tr>
</table>

由于不同的打印粉末材料所适用的粘结剂类型不尽相同，这使得3DP成型工艺对粘结剂的要求也越来越高，因而要求人们对原有的粘结剂性能进行改善并不断开发出新型粘结剂。

6.5 成型影响因素

为了提高3DP成型系统的成型精度和速度，保证成型的可靠性，需要对系统的工艺参数进行整体优化。这些参数包括喷头到粉层的距离、粉末层厚、喷射和扫描速度、辊轮运动参数、每层成型时间等。

1. 喷头到粉层的距离

此数值直接决定打印的成败，若距离过大则胶水液滴易飞散，无法准确到达分层相应位置，降低打印精度；若距离过小则冲击分层力度过大，使粉末飞溅，容易堵塞喷头，直接导致打印失败，而且影响喷头使用寿命。一般情况下，该距离为 1~2 mm 时效果较好。

2. 粉末层厚

粉末层厚即工作平面下降一层的高度，在工作台上铺粉的厚度应等于层厚。当表面精度或产品强度要求较高时，粉末层厚应取较小值。在三维印刷成型中，粘结剂与粉末空隙体积之比，即饱和度，对打印产品的力学性能影响很大。饱和度的增加在一定范围内可以明显提高制件的密度和强度，但是饱和度大到超过合理范围时打印过程变形量会增加，高于所能承受范围，使层面产生翘曲变形，甚至无法成型。饱和度与粉末厚度成反比，粉末厚度越小，层与层粘结强度越高，产品强度越高，但是会导致打印效率下降，成型的总时间成倍增加。根据粉末材料特点，层厚为 0.08~0.2 mm 时效果较好，一般小型模型层厚取 0.1 mm，大型模型层厚取 0.16 mm。此外，由于是在工作平面上开始成型，在成型前几层时粉末层厚可取稍大一点，便于成型件的取出。

3. 喷射和扫描速度

喷头的喷射模式和扫描速度直接影响制件成型的精度和强度，低的喷射速度和扫描速度可提高成型的精度，但是会增加成型时间。喷射和扫描速度应根据制件精度、制件表面质量、成型时间和层厚等因素综合考虑。

4. 辊轮运动参数

铺覆均匀的粉末在辊轮的作用下流动。粉末在受到辊轮的推动时，粉末层受到剪切力的作用而相对滑动，一部分粉末在辊轮的推动下继续向前运动，另一部分在辊轮底部受压变为密度较高、平整的粉末层。粉末层的密度和平整效果除了与粉末本身的性能有关外，还与辊轮表面质量、辊轮转动方向，以及辊轮半径 R、转动角速度 ω、平动速度 v 有关。经过理论分析和实验验证可知：

1）辊轮表面质量。辊轮表面与粉末的摩擦系数越小，粉末流动性越好，已铺平的粉末层越平整，密度越高；辊轮表面还要求耐磨损、耐腐蚀和防锈蚀。采用铝质空心辊筒表面喷涂聚四氟乙烯的方法，可以很好地满足上述要求。

2）辊轮转动方向。辊轮的转动有两种方式，即顺转和逆转。逆转方式是辊轮从铺覆好的粉末层切入，从堆积粉末中切出，顺转则与之相反。辊轮采用逆转的方式有利于粉末中的空气从松散粉末中排出，而顺转则使空气从已铺平的粉末层中排出，造成其平整度和致密度的破坏。

3）辊轮半径 R、转动角速度 ω、平动速度 v。辊轮的运动对粉末层产生两个作用力，一个是垂直于粉末层的法向力 P_n，另一个是与粉末层摩擦产生的水平方向力 P_t。辊轮半径 R、转动角速度 ω、平动速度 v 是辊轮外表面运动轨迹方程的参数，它们对粉末层密度和致密度有着重要的影响，一般情况下，辊轮半径 $R=10$ mm，转动角速度 ω、平动速度 v 可根据粉末状态进行调整。

5. 每层成型时间

系统打印一层至下一层打印开始前各步骤所需时间之和就是每层成型时间。每层任何环节需要时间的增加都会直接导致成倍增加产品整体的成型时间，所以缩短整体成型时间必须有效地控制每层成型时间，控制打印各环节。减少喷射和扫描时间需要提高喷射和扫描速度，但这样会使喷头运动开始和停止瞬间产生较大惯性，引起粘结剂喷射位置误差，影响成型精度。由于提高喷射和扫描速度会影响成型的精度，且喷射和扫描时间只占每层成型时间的1/3左右，而铺粉时间和辊轮压平粉末时间之和约占每层成型时间的一半，缩短每层成型时间可以通过提高铺粉速度实现。然而过高的辊轮平动速度不利于产生平整的粉末层面，而且会使有微小翘曲的截面整体移动，甚至使已成型的截面层整体破坏，因此通过提高辊轮的移动速度来减少铺粉时间存在很大的限制。综合上述因素，每层成型速度的提高需要加大辊轮的运动速度，并有效提高粉末铺撒的均匀性和系统回零等辅助运动速度。

其他，如环境温度、清洁喷头间隔时间等，也会影响每层成型时间。环境温度对液滴喷射和粉末的粘结固化都会产生影响。温度降低会延长固化时间，导致变形增加，一般环境温度控制在10~40 ℃是较为适宜的。清洁喷头间隔时间根据粉末性能有所区别，一般喷射20层后需要清洁一次，以减少喷头堵塞的可能性。

3DP制件成型精度由两方面决定：一是喷射粘结制作原型的精度，受到上述因素的不同程度影响，二是原型件经过后处理的精度。后处理时模型产生的收缩和变形，甚至微裂纹均会影响最后制件的精度。同时，粉末的粒度和喷射液滴的大小也会影响制件的表面质量。

6.6 典型应用

三维印刷成型工艺具有设备成本相对低廉、运行费用低、成型速度快、可利用材料范围广、成型过程无污染等优点，是最具发展前景的快速成型技术之一。凭借这些优势，三维印刷成型工艺也被应用到越来越多的领域之中，下面对三维印刷成型工艺的主要应用予以介绍。

1. 原型制造

原型制造是目前三维印刷成型工艺最主要的应用领域，利用该技术可以快速地制造出产品的概念模型，直观地展现产品的雏形，方便设计者直接体验产品的外形、大小、装配、功能以及人机工程学设计，发现并改正存在的错误，改善产品设计。利用三维打印成型技术可以制作逼真的彩色模型，非常适用于医学模型、建筑模型等。彩色模型还可以用来直观地表达有限元仿真结果，如三维应力分布、温度场等，如图6-11所示。

2. 模具制造

三维印刷成型工艺可以用来制造模具，包括直接制造砂模、熔模以及模具母模。采用传统方式制造模具，需要事先人工制模，而这个过程耗时占到整个模具制作周期的70%。采用三维印刷成型工艺，可避免此复杂程序，制造出形状复杂、高精度的模具。图6-12

展示了采用三维印刷成型工艺制造出来的模具。美国 Pro Metal 公司通过喷射树脂粘结剂粘结型砂粉末材料，即可制作出精确而均匀的模具及型芯。Z Corpration 公司采用纤维素等材料成型后，通过渗蜡制成熔模铸造的蜡型；采用型砂、石膏等材料成型，制作出用于金属零件铸造的模具。

(a) 机械产品模型

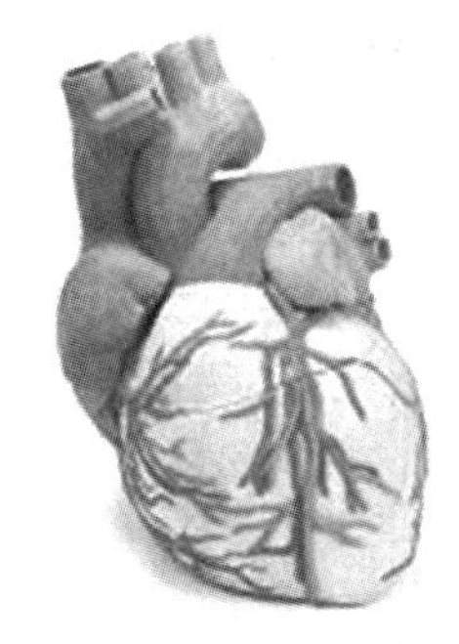
(b) 医学模型

(c) 建筑模型

图 6-11 日常用品 3DP 成型模型

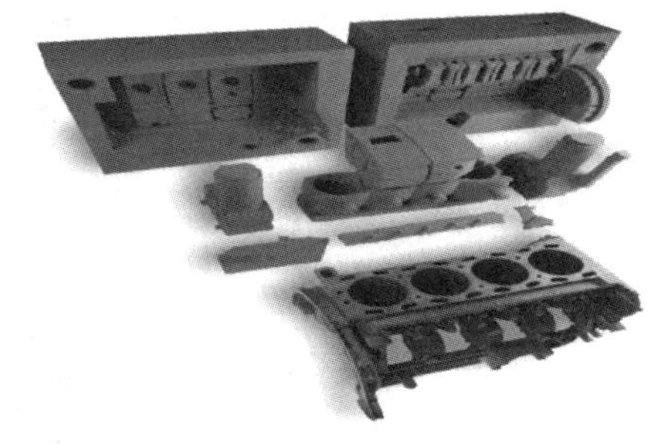

图 6-12 采用 3DP 工艺制作的模具及金属零件

3. 功能部件制造

直接制造功能部件是三维印刷成型工艺发展的一个重要方向。通过 3DP 制造出来的功能部件，可以尽早地对产品设计进行测验、检查和评估，缩短产品设计反馈的周期，提高产品开发的成功率，大大降低产品的开发时间和开发成本。美国 Pro Metal 公司采用三维印刷成型工艺，可以直接成型金属零件。采用粘结剂将金属材料粘结成型，成型制件经过烧结后，形成具有很多微小孔隙的零件，然后对其渗入低熔点金属，就可以得到强度和尺寸精度满足要求的功能部件。图 6-13a 是 Pro Metal 公司采用此方法

(a)

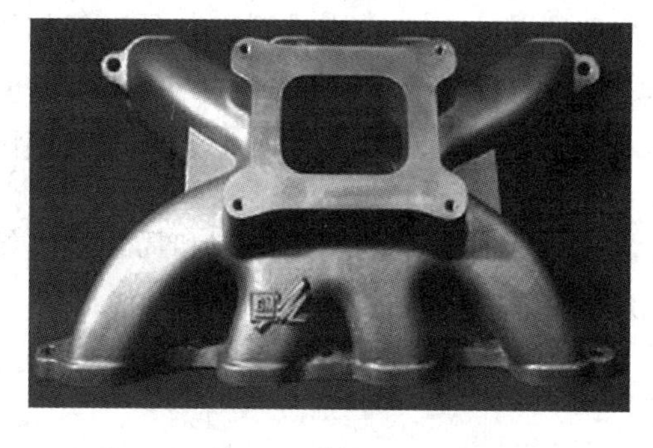
(b)

图 6-13 采用 3DP 工艺制作的金属功能部件

直接制造出来的工艺品。三维印刷成型工艺也可以像 SLS 技术一样制作金属制件，图 6-13b 是经过该工艺制作的金属制件。另外，采用类似的工艺可制造陶瓷材料功能部件，如采用 Ti_3SiC_2。

4. 生物医学工程

生命体中的细胞载体框架是一种特殊的结构，从制造的角度来讲，它是由纳米级材料构成的极其复杂、非均质多孔结构。这种结构用传统制造技术是无法实现的，但是利用 3DP 成型工艺，在计算机的管理与控制下，运用离散/堆积成型原理，却能较容易地制造出这种复杂精细的非均质多孔结构。在生物活性材料的成型过程中，因其他 3D 打印技术要利用激光烧结或加热，会影响材料的生物活性，因此 3DP 成型工艺是目前进行具有生物活性的人工器官快速制造的唯一可行工艺。典型的细胞载体应用示意图如 6-14 所示。另外，通过 CT 等手段获取病人器官数据，然后利用三维打印成型技术可以快速而准确地制作出病人器官模型，外科医生可以根据模型进行手术规划和模拟，也可以在体外对植入物进行匹配，减轻病人的痛苦。

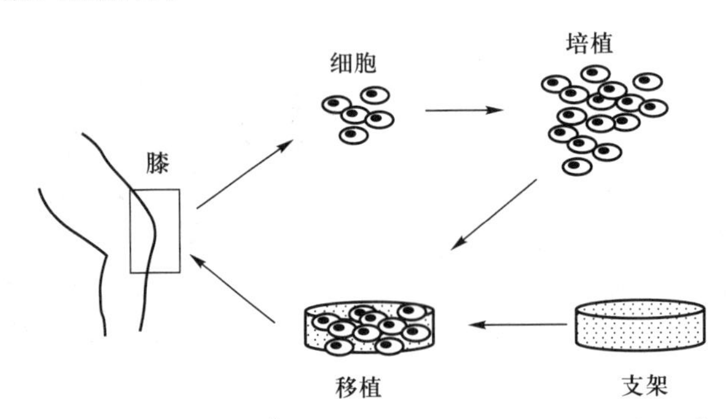

图 6-14 生物医学工程与 3DP 成型工艺结合制造支架示意图

5. 制药工程

传统的口服药物主要是通过粉末压片和湿法造粒制片两种方法来制造。这些药物经口服后，要么会迅速遭到分解，难以有效进入血液；要么在血液中的浓度会在短时间内过高，且只有少量药物能到达需治疗区域，致使药物浪费和毒副作用大。制造可控释放药物，通过适当方法，控制药物释放的时间、位置和速度，改善药物在体内的释放、吸收、代谢和排泄的过程，以达到维持药物在体内所希望的治疗浓度和减少药物不良反应的目的，已成为当前药剂学研究热点之一。如图 6-15 所示，药物随着时间改变分阶段释放药效。三维印刷成型工艺可以根据需要，在不同的位置成型不同的材料，即可以用于制作功能梯度材料（Functionally Graded Material，FGM）。缓释药物具有复杂内部孔穴和薄壁，可以使药物维持在合适的治疗浓度，提高治疗效果。三维印刷成型工艺因其具有加工的高度灵活性、可打印材料的多样性和成型过程的精确可控性，可以很容易实现多种材料的精确成型和局部微细结构的精确成型。图 6-16 为梯度控释给药系统建模图。

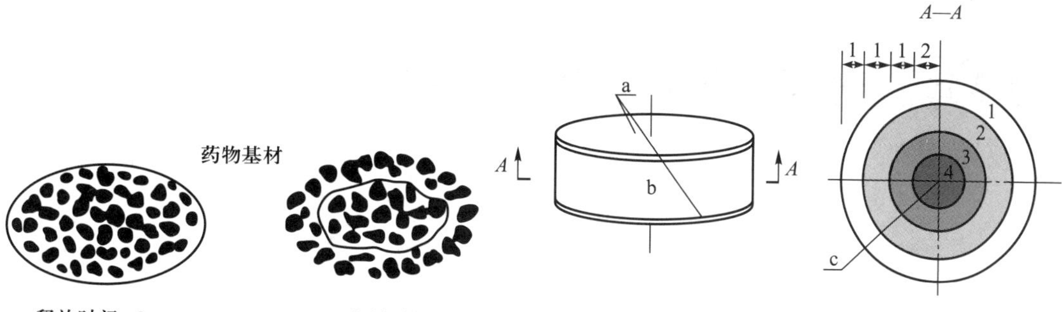

图 6-15　3DP 成型药物缓释过程示意图

图 6-16　梯度控释给药系统建模图

6. 微型机电制造

微型机电是指集微型机构、微型传感器、微型执行器以及信号处理和控制电路，甚至外围接口通信电路和电源于一体的微型器件或系统。其主要特征是体积小、重量轻、能耗低、性能稳定和技术含量高。目前，微型机电制造的方法有光刻、光刻电铸、精密机械加工、精密放电加工、激光微加工等。这些制造方法要么适合平面加工，难以加工三维复杂结构；要么工艺步骤复杂、设备投资大、成本高昂。若将需要成型的材料制成可喷射的悬浮液，利用 3DP 成型工艺就能较容易地成型出复杂三维结构的微器件。另外，3DP 成型工艺的多喷头结构可以实现同时打印多种成型材料，因此制造出无需装配的具有多种材料、复杂形状的微型机电器件必将指日可待，如图 6-17 所示的管道接头。

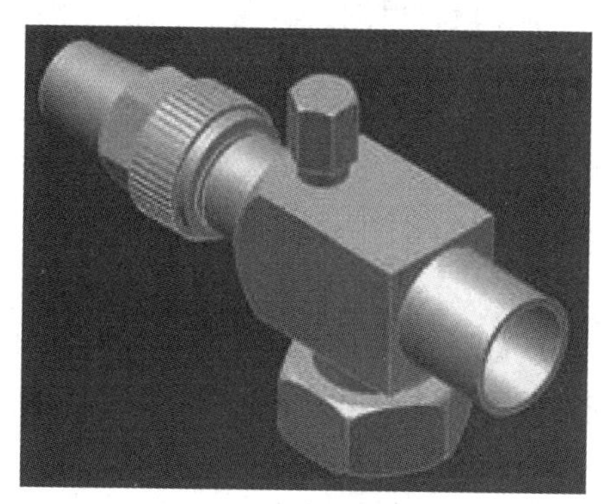

图 6-17　管道接头

思考与练习

1. 简述三维印刷成型工艺的原理。

2. 简述三维印刷成型工艺过程及其特点。

3. 简述三维印刷成型系统的构成及其各部分特点。

4. 三维印刷成型工艺所用材料有哪些？通过查阅有关文献资料，了解三维印刷成型工艺所涉及材料的特点及应用。

5. 试述三维印刷成型工艺的典型应用，试举例说明。

第7章 分层实体制造工艺及材料

分层实体制造（Laminated Object Manufacturing，LOM）或叠层实体制造技术，是采用薄片材料（纸、金属箔、塑料薄膜等），按照模型每层的内、外轮廓线切割薄片材料，得到该层的平面形状，并逐层堆放成零件原型。在堆放时，层与层之间使用粘结剂粘牢，因此得到的成型模型无内应力、无变形，成型速度快，无需支撑，成本低、成型件精度高。LOM 技术自 1991 年问世以来，得到了迅速发展。LOM 技术在出现初期广泛使用激光作为切割手段，后期又出现了使用机械刻刀切割片材的新技术。

7.1 概　述

LOM 快速成型技术是一种用材料逐层累积出制件的制造方法。分层制造三维物体的思想雏形最早出现在 19 世纪的美国，1892 年美国的 J. E. Blanther 首次在专利中提出用分层制造的方法构造地图。

1976 年，美国的 Paul L. Dimatteo 提出利用轮廓跟踪器将三维物体转化成许多二维轮廓薄片，再利用激光切割薄片成型，最后用螺钉、销钉等将一系列薄片连接成三维物体，即现在的分层实体制造。1979 年，日本东京大学的 Nakagawa 教授开始利用 LOM 技术制作落料模、注塑模、压力机成型模等实际的模具。Michael Feygin 于 1984 年提出了分层实体制造的方法，并于 1985 年组建了 Helisys 公司，于 1990 年开发出了世界上第一台商用 LOM 设备 LOM-1015。Helisys 公司研制出多种 LOM 工艺用的成型材料，可制造用金属薄板制作的成型件，该公司还与 Dayton 大学合作开发了基于陶瓷复合材料的 LOM 工艺；苏格兰的 Dundee 大学使用 CO_2激光器切割薄钢板，使用焊料或粘结剂制作成型；日本 Kira 公司 PLT2A4 成型机采用超硬质刀具切割和选择性粘结的方法制作成型件；澳大利亚的 Swinburne 大学开发了用于 LOM 工艺的金属和塑料复合材料。

LOM 常用的材料是纸、金属箔、陶瓷膜、塑料膜等，除了制造模具、模型外，还可以直接用于制造结构件。这种工艺具有成型速度快、效率高、成本低等优点。但是制件的粘结强度与所选的基材和胶种密切相关，废料的分离较费时间，边角废料多。国际上除 Cubic Technologies（Helisys）公司（开发了 LPH、LPS 和 LPF 三个系列）外，日本的 Kira 公司、瑞典的 Sparx 公司以及新加坡的 Kinergy 光控精技有限公司和我国清华大学、华中科技大学以及南京紫金立德电子有限公司（与以色列 SD Ltd. 合作）等也先后从事 LOM 工艺的研究与设备的制造。图 7-1 所示为南京紫金立德电子有限公司的 Solido SD300 桌面

LOM 系统，该系统采用刀具切割 PVC 薄膜，层层粘结堆积成型。

图 7-1 Solido SD300 成型设备

7.2 成型原理及工艺

7.2.1 成型原理

LOM 的分层叠加成型过程如图 7-2 所示。原料供应与回收系统将存于其中的原料逐步送至工作台的上方；将底部涂覆有热敏胶的纤维纸或 PVC 塑料薄膜（厚度一般为 0.1~0.2 mm）通过热压辊的滚压作用与前一层材料粘结在一起，然后让激光束或刻刀按照对 CAD 模型切片分层处理后获得的二维截面轮廓数据对当前层的纸进行截面轮廓扫描切割，切割出截面的对应轮廓，并将当前层的非截面轮廓部分切割成网格状；使工作台下降，再将新的一层材料铺在前一层的上面，再通过热压辊滚压，使当前层的材料与下面已切割的层粘结在一起，再次由激光束进行扫描切割。如此反复，直到切割出所有各层的轮廓。分层实体制造中，不属于截面轮廓的纸片以网格状保留在原处，起支撑和固化的作用。切割成小方网格是为了便于成型之后剔除废料。

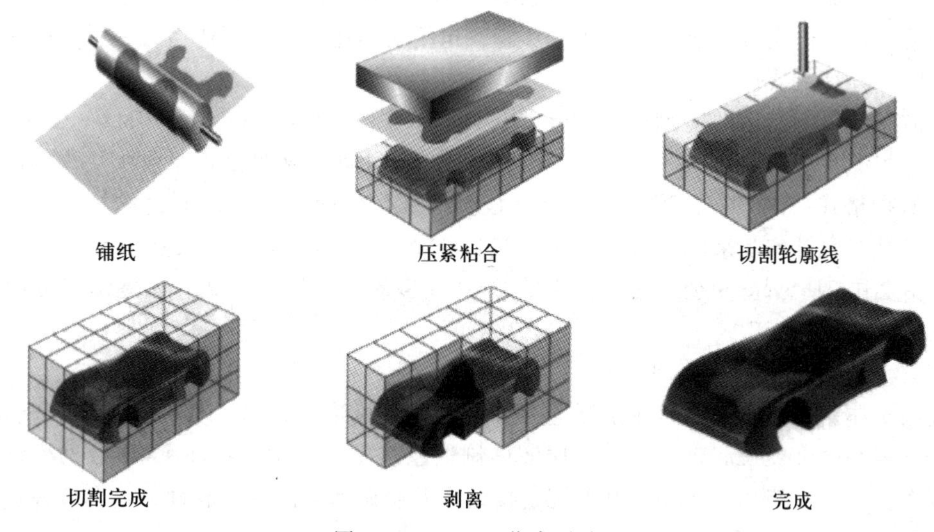

图 7-2 LOM 工艺成型过程

7.2.2　成型工艺

LOM成型制造过程分为前处理、分层叠加成型、后处理三个主要步骤。具体来说，LOM成型的一般工艺过程大致如下：

第一步是前处理，即图形处理阶段。想要制造一个产品，需要通过三维造型软件（如Pro/ENGINEER、UG、SOLIDWORKS）对产品进行三维建模，然后把建好的三维模型转换为STL格式，再将STL格式的模型导入切片软件中进行切片，这就完成了产品制造的第一个过程。

第二步是分层叠加成型。首先进行基底制作：由于工作台的频繁起降，所以在制造模型时，必须将LOM原型的叠件与工作台牢牢地连在一起，那么这就需要制作基底，通常的办法是设置3~5层的叠层作为基底，但有时为了使基底更加牢固，可以在制作基底前对工作台进行加热。然后进行原型制作：在基底完成之后，快速成型机就可以根据事先设定的工艺参数自动完成原型的加工制作。但是，工艺参数的选择与原型制作的精度、速度以及质量密切相关，其中重要的参数有激光切割速度、加热辊热度、激光能量、破碎网格尺寸等。

第三步是后处理。后处理包括去除废料和后置处理。去除废料即在制作的模型完成打印之后，工作人员把模型周边多余的材料去除，从而显示出模型。后置处理即在废料去除以后，为了提高原型表面质量或需要进一步翻制模具，需对原型进行后置处理。后置处理包括防水、防潮、加固并使其表面光滑等。只有经过必要的后置处理，制造出来的原型才会满足快速原型表面质量、尺寸稳定性、精度和强度等要求。另外，后置处理中的表面涂覆则是为了提高原型的性能和便于表面打磨。

1. 前处理

（1）CAD模型及STL文件

各种快速成型制造系统的原型制作过程，都是在CAD模型的直接驱动下进行的，因此有人将快速成型制作过程称为数字化成型。CAD模型在原型的整个制作过程中，相当于产品在传统加工流程中的图样，它为原型的制作过程提供数学信息。用于构造模型的计算机辅助设计软件应有较强的三维造型功能，包括实体造型和表面造型，后者对构造复杂的自由曲面具有重要作用。

目前，国际上商用的造型软件Pro/ENGINEER、UG、CATIA、Solid Edge、MDT等的模型文件都有多种输出格式，一般都提供了能够直接由快速成型制造系统中切片软件识别的STL数据格式，而STL数据文件的内容是将三维实体的表面三角形化，并将其定点信息和法矢量有序排列起来而生成的一种二进制或ASC II信息。随着快速成型制造技术的发展，由美国3D Systems公司首先推出的CAD模型的STL数据格式，已逐渐成为国际上承认的通用格式。

（2）三维模型的切片处理

叠层实体制造技术等快速成型制造方法是在计算机造型技术、数控技术、激光技术、材料科学等基础上发展起来的，在叠层实体制造系统中，必须配备将CAD数据模型、激光切割系统、机械传动系统和控制系统连接起来并协调运动的专用软件，这套软件通常称为切片软件。

由于快速成型是按一层层截面轮廓来进行加工的，因此加工前必须在三维模型上，用切片软件沿成型的高度方向，每隔一定的间隔进行切片处理，以便提取界面的轮廓。间隔的大小根据被成型件精度和生产率的要求来选定。间隔越小，精度越高，但成型时间越长；否则反之。间隔的范围为0.05~0.5 mm，常用0.1 mm左右，在此取值下，能得到相当光滑的成型曲面。切片间隔选定之后，成型时每层叠加的材料厚度应与其相适应。显然，切片间隔不得小于每层叠加的最小材料厚度。

对于LOM工艺来说，叠层厚度为薄层材料的厚度。由于在叠加过程中，每层的厚度及累积的厚度无法保证严格的确定性，因此LOM工艺中叠层的累积厚度一般是通过实时测量而得到的，然后根据测量的叠层累积厚度值对CAD的STL模型进行实时切片处理。

2. 后处理

(1) 去除废料

原型件加工完成后，需用人工方法将原型件从工作台上取下。去掉边框后，仔细将废料剥离就得到所需的原型。然后抛光、涂漆，以防止零件吸湿变形，同时也得到了一个美观的外表。LOM工艺多余材料的剥落是一项较为复杂而细致的工作，如图7-3所示。

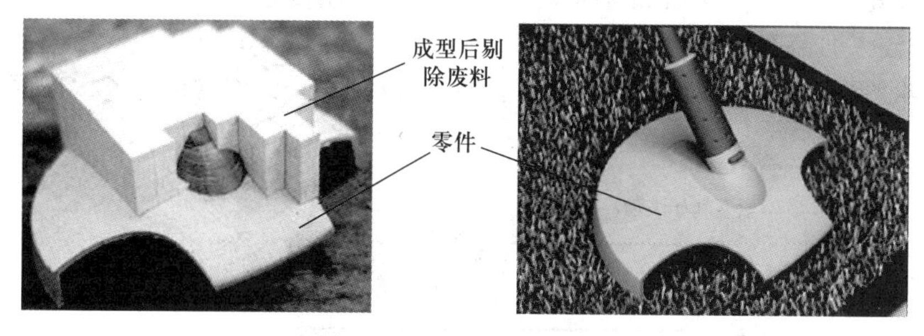

图7-3 LOM制作的原型

(2) 表面涂覆

LOM原型经过余料去除后，通常需要对原型进行表面涂覆处理。表面涂覆具有提高强度和耐热性，改进抗湿性，延长原型的寿命，易于表面打磨处理等特点，经表面涂覆处理后，原型可更好地用于装配和功能检验。

纸材最显著的缺点是对湿度极其敏感，LOM原型吸湿后叠层方向尺寸会增加，严重时叠层会相互之间脱离。为避免吸湿引起的这些后果，在原型剥离后短期内应迅速进行密封处理。表面涂覆可以实现良好的密封，而且同时可以提高原型的强度和抗热抗湿性能。原型表面涂覆的示意图如图7-4所示。

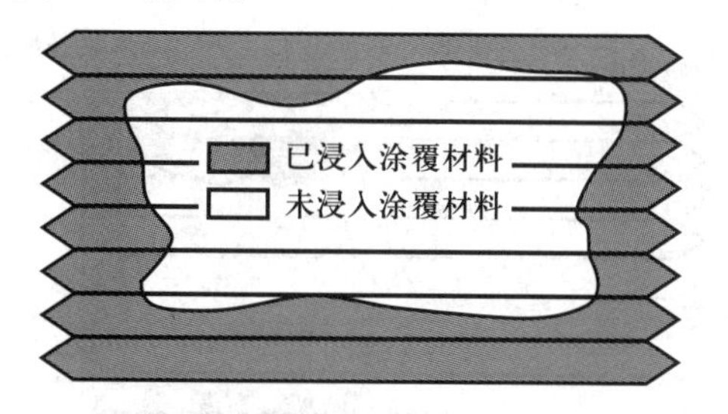

图7-4 LOM原型表面涂覆示意图

表面涂覆使用的材料一般为双组分环氧树脂，如 TCC630 和 TCC115N 硬化剂等。原型经过表面涂覆处理后，尺寸稳定而且寿命也得到了提高。

表面涂覆的具体工艺过程如下：

1）将剥离后的原型表面用砂纸轻轻打磨，如图 7-5 所示。

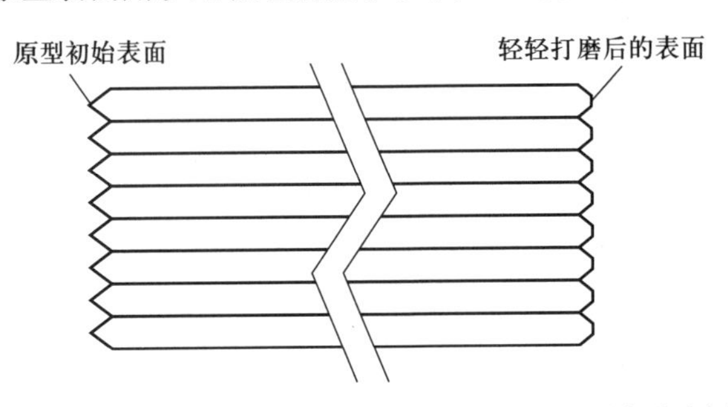

图 7-5　剥离后的原型经过砂布打磨前后表面形态示意图

2）按规定比例配备环氧树脂（TCC630 与 TCC115N 的质量比为 100∶20），并混合均匀。

3）在原型上涂刷一薄层混合后的材料，因材料的粘度较低，材料会很容易浸入纸基的原型中，浸入的深度可以达到 1.2～1.5 mm。

4）再次涂覆同样的混合后的环氧树脂材料，以填充表面的沟痕并长时间固化，如图 7-6 所示。

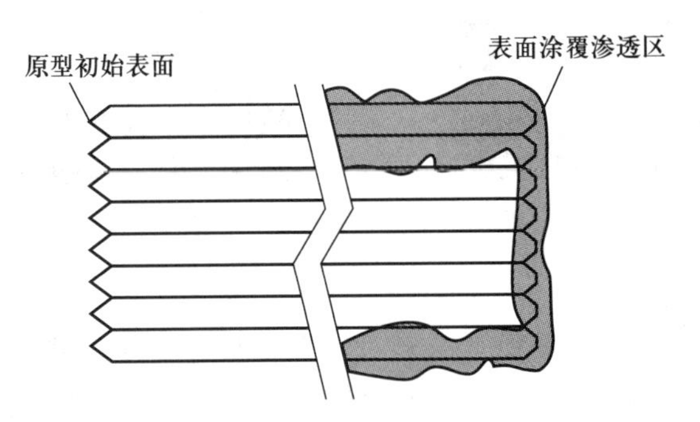

图 7-6　涂覆两遍环氧树脂后的原型表面形态示意图

5）对表面已经涂覆了坚硬的环氧树脂材料的原型再次用砂纸打磨，打磨之前和打磨过程中应注意测量原型的尺寸，以确保原型尺寸在要求的公差范围之内。

6）对原型表面进行抛光，达到无划痕的表面质量之后进行透明涂层的喷涂，以增加表面的外观效果，如图 7-7 所示。

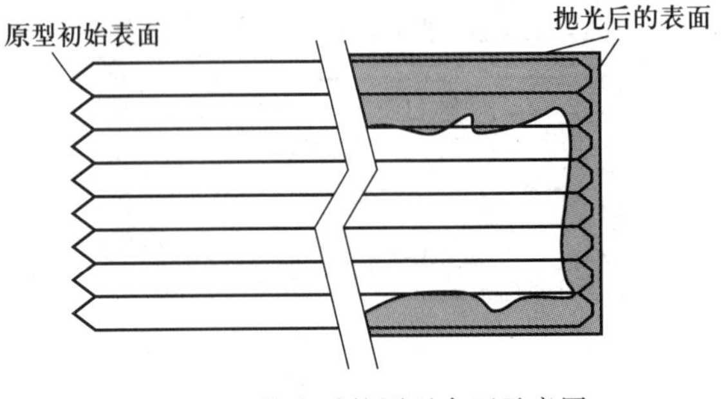

图 7-7　抛光后的原型表面示意图

经过上述表面涂覆处理后，原型的强度和耐热、防湿性能得到了显著提高，将处理完毕的原型浸入水中，进行尺寸稳定性的检测，实验结果如图 7-8 所示。

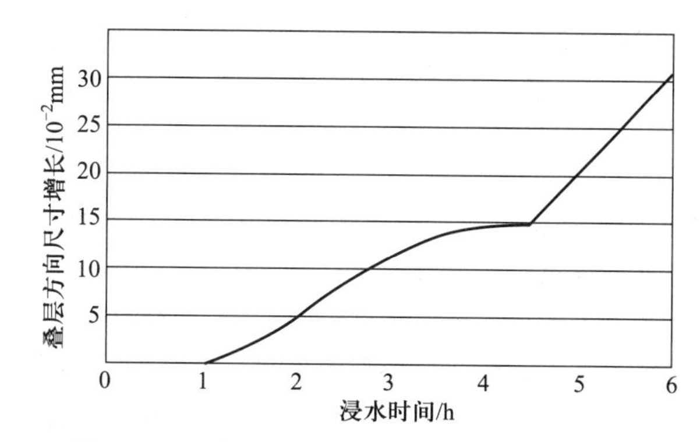

图 7-8　浸水时间与叠层方向尺寸增长实验曲线

7.2.3　工艺特点

1. LOM 成型工艺的优点

1）原型制件精度高。薄膜材料在切割成型时，原材料中只有薄薄的一层胶发生着固态变为熔融状态的变化，而薄膜材料仍保持固态不变。因此，形成的 LOM 制件翘曲变形较小，且无内应力。制件在 Z 方向的精度可达±（0.2~0.3）mm，X 和 Y 方向的精度可达 0.1~0.2 mm。

2）原型制件耐高温，具有较高的硬度和良好的力学性能。原型制件能承受 200 ℃左右的高温，可进行各种切削加工。

3）成型速度较快。LOM 工艺快速成型只需要使激光束沿着物体的轮廓进行线扫描，无需扫描整个断面，所以成型速度很快，常用于加工内部结构较简单的大型零件。

4）直接用 CAD 模型进行数据驱动，无需针对不同的零件准备工装夹具就可立即开始加工。

5）无需另外设计和制作支撑结构，加工简单，易于使用。

6）废料和余料容易剥离，制件可以直接使用，无需进行后矫正和后固化处理。

7）不受复杂三维形状及成型空间的影响，除形状和结构极复杂的精细原型外，其他形状都可以加工。

8）原材料相对比较便宜，可在短时间内制作模型，交货快，费用低。

2. LOM 成型工艺的缺点

1）不能直接制作塑料原型。

2）工件（特别是薄壁件）的弹性、抗拉强度差。

3）工件易吸湿膨胀（原材料选用的是纸材），因此需尽快进行防潮后处理（树脂、防潮漆涂覆等）。

4）工件需进行必要的后处理。工件表面有台阶纹理，难以构建形状精细、多曲面的零件，仅限于制作结构简单的零件，若要加工制作复杂曲面造型，则成型后需进行表面打磨、抛光等后处理。

5）材料利用率低，且成型过程中会产生烟雾。

7.3 成型系统

LOM系统结构组成如图7-9所示，主要由切割系统、升降工作台和数控系统、加热系统以及原料供应与回收系统等组成。其中，切割系统采用激光器。该LOM系统工作时，首先在工作台上制作基底，工作台下降，送纸辊筒送进一个步距的纸材，工作台回升，热压辊滚压背面涂有热熔胶的纸材，将当前叠层与原来制作好的叠层或基底粘贴在一起，切片软件根据模型当前层面的轮廓控制激光器进行层面切割，逐层制作，当全部叠层制作完毕后，再将多余废料去除。

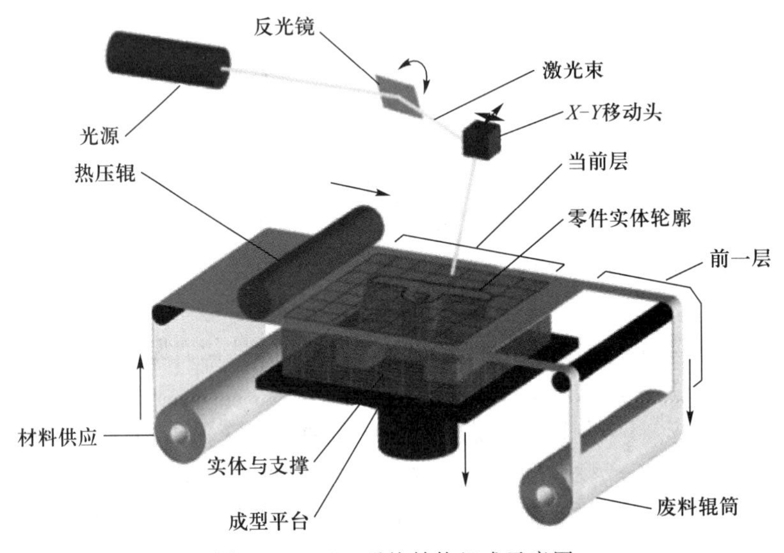

图7-9 LOM系统结构组成示意图

7.3.1 切割系统

轮廓切割可采用CO_2激光或刻刀。刻刀切割轮廓的特点是没有污染、安全，系统适合在办公室环境工作。激光切割的特点是能量集中，切割速度快；但有烟，有污染，光路调整要求高。

1. 激光切割

LOM主要采用CO_2激光器。激光切割系统由CO_2激光器、激光头、电动机、外光路等组成。激光器功率一般为20~50 W。激光头在$X-Y$平面上由两台伺服电动机驱动作高速运动。为了保证激光束能够恰好切割当前层的材料而不损伤已成型的部分，激光切割速度与功率自动匹配控制。外光路由一组集聚光镜和反光镜组成，切割光斑的直径范围是0.1~0.2 mm。

CO_2 激光切割是用聚焦镜将 CO_2 激光束进行聚焦，利用聚焦后高能激光束对工件表面进行辐照，使得辐照区的材料迅速熔化、汽化或分解，同时借助同轴高压辅助气体吹走残渣，形成切缝。在数控系统控制下，激光头按照既定轨迹进行切割，以实现材料任意成型。

LOM 的光学系统在结构上与 SL 系统相似，主要由激光发射器、一系列的反光镜，以及分别用于实现 X、Y 方向运动的伺服电动机、滚珠丝杠、导向光杠以及滑块等组成。在 LOM 中，光学系统一方面使激光将纸切割出对应的模型截面；另一方面将纸上对应区域的非模型截面部分切割成网格状。

图 7-10 所示为激光切割原理，利用经聚焦的高功率密度激光束照射工件，在材料表面使材料熔化，同时用与激光束同轴的压缩气体吹走被熔化的材料，并使激光束与材料沿一定轨迹作相对运动，从而形成一定形状的切缝，将工件割开。

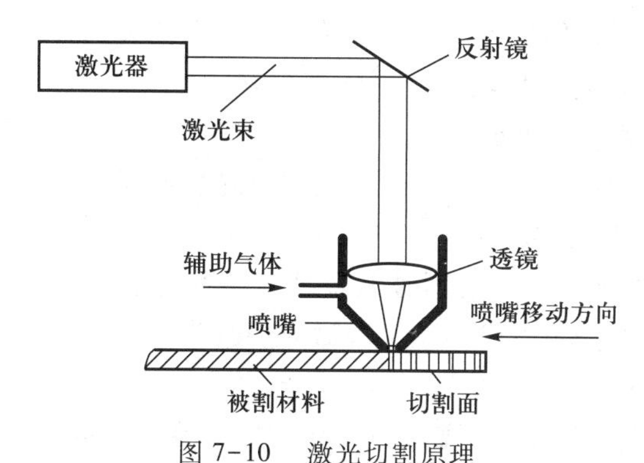

图 7-10　激光切割原理

激光切割可分为激光汽化切割、激光熔化切割、激光氧气切割和激光划片与控制断裂四类。它们均属于典型的热切割技术。

（1）激光汽化切割

在高功率密度激光束照射下，材料会在很短的时间内被加热汽化并且没有明显的熔化状态，部分材料以蒸气形式并且接近音速的速度逸出，另一部分材料是用与激光束同轴的辅助气体流以喷射的方式被吹除。若要实现汽化切割，激光束功率密度要足够高，通常要达到 10^8 W/cm^2 以上，是熔化切割功率密度的 10 倍左右。这种切割机制主要采用脉冲激光，它可用作切割大部分的有机材料和陶瓷以及一些低汽化温度的材料。

（2）激光熔化切割

激光束的功率密度比较低时，焦点光斑处的材料只会发生熔化，并且辅助气体为高压氮气或者其他的惰性气体来吹除材料，熔化切割的热源为只有激光束的能量，材料去除方式主要是借助高压气体流将熔融材料从切口底部排出。熔化切割所需要的激光束功率密度大致为 10^7 W/cm^2，主要用于氧化反应后会产生难熔融且粘性大的氧化物的金属，如铝及其合金等。

（3）激光氧气切割

激光氧气切割也称为激光火焰切割，它采用的辅助气体大部分为氧气，也可以是其他活性气体，利用激光能量将工件材料温度升高达到燃点，材料燃烧即与氧气发生氧化放热化学反应，成为除了激光能量以外的另一切割热源，为后续的切割提供热量。

激光氧气切割有两个切割热源，其激光切割速度比熔化切割要快，是因为氧气流越高，燃烧的化学反应越迅速，当激光切割速度低于氧燃速度时，切缝宽且切割面粗糙，如果切割速度等于或者高于氧燃速度，切缝窄且光滑。这种切割机制用来切割钢时，放热反应所提供的能量约为整个切割能量的60%，切割钛金属时，甚至会达到90%。由于切割过程中的氧化反应产生了大量的热，所以激光氧气切割所需要的能量只是熔化切割的1/2，而切割速度远远大于激光汽化切割和熔化切割。激光氧气切割主要用于碳钢、钛钢以及热处理钢等易氧化的金属材料。

（4）激光划片与控制断裂

激光划片利用高能量密度的激光在脆性材料的表面进行扫描，使材料受热蒸发出一条小槽，然后施加一定的压力，脆性材料就会沿小槽处裂开。激光划片用的激光器一般为Q开关激光器和 CO_2激光器。

对易受热破坏的材料，用激光束照射加热时，光斑处会产生较大的热梯度进而发生机械变形形成裂纹。控制断裂切割就是控制均衡的热梯度，用激光束来引导裂纹的发展方向，从而使材料高速、可控地切断。此切割机制只需要较低的激光功率，激光功率过高会使材料发生熔化，破坏切缝边缘，而且它不适用于脆性材料中锐角和角边的切割。

采用激光切割的LOM系统，具有以下优点：

1）激光切割是无接触加工。切割时无需对工件做夹紧、划线、去油等工序，只需要对工件进行定位即可；激光束的输出功率和激光切割头的移动速度都是可调的，从而可对工件切割精度进行调节。

2）激光切割的焦点能量密度很高，能达到 $10^6 \sim 10^9$ W/cm^2，切缝宽度较小，一般为0.1~0.4 mm，切割面的表面粗糙度良好，Ra 值一般为12.5~25 μm，切边热影响区小，一般为0.1~0.15 mm。如果切割参数选择合适、挂渣很少且容易去除，工件的尺寸精度和激光切割质量将达到很高的水平。

3）激光切割适用范围广。激光切割几乎可以用于任何材料，金属材料、非金属材料甚至高硬度、高熔点、脆性材料都能够用激光来切割，并且有很好的切割效果。

4）激光切割灵活性好，易于导向。除了平面切割，它还能立体切割工件。激光束经过聚焦可以向任意方向行进，易于与数控技术相配合，通过编程控制来实现复杂零部件的加工。

5）激光切割效率高。激光束焦点能量密度高，切割速度快，大约是机械常规切割方法的20倍，依据激光输出功率和工件厚度与切割速度的关系，可以在保证切割质量的前提下，调节切割参数来提高切割速度。激光切割能力非常高，特别是用于中、薄板材的高精度、高速度切割。

6）激光切割自动化程度高，其切割过程是全封闭的，切割过程噪声低并且对材料利用率高。

采用激光切割的LOM系统，存在以下不足：

1）激光切割子系统成本高。激光子系统包括激光器、冷却器、电源和光路系统等，直接导致整套设备成本过高。

2）因激光焦点光斑直径以及切割处材料燃烧汽化产生的切缝对制件精度有影响，而切割深度合适与否又会影响边料分离，当前的激光切割系统除需要考虑光斑补偿问题外，还要根据加工工艺动态调整激光功率和切割速度的匹配关系。此外，加工质量也与镜头的聚焦性能和激光器本身有关。

3）系统控制复杂。为了提高加工质量，必须根据工艺动态调整激光功率与切割速度匹配（主要是解决能量的控制问题，控制能量与速度的匹配）。

4）激光切割材料（特别是材料背面胶质）时的燃烧汽化过程产生异味气体，对环境和操作人员有影响。

2. 刻刀切割

轮廓刻刀切割方法就是采用机械刻刀，图 7-11 所示的 SD300 型 3D 打印机就采用了这种机构。采用刻刀切割的切割系统由惯性旋转刻刀、刀座、刀架及 *X-Y* 运动定位系统组成。刻刀的角度参数、刻刀材料的力学性能、刻刀偏心距的大小、刀座能否灵活旋转等都是决定切割性能的关键因素。而 *X-Y* 定位系统的定位精度则直接决定着零件的精度。

激光快速成型系统进行加工时，计算机通过数模转换器控制振镜扫描系统进行切割。而刻刀切割时却没有这套控制系统，刻刀的自动导向通过自身的结构来完成。

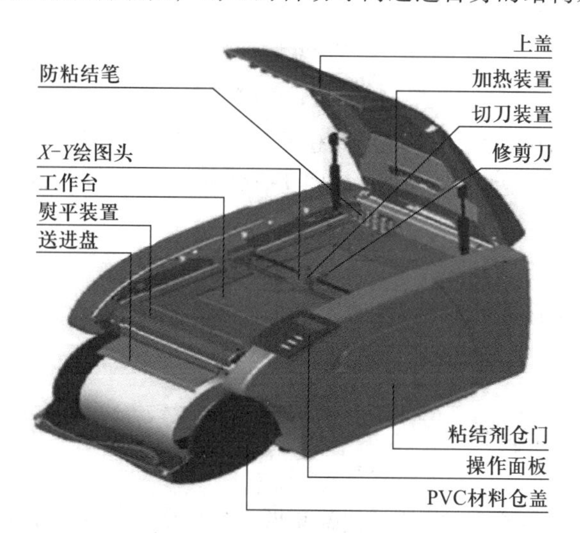

图 7-11 SD300 型 3D 打印机

切割系统采用 45°惯性旋转刻刀（刀尖与轴心之间有一偏心距）。图 7-12 所示为刻刀与刀套装配结构图，刻刀径向为轴承固定，上端是具有轴向定位功能的微型精密三珠轴承，下端是微型滚动轴承；刻刀的轴向通过三珠轴承和磁铁的引力来固定。

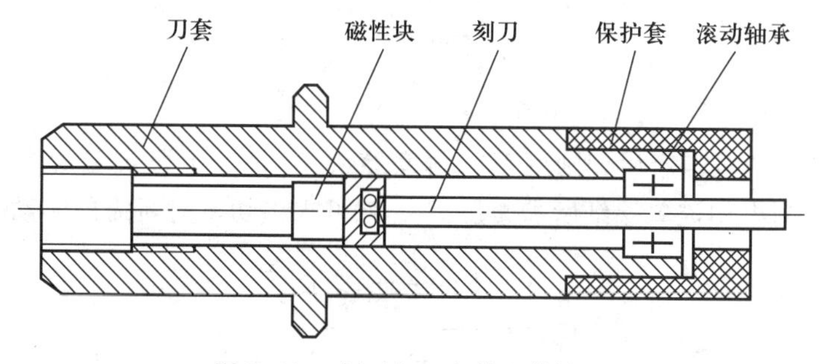

图 7-12 刻刀与刀套装配结构图

由于刻刀上端采用三珠轴承固定，而下端为滚动轴承固定，这样一来刻刀只具有 X、Y 方向的平移自由度和绕 Z 轴的旋转自由度。在刻刀的平滑切割过程中，刻刀的速度方向为刀尖与其质心的连线，如图 7-13a 所示。

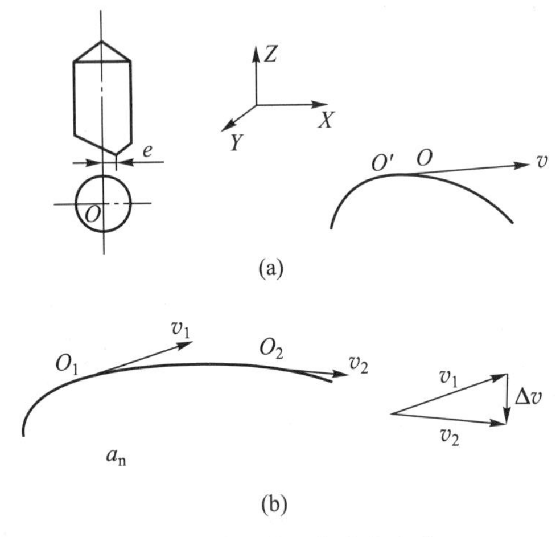

图 7-13　刻刀的速度方向

设刻刀在 O_1 位置时速度为 v_1，在 O_2 位置时速度为 v_2，且 $|v_1|=|v_2|$。刻刀由位置 O_1 转到位置 O_2 时，其速度变化为 Δv。如图 7-14b 所示，此时刻刀瞬时加速度为

$$a=a_n=\frac{v_2-v_1}{\Delta t}=\frac{\Delta v}{\Delta t} \tag{7-1}$$

根据动力学基本定律，此时刻刀的受力为

$$F=ma_n=m\frac{\Delta v}{\Delta t} \tag{7-2}$$

该力作用于质心，方向为垂直速度方向。正是这个力与刻刀偏心距 e 的乘积 Fe，使刻刀克服轴承摩擦力矩而自动导向。

设刻刀切割轨迹的曲率半径为 r，切缝宽度为 w，这时的参数满足：

$$r^3+1^2\leqslant\left(r+\frac{w}{2}\right) \tag{7-3}$$

$$r\geqslant\frac{h\tan\alpha\left(1-\tan^2\dfrac{\beta}{2}\cos^2\alpha\right)}{\tan\dfrac{\beta}{2}\cos\alpha} \tag{7-4}$$

式中：α 为刻刀的刀尖角；β 为刃间角；h 为纸厚。

当纸型与刻刀型号确定后，则刻刀的角度参数 α、β 及纸张抗剪切力 F_C 与摩擦系数 μ_1、μ_2 为定值，测出切透单层纸所需刀压 F_S，就可求出切割时所需的驱动力 F_D，即

$$F_D\geqslant F_S\frac{\tan\dfrac{\beta}{2}\cos\alpha+\mu_1}{\tan\dfrac{\beta}{2}\sin\alpha+\mu_2}+F_C \tag{7-5}$$

LOM 系统采用惯性旋转刻刀代替激光切割的直接好处是：① 降低了设备成本。如果

采用带传动定位，价格可进一步降低。② 无需考虑光斑补偿问题。刻刀只是将材料分离，材料并没有任何损失，切缝可以很窄，这样提高了制件的成型精度。③ 刻刀的切割控制简单。激光切割要控制能量与速度的匹配，特别是在加、减速阶段，以提高切割质量。切刀子系统由于不存在能量控制问题，因而无需这种匹配控制，简化了控制系统，提高了系统的可靠性。④ 取消了激光器，也就消除了激光切割燃烧汽化产生异味气体对环境和操作人员造成的影响。

7.3.2 升降系统

图 7-14 为悬臂式升降系统，用于实现工作台的上下运动，以便调整工作台的位置以及实现模型的按层堆积。较早的设计采用了双层平台的结构，将 $X-Y$ 扫描定位机构和热压机构分别安装在两个不同高度的平台上。这种设计避免 $X-Y$ 定位机构和热压装置的运动干涉，同时使设备总体尺寸不至过大。目前大多数叠层实体制造成型机都采用双层平台结构。双层平台中的上层平台称扫描平台，在上面安装 $X-Y$ 扫描定位机构以及 CO_2 激光器和光束反射镜等，可使从激光光源到最后聚焦镜的整个光学系统都在一个平台上，提高了光路的稳定性和抗振性。下层平台称基准平台，在上面安装热压机构和送纸辊，同时它还连接扫描平台和升降台 Z 轴导轨，是整个设备的平面基准。它上面有较大的平面面积，可以作为装配时的测量基准。

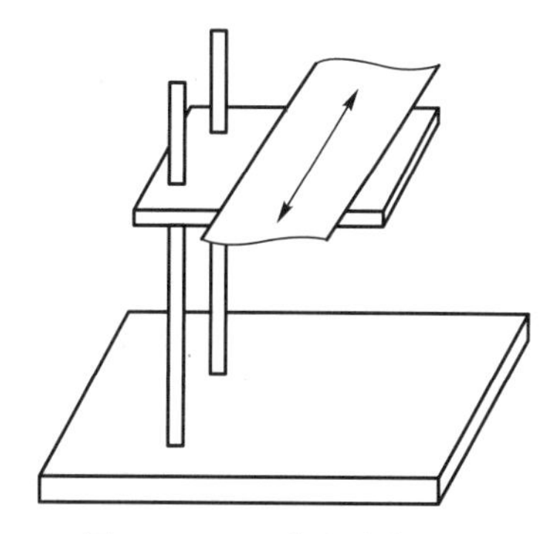

图 7-14 悬臂式升降系统

工作台一般以悬臂形式通过位于一侧的两个导向柱导向，有利于装纸、卸原型以及进行各种调整等操作。

用于导向的两根导向柱由直线滚动导轨副实现。工作台与直线导轨副的滑块相连接。为实现工作台的垂直运动，由伺服电动机驱动滚珠丝杠转动，再由安装在工作台上的滚珠螺母使工作台升降。

7.3.3 加热系统

LOM 系统的叠层（层与层之间的粘结）是通过加热辊加热加压滚过背面带有粘胶的涂敷纸来完成的。LOM 叠层件的强度由辊轮速度、纸张变形、加热辊的温度、环境温度及纸与加热辊的接触面积综合决定。

当增加加热辊的压力时，由于气孔被消除，粘结强度增大。增加加热辊的压力，同样可以增加接触面积，从而可以提高粘结强度。而压力过高，则会引起零件的翘曲变形。因此，系统必须加以调节。

加热系统的作用主要是：将当前层的涂有热熔胶的纸与前一层被切割后的纸加热，并通过热压辊的滚压作用使它们粘结在一起，即每当送纸机构送入新的一层纸后，热压辊就应往返滚压一次。

1. 加热系统分类

LOM 工艺的加热系统按照其结构来划分，通常有两种：辊筒式和平板式。

（1）辊筒式加热系统

该种系统由空心辊筒和置于其中的电阻式红外加热管组成，用非接触式远红外测温计测量辊筒表面的温度，由温控器进行闭环温度控制。这种加热系统的优点是辊筒在工作过程中对原材料只施加很小的侧向力，不易使原材料发生错位或滑移，不易将熔化的粘结剂挤压至网格块的切割侧面而影响剥离。其缺点是辊筒与原材料之间为线接触，接触面过小导致传热效率低，因此所需的加热功率较大。一般来说，辊筒的设定温度应大大高于原材料上的粘结剂的熔点。为实现加热功能，热压辊采用钢质空心管，在管内部装有加热棒，使辊加热。图 7-15 所示为热压辊工作原理图。

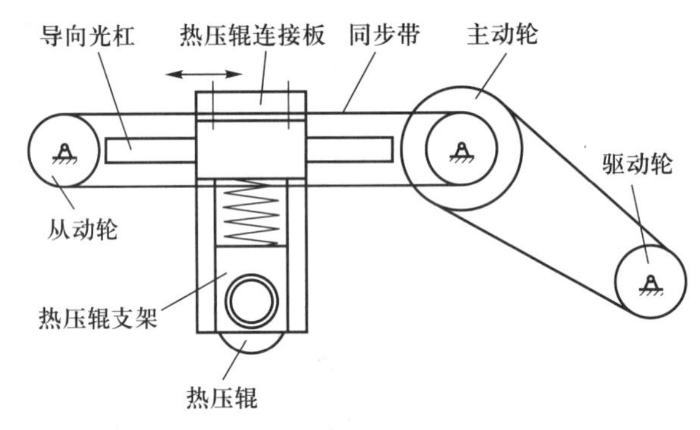

图 7-15　热压辊工作原理图

热压辊实现往复行走的原理是：伺服电动机通过驱动轮驱动主动轮旋转，主动轮和从动轮又驱动同步带行走，同步带与热压辊连接板固连在一起，因此会驱动热压辊支架行走，从而实现热压辊的往复行走。为保证对纸的滚压平整，热压辊支架采用了浮动结构。当热压辊行走时，通过导向光杠进行导向。位于热压辊连接板上的传感器用于测量热压辊的温度。

（2）平板式加热系统

该种加热系统由加压板和电阻式加热板组成，用热电偶测量加压板的温度，由温控器进行闭环温度控制。这种加热系统的优点是结果简单，加压板与原材料之间为面接触，传热效率高，因此所需加热功率较小，加压板相对成型材料的移动速度可以比较高。其缺点是加压板在工作过程中对原材料施加的侧向力比辊筒式大，可能使原材料发生错位或滑移，并将熔化的粘结剂挤压至网格块的切割侧面而影响剥离。

2. 几种热压方式的比较

（1）浮动辊热压方式

浮动辊热压方式如图 7-16 所示，是应用较广泛的一种热压方式，如美国的 Helisys 公司、新加坡的 Kinergy 公司均采用这种热压方式。

（2）热压平板整体热压方式

热压平板整体热压方式如图 7-17 所示，热压平板具有较大的加热面积，可一次性对整个工作台进行热压。

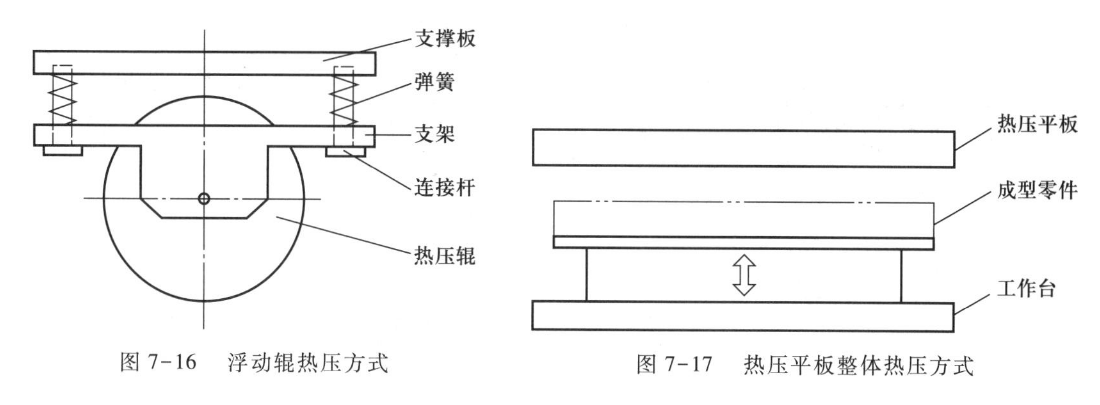

图 7-16　浮动辊热压方式

图 7-17　热压平板整体热压方式

（3）气囊式热压方式

美国的 Helisys 公司提出了一种利用 LOM 工艺制造大型曲面壳体的制造方式，它主要是针对非平面粘结面设计的。它采用一组与零件的轮廓面平行的空间曲面对零件的 CAD 模型进行离散，在一个曲面基底上层层堆积。这种制造方式只加工零件轮廓，可以提高制造效率，减小台阶效应，提高零件的表面质量，如图 7-18 所示。

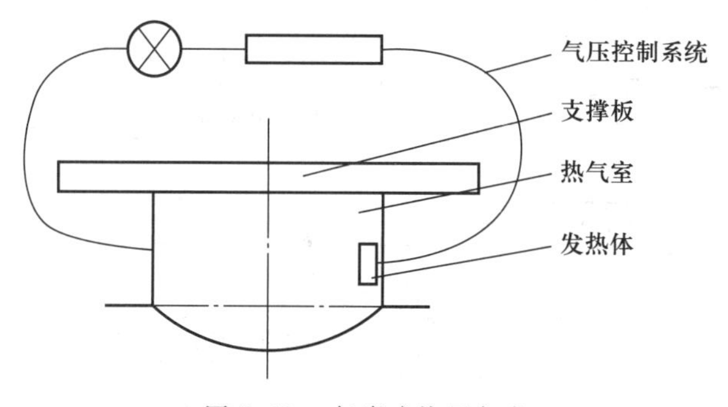

图 7-18　气囊式热压方式

（4）板式热压方式

板式热压方式是清华大学激光快速成型中心的一项专利，如图 7-19 所示。由内部的发热元件产生热量，并通过底部的平板结构将热量传递给成型材料，如涂覆纸，完成加热和施压粘结工艺。

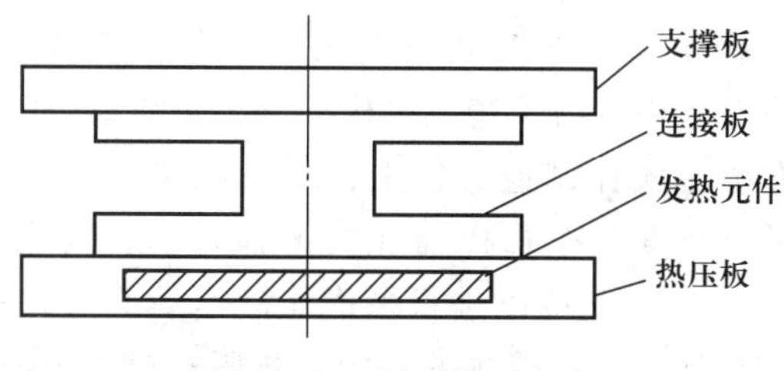

图 7-19　板式热压方式

几种典型热压方式的分析、比较见表 7-1。

表 7-1 热压方式的比较

热压方式	加热部件	接触形式	成型面精度	热传递方式	粘结效率	适用面积
浮动辊热压方式	热压辊	线接触	低	接触传导	低	小
热压平板整体热压方式	平板	面接触	高	接触传导	高	小
气囊式热压方式	气囊	面接触	高	接触传导	高	小
板式热压方式	热压板	面接触	高	接触传导	较高	较小

3. 热压系统的组成

热压系统是一个高度集成化的机械电子学单元，包括以下几部分：① 热压机械结构。② 发热体、温度传感器及相应的温度控制系统。③ 运动机构及相应的传动、驱动、控制系统。④ 测高系统。借助于测高系统，在造型过程中可自动调整工作台的位置，以保证零件加工平面、热压平面和扫描加工的聚焦平面始终在一个平面上。热压系统的组成及控制原理如图 7-20 所示。

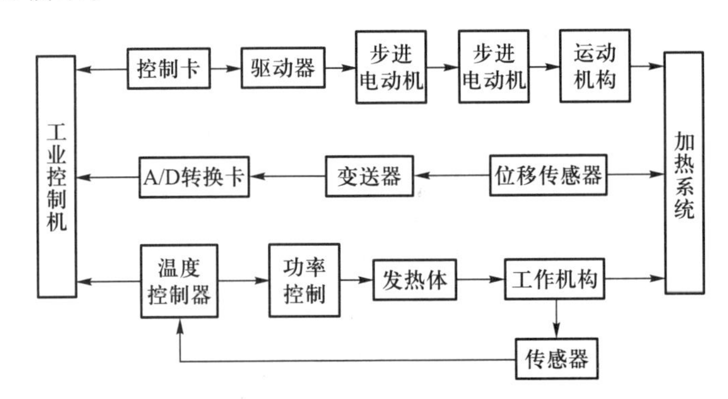

图 7-20 热压系统的组成及控制原理

4. 热压扫描集成机构

随着对叠层实体制造工艺理解的深入，近年来出现了将热压和 $X-Y$ 扫描机构集成在一起的单层平台结构。这种结构使得成型机结构大大简化，并节省了一个驱动轴，降低了设备成本。在双层平面结构中，$X-Y$ 激光扫描和热压牵引是由两套独立的机构完成的。由于这两套机构的运行平面重叠，为了避免机构干涉，必须采用两层平面将两套运动机构在垂直方向上分开。但在叠层实体制造工艺中，$X-Y$ 扫描与热压运动从不同时进行，而且热压运动的方向都是平行于某一个扫描轴（如 Y 轴）的。因此，可以将热压牵引机构与 $X-Y$ 扫描机构合并，成为一个既可以进行平面切割运动又可以完成热压运动的“一体化”装置，达到简化成型机构、降低成本的目的。热压扫描集成机构如图 7-21 所示。它由热压装置，X 轴运动机构（包括驱动电动机、导轨、丝杠或同步齿形带，钢丝等），Y 轴运动机构（包括驱动电动机、导轨、丝杠或同步齿形带、钢丝等），聚焦镜和挂接机构组成。其中热压装置和 X 轴运动机构都通过滑块在 Y 轴导轨上运动。而 Y 轴的驱动部件（如丝杠、滑块等）只与 X 轴运动机构连接。挂接机构利用机械挂接或电磁铁吸附完成 X 轴运动机构与热压装置的连接、分离。

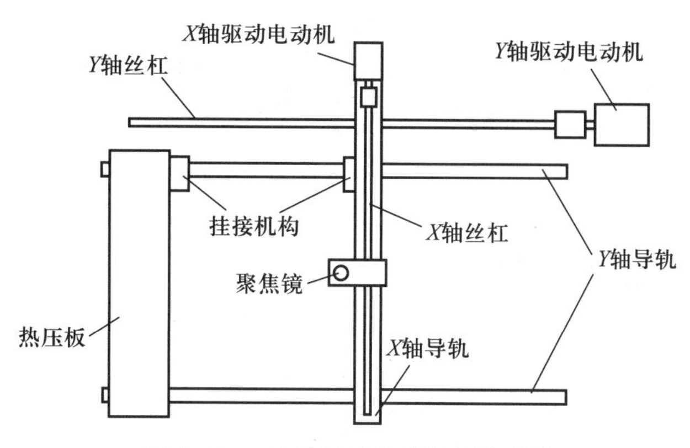

图 7-21 热压扫描集成机构示意图

热压扫描集成机构有两种工作状态。一种是扫描状态，当进行零件轮廓、边框和网格切割时，X-Y 运动机构共同组成一个二维扫描运动机构，完成二维图形的切割。切割完后，需要进行热压运动、粘结新层时，X 轴运动机构沿 Y 轴导轨移动到热压装置附近，通过挂接机构，挂接上热压装置，如图 7-22a 所示，此时为热压状态。在 Y 轴驱动的带动下，X 轴运动机构和热压装置一起运动，完成滚压运动，实现新层的粘结，如图 7-22b 所示。热压完后，X 轴运动机构和热压装置又一起回到原始位置，挂接机构分离，回到扫描状态。X 轴运动机构又可独立运动，热压装置则停留在原位，等待下一个工作循环，再次热压。

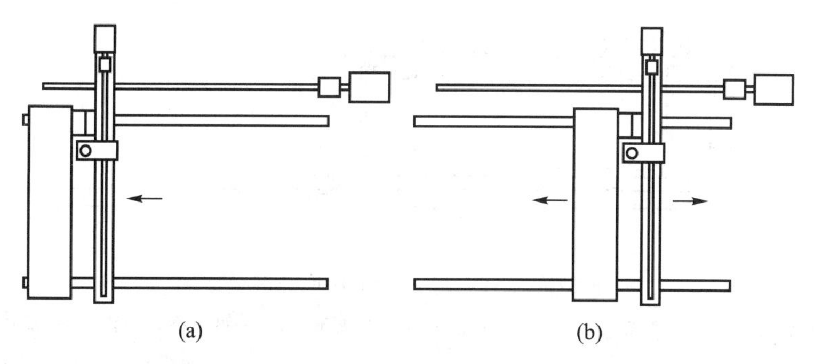

图 7-22 热压扫描集成机构的状态切换

7.3.4 原料供应与回收系统

送纸装置的作用：当激光束对当前层的纸完成扫描切割，且工作台向下移动一定的距离后，将新一层的纸送入工作台，以便进行新的粘结和切割。送纸装置的工作原理如图 7-23 所示。送纸辊在电动机的驱动下顺时针转动，带动纸行走，达到送纸的目的。当热压辊对纸进行滚压或激光束对纸进行切割时，收纸辊停止旋转。当完成对当前层纸的切割，且工作台向下移动一定的距离后，收纸辊转动，实现送纸。

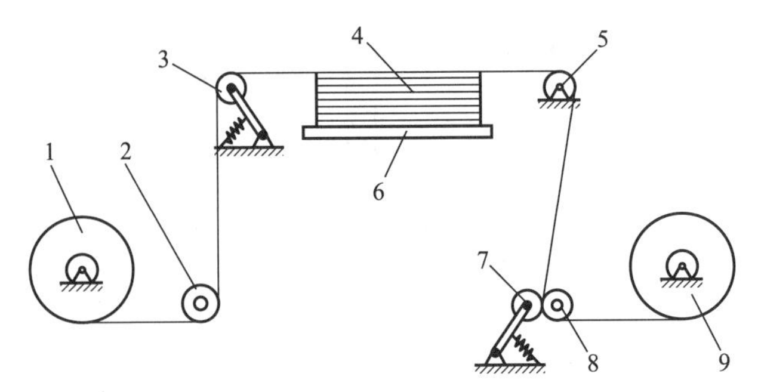

图 7-23　送纸装置工作原理图

1—收纸辊；2—调偏机构；3—张紧辊；4—切割后的原型；
5、8—支撑辊；6—工作台；7—压紧辊；9—送纸辊

1. 收纸辊部件

收纸辊的工作原理如图 7-24 所示。电动机 1 通过锥齿轮副 2 驱动收纸辊轴 4 旋转，使收纸辊旋转而实现收纸。由于收纸辊部件要安放在成型机内，为便于取纸，操作者应能够方便地将收纸辊部分从成型机内拉出，故将收纸辊部分安装在了导轨上，而且部分导轨可以折叠，以便使整个收纸辊部件位于设备的机壳内部。在收纸辊机构的每一个支撑立板上安装有两个轴承，收纸辊轴直接放在轴承上，以便于卸纸。

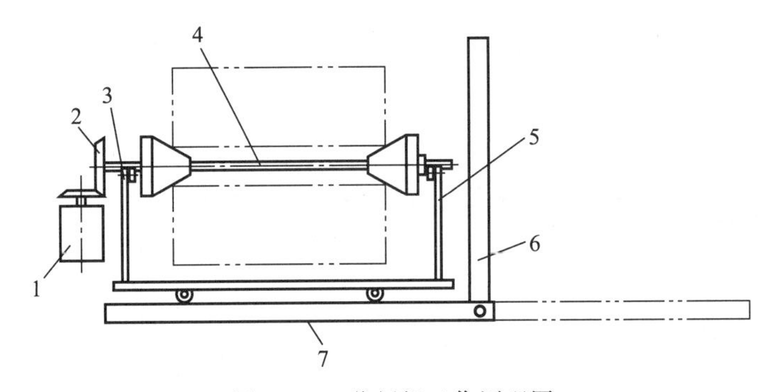

图 7-24　收纸辊工作原理图

1—电动机；2—锥齿轮副；3、5—支撑立板；4—收纸辊轴；6—可折叠式导轨；7—固定导轨

2. 调偏机构

调偏机构的作用是通过改变作用于纸上的力来调整纸的行走方向，防止其发生偏斜。调偏机构的工作原理如图 7-25 所示。调偏辊 3 安装在调偏辊支座 4 上，利用两个调整螺

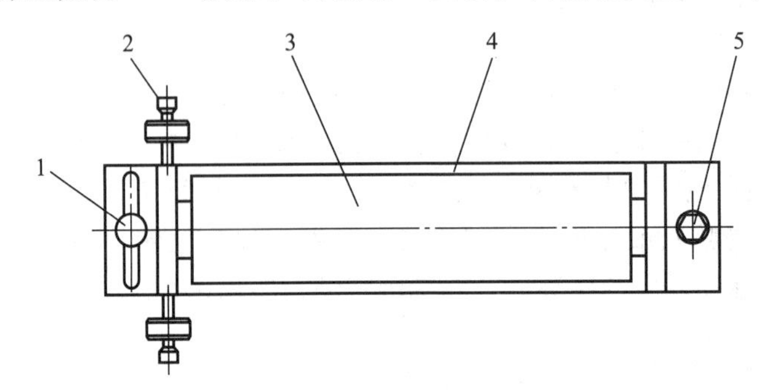

图 7-25　调偏机构工作原理图

1—固定用螺钉；2—调整螺钉；3—调偏辊；4—调偏辊支座；5—转轴螺钉

钉 2 可使调偏辊支座以及调偏辊绕转轴螺钉 5 旋转，以改变纸的受力状况，实现调偏。调偏后，通过固定用螺钉 1 和转轴螺钉 5 将调偏辊支座固定在成型机机架上。

3. 压紧辊组件

压紧辊的作用是保证将纸平整地送到工作台。因此，要保证压紧辊与支撑辊有良好的接触，其结构如图 7-23 所示。在图 7-23 所示的送纸装置的工作原理图中，支撑辊 5、8 用于支撑纸的行走，结构较为简单。张紧辊 3 使纸始终保持张紧状态。

7.4 成型材料

LOM 工艺中的成型材料涉及三个方面的问题，即薄层材料、粘结剂和涂布工艺。LOM 材料一般由薄层材料和粘结剂两部分组成。LOM 中的成型材料为涂有热熔胶的薄层材料，层与层之间的粘结是靠热熔胶保证的。薄层材料可分为纸、塑料薄膜、金属箔等。目前的 LOM 原型材料中的薄层材料多为纸材，而粘结剂一般为热熔胶。对于 LOM 纸材的性能，要求厚度均匀、具有足够的抗拉强度以及粘结剂有较好的润湿性、涂挂性和粘结性等。

7.4.1 薄层材料

根据对原型件性能要求的不同，薄层材料可分为纸片材、金属片材、陶瓷片材、塑料薄膜材和复合材料片材。对基体薄层材料有如下性能要求：

1）抗湿性。保证纸原料（卷轴纸）不会因时间长而吸水，从而保证热压过程中不会因水分的损失而产生变形及粘结不牢。纸的施胶程度可用来表示纸张抗水能力的大小。

2）浸润性。良好的浸润性保证良好的涂胶性能。

3）抗拉强度高。保证在加工过程中不会被拉断。

4）收缩率小。保证热压过程中不会因部分水分损失而导致变形，可用纸的伸缩率参数计量。

5）剥离性能好。因剥离时破坏发生在纸张内，要求纸的垂直方向抗拉强度不是很大。

6）易打磨，表面光滑。

7）稳定性。成型零件可长时间保存。

1. 纸质片材

LOM 工艺所用的纸一般由纸质基底和涂覆的粘结剂、改性添加剂组成，其成本较低，基底在成型过程中不发生状态改变（即始终为固态），因此翘曲变形小，最适合于大、中型零件的制作。

选择 LOM 纸材应按照以下基本要求：

1）形状为卷筒纸，便于系统工业化的连续加工。

2）纤维的组织结构好，质量好的纸纤维长且均匀，纤维间保持一定间隙，因为 LOM

技术要求纸上涂布一层均匀的热熔胶，所以要求纸的表面空隙大而密，使胶能很好地渗入纸层，在打印时能达到良好的粘结效果。这有利于涂胶，也有利于力学性能的提高。

3）纸的厚度要适中，根据成型制件的精度及成型时间的要求综合确定。在精度要求高时，应选择薄纸，纸越薄越均匀，精度就越高；在精度能满足要求的前提下，尽量选择厚度较大的纸，这样可以提高成型速度和生产效率。

4）涂胶后的纸厚薄必须均匀。厚薄均匀才便于加工和保证零件的精度。测量纸不同点的厚度时，要求相对误差不大于5%，同时纸的正反面、纵横向差别也应尽量小。

5）力学性能好，纸在受拉力的方向必须有足够的抗张强度，便于纸的自动传输和收卷；同时，纸的抗张强度还影响成型制件的力学性能。纸的伸长率、耐折度、撕裂度等也都是选择纸型时的参考指标。

国产的纸完全可以满足以上要求，纸是由纤维、辅料和胶（含有一定水分）组成。普通的纸具有以下特点：

1）多孔性。纸的主要成分是纤维素，纤维细胞中心具有空腔。纤维之间是交织结构，所以纸的一个明显特征就是多孔性，包括纤维内孔和纤维间孔，都可以吸收空气中的水分，所以纸具有易吸湿性。

2）反应性。纤维素还带有很多羟基。它们具有醇羟基的特性，可以和其他的活性官能团如醛基、羧基、氨基等反应。

3）化学特性和机械特性。在LOM上的应用方面，纸的化学特性和机械特性表现为热熔胶的粘结能力、抗张能力、抗撕裂能力等。一般的卷筒纸都是纵向强度大于横向强度，稍加处理，卷筒纸就能满足加工要求。

Kinergy光控精技有限公司生产的纸材采用了熔化温度较高的粘结剂和特殊的改性添加剂，用这种材料成型的制件坚硬如木（制件水平面上的硬度为18 HRR，垂直面上的硬度为100 HRR），表面光滑，有的材料能在200 ℃下工作，制件的最小壁厚可达0.3～0.5 mm，成型过程中只有很小的翘曲变形，即使间断地进行成型也不会出现不粘结的裂缝，成型后工件与废料易分离，经表面涂覆处理后不吸水，有良好的稳定性。

纸的力学性能对应于其微观结构，就是指纤维的质量和纤维之间的交织结构。首先，纤维结构较长、较粗大，在各个方向上交织紧密，具有较强的力学性能，可有效改善剥离分层。其次，表面纤维具有一定的空隙，有利于胶的渗透和粘合。试验证明，涂过热熔胶的纸，其抗张强度、耐折度、抗撕裂强度都有很大的提高，制件用的纸层达250层时纵向抗拉强度可达6 250 N，要产生0.2 mm的形变就需要343 N的力（一般制件尺寸精度误差要求小于0.2 mm），制件一般不会受到这么大的力，并且纸的平整度也会得到改善。只有纸在受拉力的方向上有足够的抗张强度，才有利于自动化作业的连续性，提高生产效率。

采用纸质片材的LOM工艺由于激光切割过程中造成有毒烟雾、成型精度低、原型强度较低等缺陷，目前已被采用PVC薄膜、陶瓷薄膜等材料的LOM工艺所取代。

2. 陶瓷片材

LOM工艺是由美国的Helisys公司首先开发并应用于陶瓷领域的。用于叠加的陶瓷材料一般为流延薄材，也可以是轧膜薄片。切割方式可采用接触式和非接触式两种，非接触式切割一般为激光切割，接触式切割可采用机械切割。国内直接用于陶瓷领域的LOM设备非常少，目前研究的重点主要是集中在流延素坯卷材的生产、素坯的叠加和烧结性能上，并在此研究的基础上开发可连续生产的成套设备。

LOM 制造中应注意的一个问题是坯体表面存在层与层之间的台阶，表面不光滑，需要进行磨光。边界处理可以采用切割成网状后，去除和表面磨光的方法。随着叠层技术和工艺的改进，四点弯曲强度可达 200～275 MPa，从目前研究来看，可制备的陶瓷器件主要为形状较为复杂的盘状和片状等。如果制造成本进一步降低，日常和工业上应用的大多数盘状、片状和管状陶瓷材料都可以通过 LOM 工艺来实现。

7.4.2 热熔胶

用于 LOM 纸基的热熔胶按基体树脂划分，主要有乙烯-醋酸乙烯酯共聚物型热熔胶、聚酯类热熔胶、尼龙类热熔胶或其混合物。热熔胶要求有如下性能：

1）良好的热熔冷固性能（室温下固化）。

2）在反复“熔融-固化”条件下，其物理、化学性能稳定。

3）对纸张有很好的粘结性能，其粘结强度要大于纸张的内聚强度，即在进行粘结破坏时，纸张发生内聚破坏，而粘结层不发生破坏。

4）粘结而成的制件的硬度要高，从而保证制件的形状和尺寸。因此，一般的橡胶型胶粘剂不适合使用。

5）粘结剂在激光切割后能顺利地分离，粘结剂和纸张断面之间不能发生相互粘连，即模型分离性能好。

6）工艺性良好，在纸张表面进行涂布时其涂布性要好，而在逐层粘结时又要经受来回的滚压，不能发生起层现象。

目前，EVA 型热熔胶应用最广。EVA 型热熔胶由共聚物 EVA 树脂、增粘剂、蜡类和抗氧剂等组成。增粘剂的作用是增加对被粘物体的表面粘附性和粘结强度。随着增粘剂用量的增加，流动性、扩散性变好，能提高粘结面的润湿性和初粘性。但增粘剂用量过多，胶层变脆，内聚强度下降。为了防止热熔胶热分解、变质和粘结强度下降，延长热熔胶的使用寿命，一般加入 0.5%～2%的抗氧剂；为了降低成本，减少固化时的收缩率和过度渗透性，有时加入填料。

7.4.3 涂布工艺

涂布工艺包括涂布形状和涂布厚度两个方面。涂布形状指的是采用均匀式涂布还是非均匀涂布。均匀式涂布采用狭缝式刮板进行涂布，非均匀涂布有条纹式和颗粒式。一般来讲，非均匀涂布可以减少应力集中，但涂布设备比较贵。涂布厚度指的是在纸材上涂多厚的胶，选择涂布厚度的原则是在保证可靠粘结的情况下，尽可能涂得薄，以减少变形、溢胶和错移。

LOM 原型的用途不同，对薄片材料和热熔胶的要求也不同。当 LOM 原型用作功能构件或代替木模时，满足一般性能要求即可。若将 LOM 原型作为消失模进行精密熔模铸造，则要求高温灼烧时 LOM 原型的发气速度较小、发气量及残留灰分较少等。而用 LOM 原型直接作模具时，还要求片层材料和粘结剂具有一定的导热和导电性能。

7.5　成型影响因素

7.5.1　原理性误差

1. 成型系统的影响

1）高度传感器的测量误差。高度传感器用于测量热压后纸面的实时高度，并将此数据反馈给计算机并进行转换，一方面使当前要切割的纸面正好处于水平面上，另一方面根据此数据调用相应高度处的分层截面数据（为了满足高度的要求，有可能忽略某层或某几层截面的加工）或者计算切片高度，进行实时切片，得到对应的切片轮廓。因此，高度传感器的精度会直接影响成型件的加工精度。此外，由于高度传感器安装在 X 方向热压板的中间，所以只能测得成型件 X 方向中间位置附近处的高度值，而不能对整个成型件的上表面进行测量。同时，测量的准确性还受温度和机械振动等的影响，这些都会导致成型件的尺寸和形状误差。

2）热压板表面温度分布不均匀导致的误差。由于热压板表面温度沿 X 方向分布不可能很均匀，同时升降工作台与 Z 轴的垂直度误差引起成型件上表面高度不一致，这些因素使热熔胶的最高热压温度分布不均匀，导致胶厚分布不均匀，从而影响 Z 方向尺寸精度。

2. CAD 面化模型精度的影响

由于 3D 打印技术普遍采用 STL 文件格式作为其输入数据模型的接口，因此 CAD 实体模型都要转换为用许许多多的小平面空间三角形来逼近原 CAD 实体模型的数据文件。小平面三角形的数目越多，它所表示的模型与原实际模型就越逼近，其精度就越高，但许多实体造型系统的转换等级是有限的，当在一定等级下转换为三角形面化模型时，若实体的几何尺寸增大，而平面三角形的数目不会随之增加，这势必导致模型的逼近误差加大，从而降低 CAD 面化模型的精度，影响后续的制件原型精度，如在 AutoCAD AME 2.0 中作实体造型，其转换为 STL 的等级为 12，当取最大等级时，其几何形状一定的实体转换为小平面三角形的数目是一定的，当此实体的尺寸增大时，其模型误差也将增大（多面体除外），为了得到高精度的制件原型，首先要有一个高精度的实体数据模型，必须提高 STL 数据转换的等级、增加面化数据模型的三角形数量或寻求新的数据模型格式。当然，三角形数量越多，后续运算量也就越大。

3. 切片方式的影响

理想的分层方法应是沿成型方向将三维 CAD 模型分解为一系列精确的层片，即每个层片不仅具有内、外轮廓线，还具有三维几何特征，使该层片的侧面与三维 CAD 模型对应位置处的几何特征完全一致。然而在实际成型中，不能采用理想的分层方法，其主要原因在于：

1）理想分层后每个层片仍具有三维几何特征，不能用二维数据进行精确描述，因而在生成数控程序方面，将由简单的两坐标数控加工问题转变为比较复杂的四坐标或五坐标数控加工问题；

2）具体的工艺难于保证层片厚度方向的轮廓形状，因为对于激光切割系统来说，需要激光加工头能绕 X 轴和 Y 轴摆动，以便沿轮廓曲线进行切割。

因此，每一层片只能用直壁层片近似，用二维特征截面近似代替整个层片的几何轮廓信息。LOM 成型工艺中，有以下两种分层方法：

① 定层厚分层。根据所选定的分层厚度（一般为纸的名义厚度）一次性对三维 CAD 模型或 STL 格式化模型进行切片处理，将各层的数据存储在相应的数据文件中，计算机顺序调用各层的数据至数控卡，控制成型机完成原型的制作。这种分层方法比较简单，但纸厚的累积误差导致成型件 Z 方向尺寸精度无法控制。如果安装 Z 方向高度实时检测反馈控制系统，虽然能控制成型件最终的 Z 方向尺寸，但又不能保证成型件每一高度处的截面轮廓完全符合 CAD 模型或 STL 模型相应高度处的截面轮廓，因为在加工过程中，为了满足高度的要求，对于某些层片数据将不会加工。

② 实时测厚，实时分层。对升降工作台采用闭环控制，根据成型件当前层的实测高度，对 CAD 模型或 STL 模型进行实时分层，以获取相应截面的数据。这不仅能较真实地反映模型相应高度处的截面轮廓，而且可以消除纸厚的累积误差对零件 Z 方向尺寸精度的影响。

另外，对于某些快速成型工艺，如 FDM 工艺等，还可采用变层厚分层（又称自适应切片方法），即根据 CAD 模型的表面几何信息（曲率和斜率）及给定的误差要求自动调整分层厚度。但这种自适应切片方法对 LOM 工艺来说不适合，因为 LOM 工艺的成型材料为固定厚度的纸。

4. 光路系统偏差的影响

图 7-26 中，5 与 6 表示聚焦凸镜上有两个激光光斑，A 向视图表示沿 Z 轴自下而上观察所得。假定光斑 5 为当激光头在原点 O 处时激光照射在凸镜上的位置，而光斑 6 为激光头运动到成型空间与原点成对角的另一点 D 时激光照射在凸镜上的位置。这表明在扫描加工范围内光路系统有偏差，因而当激光头分别位于 O、D 两点时，激光束经过传输后在聚焦凸镜上的位置并不重合在一起，而且它们也并没有位于聚焦凸镜的中心位置。这样，必将引起成型零件的尺寸误差，用图 7-27 所示的 Y 方向尺寸误差 Δ 及 X 方向平面不平行度 δ 来表示光路系统偏移所引起的误差。实际上，只要激光束在聚焦凸镜上不重合，就会同时引起 X、Y 两个方向的尺寸和形状误差。

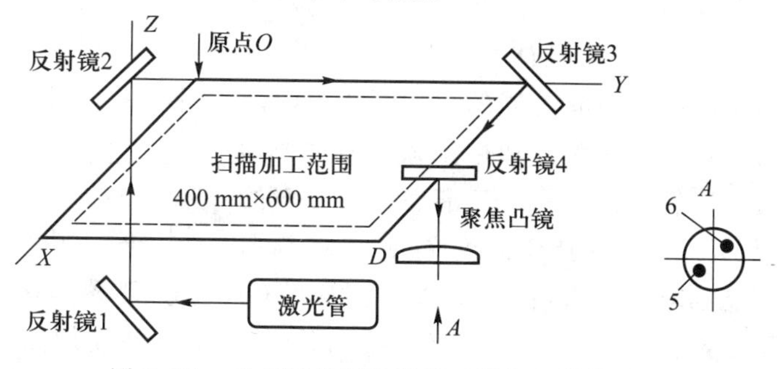

图 7-26 分层实体制造激光光路与扫描范围图

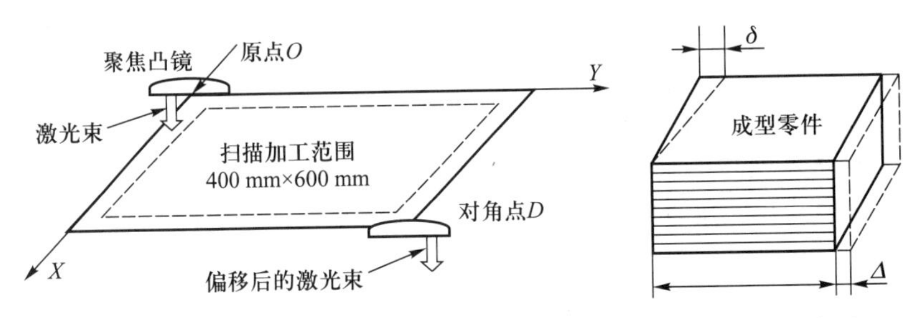

图7-27　光斑不重合时引起的 Y 方向尺寸误差及 X 方向平面不平行度

激光光斑在聚焦凸镜上不重合还会使聚焦后的焦点不在同一个水平面内，即形成的焦平面为曲面形状，这样在零件的扫描加工范围内会使激光切割点处的光斑直径大小发生变化，这必然会降低切口的精度，因而影响成型零件的尺寸和形状精度。

7.5.2　工艺性误差

1. 成型中粘胶厚度场的影响

快速成型过程中，由于成型方法本身的一些问题或者工艺参数选择不当，在 X、Y 方向上，叠层块的厚度会不均匀。某用户采用 55 mm/s 的热压辊速度、270 ℃的加工温度、热粘压 510 层纸后所得叠层块，记录了叠层块上测量的相应厚度值。从厚度值看出，叠层厚度分布不均匀，其最大值 $h_{max}=59.67$ mm，$h_{min}=58.7$ mm，沿 X 方向的最大值与最小值的差为 3.08～3.37 mm，沿 Y 方向的最大值与最小值的差为 0.99～1.66 mm，这说明沿热压辊运动方向（即 X 方向）的厚度分布更不均匀。

在 LOM 成型过程中，原材料的基底（纸）厚度虽然占有很大的比例，但是几乎不发生塑性变形；粘胶的厚度所占比例小（每层胶的厚度仅有 0.02 mm 左右），但塑性变形大，当几百层或上千层累积起来后，若胶厚不均匀，将严重影响叠层厚度的均匀性。因此，粘胶厚度场的不均匀性是导致叠层厚度不均匀的主要因素。涂覆在纸上的粘胶是带有添加剂的热熔聚合物，图7-28所示为这类材料的形变-温度曲线。由图7-28可见，在较低的温度范围内，材料的变形率很小，这种状态为玻璃态。温度升高后，变形率明显增加，材料变得柔软而富有弹性，在外力作用下可发生较大的变形，外力除去后形变容易恢复，这种状态称为高弹态；温度进一步升高后，材料的变形率再次增大，转变成粘流态（当温度升至熔融温度以上后，完全成为流体）。以上现象说明，聚合物材料因温度的不同而具有不同的力学行为，随温度的升高依次出现玻璃态、高弹态和粘流态等三种力学状态，相应地出现两次转变。其中，玻璃态到高弹态的转变称为玻璃化转变，对应的转变温度 T_g 称为玻璃温度；高弹态到粘流态的转变称为粘流化转变，对应的转变温度 T_f 称为粘流温度。

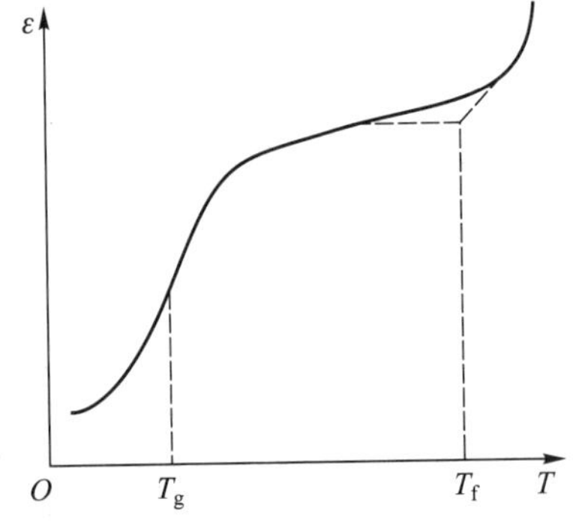

图7-28　聚合物的温度-形变曲线

粘胶可以在下面两种条件下形成良好的粘结状态：① 将粘胶加热至熔融温度以上，用很小的压力可使粘胶与纸粘结。② 将粘胶加热至粘流温度以上，粘胶软化，用较大的压力可使粘胶与纸粘结。可以用四元件粘弹模型来表达粘胶的力学状态，如图 7-29 所示。

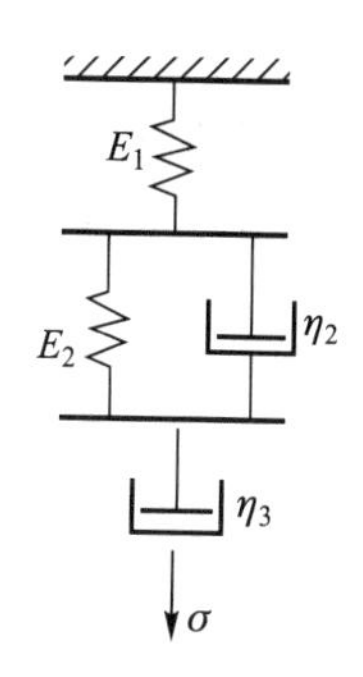

图 7-29 四元件粘弹模型

在四元件粘弹模型中，第一部分为弹性元件，对应于聚合物分子的键长、键角的变化引起的普弹形变；第二部分为弹性元件和粘性元件的并联，对应于高分子链段运动引起的高弹形变；第三部分是粘性元件，对应于高分子的粘流运动引起的塑性形变。在粘胶状态改变的过程中，四元件的影响程度有所变化，在较低的温度下，两个粘性元件的粘度较高，粘胶表现为弹性模量 E_1 确定的弹性体。

在较高的温度下，粘度 η_2 的作用明显，从而第二个弹性模量 E_2 的作用也变得明显；在更高的温度下，粘度 η_2 很低，应力能很快传递到粘性元件 3（粘度为 η_3）上，导致不可逆塑性变形，几乎没有弹性。

如上所述，四元件粘弹模型中的粘性元件 2（粘度为 η_2）将引起粘胶塑性变形，其应变满足以下方程：

$$F_{\mathrm{S}}=\frac{\mathrm{d}\varepsilon}{\mathrm{d}t} \tag{7-6}$$

式中：F_{S} 为粘胶的压力，可以近似认为

$$F_{\mathrm{S}}=\frac{p}{lB} \tag{7-7}$$

式中：p 为热压辊对叠层块施加的总压力；l 为热压辊与叠层块的接触弧长；B 为叠层块的宽度。

图 7-30 所示为粘胶的粘度 η 与温度 θ 的关系曲线。从图 7-30 可见，在温度达到 115 ℃（熔融温度）之前，粘度 η 随温度 θ 变化的关系近似为直线，即

$$\eta=K_{\eta}(\theta-\theta^{*})+\eta^{*} \tag{7-8}$$

式中：K_{η} 为粘胶的粘度随温度变化的斜率。

式（7-8）可写成

$$K_{\eta}=\frac{\eta^{*}-\eta_1}{\theta^{*}-\theta_1} \tag{7-9}$$

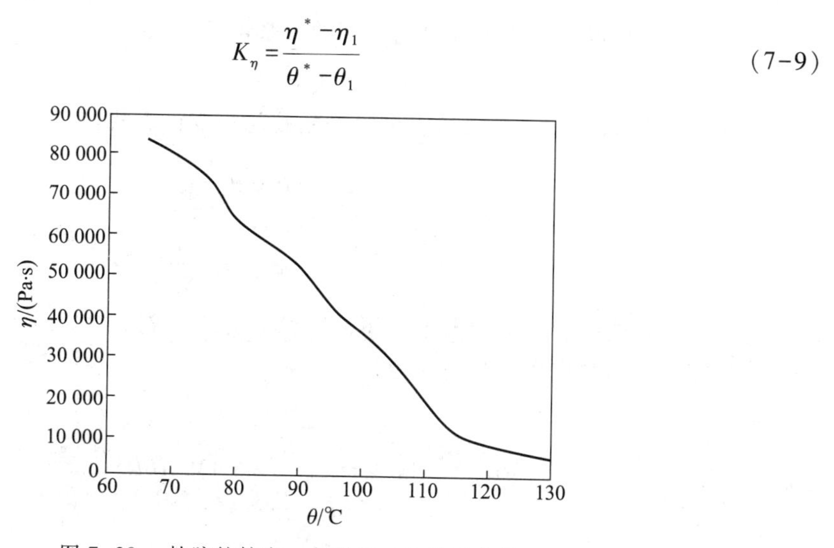

图 7-30 粘胶的粘度 η 与温度 θ 的关系曲线

式中：θ^*、η^* 分别为粘胶的熔融温度和该温度下的粘度；θ_1、η_1 分别为粘胶的某一温度和该温度下的粘度。

由于粘胶的升温时间很短，可以近似为直线升温，所以任意时刻 t_1 粘胶的温度为

$$\theta(t_1)=\theta_0+\frac{2vt_1}{l_1}\bar{\theta} \tag{7-10}$$

式中：θ_0 为室温；v 为热压辊的移动速度；l_1 为热压辊与叠层块的接触弧长；$\bar{\theta}$ 为粘胶表面的平均温度。

假设热压辊对纸进行热压时的传热模型如图 7-31 所示，并且：

1）热来自热压辊与纸接触的弧段，AB 弧的高度 h 很小，可以将 AB 弧视为一个持续发热的均匀恒定平面热源。

2）热压辊对纸进行滚压时，可以将其近似看作一个运动面热源，它是无数线热源的综合。

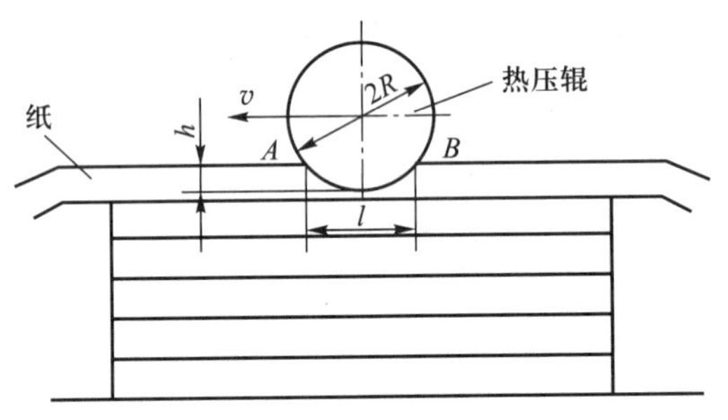

图 7-31　纸被热压时的传热模型

在上述假设下，可以利用 Jaeger 提出的二维热源模型，并作线性化处理，得到粘胶表面平均的简化计算式：

$$\bar{\theta}=0.754a\frac{ql}{\lambda Pe^{0.5}} \tag{7-11}$$

式中：q 为热流密度；λ 为胶纸的热导率；Pe 为贝克来数，$Pe=\frac{vl}{a}$；a 为胶纸的热扩散率。

上述粘胶表面的平均温度与最高温度的关系可近似取为

$$\theta_m=2\bar{\theta} \tag{7-12}$$

联立求解式（7-6）~式（7-12），可得到粘胶的应变计算式：

$$\varepsilon=\frac{\sigma l}{2v\theta K_\eta}\ln\frac{\theta^*-\theta_m-\frac{\eta^*}{K_\eta}}{\theta^*-\theta_0-\frac{\eta}{K_\eta}} \tag{7-13}$$

考虑粘胶在热压过程中会向上、下两层纸的孔隙渗透，为此必须对式（7-13）进行修正，修正后的粘胶应变计算公式为

$$\varepsilon=\frac{\sigma l}{2v\theta K_\eta}\ln\frac{\theta^*-\theta_m-\frac{\eta^*}{K_\eta}}{\theta^*-\theta_0-\frac{\eta}{K_\eta}}+6\,436\,ABle^{-\frac{0.163\,5\eta}{\delta}} \tag{7-14}$$

式中：A 为纸材的孔隙率；B 为叠层块的厚度；l 为热压辊与叠层块的接触弧长。

于是，热压后粘胶的厚度为

$$d=(1-\varepsilon)H \tag{7-15}$$

式中：H 为粘胶的原始厚度。

上述粘胶形变的表达式（7-14）表明，影响粘胶形变的主要因素是粘胶的压力（F_S）、胶温（θ）、粘胶的流变性能（η、K_η）和纸的渗透性（A）。

（1）粘胶压力对粘胶的形变的影响

在快速成型机上，热压辊通过 4 个弹簧对粘胶施加压应力，热压过程中，可能因为工作台倾斜以及叠层块上表面不平，而使弹簧的压缩量变化，引起热压辊压力波动，导致和方向上粘胶的形变不一致。

（2）胶温对粘胶形变的影响

胶温主要取决于热压辊的速度、压力和温度。热压辊的速度越大，它与纸的接触时间越短，胶温越低。热压辊的压力影响热压辊与叠层块的接触弧长，从而影响胶温，热压辊的压力越大，接触弧长越大，胶温越高。当热压辊的温度越高，它与纸的温差较大，更容易使胶升温。当热压同一层胶纸时，热压辊的温度、压力变化不是很大，但是速度变化可能较大，因为热压辊的运动要经历增速、匀速和减速的过程，而它的行程有限，并且在热压辊与叠层块接触的右起始位置和左回程位置有爬坡现象，因而热压辊难于保持匀速，从而导致粘胶的温度和形变沿 Y 方向不均匀，最终使胶厚不均匀。

（3）粘胶的流变性能对粘胶形变的影响

不同的粘胶，其粘度随温度变化的斜率不同，粘度活化能越大的粘胶，粘度随温度变化的斜率越大，粘胶的粘度随温度改变的变化率越大。因此温度变化导致粘胶形变波动大。当热压同一层胶纸时，由于辊速分布不均匀，沿 X 方向胶温分布不均匀，粘度活化能力小的粘胶厚度不均匀程度小。

（4）纸的渗透性对胶层厚度的影响

纸的纤维密实性不同，会导致不同的孔隙率。显然，纤维密实的纸具有小的孔隙率，粘胶不易渗入，热压时胶层厚度变化较小。

从上述对影响粘胶形变的主要因素的分析，可以采用以下措施来改善粘胶厚度的均匀分布。

1）将长热压辊分成几段。工作台倾斜及叠层块上表面不平都会引起热压辊的压力变化，从而影响粘胶压应力的稳定。当热压辊较长时，上述影响更为显著。因此，将长热压辊分成几段，有助于改善粘胶压应力沿 Y 方向的分布均匀性。

2）调整热压辊与胶纸的接触弧长。影响胶温的三个重要参数是热源发热强度、热压辊运动速度和热压辊与胶纸的接触弧长。其中，面热源发热强度主要由热压辊内部发热源的功率决定，所以热压辊运行过程中，面热源发热强度可视为基本稳定。当制件方向的尺寸比较大时，可以调节热压辊增速、匀速、减速的过程，使得热压辊在热压胶纸时基本为匀速运动，促成胶温均匀分布；当制件 Z 方向的尺寸比较小时，由于热压辊的行程较短，热压胶纸时辊速不可能完全匀速，在此情况下，可以在热压时使工作台作微量浮动，促使胶温尽量均匀分布。工作台微量浮动的方法是，当热压辊增速热压时，工作台向上微微移动，增加热压辊的压力，增大热压辊与胶纸的接触弧长，补偿因辊速提高引起的胶温下降；当热压辊匀速运动时，工作台不动；当热压辊减速运动时，工作台微微下降，减小热压辊的压力，从而减小热压辊与胶纸的接触弧长，缓和因辊速下降引起的胶温上升。热压辊和工作台的这种联动控制能使热压过程中胶温基本稳定。

3）选用流动活化能较小的粘胶。热压时辊速分布不均匀，以及热压辊与胶纸接触弧长的变化会引起胶温分布不均匀，不同粘胶热压时的形变对胶温的变化的响应不同。流动活化能大的粘胶其粘度随温度变化的斜率大，胶温变化引起的粘胶塑性形变大，因此制件中粘胶厚度不均匀程度大。所以，应该选用流动活化能较小的粘胶，它的变形随胶温的改变而变化幅度较小，胶厚分布比较均匀。

2. 成型材料的热、湿变形的影响

加工过程中材料发生的冷却翘曲和吸湿生长，即热、湿变形，会表现为成型件的翘曲、扭曲、开裂等。热、湿变形是影响 LOM 工艺成型精度较为关键也是较难控制的因素之一。

LOM 工艺的成型材料主要为涂覆纸，存在因热压板热压和激光切割时传递给零件的热量而引起的热变形，因为纸和热熔胶的热膨胀系数相差较大，加热后胶迅速熔化膨胀，而纸的变形相对较小，在冷却过程中，纸和胶的不均匀收缩，使成型件产生热翘曲、扭曲变形。废料小方格剥离后，成型件的热内应力还会引起某些部位开裂。

LOM 成型件是由复合材料叠加而成的，其湿变形遵守复合材料的膨胀规律。实验研究表明，当水分在叠层复合材料的侧向开放表面聚集之后，将立即以较大的扩散速度通过胶层界面，由较疏松的纤维组织进入胶层，使成型件产生湿胀，损害连接层的结合强度，导致成型件变形甚至开裂。

通过改进热熔胶的涂覆方法、改进成型件的后处理方法及根据成型件的热变形规律，预先对 CAD 模型进行修正，可减少热、湿变形对成型精度的影响。

3. 工艺参数设置的影响

LOM 在制作原型件时，整个成型过程是自动完成的，但 LOM 成型件的精度与操作者的知识及经验有着很大的关系，需要对系统工艺参数进行精确设置。

多功能快速成型设备 LOM 工艺的标称精度为±0.1 mm/100 mm，而美国 Helisys 公司的 LOM-2030 H 系统的标称精度为 X 和 Y 方向 0.1%，Z 方向 0.2%。实际上由于 LOM 工艺固有的特点，LOM 制件在成型后的数小时内在 Z 方向上会有 1%～2%的尺寸回弹，为了控制成型件的精度，需要在设定系统参数时对该因素进行修正。

分层实体制造中需利用激光束经聚焦后来切割薄层材料（如纸张），激光光斑具有一定的直径（0.1～0.3 mm），而切片软件产生的截面轮廓线是激光束的理论轨迹线，激光束可看作数控加工中的刀具，其光斑需要进行半径补偿，尤其当激光光斑半径比较大时，半径补偿就更为必要，否则它将直接影响切片截面轮廓线的精度，从而影响整个成型件的精度。因此，在激光切割过程中，激光光斑中心的运动轨迹不能是实体截面的实际轮廓线，而应根据轮廓线边界的内外性，使光斑中心向内边界的内侧或外边界的外侧偏移一个光斑半径的距离，这个偏移就是对激光光斑的半径补偿。

在 LOM 工艺参数设置方面，还需要着重考虑切割速度与激光输出功率的实时匹配问题。在实际加工过程中，每层轮廓线的切割加工都是由激光束与薄层材料相互作用完成的，由于激光束作用在薄层材料上的能量不均匀，会导致粗细不均的轮廓线，使得截面上有些轮廓线没有被切断，而另一些却出现“过烧”现象。前者使废料小方格与成型件实体不易分离，影响原型的表面质量；而后者在轮廓“过烧”处的尺寸将出现较大的偏差，从而影响原型的尺寸精度，另外“过烧”还会对前一层已成型的纸进行切割，严重时会切透，产生过切割，因而也影响原型的表面质量。

所以，只有切割速度和激光的输出功率较好地匹配，才能保证不因激光的输出功率过高而导致材料的“过烧”，或激光的输出功率过低而使材料切不透，从而保证良好的切割质量。

影响 LOM 原型成型质量的因素很多，除了扫描速度与激光功率外，主要的还有成型材料本身的物理、化学性质，成型时热压辊的温度、压力以及热压速度。因此，要在大程度上提高 LOM 原型的质量，应该对各参数对 LOM 原型的成型质量的影响进行比较全面的研究，由此才能建立适用性更广的控制模型，并且设计的参数匹配控制系统将在更大范围内适用。

7.6 典型应用

LOM 成型技术自美国 Helisys 公司于 1986 年研制开发以来，在世界范围内得到了广泛的应用。它虽然在精细产品和塑料件等方面不及 SLA 具有优势，但在比较厚重的结构件模型、实物外观模型、砂型铸造、快速模具母模、制鞋业等方面，其应用具有独特的优越性，并且 LOM 技术制成的制件具有很好地切削加工性能和粘结性能。

1. 产品模型的制作

(1) LOM 制作车灯模型

随着汽车制造业的迅猛发展，车型更新换代的周期不断缩短，导致对与整车配套的各主要部件的设计也提出了更高的要求。其中，汽车车灯组件的设计，除了要求在内部结构满足装配和使用要求外，其外观的设计也必须达到与车体外形的完美统一。车灯设计与生产的专业厂家传统的开发手段受到了严重的挑战。

快速成型技术的出现，较好地迎合了车灯结构与外观开发的需求。图 7-32 所示为某车灯配件公司为国内某大型汽车制造厂开发的某型号轿车车灯 LOM 原型，通过与整车的装配检验和评估，显著提高了该组车灯的开发效率和成功率。

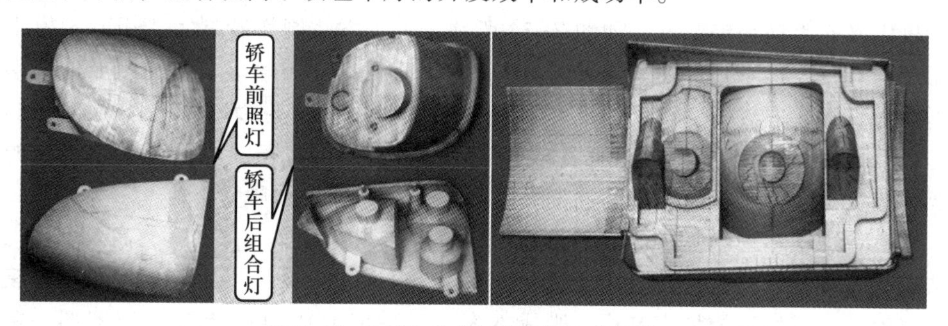

图 7-32 LOM 工艺打印的轿车车灯模型

（2）LOM 制作鞋子模型

当前国际上制鞋业的竞争日益激烈，而美国 Wolverine World Wide 公司无论在国际还是美国国内市场都一直保持着旺盛的销售势头，该公司鞋类产品的款式一直保持着快速的更新，时时能够为顾客提供高质量的产品，而使用 PowerSHAPE 软件和 Helysis 公司的 LOM 快速原型加工技术是 Wolverine World Wide 公司成功的关键。设计师们首先设计鞋底和鞋跟的模型或图形，如图 7-33 所示，从不同角度用各种材料产生三维光照模型显示。这种高质量的图像显示使得在开发过程中能及早地排除任何看起来不好的装饰和设计。即使前期的设计已经排除了许多不理想的地方，但是投入加工之前，Wolverine World Wide 公司仍然需要有实物模型。鞋底和鞋跟的 LOM 模型非常精巧，但其外观是木质的，为使模型看起来更真实，可在 LOM 表面喷涂可产生不同效果的材质。每一种鞋底配上适当的鞋面后生产若干双样品，放到主要的零售店展示，以收集顾客的意见。根据顾客反馈的意见，计算机能快速地修改模型，然后根据需要可再产生相应的 LOM 模型和式样。

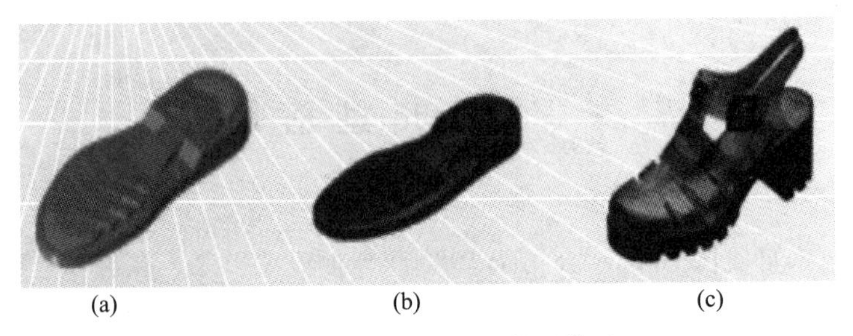

(a)　(b)　(c)

图 7-33　LOM 打印的鞋子模型

2. 快速模具的制作

LOM 原型用作功能构件或代替木模，能满足一般性能要求。若采用 LOM 原型作为消失模，进行精密熔模铸造，则要求 LOM 原型在高温灼烧时发气速度要小，发气量及残留灰分等也要求较低。此外，采用 LOM 原型直接制作模具时，还要求其片层材料和粘结剂具有一定的导热和导电等性能。

在铸造行业中，传统制造木模的方法不仅周期长、精度低，而且对于有些形状复杂的铸件，例如叶片、发动机缸体、缸盖等制造木模困难。数控机床加工设备价格高昂，模具加工周期长。用 LOM 制作的原型件硬度高、表面平整光滑、防水耐潮，完全可以满足铸造要求。与传统的制模方法相比较，此方法制模速度快、成本低，可进行复杂模具的整体制造。

某机床操作手柄为铸铁件，如图 7-34 所示，人工方式制作砂型铸造用的木模十分费时困难，而且精度得不到保证。随着 CAD/CAM 技术的发展和普及，具有复杂曲面形状的手柄的设计直接在 CAD/CAM 软件平台上完成，借助快速成型技术尤其是叠层实体制造技术，可以直接由 CAD 模型高精度地快速制作砂型铸造用的木模，克服了人工制作的局限和困难，极大地缩短了产品生产的周期并提高了产品的精度和质量。

汽车工业中很多形状复杂的零部件均由精铸直接制得，如何高精度、高效率、低成本地制造这些精铸母模是关键。采用传统的木模工手工制作，对于曲面形状复杂的母模，效率低、精度差；采用数控加工制作，则成本太高。采用 LOM 工艺制造汽车零部件精铸母模，生产效率和尺寸精度高。图 7-35 所示为采用 LOM 工艺制造的奥迪轿车刹车钳体精铸母模的原型，其尺寸精度高，尺寸稳定不变形，表面粗糙度值低、线条流畅，完全达到并超过了精铸母模质量验收标准，并精铸出金属制件。

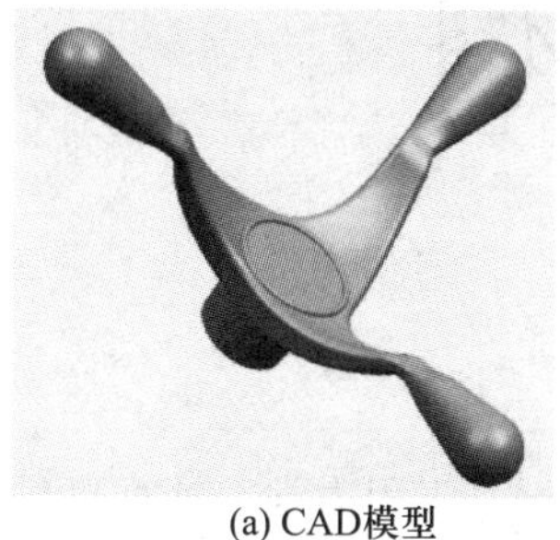
(a) CAD模型

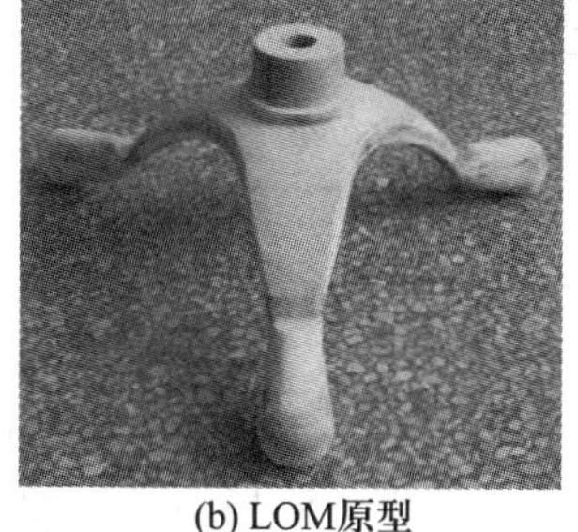
(b) LOM原型

图 7-34　手柄铸铁件的 3D 模型及 LOM 打印的木模

图 7-35　奥迪轿车刹车钳体精铸母模的 LOM 原型

3. 工艺品的制作

太极球的 3D 打印是典型的利用 3D 打印方法快速、方便地制造概念模型零件的实例。它是为方便、牢固地连接杆件面设想的一种连接方式，其接合面完全是由锥面通过复杂的旋转构成的，X、Y、Z 三个方向中任何一个轴的加工误差将影响其无缝连接效果，故这也是检验 3D 打印和数控加工总体精度最直观、最简单的方法。如果采用铣削工艺时，这种零件需要多轴数控铣床进行加工，加工费用高昂，工时较多。利用 LOM 工艺制造时，成型件内应力很小，不易变形。只要处理得当，不易吸温，尤其是其精度高，表面粗糙度值低，可以保证两个太极半球精确扣合的设计要求，如图 7-36 所示。

图 7-36　LOM 工艺制作的太极球

思考与练习

1. 简述分层实体制造的原理。
2. 简述 LOM 成型的工艺过程。
3. 简述表面涂覆的工艺过程。
4. 简述 LOM 成型工艺的优、缺点。
5. LOM 工艺成型质量的影响因素有哪些？

第8章 生物打印工艺及材料

生物三维打印是近年来随着电子学、材料学、工程力学、计算机科学技术等多种学科的进步而发展起来的一门高科技新型学科，是生命科学与现代制造科学的新兴交叉学科，是保障人类身体健康、促进医学医疗水平进一步发展的基础。

8.1 概　　述

20世纪末，3D生物打印作为生物医药领域的新方向开始逐渐发展起来，如图8-1所示。与普通三维打印技术原理相似，生物三维打印技术也是一种基于离散堆积原理的制造技术，但其操作的对象主要是细胞、生物材料、生长因子等。1986年，Charels Hull申请了基于液态光敏树脂材料的光固化技术，同年毕业于美国德克萨斯大学奥斯汀分校的Carl Deckard研发出了选区激光烧结技术。这两种技术被视为3D打印的鼻祖之作，广泛应用于组织工程和再生医学。1999年，维克森林再生医学研究院的Anthony Atala团队使用铸模方式制作了第一个人类膀胱合成支架，并涂覆了从患者提取的细胞。虽然没有使用3D打印技术制造支架，但这提出了生物制造器官的概念。

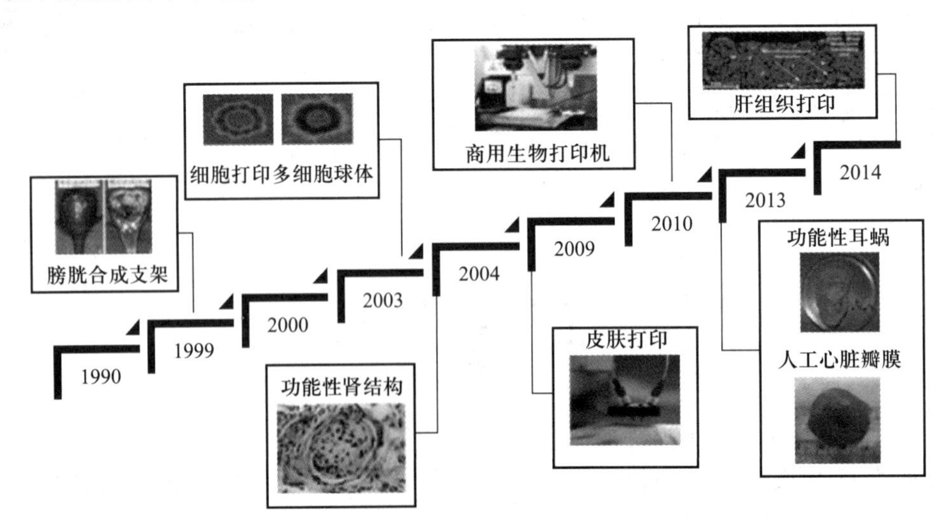

图8-1　生物打印发展里程碑事件

生物打印技术的概念最早由美国南卡罗大学的 Vladimir Mironov 等在 2003 年提出，在他们探索研究的过程中发现将小鸡的胚胎心管切割为独立的心肌细胞环，如图 8-2a 所示，将细胞环密集的排列在环形支架上，经过一段时间培养后可融合形成类似于血管的管状结构，如图 8-2b 所示。他们将生物打印定义为一种材料加工方法，用生物材料（分子、细胞、组织和生物可降解材料）图案化组装出设定的结构，以实现一种或多种生物功能。Boland 在同年应用改造的这台打印机进行牛主动脉血管内皮细胞和由荧光素标记的牛血清蛋白的打印，结果发现打印后的血管内皮细胞和血清蛋白仍有活性，这次试验首次实现了对活细胞和生物材料的成功打印，揭开了“生物打印”组织的序幕。

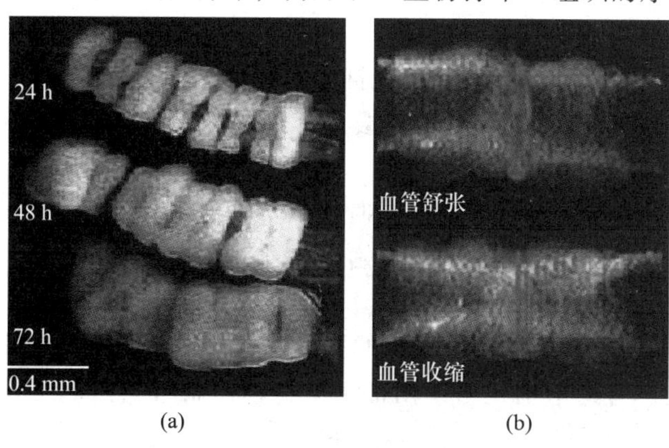

图 8-2 独立心肌环的粘结实验图

经过十几年的发展，现有的生物打印机不再局限于单一的细胞和生物材料的打印，可以实现多细胞、多材料的同步打印，生物打印主要是利用三维打印机体外构建具有细胞活性的三维结构体，如图 8-3 所示，主要分为数据获取、生物墨水制备、打印、体外培养

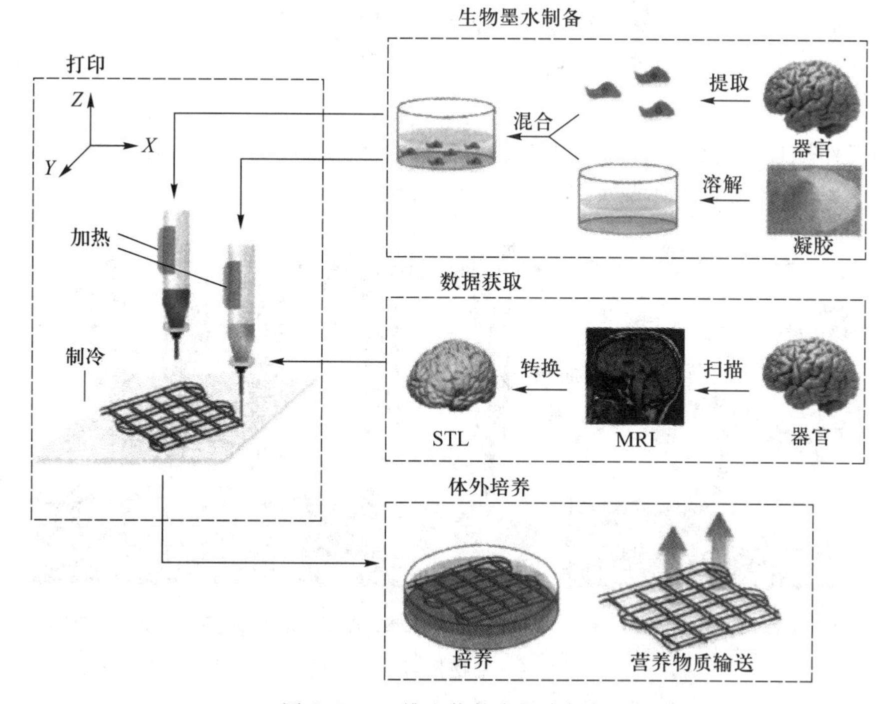

图 8-3 三维生物打印基本框架

四个部分。首先，通过扫描一个真实的器官得到 CT 或 MRI 数据，然后将这些数据通过专业的软件转换成 3D 打印机可以读取的文件格式，例如 STL 文件；其次，从器官中提取或者体外培养所需打印的细胞，与生物水凝胶按一定比例混合后制成生物墨水；再次，根据模型数据，通过相应的 3D 打印装置将生物墨水沉积成三维结构；最后，体外培养打印成型的结构，以获得有功能的组织。

打印细胞远比打印一般的三维模型困难得多，在生物打印过程中，有三个关键的难题：一是寻找合适的凝胶材料，将细胞包裹起来打印成型；二是组织打印成型后，如何对细胞输送营养，实现体外培养；三是在培养过程中，如何调控培养环境使得独立的细胞个体融合成有功能的组织或器官。

相较于传统组织工程研究方法，生物打印的主要优点有：

1）精准的三维图像处理平台，可依据实际需求制造合适的器官或组织，在医疗领域实现个性化定制。

2）可采用多喷头阵列同时打印，同时使用不同种类的细胞、生长因子和生物材料，按照组织具体组成比例在打印过程中精确控制组成材料和细胞，更有利于三维支架的构建。

3）分辨率高，可精确定位生物墨水的挤出位置并控制墨水的挤出量，实现定位、定量、定点打印控制，有助于构建组织内部微结构，控制组织内部生长所需的生长因子含量，从而实现局部生长发育。

4）打印速度较快，能够在很短的时间内制造生物器官或组织，保证细胞的存活率，促进再生医学方面的发展。

8.2　成型原理及工艺

基于工作原理，可将生物打印技术分为三种：激光生物打印、喷墨生物打印、挤出沉积生物打印，如图 8-4 所示。

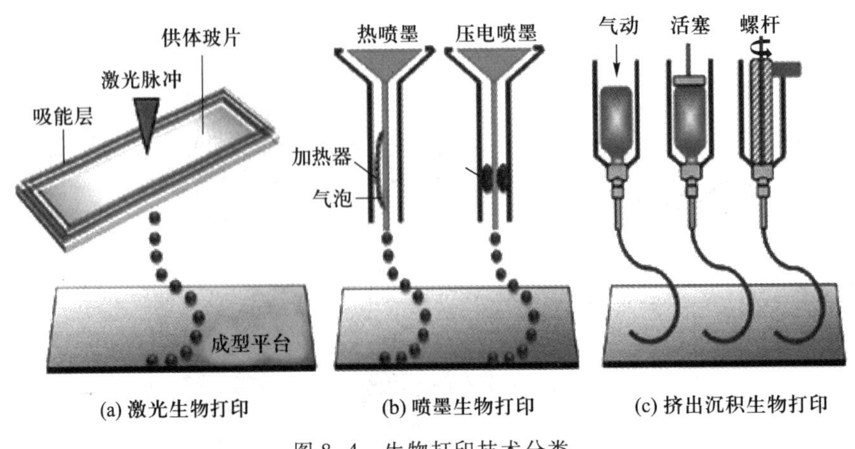

图 8-4　生物打印技术分类

8.2.1 激光生物打印

激光生物打印技术主要利用激光对微量物质的光镊效应和热冲击效应来沉积细胞液滴。根据所采用的细胞沉积原理，激光打印可分为激光诱导直写（Laser Guided Direct Writing，LGDW）和激光诱导转移（Laser Induced Forward Transfer，LIFT）两种不同技术。

LGDW 技术由 Renn 等在 1999 年提出，其原理是利用激光束对细胞的作用力沉积细胞。当一束激光作用于细胞或含细胞的液滴时，可在平行于激光束和垂直于激光束的两个方向上产生分力，从而使细胞在水平和垂直方向上移动，如图 8-5a 所示。LIFT 技术利用激光对材料的热冲击进行微量材料的转移。当一束激光透过透明基体并聚焦在薄膜和基体之间的界面处时，由于激光与被转移材料的相互作用，微量的薄膜材料被迫离开基体并沉积在基体下方的接收层，如图 8-5b 所示。

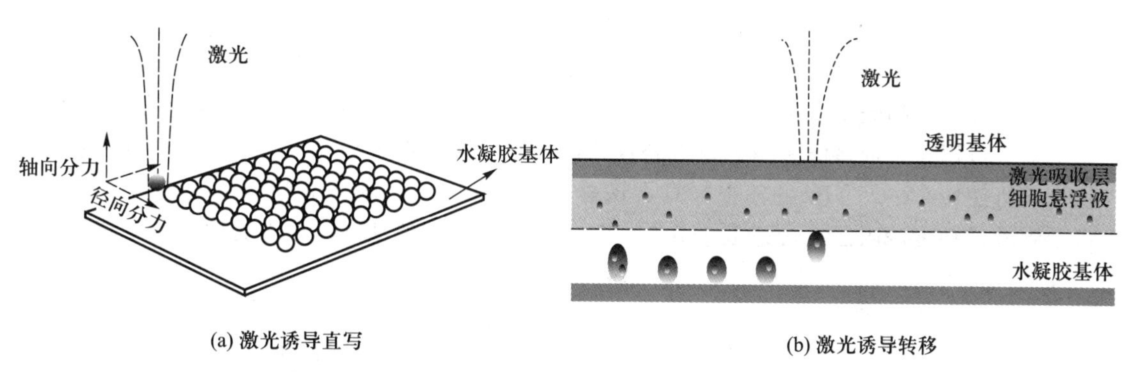

(a) 激光诱导直写 (b) 激光诱导转移

图 8-5 激光生物打印技术

激光生物打印的主要优点有：① 激光打印技术的无喷嘴、无针管可以有效地解决打印过程中出现的喷嘴堵塞问题；② 激光打印不同于针筒式的打印方法，可以同时沉积不同材料和细胞，保证细胞的精确排布，同时可以将多种生物材料和细胞打印在不同的培养基体上，从而防止细胞的污染及培养基体的损伤；③ 激光打印分辨率较高，非接触式的制造方式不会对细胞造成机械损伤，所以细胞具有很高的活性，后期检测细胞活性可达 90%以上，细胞密度可达 1×10^{8} ml^{-1}；④ 可打印高粘度生物材料，适用的材料范围广泛。

激光生物打印虽然具有较多优势，但大部分研究还停留在理论阶段，目前限制其广泛应用的原因主要有：① 打印效率较低，制造时间长，无法达到实现构建组织的生产要求；② 基于激光原理的打印机成本较高，缺乏商业的打印设备；③ 产生的微滴的重复性还需进一步研究；④ 激光打印在第三维方向上的打印具有局限性，要实现异质性组织结构打印，需要扩展第三维方向的打印功能。

8.2.2 喷墨生物打印

喷墨生物打印技术自 20 世纪初引入以来得到了快速发展，是最早运用于生物打印的技术。它采用非接触的打印技术将计算机中组织器官的数字模型，利用生物墨水（由细胞、细胞培养液或凝胶前驱体溶胶三者的混合体构成）复现在基板上。目前喷墨生物打印技术主要分为两类：压电喷墨打印技术和热喷墨打印技术。

热喷墨打印的原理是利用电加热元件（如热电阻）喷射液滴。打印时，加热元件可在几微秒内迅速升温，促使喷嘴底部的油墨汽化形成气泡，气泡形成时所产生的压力使一定量的墨滴克服表面张力被挤压出喷嘴，如图8-6a所示。一些研究已经证明，这种局部加热的范围可以从200 ℃到300 ℃，无论是对生物分子（如DNA的稳定性）或哺乳动物存活、打印后功能等没有实质性的影响。短时间加热导致的打印机喷头墨滴整体温度上升只有4~10 ℃。热喷墨打印机的优点包括打印速度高、成本低和应用广泛。但是，热喷墨打印时细胞和材料具有承受热应力和机械应力的风险，液滴的方向性差，液滴大小不均匀，喷嘴经常堵塞，细胞封装不稳定。

压电喷墨打印的原理是利用压电陶瓷材料的伸缩形变行为喷射液滴。将多片压电陶瓷片层叠放在打印机的喷嘴附近，在电压作用下压电陶瓷发生形变，使喷嘴中的墨水喷射出去，如图8-6b所示。可以通过调整压电陶瓷驱动电压的参数，如脉冲、持续时间、幅值等，控制喷射墨滴的尺寸和频率。压电式喷墨打印机可获得均匀的液滴尺寸，并能控制液滴的喷射方向，能够避免细胞暴露于高温和高压环境。此外，用一个开放的喷嘴喷射系统可减少施加在喷嘴壁上细胞的剪切应力，降低对细胞活力和功能的影响，避免喷嘴堵塞。压电喷头可以组合成多喷头阵列形式，便于同时打印多种细胞和材料。但是，压电喷墨生物打印机使用15~25 kHz的频率，具有诱导细胞膜损伤和裂解的潜在问题。喷墨打印机也受到材料粘度的限制，最好低于0.01 Pa·s，因为过高的粘度需要更大的喷出压力。

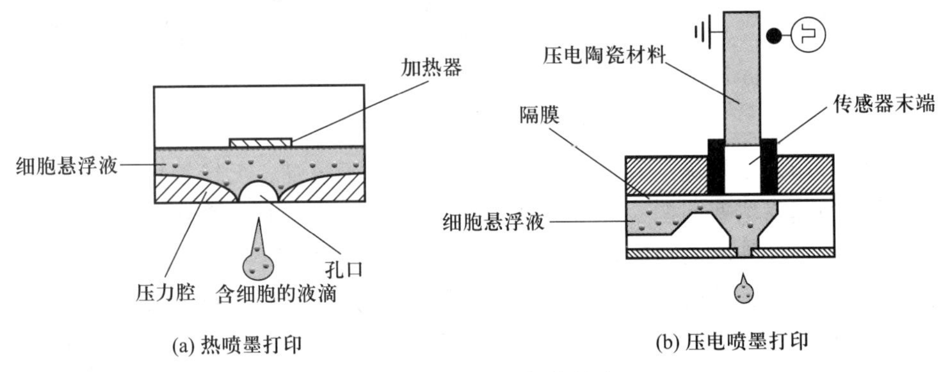

图8-6　喷墨生物打印技术

喷墨生物打印共同的缺点有：① 生物材料必须以液体的形式形成液滴，最终打印的液体必须形成坚实的三维结构，并具有详细的组织结构和功能。多项研究表明，这种限制可以通过打印可交联的材料，在打印后通过物理、化学、pH值或紫外线的机制交联。然而，交联往往要求减缓生物打印过程，这涉及天然细胞外基质材料的化学改性以及材料特性的变化。此外，一些交联机制要求的产品或条件会对细胞产生毒性，从而导致组织活力和功能的下降。② 喷头直径过小，容易引起细胞沉淀和聚集，限制了细胞高密度打印，难以实现生物学的细胞密度。通常，较低的细胞浓度（小于10^7 ml^{-1}）用于液滴的形成，以避免喷嘴堵塞，减少剪切应力。高浓度细胞可能会抑制水凝胶的交联机制。

喷墨生物打印技术的主要优点有：① 成本低，打印分辨率高，打印速度快，适合大型器官制造；② 可以通过集成多个喷嘴来同步打印细胞、生长因子、生物材料等，并能在整个三维结构中通过改变材料密度或液滴大小，按浓度梯度进行打印，有望构建出异质性组织和器官；③ 喷墨打印为非接触打印，喷头与培养液相互分离，防止在打印过程中喷头与培养液的交叉感染，可以在固体、水凝胶和液体上面打印，对打印表面无平整性要求，有利于原位打印；④ 喷墨打印控制液滴体积比较小，与单个人体细胞尺寸相近，可以对单个细胞进行精细操作。

8.2.3 挤出沉积生物打印

目前常用且性价比高的三维生物打印技术均采用挤出沉积原理，硬件系统包括注射器、喷头和挤出系统，被认为是最有可能制造可临床使用的三维组织或器官的方法。挤出沉积生物打印可打印出连续的线条而非液滴。水凝胶、生物相容性材料和细胞球体等多种材料均可用挤出沉积生物打印机进行打印。该打印技术通过机械挤出的方式，将包裹细胞的水凝胶材料打印到预设的特定位置。常用挤出沉积生物打印技术分为三种：气动式、活塞式和螺杆式，如图 8-7 所示。

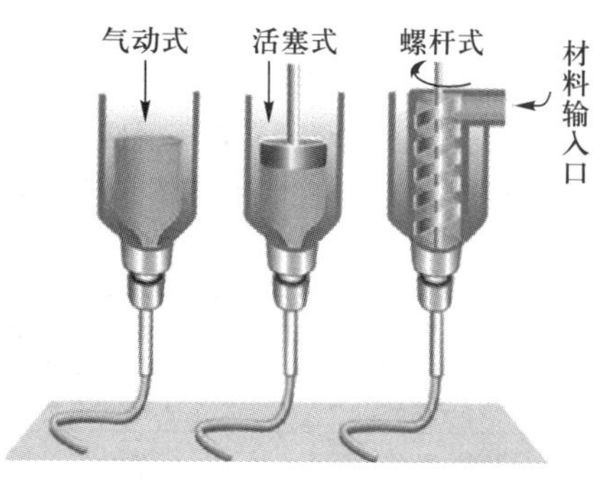

图 8-7 挤出沉积生物打印技术分类

气动挤出沉积生物打印系统如图 8-8 所示，通过气压控制，将生物材料挤出沉积出来。沉积过程中，细胞封混在生物材料溶液中，以线条形式精确沉积形成理想的三维结构。气动挤出生物打印系统中的压缩气体会产生滞后现象，而活塞式生物打印机则直接控制材料的挤出。螺杆式生物打印机可打印粘度相对更高的材料，因而打印出的三维物体的空间结构更为稳定。目前已有机构研制出多喷头挤出沉积生物打印系统，能够同时沉积细胞和多种生物材料，如图 8-9 所示。

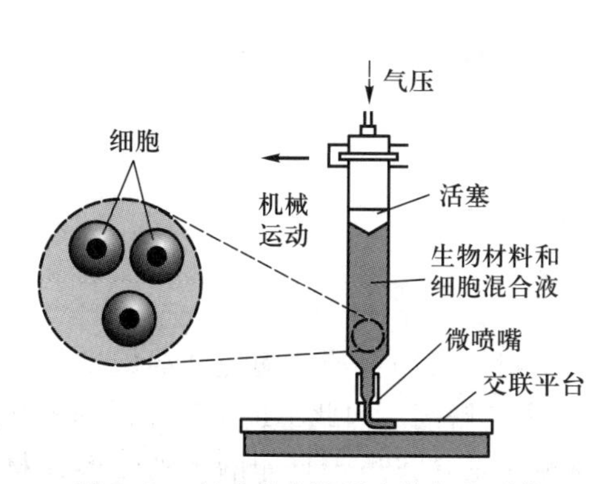

图 8-8 气动挤出沉积生物打印系统

图 8-9 多喷头挤出沉积生物打印系统

挤出沉积生物打印的主要优点是具有打印高密度细胞的能力，可满足生物打印组织工程器官目标的需要。粘度范围为 $(0.03\sim6)\times10^{7}$ mPa·s 的生物相容性材料均适用于挤出沉积生物打印机。其中，打印高粘度材料作结构支撑，低粘度材料用于维持细胞活性及功能。一些研究甚至只用细胞成分微挤压成型创建三维组织结构。

挤出沉积生物打印的细胞存活率低于喷墨生物打印，细胞存活率的范围为40%~86%，且细胞存活率还会随着挤出压力的增大和打印针头直径的减小而降低。细胞存活率下降可能与粘性流体造成的剪切应力过大有关。分配的压力可能会比喷嘴直径对细胞存活率的影响更大。采用气动式和活塞式生物打印机打印出的细胞，其存活率更高，且打印过程对细胞分化没有显著影响，而螺杆式生物打印机由于其较大的挤压力可能损伤细胞的活性。

现在，市场上销售的三维生物打印机均是基于挤出沉积原理，如美国 Organovo 公司的 NovoGen MMX 生物打印机、德国 EnvisionTEC 公司的 3D-Bioplotter 打印机、美国 Cornell 大学研发的 Fab@ Home 打印机、美国 Drexel 大学孙伟教授研发的直写式三维生物打印机、杭州捷诺飞生物科技股份有限公司的 Regenovo 3D Bio-Architect 生物打印机等。目前研发出的很多组织结构（如心脏瓣膜、树枝状血管）及用于动力学研究的体外肿瘤物等，均通过挤出沉积生物打印机制造。

三种生物打印技术的比较如表8-1所示。

表8-1 三种生物打印技术对比

特性	激光生物打印	喷墨生物打印	挤出沉积生物打印
材料粘度/(mPa·s)	1~300	3.5~12	$(0.03\sim6)\times10^{7}$
交联机理	化学、光交联	化学、光交联	化学、光交联、剪切力、温度
打印速度	中速	快	慢
分辨率或液滴大小	>20 μm	50~300 μm	100 μm~1 mm
细胞存活率	90%	85%	40%~86%
细胞密度	中，1×10^{8} ml^{-1}	低，1×10^{6} ml^{-1}	高，细胞球体
打印机成本	高	低	中等

8.3 成型材料

8.3.1 生物打印材料性能要求

最初，3D打印技术并非应用于生物领域，而主要用于打印金属、陶瓷和热塑性聚合物等。在此打印过程中，常用到有机溶剂、高温或有毒交联剂，因此不适于打印活细胞和生物相容性材料。对于三维生物打印而言，最大的挑战是寻找适于打印的生物相容性材料，既要适于三维生物打印，又要满足组织工程支架的机械强度、功能性等方面的要求。

随着医用生物材料种类的增加，打印材料的理想特性更加具体和复杂。材料必须有适当的交联机制以促进打印，必须具有良好的生物相容性适于长期移植，并必须有适当的膨胀特性和短期稳定性。短期稳定性需要保持初始力学性能，确保组织结构如孔、通道和网格等不崩溃。在体内发育的生物打印组织，应通过重塑促进细胞形成结构并满足生理需求。最重要的是，材料必须支持细胞附着、增殖和功能。以下详细介绍生物打印材料的性能要求。

1. 打印适用性

生物打印材料的一个重要性能是可以精确地按照所需的空间和时间控制打印。如：喷墨生物打印技术要求材料粘度在一定范围内，且要求材料快速交联以利于形成复杂的三维结构；挤出沉积生物打印技术需要特定的交联材料或剪切稀化特性，将高粘度材料打印后保持三维形态，完成原型制作后进行交联。

虽然打印后细胞活力主要基于打印机的规格，但是材料的选择也影响打印过程中的细胞活性。热喷墨生物打印和激光生物打印技术均需要加热材料以完成打印，低热导率的材料或者具有保护细胞膜功能的材料可以增加打印后细胞的活力和功能。研究表明，喷墨生物打印细胞存活率通常为 85%，挤出沉积生物打印的细胞存活率通常为 40%~86%，激光生物打印的细胞存活率高达 90%。

2. 生物相容性

随着组织工程技术的出现，生物相容性的目标已经发生了变化，从需要植入材料与内源性组织并不发生任何能够影响局部或全身的反应，到要求植入材料允许宿主产生积极理想的效果。生物打印的生物相容性包括主动可控的生物学和功能结构、内源性组织和免疫系统的相互作用、支持适当的细胞活性和有利于分子或机械信号系统。生物相容性是生物打印原型成功植入和行使功能必不可少的性能要求。

3. 降解动力学及副产物

随着支架材料的降解，嵌入的细胞分泌蛋白酶，随后逐渐分泌细胞外基质蛋白，构建新的组织。材料的降解动力学必须可控。降解有几个方面需要考虑：第一，控制降解速率的能力，理想的匹配率是随着细胞分泌细胞外基质蛋白逐渐替代降解材料。这具有挑战性，因为对于一个特定组织，具有合适功能和力学性能的可降解材料不可能与细胞成分的能力一致。第二，降解产物也很重要，因为它们通常决定了可降解材料的生物相容性。降解产物应无毒，容易代谢并可从体内迅速清除。毒性产物包括小蛋白质分子或者病理性 pH 值、温度或其他因素，可以对细胞活力和功能产生不良影响。例如，一些大分子聚合物，最初的惰性可以分解成低聚物或单体，可被细胞识别进而引起炎症和其他有害的影响。第三，制造组织工程产品也需要特别关注材料的膨胀和收缩特性。过度的材料膨胀可能会导致吸收周围组织液，收缩可能导致孔隙或官腔的闭合，它们对于细胞迁移和营养供应是必不可少的。此外，还要了解应用多种材料打印时，不同的膨胀或收缩行为可能导致层间完整性的损失或最终结构的变形。

4. 结构和力学性能

生物打印材料必须满足一定的力学性能，才能维持三维打印结构的完整性。材料必须基于打印结构力学性能的需要进行选择，不同组织类型需要不同的材料结构，包括皮肤、肝脏、骨骼等。降解性材料可以用于生物打印的交联剂，起到维持打印原型三维结构的作用，在内源性材料能充分行使功能时完全降解。使用降解材料作为交联剂时，必须注意设计材料的结构和降解性能，同时避免潜在的异物反应或毒性降解副产品。

5. 材料仿生

结合生物仿生成分的生物打印结构影响内源性和外源性细胞迁移的活性、增殖和功能。材料对细胞粘附以及细胞的大小和形状有很大的影响，这些原理对于控制支架中细胞的增殖和分化是有用的。添加材料的表面配体具有增加细胞对材料的附着和增殖的能力；纳米结构，如台阶和凹槽的存在影响细胞附着、增殖和细胞骨架重组；组织工程结构的三维环境可以影响细胞的形态和分化；纳米材料的特性会影响细胞粘附、细胞定位、细胞运动、细胞表面抗原显示、细胞骨架聚合和调节细胞内的信号传导通路的转录活性和基因表达。

具有特定生理功能的工程材料的仿生学方法需要理解组织特异性成分的自然生成和细胞外基质成分的定位。去细胞组织工程方法的研究可提供完整的细胞外基质支架并详细分析细胞外基质成分、定位及生物学功能。这个过程包括裂解和去除组织细胞成分，通常是通过灌注去离子水或温和的洗涤剂，而留下组织特异性细胞外基质。使用生物打印方法复制细胞外基质支架的能力在组织工程和再生医学中具有重要意义。脱细胞组织的挑战包括完全去除细胞成分与维持细血管和其他组织结构之间的平衡。此外，已观察到脱细胞组织支架具有细胞毒性，可能是存留的少量脱细胞洗涤剂引起的。

在哺乳动物中，有超过300种细胞外基质蛋白以及多个细胞外基质修饰酶，细胞外基质结合生长因子和其他细胞外基质相关蛋白。最为了解的蛋白质是胶原蛋白、蛋白多糖和糖蛋白。这些蛋白质提供组织强度和空间填充功能，结合生长因子，调节蛋白复合物，促进细胞的粘附，参与细胞信号转导和更多的功能。无支架生物打印方式是另一个有趣的仿生学概念。随着细胞产生和沉积组织特异性细胞外基质，生物打印自组装的细胞球体可能产生最适合自己功能的细胞外基质环境。使用动态细胞外基质材料进行三维打印需要进一步控制细胞行为。挑战在于使用生物打印技术将这些材料构建为组织结构，需要确保该材料具有适宜的降解时间及副产物，具有可控的结构及生物学效应。

8.3.2　常用的生物打印材料

水凝胶材料适于三维生物打印，又满足组织工程支架的机械强度、功能性等方面的要求，作为一种细胞友好型材料，在生物制造领域被称为“生物墨水”。

水凝胶内部的亲水基团或亲水分子链，在水中通过物理、化学交联的方式聚合形成网络状结构。由于水凝胶水溶性和溶胀性较高，可通过生物打印方式构建组织工程支架，因此得到了研究者的高度关注。水凝胶分类的标准有很多，如来源、交联方式和降解能力等。根据水凝胶的来源分为天然水凝胶和合成水凝胶，以下主要介绍几种常用的水凝胶及其优、缺点。

1. 天然类水凝胶

(1) 胶原蛋白（Collagen）

胶原蛋白是一种生物活性蛋白，是生物体细胞外基质的主要成分，也是哺乳动物组织中含量最多、分布最广的一种功能性蛋白，被广泛应用于生物医学领域。胶原蛋白有20多种类型，但基本结构相同，三种多肽链由氢键和共价键作用形成一种三股螺旋结构，常见类型为Ⅰ型、Ⅱ型、Ⅲ型、Ⅴ型和Ⅺ型，Ⅰ型胶原蛋白主要分布于皮肤、肌腱等组织，具有良好的生物相容性和生物降解性。通过物理或化学交联方式形成水凝胶，可包裹细胞用于三维生物打印。

（2）明胶（Gelatine）

明胶是胶原蛋白的部分水解产物，没有固定的化学结构且相对分子质量分布较宽。经化学预处理后的胶原蛋白在高温作用下发生结构重组，胶原分子的螺旋结构转变为线性结构，变成可溶性的明胶，并可在一定温度条件下发生凝胶化。相比胶原蛋白，明胶的抗原性更低。明胶分子上可修饰甲基丙烯酸基团，制备形成甲基丙烯酸明胶（GelMA）光敏性水凝胶，被广泛应用于生物打印领域。

（3）纤维蛋白（Fibrin）

纤维蛋白源于血浆，由于其免疫原性低而被用作细胞载体和可注射体内支架。含有凝血酶和纤维蛋白原的纤维蛋白溶液通常用作胶水，在手术中用来止血。另外，纤维蛋白可用作皮肤支架、同时传递外源生长因子，极大地缩短了伤口愈合的时间。

（4）海藻酸钠（Sodium Alginate）

海藻酸钠源自海藻和细菌，是一种低毒性、成胶条件温和的天然多糖，在药物控释和组织工程等领域被广泛应用。海藻酸钠（$C_6H_7O_6Na$）$_n$，是由 β-D-甘露糖醛酸（M 单体）和 α-L-古洛糖醛酸（G 单体）依靠 β-1,4-糖苷键形成的交替共聚物或嵌段共聚物。结构单元中 G、M 单体的数目和分布，与海藻的品种、生长地点和年龄有关。海藻酸钠水凝胶是由双价离子键连接 G 单体形成交联网络结构，通过改变聚合物链上 G、M 单体的相对分子质量和比例，调控交联密度和机械强度。需要注意的是，离子交联的海藻酸钠水凝胶降解速率并不均一，而是缓慢、随机地溶解。通过离子交联的海藻酸钠水凝胶，在三维生物打印中被广泛使用。

（5）琼脂糖（Agarose）

琼脂糖是一种线性的多聚物，基本结构是 1,3-β-D-半乳糖和 1,4-3，6-内醚-L-半乳糖交替连接起来的长链。其在水中一般加热到 90 ℃以上溶解，温度下降到 35～40 ℃时形成良好的半固体状的凝胶。它结构稳固，具有成胶温度滞后性，易吸收水分，在生物打印领域，以琼脂糖纤维作为人工血管的模板制造出人工血管。

（6）壳聚糖（Chitosan）

壳聚糖又称脱乙酰甲壳素，主要来源于壳贝类生物如虾类和螃蟹。它是由 N-葡萄糖胺和 N-乙酰-葡萄糖胺结构单体构成的无规共聚物，也可诱导形成嵌段共聚物。壳聚糖在体内可由酶水解，类似于聚糖胺结构降解，降解速率反比于壳聚糖的结晶程度。一般而言，N-乙酰-葡萄糖胺结构单体数目低于 50%称为壳聚糖，其溶解于 1%乙酸或盐酸的溶液，可以在 pH 值升高的条件下成胶。由于这种天然高分子的优良生物相容性、血液相容性和可降解性等性能，被应用于促进凝血和伤口愈合、作为药物的缓释基质、人造组织和器官等。

（7）透明质酸（Hyaluronic Acid）

透明质酸（HA）的基本结构是由两个双糖单位（1,3）和（1,4）D-葡萄糖醛酸及 N-乙酰葡萄胺构成的糖胺线性多糖。它存在于所有哺乳动物体内，HA 以其独特的分子结构和理化性质在机体内显示出多种中药的生理功能，如润滑关节、调节血管壁的通透性和促进创伤愈合等。它的来源包括动物组织、微生物发酵和化学合成。但其形成的凝胶稳定性不强，通过引入葡聚糖、胶原蛋白和海藻酸钠形成复合凝胶可以改善其稳定性。

（8）丝素蛋白（Silk Fibroin）

养蚕取丝在中国已经有5 000多年的历史，蚕丝被誉为“纤维皇后”，一直用于纺织业。蚕丝纤维主要有丝胶蛋白包裹丝素蛋白所形成，其中丝胶蛋白占蚕茧的25%～30%。丝素蛋白（又称蚕丝蛋白）作为一种纯天然高分子材料，因其良好的力学性能、生物相容性和可降解性，在组织工程领域极具应用前景。

可以通过蚕茧或蚕丝制备出再生蚕丝蛋白溶液，加工成各种形态的材料。再生蚕丝蛋白溶液在一定外界条件下（如涡旋剪切、超声振荡、电场、酸性、温度或溶剂环境变化、浓缩等），可诱导或促进蚕丝蛋白分子链由无规线团构象转变为β-折叠构象而形成水凝胶。目前，已有许多关于蚕丝蛋白水凝胶生物三维打印的研究报道。Ghosh等在甲醇溶液中，直写式打印高浓度的蚕丝蛋白溶液，得到蚕丝蛋白支架。Jose等用蚕丝蛋白与甘油混合生物墨水，打印出人造血管结构。

2. 合成水凝胶

（1）聚羟乙基丙烯酸甲酯（Polyhydroxyethyl Methacrylate）

聚羟乙基丙烯酸甲酯（PHEMA）具有亲水性，能吸水形成水凝胶，通过羟乙基丙烯酸甲酯沉淀聚合形成交联网络结构。该水凝胶具有生物惰性，几乎不支持细胞增殖和蛋白质吸收。1960年末已在临床上作为植入材料，但植入体长时间在体内会发生钙化。

（2）聚乙烯醇（Polyvinyl Alcohol）

聚乙烯醇（PVA）源自聚醋酸乙烯酯的水解，是一种用途很广泛的水溶性高分子聚合物，可通过化学或物理交联、光固化方法制备水凝胶。PVA与PHEMA某种程度上相似，侧基上都具有羟基，可修饰生物分子。它们都具有很低的摩擦系数，结构上与天然软骨类似。更重要的是，它们比一般合成凝胶的机械强度高，更有利于应用于无血管组织。PVA是一种生物可降解性能良好的高分子材料，它与聚乙二醇共聚制备的生物可降解水凝胶的降解速率高于PEG水凝胶，但低于PVA均聚物水凝胶。

（3）聚乙二醇（Polyethylene Glycol）

聚乙二醇（PEG）是由环氧乙烷水解或乙二醇缩聚而成的聚醚，是一种亲水的生物相容性材料，形成的水凝胶广泛用于组织工程领域。PEG链上的羟基易被修饰，可得到大量的衍生物，如具有光敏特性的丙烯酸修饰的聚乙二醇（PEG-DA）作为生物打印墨水。由于PEG上没有蛋白质吸收位点进而吸附性很差，且具有生物惰性，可用作细胞包裹水凝胶。但是，PEG也可调控RGD序列（一种促进细胞粘附的蛋白片段）的固定，从而促进细胞对PEG材料的粘附。

（4）普兰尼克（Pluronic）

普兰尼克又称泊洛沙姆（Poloxamer），是聚氧乙烯-聚氧丙烯-聚氧乙烯（$PEO_xPPO_yPEO_z$）三嵌段共聚物。它可用作药物载体、伤口敷料、细胞打印和牺牲材料。它是一种温敏性的可注射水凝胶，通过自组装方式形成凝胶，在低温下的Pluronic溶液呈现液态，升高温度可通过物理交联方式形成凝胶。Pluronic凝胶化的温度取决于它的类型与浓度。在低温溶液态，其可与细胞等生物材料均匀混合，升高温度可形成包裹细胞的水凝胶进行打印。

其中，普兰尼克F127水凝胶（$PEO_{99}PPO_{65}PEO_{99}$），可应用于传递生长因子或细胞来促进受损组织再生，被广泛应用于生物打印领域。当Pluronic F127的质量浓度大于14%

时，在室温下就可以形成凝胶。形成的水凝胶具有很强的剪切变稀特性和屈服应力，具有极佳的3D打印适用性。但是，高浓度F127水凝胶的细胞相容性不好，不适合细胞的长期存活。可通过化学修饰或与其他生物材料进行共混，提高细胞粘附和生物相容性。

8.3.3　生物打印中水凝胶的重要特性

水凝胶的打印适用性取决于其生物打印过程中的物理、化学性质，主要为材料的流变学特性和交联机理。

1. 流变学特性

流变学是研究物体在外力作用下的流动的学科。在生物打印过程中，水凝胶的关键流变参数，如粘度、粘弹性、剪切变稀和屈服应力等，决定其是否适于三维生物打印。

（1）粘度

粘度为一种用来描述流体流动难易程度的物理量。流体能够简单分为两类，一为牛顿流体，二为非牛顿流体。牛顿流体的粘度只依赖于温度，与剪切速率和时间无关。而非牛顿流体的粘度，不仅取决于温度，也与剪切速率有关。根据粘度与剪切速率之间的关系，流体行为可分为以下三种：① 剪切变稀，即粘度随剪切速率的增加而减小；② 剪切增稠，即粘度随剪切速率的增加而增大；③ 塑性，流体具有屈服值，给予外力超出某一定值才开始流动。

一般情况下，水凝胶的粘度主要由其相对分子质量和浓度所决定。在生物打印过程中，水凝胶的高粘度特性会阻碍液滴的形成，但可防止已打印三维结构的塌陷。因此，生物墨水的粘度直接影响打印形状的保真性，高粘度可以维持更稳定的打印结构。然而，水凝胶的粘度增大意味着需要施加更大的剪切应力，可能损害水凝胶包裹的细胞。另外，水凝胶的粘度还受到溶解度参数、温度和剪切速率等因素的影响，故而要想改善水凝胶的粘度特性，还需要考虑这些因素。

（2）粘弹性

粘弹性是指材料应力-应变关系与时间相关，它们的机械强度与外力作用速率有关。这种时间依赖性，使其流体行为介于液体和固体之间。聚合物和水凝胶都是典型的粘弹性材料。随着温度或时间变化，水凝胶材料表现出类似玻璃、橡胶或粘性流体等特性，因此具有优异的加工特性。流体的粘弹性，可通过流变仪测试其储存模量和损耗模量来进行表征。

（3）剪切变稀

剪切变稀（也称假塑性）是指非牛顿流体的粘度随剪切速率增加而降低。由于剪切力诱导高分子链重组变为更伸展的构象，减少了分子缠结，因此粘度降低。大多数聚合物在某种程度上均表现剪切变稀的特性，特别是高相对分子质量的聚合物溶液更易观察到这种现象。海藻酸钠就是一种典型的具有很强剪切变稀行为的聚合物，其水凝胶在剪切速率100~500 s^{-1}的粘度，低于在低剪切速率时的粘度约一个数量级。海藻酸钠浓度更高时，由剪切变稀引起的粘度降低甚至更大。在生物打印过程中，具有剪切变稀特性的材料在经过喷嘴或针头时，由于挤压所产生的高剪切速率会使其粘度降低，打印后移除外力其粘度迅速增加，因此可提高三维物体的打印保真度。

（4）屈服应力

屈服应力是指对某些非牛顿流体施加一定的剪切应力才开始流动的应力。一般在聚合物链之间相互作用下，水凝胶会有一种微弱的物理交联网络。此交联网络会被屈服应力以上的剪切力所破坏，可在移除剪切力时逐渐恢复。水凝胶的高粘度可维持三维结构防止其塌陷，同样地，水凝胶存在的屈服应力也可阻止其流动、塌陷并固定水凝胶中的细胞。例如，吉兰糖胶是一种阴离子多糖，可通过离子交联等物理方式形成交联网络状结构。将吉兰糖胶加入一定浓度的GelMA，可形成具有屈服应力的水凝胶。图8-10a展示的是GelMA和吉兰糖胶所形成的水凝胶的剪切变稀和屈服应力行为，白色的吉兰糖胶链在针筒内形成物理交联水凝胶。水凝胶在针头处通过挤出时，凝胶网络被剪切应力破坏且高分子链成线性，这时水凝胶粘度呈指数下降，如图8-10b所示。图8-10c为撤出剪切应力后，物理交联网络立即恢复使得打印线条快速固化。

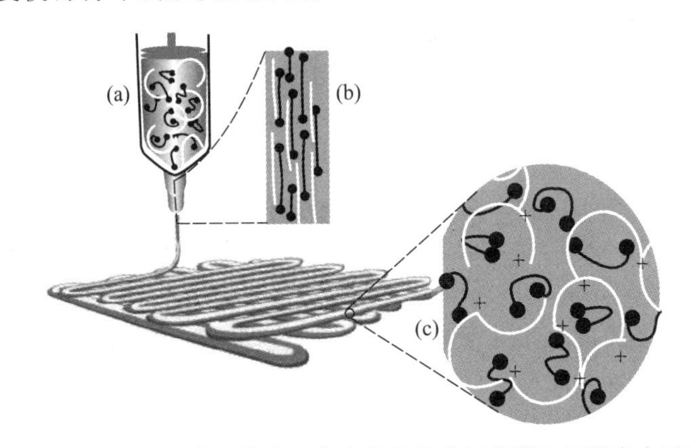

图8-10　GelMA和吉兰糖胶复合水凝胶的剪切变稀和屈服应力示意图

2. 交联机理

在生物打印过程中，要想保持打印物体的形状，所采用的水凝胶材料内部必须通过物理交联、化学交联或两者结合的方式，形成交联网络结构，使其具有独特的物理、化学性能，如机械强度高、凝胶化时间短和生物相容性好等优点。

（1）物理交联

大多数水凝胶均可由物理交联方式形成。许多物理作用力，包括高分子链的互相缠结、氢键、离子作用和疏水作用等，都可形成物理交联水凝胶。物理交联避免了使用有毒的化学交联剂，其形成的水凝胶对于活细胞等生物材料具有极佳的生物相容性。下面介绍三种物理交联方式：离子交联、热交联和自组装。

1）离子交联。离子交联方式对于在生物打印过程中的生物材料特别重要。例如，海藻酸钠水凝胶就是利用钙离子使之快速发生凝胶化。另外，Van等通过离子交联方式研发新型聚两性电解质水凝胶，即将相反电荷粒子进行混合，快速形成水凝胶，被应用于注射性药物传输和生物打印领域；但当施加剪切力破坏了带电粒子之间的相互作用时，水凝胶会变成流体。

2）热交联。对于温敏型水凝胶而言，温度变化时其内部可能产生疏水作用而形成水凝胶。常用的温敏水凝胶有聚N-异丙基丙烯酰胺（PNIPAm）和Pluronic，PNIPAm水溶液在32 ℃左右发生相转变而成水凝胶，质量浓度为40%的Pluronic F127在4～10 ℃发生凝胶化过程。它们在液态时，可以共混细胞等生物材料，打印时改变温度形成水凝胶，也可作为牺牲材料。

3）自组装。目前，超分子自组装方式已成为设计、合成水凝胶时需要考虑的一种新的手段。其中，卷曲螺旋（coiled-coil）模板法就是超分子自组装方式之一，即由两个以上的螺旋结构的长链分子缠绕在一起形成超螺旋结构，从而形成水凝胶，而凝胶化过程受卷曲螺旋的数目和长度影响。在静电和疏水作用下，通过调节卷曲螺旋区域的单元长度和氨基酸排列顺序，可控制水凝胶的自组装特性和热稳定性。

（2）化学交联

物理交联方式形成的水凝胶，其最明显的缺点是机械强度差，使得打印结构的稳定性大大降低。因此研究者更多采用化学交联后处理方式，赋予水凝胶更高的机械强度，提高打印结构的稳定性和水凝胶的打印适用性。在水凝胶化学交联过程中，一般将两个低粘度的凝胶前驱体进行混合，使之发生化学交联反应，其粘度可不断增加。为了提高生物打印过程中的水凝胶粘度，在打印前需要对水凝胶进行预交联化处理。但这种方式很难达到理想的交联程度。因为交联过程中已经形成共价键，很容易超过凝胶点，使水凝胶发生不可逆的固化。另一种方式为，在打印前引发交联而使之快速凝胶化，可形成高粘度的水凝胶。但是在打印过程中，凝胶的流变特性随时间而发生变化，可能也会影响最终打印结构的保真度。

化学交联方式大多数用于对水凝胶进行后处理固化，从而稳定打印的三维结构。通常，先采用物理交联方式初步稳定打印的三维结构，再通过后处理方式，如使用光照、温度变化或官能团反应（席夫碱形成、迈克尔加成、点击化学或酶促反应等），固化打印出的水凝胶结构。例如，将加热的 GelMA 溶液打印在低温基板上可通过物理方式形成水凝胶，然后采用紫外光照射方式使之迅速固化形成不可逆的水凝胶，保持了打印形状的保真度。但是，紫外光对水凝胶中包裹的细胞可能会造成损伤。重要的是，这些化学交联方式应当可与蛋白质和活细胞相容，并能在温和或生理条件下进行反应。因此，在使用化学交联方式制备水凝胶时，需避免有毒副产物、细胞不相容的单体和水凝胶前驱体的存在。

8.4　典型应用

过去的 100 多年里，人体组织的修复依靠相符的假体或者捐献者的可再生组织移植。比如钛合金假体用于修复骨缺陷，健康的皮肤用于修复损伤处皮肤，肾移植用于修复肾功能衰竭。可供移植的假体和组织的需求量越来越大，许多病人因为等不到合适的捐献者而死亡。3D 生物打印是在快速成型技术发展的基础上，结合细胞生物学、计算机辅助设计和生物材料学等多个领域的研究成果发展而来的一种新型的组织工程技术，其最终目标是为了实现器官打印。

目前快速发展的医学图形影像技术也促进了生物打印的发展，能够比较全面地了解病人信息及数据，使真正的精益医疗成为可能。如非侵入计算机断层扫描（CT）和核磁共振成像（MRI）等技术利用 3D 重建功能，提供了更加直观的组织 3D 形态，帮助医生做好术前规划，提高治疗的成功率。医生还可以结合计算机辅助设计和制造（CAD/CAM）制作真实的组织假体用于解剖教学或手术模拟。3D建模不再是简单的提供器官或者骨骼的复制，它为手术模拟、手术器械设计等提供了真实的组织模型。

生物打印在医学领域的应用可以分为四个层次：① 3D打印医学模型用于医疗教学或者术前规划，或打印医学辅助治疗结构用于形体康复治疗。其特点是3D打印产品的个性化定制，根据不同病人定制不同的产品。② 3D打印具有生物相容性的生物体植入物，该植入物主要起到固定、填充或者连接等功能性的作用，其材料大多数都不能降解。③ 3D打印具有良好生物相容性和生物降解性的支架，可以将细胞和生物材料混合打印，也可以先用生物材料打印支架然后把细胞种上去，作为生物体植入物修复受损组织。④ 用生物材料和取自患者自身的细胞混合，利用生物打印制造与患者拥有相同基因序列的组织，用于移植以替换坏死的组织。

目前，国内外的研究均停留在第三层次的成熟期和第四层次的萌芽期。生物打印技术较组织工程的其他方法具有如下优势：可以精确控制生物材料分布的位置和量；可以同时打印细胞和支架材料；可以使用不同细胞、生物材料、生物活性因子，并控制配比；可以快速制造再生组织；可以按照患者的要求个性化定制医用产品；可以使用患者自身的细胞，避免排异反应。生物打印的医学临床应用主要包括：

1. 医学模型的构建

3D打印技术在医学方面的一大应用是快速构建医学模型。随着影像学和数字化医学的快速发展，利用3D打印技术构建三维立体模型，可用于医疗教学和手术模拟，有利于外科医生对一些复杂的手术进行模拟，以制定最佳的手术方案，提高手术的成功率。目前可用于医学模型构建的3D打印技术有FDM、SLA、SLS、3DP等，可用于神经外科、脊柱外科、整形外科、耳鼻喉科等外科手术进行术前规划和手术模拟（图8-11）。据报道，美国国家儿童医学中心利用3D打印机成功打印出首个患者的心脏模型，便于医生在术前对患者的心脏结构进行深入的了解。Won等利用快速成型技术，对21例髋骨严重畸形的病例进行术前模拟，根据髋骨模型中畸形的大小和位置信息，制定出完善的全髋关节置换术，成功按照模拟进行了手术。美国3D Systems公司研发了一种合成树脂，能在需要强调的区域进行颜色处理，这是目前唯一可以在制造模型时使用光敏染料技术使其颜色化的光固化树脂，拓宽了医学模型的应用范围和使用效果。医学模型的应用具有缩短手术时间和优化手术方案等优点，在未来有着广阔的发展前景。

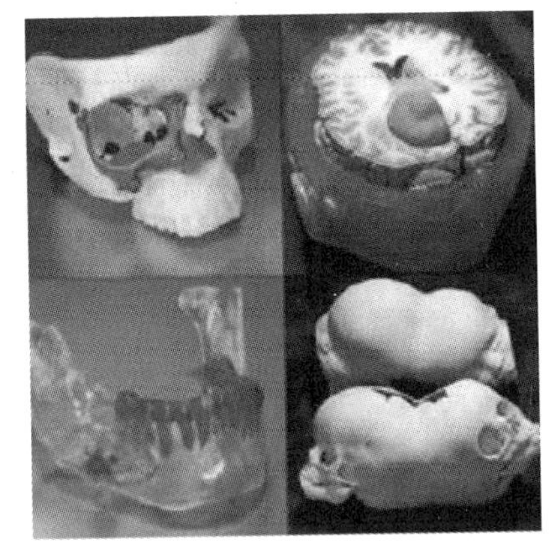

图8-11　3D打印构建医学模型

2. 植入性假体制作

植入性假体通常由金属、塑料、陶瓷等材料，经过铸造、锻造、冲压、模压、切削加工而成。以骨科为例，植入性假体包括骨关节假体、接骨板、矫形用棒、髓内针、脊柱内固定器等，如图8-12、图8-13所示。另外，还包括牙冠、牙齿矫正器、隐形眼镜、助听器等，如图8-14所示。

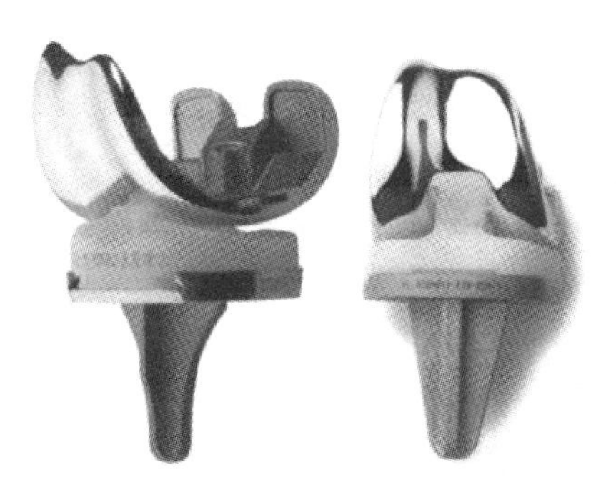

图 8-12 膝关节假体

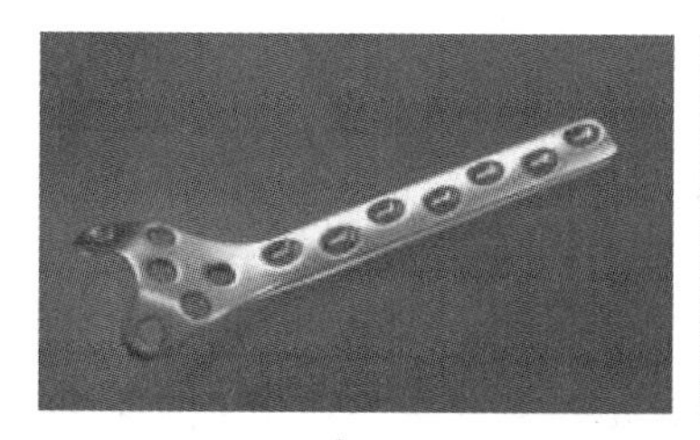
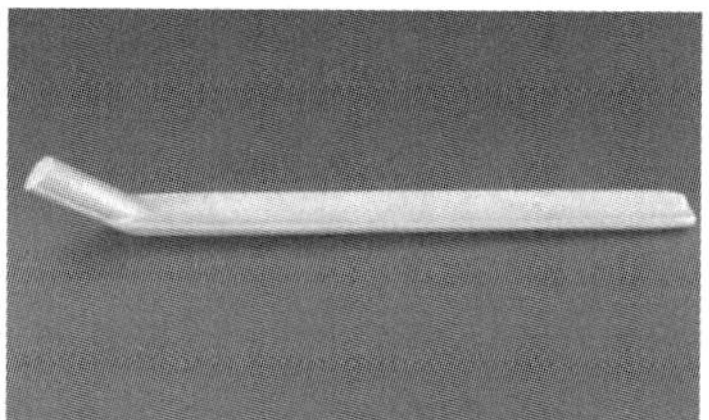

图 8-13 接骨板

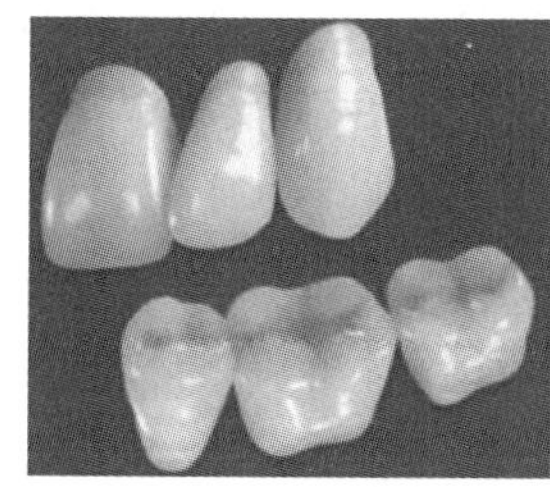
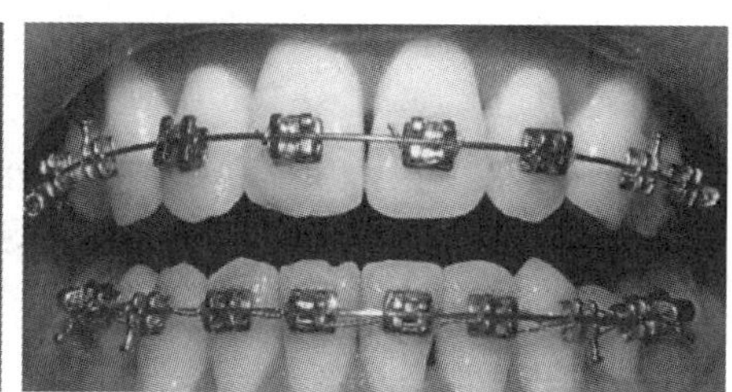

图 8-14 人工义齿、牙齿矫正器

传统植入性假体往往为批量生产，会造成两个问题：一是医生只能从标准系列产品中选择比较接近的假体，匹配性差，患者佩戴不舒适；二是制作过程工艺复杂，制作周期长，不利于新产品研制。

采用 3D 打印技术制作植入性假体，主要具有以下优点：采用材料逐步堆积成型，适合制作形状复杂或不规则的假体对象；可以根据不同患者需求，个性化定制假体；工艺环节少、制作周期短、成本低；涉及的加工设备少，医院可自行置购并开发特殊高性能的假体。

牙体或牙列的缺损或缺失的患者数量日趋增大，义齿的传统制造方法存在多种弊端。从 20 世纪 70 年代以来，口腔 CAD/CAM 技术开始进入口腔修复领域，该技术一改以往的纯手工加工，开创了修复体自动化加工的新阶段，被称为口腔修复领域的“第二次技术革命”。目前，义齿 CAD/CAM 系统多采用数控切削方法，但对于形状不规则或细小结构，数控机床的切削加工工艺往往无法完全达到要求，且浪费材料、成本较高。

近年来，快速原型（Rapid Prototyping，RP）技术被引入口腔医学领域。王晓波和金树人分别利用 SL 技术制作了树脂牙冠和桥。Wu 等应用 FDM 技术制作树脂冠、桥，并进行了包埋铸造。Maeda 在三维激光扫描获取上、下颌石膏模型数字印模的基础上，设计了全口义齿数据，并采用SL技术制作了第一副成型义齿，但强度较低。RP技术只能制造非金属原型，虽然具有良好的外形精度，但是不具备机械强度和力学性能，必须通过二次铸造才能获得最终的金属原型。

激光快速制造（Rapid Manufacturing，RM）技术可以直接制作出全密度、高精度、功能性的金属零件。Bennett首先采用MCP Realizer设备分别制作了钴铬合金和不锈钢材料的基底冠、固定冠和固定桥，制作后的牙冠外形良好。Nadine应用自己研发的Phoenix SLM系统设计并制作了镍铬合金的口腔基底冠，制成的基底冠外形、精度均良好，熔覆烤瓷后，制作的烤瓷牙冠具有非常好的颜色匹配性和边缘适合性。吴江、高勃等开发了一种激光快速成型（Laser Rapid Forming，LRF）技术，可直接烧结成型金属修复体。

3. 软骨打印

软骨组织的细胞组成比较简单，并且没有复杂的毛细血管，所以用生物打印制造软骨组织的研究比较多。如图8-15a所示，Cui等人利用挤出沉积生物打印工艺将软骨细胞和高分子聚合物一起打印出来，制造关节组织，并用于软骨修复。半月板在人体膝关节起负重作用，由于伤病和运动导致的半月板损伤很难治疗，一些学者希望通过生物打印的方法在体外重建半月板结构，图8-15b所示为Rohan等人利用挤出沉积生物打印将人脂肪干细胞和PLA纤维、海藻酸钠水凝胶打印成半月板形状，研究表明添加的纤维提高了细胞的增殖能力，并且分泌了胶原和蛋白聚糖，证明已有软骨形成。利用生物打印制造更加复杂的软骨结构也被陆续报道。如图8-15c所示，Adam等人用海藻酸钠和F127混合水凝胶来打印鼻子结构。如图8-15d所示，Anthony等人采用不同的喷头，同时打印支撑材料、牺牲层材料和细胞，以打印耳朵结构为例展示了多喷头混合打印在制造复杂组织器官结构中的应用。用同样的混合打印方法，Michael等人将软骨细胞混入导电聚合物打印成耳朵形状，制造出的耳朵具有部分听力功能，如图8-15e所示。

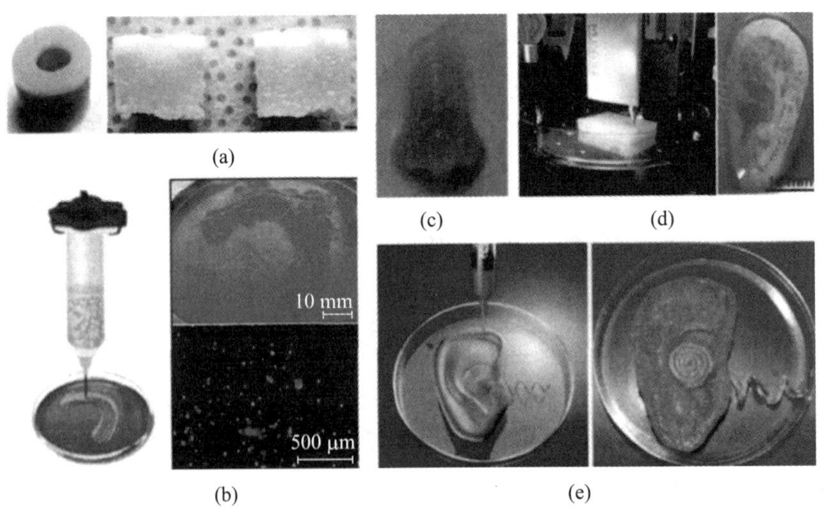

图8-15　软骨组织的生物打印

4. 组织工程支架制备

组织工程是应用工程学、生命科学的原理和方法来制备具有生物活性的人工替代物，用以维持、恢复或提高人体组织、器官的一部分或全部功能。其基本原理为：将正常组织细胞吸附于生物相容性良好的生物材料上形成复合物，经过一段时间的培养，细胞扩增的同时生物材料逐渐降解吸收，从而形成具有特定形态、结构和功能的相应组织、器官，达到促进组织再生、修复创伤和重建功能的目的。

作为组织工程的载体，支架是组织工程中较为关键的因素之一，不仅提供细胞生长的三维环境和新陈代谢的场所，也决定新生组织器官的形状和大小。组织工程支架应该满足以下几点性能要求：① 三维贯通的可控孔隙结构和高孔隙率，为组织长入、组织再生过程中的营养输送和代谢产物排出提供通道；② 良好的生物相容性和生物降解性能，实现支架降解速度与组织再生速度的良好匹配；③ 适合细胞粘附、增殖与分化的表面化学性能；④ 良好的力学性能；⑤ 无任何不良反应；⑥ 容易制成不同的尺寸和形状。

组织工程支架的制备主要包括两方面内容：成型材料与成型技术。成型材料一方面要考虑支架的力学性能、细胞相容性等，另一方面也影响所能采用的成型方法。目前，要实现人体组织或器官的人工构建，成型技术面临巨大的挑战。现有支架成型技术包括手工成型、铸造成型、挤出成型、编织成型等。这些方法的主要缺点是不能精确控制支架孔隙的尺寸、形状和空间分布，且无法保证孔的连通性。因此，这些传统的支架成型技术不能适应组织工程的需要，其应用也逐渐被现代成型技术所取代。

目前，可用于组织工程支架制备的 3D 打印技术主要分为直接成型法和间接成型法两种。

（1） 直接成型法

直接成型法是指采用 RP 技术对生物材料直接进行离散/堆积的成型技术。目前主要成型技术包括三维打印（3D Printing，3DP）、低温沉积制造（Low-temperature Deposition Manufacture，LDM）、熔融沉积制造（Fused Deposition Manufacture，FDM）和生物绘图技术（Bio-plotting，BP）等。

1） 3DP 技术

3DP 技术是支架制备方法中应用最广的一种快速成型工艺，它通过使用液态粘结剂将铺有粉末的各层固化，直到支架成型完成。3DP 制备的支架内部孔隙尺寸受粉体颗粒尺寸的影响，通常小于 50 μm，可将 3DP 工艺与粒子沥出法相结合。由于打印过程中所使用的有机粘结剂具有一定细胞毒性，可采用水基粘结剂或去离子水作为粘结剂。

Lam 等以 50%的玉米淀粉、30%的右旋糖苷、20%的明胶组成的混合物为原材料，加入一定量的去离子水进行粘结后，用 3DP 技术设计制造了四种管道结构和一种实体结构的圆柱形支架，并将所制造的多孔支架浸入含 75%PLLA、25%PCL 的二氯甲烷溶液，以增强支架的机械强度和抗水性。支架孔隙率测试结果显示，未渗透聚合物的实体支架孔隙率为 59%；渗透了聚合物的支架孔隙率为 54.7%，管道结构支架孔隙率为 33.5%～43.9%。力学测试结果证明渗透了聚合物的支架力学性能和抗水性都明显提高。Seitz 等用 3DP 技术将改良的 HA 粉体制造成多孔陶瓷支架坯体，然后进行高温烧结去除聚合物粘结剂，得到具有预设计内部管道结构的陶瓷支架，支架内部管道尺寸为 450～570 μm。BOLAND Thomas 等以海藻酸钠和凝胶混合物溶于磷酸盐缓冲溶液中为原料，以氯化钙为粘结剂固化凝胶混合表面的材料。喷射结束后先在 PBS 溶液冲洗下去除半交联状态的支架，再把支架置于氯化钙溶液中浸泡使其完全交联，完全交联的支架线宽达到 10 μm，如图 8-16 所示。

图 8-16 支架宏观结构及 3DP 设备

2）LDM 技术

熊卓首先提出将数字挤压/喷射快速原型技术与热致相分离技术相结合，开发了 LDM 技术。LDM 工艺首先将支架材料制备成液态的浆料，在包含大孔结构设计的电子模型的驱动下，喷头将浆料在低温成型室中挤压/喷射并冷冻成型，得到具有大孔结构的冷冻支架。溶液在冷冻凝固过程中发生了相分离，形成了液-液、固-液的两相结构。之后对支架进行冷冻干燥处理，溶剂升华挥发，形成内部具有多孔结构的固态支架。熊卓等用 LDM 工艺制备了 PLLA/磷酸三钙复合材料支架，如图 8-17 所示。支架三维贯通性良好，大孔直径为 400 μm，小孔平均直径为 5 μm，孔隙率达到 89.6%。多孔支架与骨形态发生蛋白复合后，修复试验犬缺损桡骨，效果良好。

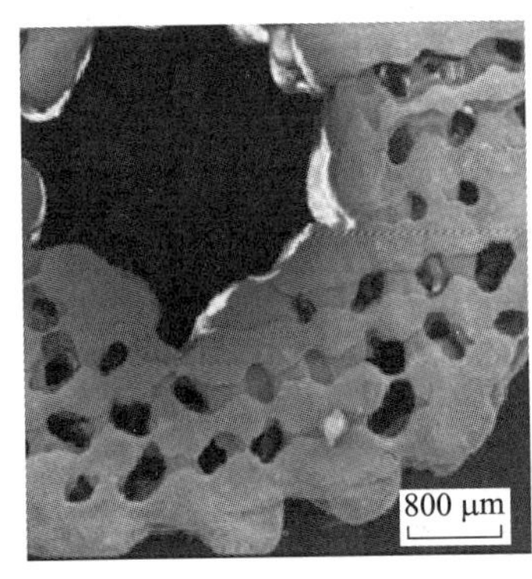

图 8-17 LDM 工艺成型的支架孔隙结构

3）FDM 技术

FDM 工艺首先将待用的支架材料拉成丝状，通过快速成型机的喷头使丝料熔融并选择性地沉积在工作台上，层层堆积直到形成三维支架。采用该工艺制备的支架孔径小，纤维之间可以起到支撑作用，材料利用率高。改变铺设方式，可以获得不同层状结构和不同孔形态的支架。另外，FDM 工艺不需要采用有毒的有机溶剂。但 FDM 工艺工作温度高于 100 ℃，限制了生物分子的介入。

吴任东等提出了基于 FDM 工艺的螺旋挤压沉积喷头，扩展了材料的应用范围，可以使用丝状、颗粒状、粉状以及液态状的材料，使得 FDM 工艺在组织工程支架的成型方面得到了广泛应用。SUN 等开发了精密挤出沉积工艺（Precision Extrusion Deposition, PED），如图 8-18 所示。该喷头系统包括一套螺杆挤压筒和定位模块，可以连续加入块状或颗粒状材料，节省了挤压前材料配置的繁琐过程。

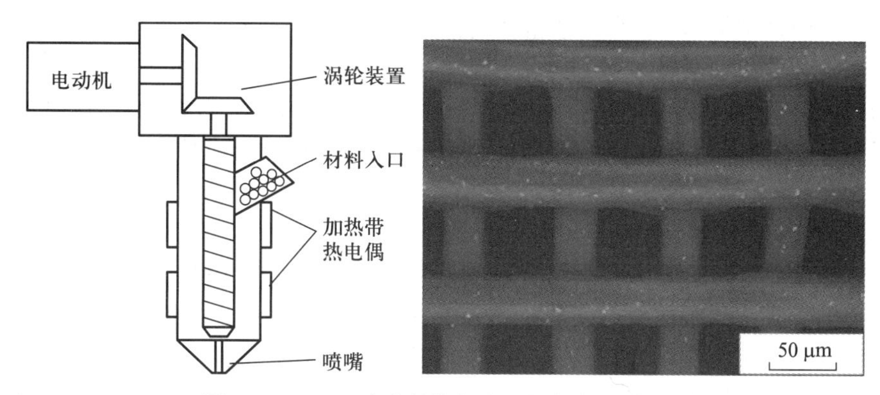

图 8-18 PED 喷头结构与成型的复合材料支架

（2）间接成型法

间接成型法是指使用成型性能较好的标准材料制备模具，然后灌注组织工程生物材料，经处理得到支架的制备方法。主要步骤如下：① 根据支架宏观形状设计与之对应的铸造模具；② 利用快速原型技术成型模具；③ 将材料溶液浇注入模具；④ 去除模具，得到支架。

1）基于 3DP 的间接制备法

Sachlos 等先用 3DP 技术制造模具，然后将胶原溶液注入模具并进行冷冻，再用乙醇溶解模具，最后利用液态二氧化碳进行临界点干燥获得内部通道最小尺寸为 135 μm 的胶原支架，工艺过程如图 8-19 所示。Taboas 等利用 3DP 设计制造一系列支架负型模具，通

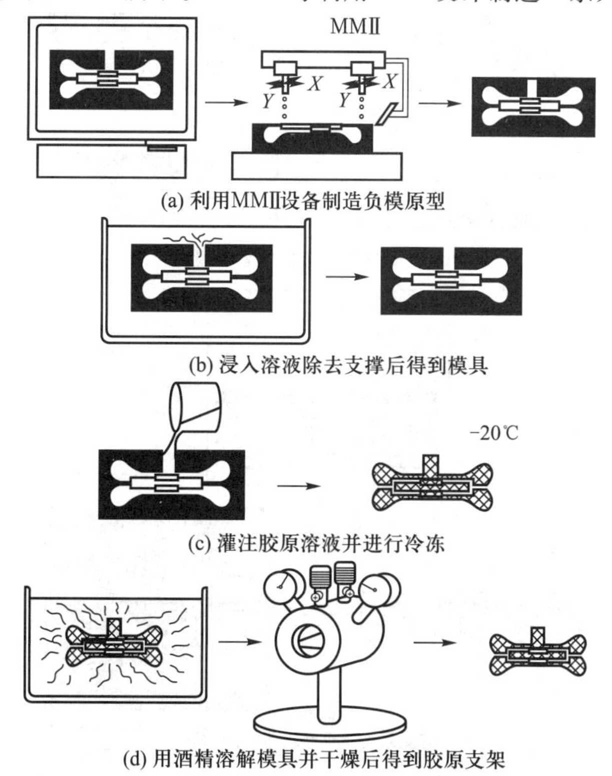

图 8-19 基于 3DP 技术的管状支架成型流程

过铸造技术获得支架宏孔（500~800 μm）结构，同时结合传统的溶液浇注/粒子沥滤方法获得支架内部的微孔（50~100 μm），并模仿人骨小梁结构制造出了具有复杂内部多孔结构体系的 PLA 支架。Wilson 等用 ModelMaker II 快速成型系统制备了石蜡材料的模具原型，将 HA 浆体填充到模具并烧结成型。动物试验证明所有移植到体内的支架中均发现有新骨形成，6 周后新骨生成率基本在 6%左右。

2）基于 SLA 的间接制备法

HE 等将 SLA 和 MEMS 的特点结合起来，利用一套精度为 100 μm 的光固化快速成型系统制备近似于二维结构的树脂支架。在二维支架表面填入聚合物和催化剂的混合物，在真空环境中反复减压去除气泡形成致密的硅橡胶负模。然后将壳聚糖/凝胶的混合溶液灌注在硅橡胶负模中，同样在真空环境中进行抽气处理保证硅橡胶模内部流道充满待成型凝胶状材料。经过真空处理后的凝胶态溶液连同硅橡胶模一同放入冷冻干燥机进行相分离，得到具有复杂结构的薄层支架。最后用水作为粘结剂，将二维层片粘结起来形成三维支架。制备工艺流程如图 8-20 所示。图 8-21 为制备的 PDMS 负模以及胶原支架。

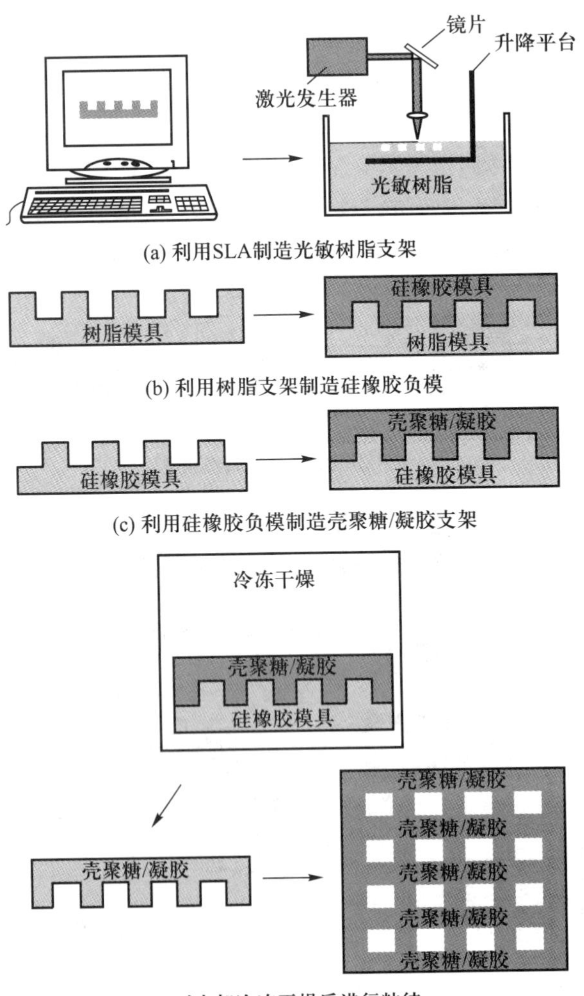

图 8-20 基于 SLA 和 MEMS 技术的支架制备工艺流程

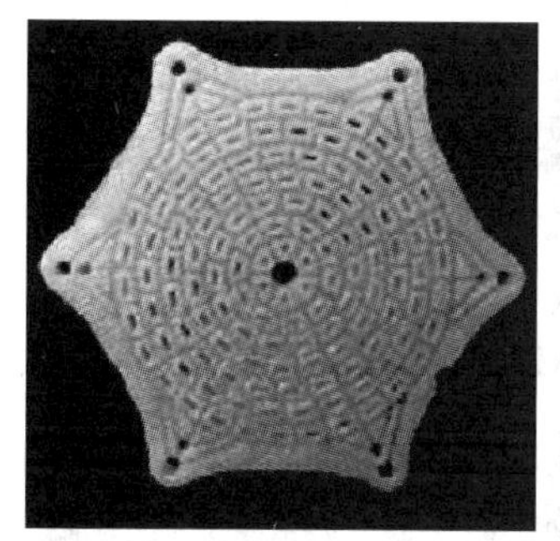
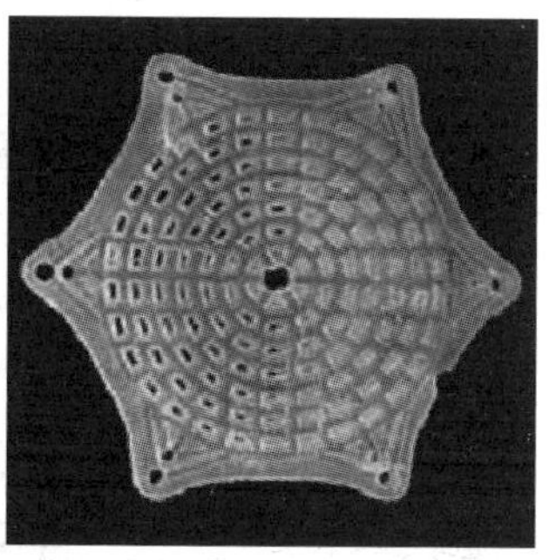

图 8-21 PDMS 负模与胶原支架

3）基于尖笔直写的溶模-浇注制备法

王星等提出了尖笔直写溶模浇注法制备组织工程管状支架。首先建立三维血管网络的数字模型，利用分层软件对三维模型进行分层，规划出成型平台的扫描路径。尖笔直写系统作为数字模型和实体模型转换的桥梁，仅填充数字模型的外轮廓及必要的支撑，模型内部则不添加任何填充线，形成浇注空腔。然后将生物材料，如聚氨酯、PLGA 等配置成溶液，浇注进型腔内。经冷冻和热致相分离后，得到具有微观结构的管状支架。最后去除溶模便得到具有精细结构的组织工程管状支架。试验采用混合糖作为溶模支架材料，不仅具有良好的形状适应性和较高的形状精度，且材料无毒性、可溶于水，最终得到的支架具有良好的宏观结构，如图 8-22 所示。

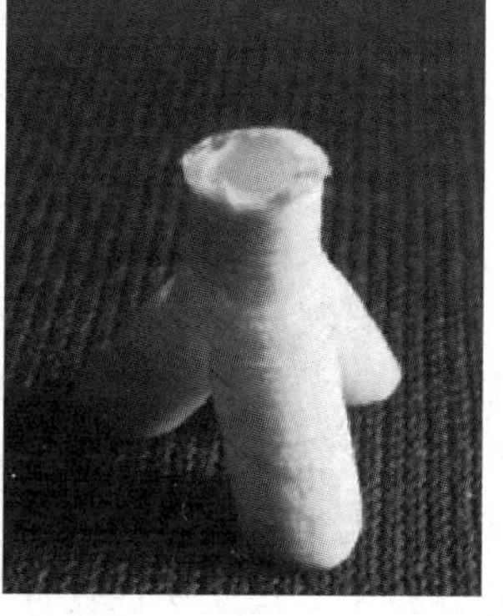

图 8-22 溶模-浇注成型的骨关节与多分叉血管支架

5. 皮肤生物打印

皮肤是人体最大的器官，美国每年大约有 50 万烧伤患者要接受治疗，传统的皮肤治疗方法主要是移植，成功率不高且不美观，生物打印皮肤组织应运而生。皮肤的垂直分层结构为体内水分和小分子的出入以及外源物的进入提供了屏障，起维持体内平衡和保护的作用。这种典型的分层结构非常适合用生物打印来制造，所以已有很多研究报道。如图 8-23a 所示，Lother 等人用激光直写式生物打印方法，将成纤维细胞和角质细胞混在胶原里打印成分层结构，研究结果表明细胞可以很好地增殖生长，并且可以形成细胞连接。如图 8-23b 所示，Vivian 等人利用挤出沉积生物打印工艺制造多层皮肤结构。类似的，如图 8-23c 所示，Wonhye 等人开发了一种多喷头的挤出打印装置，将皮肤的成纤维细胞层和角质细胞层交替打印，制造成的皮肤结构在伤口敷料和药物测试中有着极具前景的应用。

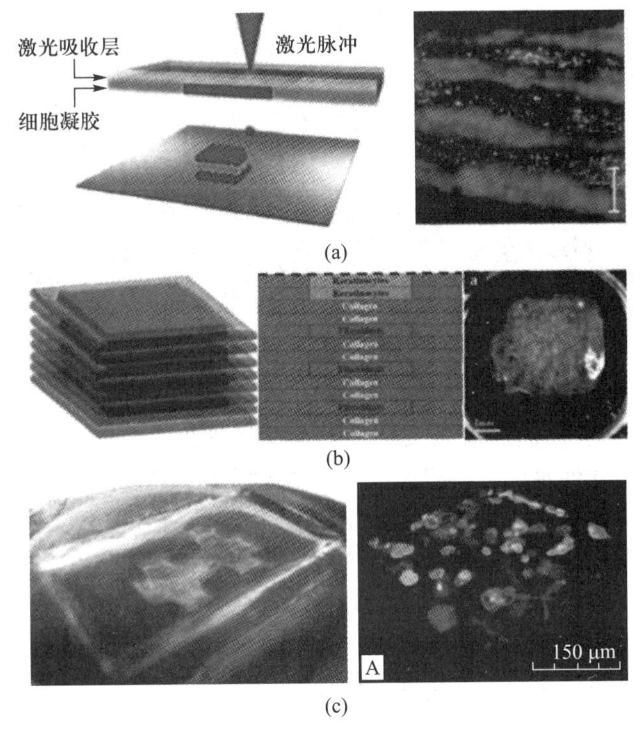

(a)

(b)

(c)

图 8-23　皮肤的生物打印

6. 复杂组织器官打印

细胞打印可以同时构建有生物活性的多细胞材料体，在时间和空间上可以准确沉积不同种类的细胞，同时构建细胞所需的三维微环境，有助于人类实现制造出可供临床移植的组织或器官的目标。然而，复杂组织器官的打印还在医学研究阶段，因为三维器官打印还有许多限制因素，如打印材料的种类和性能的限制、打印构建物的后期营养补给和细胞活力、打印组织的再血管化问题、打印精度和稳定性的提升、打印技术的无毒性和打印过程的无菌化等，细胞打印技术在构造复杂组织或器官的探索道路上还有很多问题亟待解决，同时这些需要解决的问题也为未来生物打印技术提供了新的发展方向。

利用生物三维打印技术实现实质性器官打印在未来也是可行的，但相关研究目前还处于起始阶段，主要集中在对打印过后细胞的活性、表型及功能分析，打印完整器官进行培养还没有报道。要直接组装细胞成为一个活的预定义结构体还需要多方面的研究，包括着重研究细胞基质材料受控堆积后的三维结构体长期稳定性及特定功能类组织的形成；开发专用于器官打印的打印机；多喷头对多种细胞同时打印的实现方法；开发和打印机配套的程序；以及开发用于整体器官培养的设备；等等，图 8-24 所示为通过抽取骨髓或脂肪里的干细胞打印心脏的示意图。

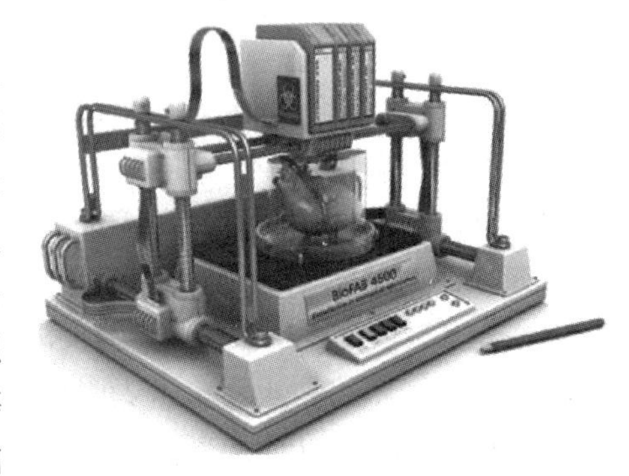

图 8-24　通过抽取骨髓或脂肪里的干细胞打印心脏

总的来说，生物三维打印技术从生物质制造发展到仿生制造到生命体的制造，包括组织器官这种广义的生物制造，是多学科交叉、融合和发展的产物。基于3D打印技术的细胞三维受控组装工艺，是生物制造中最为核心的技术，其目标为具有新陈代谢特征的生命体的成型和制造。美国诺贝尔奖获得者Gilbert预言，用不了50年，人类将能培育人体的所有器官。在不远的未来，可能通过人工制造人体全功能内脏器官，建立能模拟特定生理系统机能的介于干细胞和人体之间的微小生理系统单元，并建立组织工程体外的培养模型和制造的数据库。

思考与练习

1. 简述生物打印技术的基本原理。
2. 简述激光生物打印技术的优、缺点。
3. 简述喷墨生物打印技术的优、缺点。
4. 简述基础沉积生物打印技术的优、缺点。
5. 简述生物打印材料的性能要求。
6. 试列举几种常用的生物打印材料。
7. 举例说明生物打印的典型应用。

第9章 其他成型工艺及材料

随着3D打印技术的不断发展，在原有的基本成型工艺方法基础上又产生了许多新的3D打印工艺，如形状沉积制造（Shape Deposition Manufacturing，SDM）、电子束熔化成型（Electron Beam Melting，EBM）、电子束直接制造（Electron Beam Direct Melting，EBDM）、激光近净成型（Laser Engineered Net Shaping，LENS）、超声波增材制造（Ultrasonic Additive Manufacturing，UAM）、丝材电弧增材制造（Wire and Arc Additive Manufacturing，WAAM）等。

9.1 形状沉积制造工艺及材料

9.1.1 概述

20世纪90年代，Carnegie Mellon大学和Stanford大学联合提出了形状沉积制造方法，其基本思路为把熔融的基体材料逐层喷涂到基底上，用数控方式铣去多余的材料，每层的支撑材料喷涂到其他区域，再进行铣削，支撑材料可视零件的特征在基体材料之前或之后喷涂。SDM常用的材料是金属材料、聚合物、树脂、陶瓷、石蜡等。图9-1为Carnegie Mellon大学搭建的SDM实验平台。

图9-1 Carnegie Mellon大学搭建的SDM实验平台

9.1.2 成型原理及工艺

1. 成型原理

与自由实体制造（Solid Freeform Fabrication，SFF）相比，SDM成型过程中需要的成型件几何信息更为详细。除了简单的曲面CAD模型外还需使用实体模型，同时还需要实体表面边界、曲面片边界、表面法线，并能确定顶点或边缘处于表面内部还是在实体内部等信息。

根据模型表面的曲率，在成型方向上创建自适应厚度的组块。创建的组块与 CAD 模型相交，从而获得包含成型件完整三维信息的切片模型，如图 9-2a 所示。每层切片根据自适应厚度进行制造，如图 9-2b 所示。图 9-2c 所示为拆除支撑结构后的成型件，由于“台阶”效应，没有产生表面纹理，同时与原始 CAD 模型的几何形状相匹配。

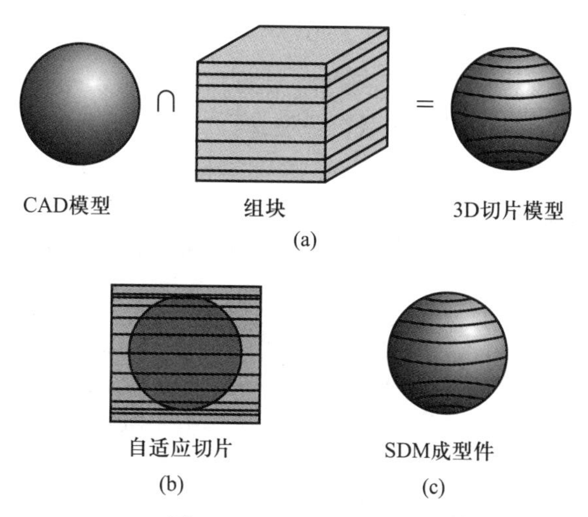

图 9-2 SDM 成型原理

2. 成型工艺

SDM 的成型过程如图 9-3 所示，1、2 表示零件的第一层在两侧没有底切表面，先沉积材料并加工成型表面；3、4 表示在成型的零件表面上沉积支撑材料并加工；5、6 表示零件的第二层在两侧有底切表面，必须先沉积支撑材料并成型后再沉积零件材料；7、8 表示在成型的支撑材料上面沉积零件材料并加工成型表面；9、10 表示零件在右侧有底切表面，必须先沉积支撑材料并成型后再沉积零件材料；11、12 表示在成型的支撑材料上面沉积零件材料并加工成型表面；13、14 表示沉积零件左侧支撑材料，实际成型过程中可以省略。

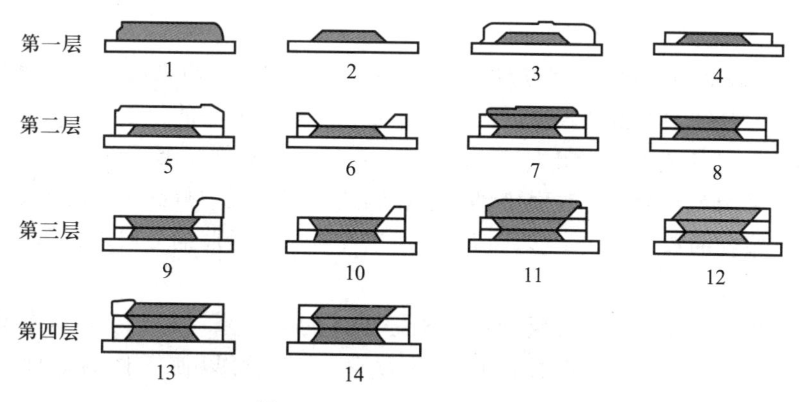

图 9-3 SDM 工艺成型过程

SDM 的铣削过程如图 9-4 所示，一般采用 3 轴或 5 轴加工中心或一个机械手完成沉积过程中多余材料的去除。在特殊的情况下，还可采用电火花成型表面的方法。

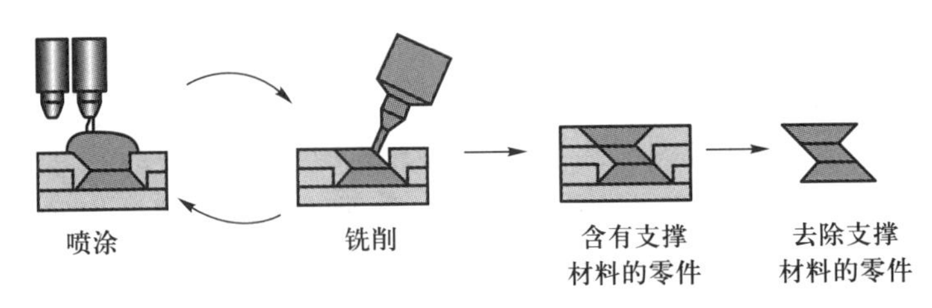

图 9-4　SDM 的铣削过程

由于 SDM 采用机械加工的方法成型，对层间粘结性能较差的零件的制造并不合适，因此在 SDM 的基础上又发展了模具形状沉积制造，其制造过程如图 9-5 所示。第 1~4 步先用支撑材料来沉积制造出模具，第 5 步去除支撑材料，第 6 步铸造零件并固化，第 7、8 步去除模具材料，完成精整处理。在最后两步中可以先去除模具，然后完成精整；但对脆性或脆弱零件，可以先在模具的保护下完成精整后再去除模具材料。

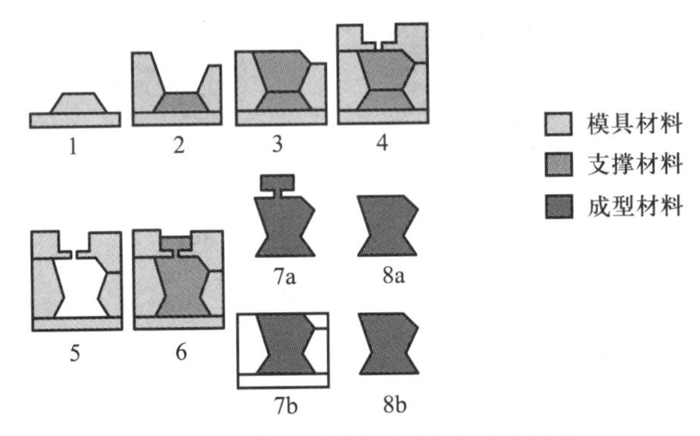

图 9-5　模具形状沉积制造成型过程

3. 工艺特点

从 SDM 技术的工艺过程可知，材料的去除或者加工步骤是 SDM 区别于其他 3D 打印成型工艺的显著特点。SDM 技术的特点还有以下几个方面：

1）SDM 是一个生产工艺过程，而不是单一的 3D 打印制造方法。SDM 可以根据生产用零件的实际材料直接制造真实的功能零件，用于功能测试等用途，从商业的角度看更具有吸引力，也更具有应用的潜力。

2）SDM 的表面质量可以从制造过程中控制。一般 3D 打印方法得到的零件表面质量直接取决于分层厚度，要得到较高的表面质量就必须增加分层的数量，从而延长制造的时间；SDM 得到的零件表面质量与加工的刀具有关，可以根据需要更换刀具、增加切削轨迹的数量或者采用 5 轴加工，表面质量可以在制造工艺过程中得到很好的控制。由于消除了对分层厚度精度的约束，在大多数情况下可以允许采用更厚的分层来大幅度提高沉积制造的速度。

3）SDM 的几何分层方法灵活。可以根据零件的构造采用平面层或非平面层进行分割，如图 9-6 所示，不但可以提高制造的效率，而且可以使零件的表面更符合实际情况。

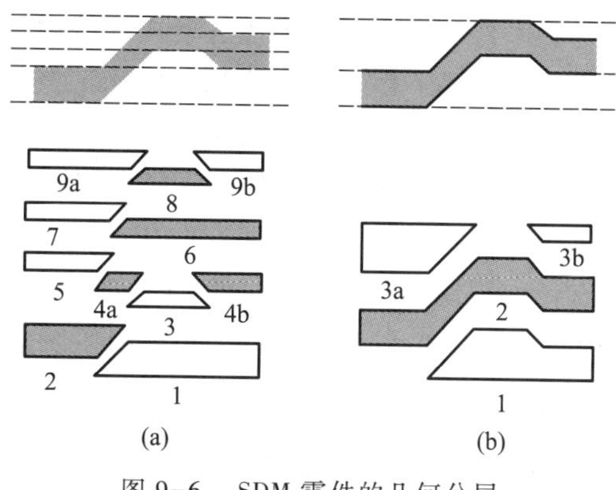

图 9-6 SDM 零件的几何分层

9.1.3 成型系统

当前，对 SDM 的研究尚处于实验室阶段，能够制造出具有一定精度和表面质量的产品。Carnegie Mellon 大学搭建的 SDM 实验平台主要由零件输送机械手和数控加工中心、沉积站、喷丸站和清洗站 4 个工作单元组成，如图 9-7 所示。

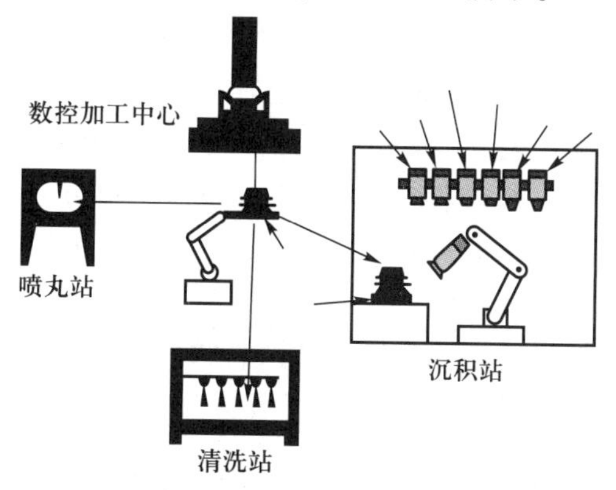

图 9-7 SDM 设备构成

零件被放置在夹具上，位于系统中央的机械手实现夹具在各个工作单元之间的移动。每个加工单元都有一个夹具接收机构，当机械手将放有零件的夹具输送至某个工作单元时，该单元的接收机构能够自动完成对零件的定位和夹紧。零件输送机械手被制造成一个具有 6 个自由度，同时能负载 120 kg 的机器人。

数控加工中心采用的是 Fadal VMC-6030 型 5 轴机床，它拥有 21 个刀位的自动换刀库。液动夹具接收器保证了零件在数控机床的多次定位、夹紧，精度达到 0.000 2 in。如果在加工中用到了切削液，那么夹具机械手还将把零件输送到清洗站，清洗残留的切削液。喷丸站则用于对沉积表面进行处理，以补偿沉积过程中由于温度梯度在沉积零件材料间形成的残留应力。

作为整个实验平台的关键组成部分，沉积站由消声室、空气处理系统和沉积机械手组成。消声室用于抑制噪声和隔离灰尘，空气处理系统用于灰尘过滤及收集，沉积机械手采用具有 6 个自由度的 GMF 5700 系统，并带有沉积头更换机构，可以根据不同材料更换不同的沉积头。自动送料机构和电源放置在消声室上方的中间层内。零件输送机械手通过消声室底部的活动门将夹具送入沉积站。沉积站中可用的沉积工艺方法包括电弧和等离子喷涂、微法铸造、金属焊丝惰性气体保护焊和热蜡喷射法等。

由于商业用途的高性能实体自由成型设备多是专用设备，且价格高昂，Carnegie Mellon 大学探索了一种专用成型设备的替代品，即直接在现有通用的数控铣床上增设沉积装置，而对于数控铣床没有任何限制。除了进行成型加工外，数控铣床还保证了挤出头运动轨迹的精确控制。5 轴数控加工中心与采用挤出法的沉积系统集成的实验平台，可用来制造陶瓷零件，该平台的主体采用具有旋转式换刀库的通用商业化设备 Fadal VMC-15 铣床。在气压作用下，高压挤出头可沿与机床主轴箱连接的滑轨作 Z 向移动。沉积材料时，挤出头沿滑轨下移到达工作位置；在沉积完成后，进行机械加工时，挤出头则上移，以免干涉零件加工。

Stanford 大学搭建的 SDM 实验平台与 Carnegie Mellon 大学的不谋而合，也是采用通用 Haas VF-0E 型 3 轴数控加工中心作为主体，附设用于沉积的相关装置，整个系统由计算机控制。其中的夹具接收器保证零件精确的定位和夹紧。在加工过程中可以停机检查，还可同时进行多工位加工。

Stanford 大学 SDM 实验平台结构如图 9-8 所示，材料可通过热蜡喷嘴或气动分配阀进行沉积，所有 3 个喷嘴均与直线滑轨相连，实现沿 Z 轴的上下移动。进行沉积加工时，喷嘴下移到工作位置，进行机械加工时，喷嘴上移，以免干涉刀具加工。整个沉积机构与机床主轴箱相连，能够精确控制其与零件表面的 Z 向垂直距离。而喷嘴在 X 和 Y 向的定位，则可由机床工作台的精确移动来实现。这种在机床主轴箱上附设沉积机构的方法，其唯一的缺点是主轴箱要负担沉积机构多余的重量，这会改变主轴箱的运动状态，影响其运动精度，所以沉积机构做得越轻越好。气动分配阀用来沉积成型零件所用的材料，而零件材料储存在一个加压的储槽中，它在沉积时呈微滴状，直径大约为 2 mm。热蜡喷嘴用来沉积 SDM 工艺中的支撑材料。红外光源和紫外光源也是实验平台的组成部分，其中紫外

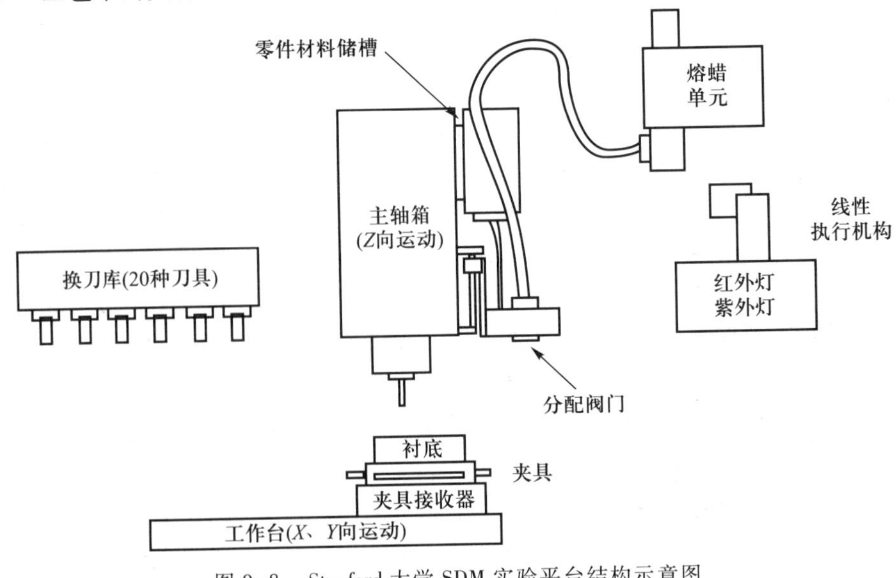

图 9-8 Stanford 大学 SDM 实验平台结构示意图

光源用来加速零件材料沉积后的固化，红外光源用来在沉积材料之前预热下层材料的上表面。在实验之前必须做全方位的检查，以保证两个光源能够完全照射到零件的表面。但由于两个光源过重，不能附设在主轴箱上，其 Z 向移动由专门的线性执行机构来实现。

9.1.4 成型材料

（1）成型材料

SDM 的材料沉积是整个沉积过程的关键，特别是异质材料的沉积是 SDM 成型技术中的一个难题。传统的焊接工艺通常会导致材料的穿透和合金化，或者将某些材料组合在一起的难度较大。根据功能零件要求的材料不同，需要采用不同的材料沉积工艺方法，如图 9-9 所示。

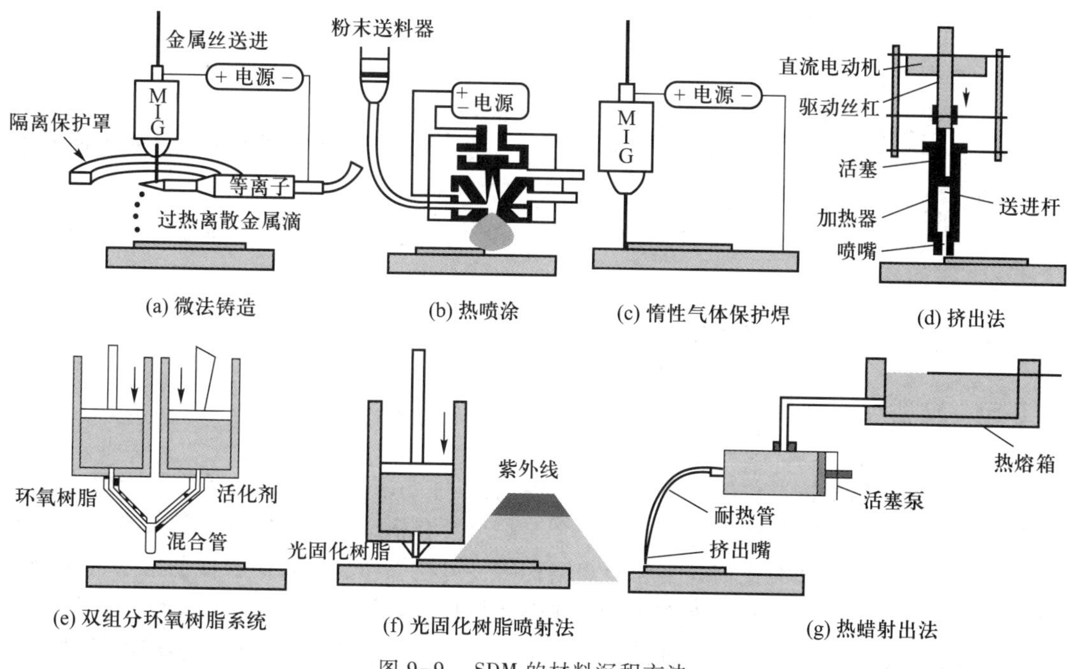

图 9-9　SDM 的材料沉积方法

图 9-9a 是一种非连续焊接过程，用于沉积离散的过热熔化金属滴，从而形成稠密的、冶金上连接在一起的结构，沉积的材料可为不锈钢或铜等金属材料。铜可作为零件材料外，也可作为支撑材料，在沉积制造完成后用硝酸蚀刻的方法去除。

图 9-9b 是用热喷涂的方法来沉积高性能的薄层材料（包括金属、塑料及陶瓷），具有较高的沉积速度。

图 9-9c 用于高速沉积合金钢材料。

图 9-9d 用于沉积热塑性材料（如生陶瓷），支撑材料采用可加工的水溶性材料。

图 9-9e 用于沉积热固性材料（如环氧树脂/活化剂混合材料），支撑材料采用蜡，并用热熔混合系统进行沉积。

图 9-9f 采用喷射的方法沉积水溶性光固化树脂，支撑材料采用蜡。

图 9-9g 用于沉积蜡材料，既可用于零件的沉积，也可用于支撑材料的沉积，这取决

于具体的应用领域。

其中，热喷涂法加工材料质量有限，不能加工较厚的涂层。其他沉积方法，如喷射法或电镀法，沉积速率缓慢，同时在沉积的厚度和质量上也受到限制。微铸造法可以沉积不同的材料，沉积层材料质量较高，同时不会影响界面区域的几何形态。结合中间整形操作过程，可以创建嵌入式或涂层结构，例如具有相当厚度的涂层、叠层结构或使用不同的材料来优化结构的性能。在SDM过程中，不同材料的沉积被用于创建嵌入支撑结构的成型件。对于支撑结构的应用，主要关注的是用不同的液滴重铸衬底区域。应尽量减小或避免基体的支撑材料的重熔量，以保持零件表面的光洁度及界面强度。

（2）支撑材料

对于任意几何形状的支撑材料，有以下要求：

1）支撑材料的沉积不能穿透成型件的沉积层，不能破坏成型件的任何形状表面。穿透和表面变形的影响必须尽可能小。

2）支撑材料与成型材料粘结性良好，为成型操作和嵌入件提供结构强度。

3）支撑材料必须可加工，以保证成型底部的表面特征。

4）成型材料的沉积不能穿透支撑材料，也不能破坏支撑材料的表面。形状表面的穿透和变形的影响必须尽可能小。

5）成型材料必须附着在支撑结构上，以提供成型操作所需的结构强度，并防止由于内部应力引起的翘曲。

6）完全成型后，支撑材料必须可移动。

9.1.5 成型影响因素

本节主要介绍微铸造法的影响因素。SDM成型件要求高质量、高精度和表面光洁度以及优越的力学性能，因此需要保证沉积金属必须具有粘结性和致密性以及具有很强的层间粘结性，同时保证低氧化物含量和微观结构始终可控。在热沉积中，控制熔融材料的能量（即热和动力学）以及将能量转移到底层是实现这些目标的关键。一方面，需要有足够的能量对先前沉积的材料表面进行轻微的重熔，以便通过冶金结合促进层间的粘结，并使新沉积的材料能够充分流动以达到完全致密化。另一方面，能量必须保持在最低限度，以防止以前沉积和成型层的大面积重熔，并避免渗透到支撑材料中，从而破坏凹形的形成机制。控制热量输入、传热和受热影响的区域进一步减少了温度梯度的累积，以防止支撑结构和先前沉积材料的变形。

（1）液滴温度

液滴温度对沉积材料的质量和层间粘结有重要影响。必须实现单个液滴与液滴之间的冶金结合，以及在液滴与基片或底层之间的结合。由于液滴温度远低于其熔点，因此需对液滴进行充分过热，以使底物或先前沉积的液滴重熔。同时，有必要将液滴的过热量保持在较低的水平，使重熔深度最小化。

（2）挤出速度

电弧功率相同时，挤出速度越小，液滴温度越高；液滴温度相同时，挤出速度越小，液滴直径越大。

（3）电弧功率

当功率达到能完全熔融液滴时，液滴的温度急剧上升。由于金属部分汽化，温度上升到一定时上升速度下降。

9.1.6 典型应用

目前，SDM 技术已在许多方面得到了较为广泛的应用。

1. 功能零件

SDM 可以直接制造功能零件，为机械装置的真实性能测试提供方便，且节省大量时间。图 9-10 所示为 Stanford 大学快速成型实验室制造的氧化铝涡轮叶片和俯仰轴。图 9-11 所示为用氮化硅制造的一种涡轮压缩机转子和入口喷嘴。

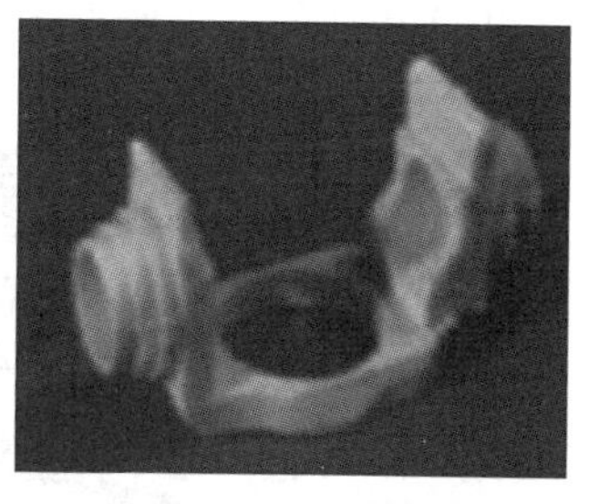

图 9-10 SDM 制造的零件

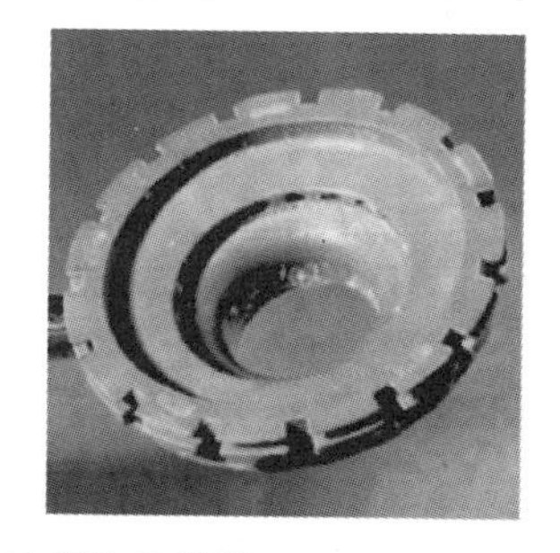

图 9-11 SDM 制造的零件

2. 模具快速制造

SDM 可以采用多种材料的组合来制造模具，以提高模具的工作性能。图 9-12 所示为 Stanford 大学快速成型实验室制造的铜材料模具冷却通道。

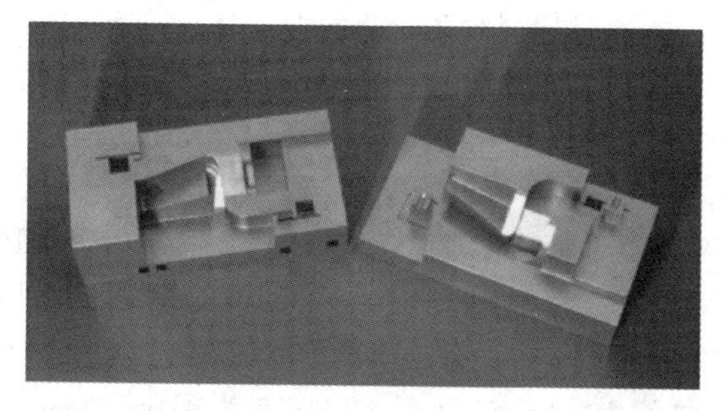

图 9-12 SDM 制造的铜材料模具冷却通道

3. 预装配机构的制造

利用SDM可以制造出复杂的预装配机构，并且不需要任何装配步骤。图9-13为采用模具形状沉积制造的一种涡轮预装配机构，转子和转轴在制造结束时已经装配在一起。

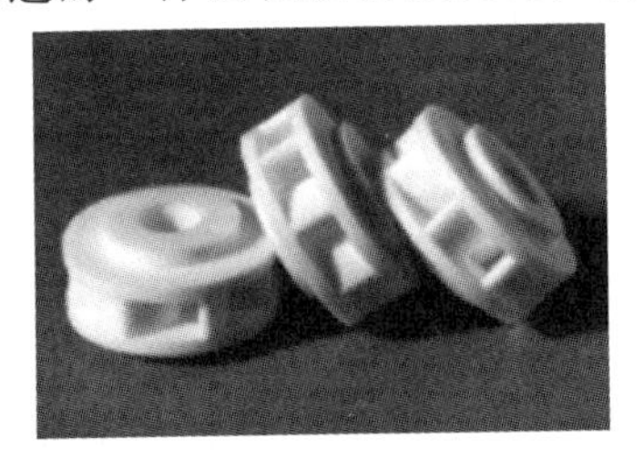

图9-13　SDM制造的预装配机构

4. 嵌入结构组件的制造

图9-14所示为SDM制造的蛙人嵌入式计算机模块，该电子装置外层为封闭的非导电材料壳体，内部嵌入电子元件，形成防水的电子结构，用于潜水员潜水探测。

图9-14　SDM制造的蛙人嵌入式计算机模块

9.2　电子束熔化成型工艺及材料

9.2.1　概述

相对于激光及等离子快速成型，电子束熔化成型（Electron Beam Melting，EBM）出现较晚。EBM与SLS原理相似，采用电子束在计算机的控制下按零件截面轮廓的信息有选择性地熔化金属粉末，并通过层层堆积，直至整个零件全部完成，最后去除多余的粉末便得到最终的三维产品。该技术在粉末近净成型精度、效率、成本及零件性能等方面具有独特优势，广泛应用于医疗器械、航空航天、汽车制造等领域。

2001年瑞典Arcam公司将电子束作为能量源，并申请了国际专利，于2003年推出了全球第一台真正意义上的商业化EBM设备EBM-S12。国际上，美国的北卡罗来纳州立大学、英国的华威大学、德国的纽伦堡大学、美国的波音公司、美国的Synergeering集团、德国的Fruth Innovative Technologien公司及瑞典的VOLVO公司和国内的清华大学和西北有色金属研究院等先后开展了相关研究工作。图9-15为瑞典Arcam公司研发的Arcam A2X系统，该系统采用多电子束技术，最大成型尺寸为200 mm×200 mm×380 mm，适合航空航天领域加工及各类新金属材料的开发。

图 9-15 Arcam A2X 系统

9.2.2 成型原理及工艺

1. 成型原理

(1) 电子束的磁场聚焦原理

电子枪阴极灯丝发射的热电子在发射出来时具有各个方向的速度，因而电子束本身具有一定的发射角，随着行进距离的增大，电子束的束斑直径会不断增大。另外，从阳极高压到成型平台之间的这段路径，电子束内各个电子之间会有较强的轴向库仑排斥力，这种排斥力也将导致电子束的束斑直径增大。电子束束斑直径增大直接降低了电子束的功率密度，同时也降低了电子束的成型精度，因而需要在电子束到达底板之前对电子束聚焦，减小束斑直径，提高功率密度。电子束聚焦可以用静电聚焦、磁场聚焦和两者的混合聚焦方式。在电子束选区熔化工艺中，电子束被 60 kV 的加速电压加速到接近于光速，静电聚焦效果变差，一般采用磁场聚焦。

电子束穿过聚焦线圈的中心轴。聚焦线圈产生的磁场中磁力线方向与电子束的运动方向平行。聚焦线圈的磁场对电子束的聚焦与光学透镜对光线的聚焦公式相似，因而可以用分析光学聚焦的方式来分析电子束的磁场聚焦。

磁透镜的焦距 f 为

$$f=k\frac{U}{(IN)^2} \tag{9-1}$$

式中：k 为包括磁芯特性在内的形状因子；U 为电子束的加速电压；I 为聚焦线圈的电流强度，N 为线圈的匝数。

磁场聚焦中焦距的长度是与阳极加速电压成正比，与聚焦电流强度的平方成反比。在电子束选区熔化成型过程中，加速电压 U 一般不变，控制电子束的聚焦状况可以通过改变聚焦线圈的电流来实现。

电子束在磁透镜中的聚焦公式为

$$\frac{1}{f}=\frac{1}{L}+\frac{1}{S} \tag{9-2}$$

式中：S 为灯丝到聚焦线圈中心的距离；L 为从聚焦线圈中心到电子束聚焦点的距离。

在一个特定的电子枪中，S 的长度是不变的，因而在电流强度和加速电压不变的情况下，焦距 f 的长度也是不变的，从而“像距” L 的长度也是不变的。这样当电子束发生偏转时，电子束的聚焦面应该为以聚焦线圈中心点为球心的部分球面，如图 9-16 所示。在保持恒定聚焦电流的情况下，电子束的聚焦平面相切于成型范围的中心点，而在其他点均高于成型平台。聚焦在成型平台以上的电子束在到达成型平台时，会发生一定程度的散焦，并且随着偏转角的增大，散焦程度加剧。

（2）电子束聚焦分析

当电子束偏离成型平台的中心点时，电子束到达成型平台的路径长度增加。在保持焦距不变时，偏转电子束就会出现散焦的问题。如果根据电子束的路径长度相应地改变焦距，则可以使得电子束聚焦在设定点。对电子束偏转散焦进行补偿，需要计算出电子束偏转时增加的路径长度，以及对应的聚焦补偿电流。

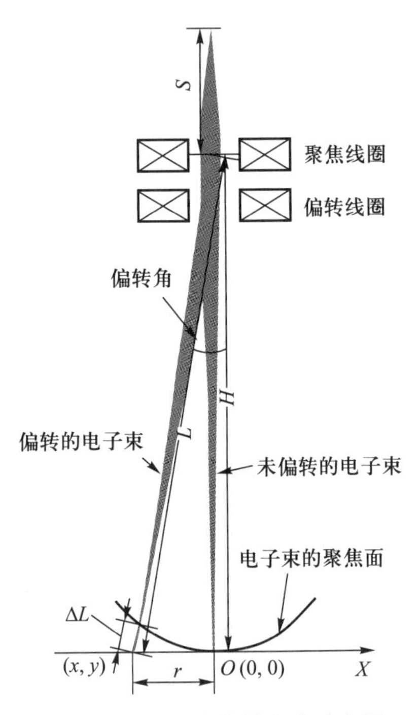

图 9-16　电子束偏转聚焦示意图

由于电子束绕中心轴偏转对称，则图 9-16 所示的电子束偏转散焦具有普遍适用性。与中心点的电子束相比，偏转后的电子束的路径长度和增加的路径长度可以用下式表示：

$$L=\sqrt{H^2+x^2+y^2}=\sqrt{H^2+r^2} \tag{9-3}$$

$$\Delta L=L-H=\sqrt{H^2+r^2}-H\approx\frac{r^2}{2H^2} \tag{9-4}$$

式中：L 为偏转电子束从聚焦线圈中心到成型平台走过的路程；H 为电子束聚焦线圈中心到成型平台上电子束偏转中心的距离；r 为成型平台上偏转电子束到偏转中心的距离；ΔL 为偏转电子束比未偏转电子束多走的路程。

2. 成型工艺

EBM 成型工艺过程如图 9-17 所示。首先将所设计零件的三维图形按一定的厚度切片分层，得到三维零件的所有二维信息；在真空箱内以电子束为能量源，电子束在电磁偏转线圈的作用下由计算机控制，根据零件各层截面的 CAD 数据有选择地对预先铺好在工作台上的粉末层进行扫描熔化，未被熔化的粉末仍呈松散状，可作为支撑；一层加工完成后，工作台下降一个层厚的高度，再进行下一层铺粉和熔化，同时新熔化层与前一层熔合为一体。重复上述过程直到零件加工完后从真空箱中取出，用高压空气吹出松散粉末，得到三维零件。

3. 工艺特点

EBM 是以电子束为能量源的粉床快速成型技术，电子束成型具有以下特点：

1）功率高、功率密度高、利用率高。电子束输出可以很容易达到几千瓦级，一般激光器的功率为 1~5 kW。电子束加工的最大功率能达到激光的数倍，其连续热源功率密度比激光高很多，可达 1×10^7 W/mm^2。电子束能量利用率是激光的 3 倍，可达到 75%。

2）对焦方便。电子束可以通过调节聚束透镜的电流来对焦，束径可以达到 0.1 nm，

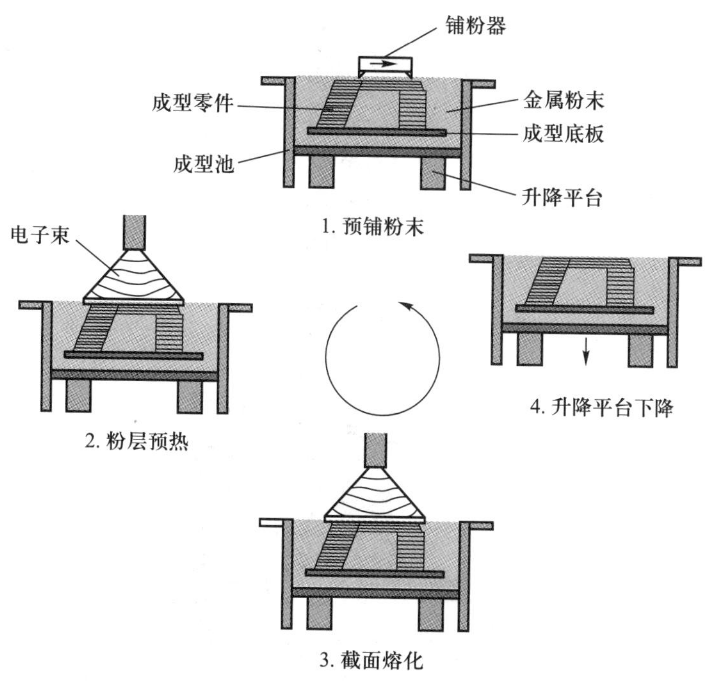

图 9-17 EBM 成型工艺过程

做到极细聚焦。

3）扫描速度快。电子束在平面作二维扫描运动是通过改变磁偏转线圈电流来实现的，扫描频率可达 20 kHz，电子束在 $X-Y$ 平面的扫描运动更方便、控制精度更高、系统装置更简便，因而可以实现快速扫描，成型速度快。

4）可加工材料广泛。电子束可以不受加工材料反射的影响，很容易加工用激光难于加工的材料，而且具有的高真空工作环境可以避免金属粉末在液相烧结或熔化过程中被氧化。

5）成型快，运行成本低。电子束设备可以进行二维扫描，扫描频率可达到 20 kHz，无机械惯性，可以实现快速扫描。且不像激光那样消耗 N_2、CO_2、H_2等气体，价格较低廉，电子束设备维护非常方便，只需更换为数不多的灯丝。

9.2.3 成型系统

EBM 主要有送粉、铺粉、熔化/烧结等工艺步骤，其系统结构如图 9-18 所示。EBM 系统真空室内具有铺送粉机构、粉末回收箱及成型平台。同时，还包括电子枪系统、真空系统、控制系统和软件系统。

工作时，灯丝发射的电子被阳极电压加速，依次通过校准线圈、聚束线圈和偏转线圈作用在工作平台上。通过控制通过偏转线圈的电流，可以实现电子束的偏转扫描。工作平台上设置有活塞缸和铺粉器，用于逐层铺设粉末。

（1）电子枪系统

电子枪系统是 EBM 设备提供能量的核心功能部件，直接决定 EBM 零件的成型质量。电子枪系统主要由电子枪、栅极、聚束线圈和偏转线圈组成。

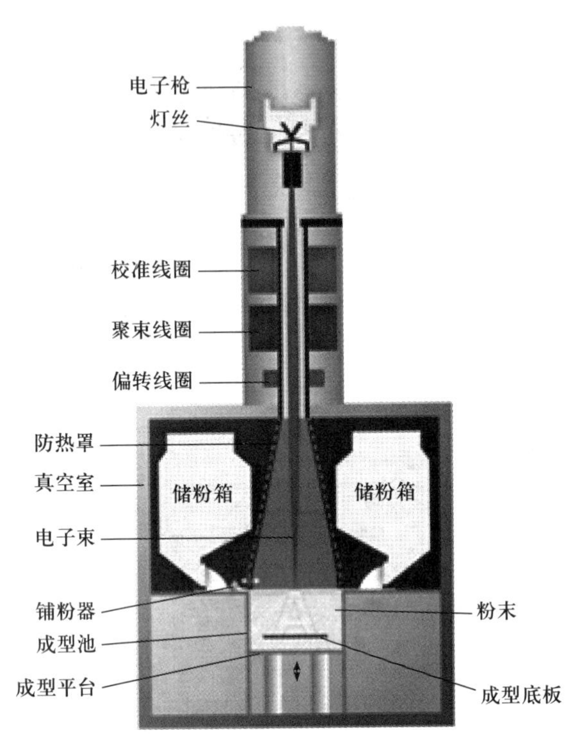

图 9-18 EBM 系统结构示意图

1）电子枪

电子枪是加速电子的一种装置，能发射出具有一定能量、束流以及速度和角度的电子束。在电子枪中有钨灯丝，通过灯丝电流可以把灯丝加热到 2 000 ℃以上。在这样高的温度下，电子可以自由地从灯丝中脱离，脱离的电子在阴极与阳极之间通过高电压（约 60 000 V）形成的电磁场被加速。电子束电流，也就是电子束中电子的数目，由各种控制电极控制。

2）栅极

栅极是由金属细丝组成的筛网状或螺旋状电极。多极电子管中最靠近阴极的一个电极具有细丝网或螺旋线的形状，插在电子管另外两个电极之间，起控制板极电流强度、改变电子管性能的作用。

3）聚束线圈

聚束线圈由两部分以上组成，连同电位器成星形连接，恒流源供电，可以在保持电子束聚焦的条件下用电位器调整光栅的方位角。

4）偏转线圈

偏转线圈是由一对水平线圈和一对垂直线圈组成。每一对线圈由两个圈数相同、形状完全一样的互相串联或并联的绕组所组成。线圈的形状按要求设计制造而成。当分别给水平和垂直线圈通以一定的电流时，两对线圈分别产生一定的磁场。

（2）真空系统

EBM 整个加工过程是在真空环境下进行的。在加工过程中，成型舱内保持在约 10^{-5} mBar 的真空度，良好的真空环境保护了合金稳定的化学成分，并避免了合金在高温下氧化。真空系统主要由密封的箱体及真空泵组成，在EBM设备中，为了实时观察成型效果，在真空室上还需要留有观察窗口。

（3）控制系统

控制系统主要包括扫描控制系统、运动控制系统、电源控制系统、真空控制系统和温度检测系统等。电动机控制通常采用运动控制卡实现；电源控制主要采用控制电压和电流的大小来控制束流能量的大小；温度控制采用A/D信号转换单元实现，通过设定温度值和反馈温度值调节加热系统的电流或电压。

（4）软件系统

EBM设备要专用软件系统实现CAD模型处理（纠错、切片、路径生成、支撑结构等）、运动控制（电动机）、温度控制（基底预热）、反馈信号处理（如氧含量、压力等）等功能。商品化EBM设备一般都有自带的软件系统。

9.2.4 成型材料

目前，EBM成型材料涵盖了不锈钢、钛及钛合金、Co-Cr-Mo合金、TiAl金属间化合物、镍基高温合金、铝合金、铜合金和铌合金等多种金属及合金材料。其中，钛合金应用最为广泛。

（1）TC4钛合金

瑞典Arcam公司对EBM成型TC4钛合金的室温力学性能进行了检测，无论是沉积态，还是热等静压态，EBM成型TC4钛合金的室温拉伸强度、塑性、断裂韧性和高周疲劳强度等主要力学性能指标均能达到锻件标准，但是沉积态力学性能存在明显的各向异性，并且分散性较大。经热等静压处理后，拉伸强度有所降低，但断裂韧性和疲劳强度等动载力学性能却得到明显提高，而且各向异性基本消失，分散性大幅下降。

（2）Co-Cr-Mo合金

Co-Cr-Mo合金主要用于生物医学领域，经过热处理之后其静态力学性能能够达到医用标准要求，并且经热等静压处理后其高周疲劳强度达到400~500 MPa（循环10^7次）。

（3）TiAl金属间化合物

意大利Avio公司的研究指出，EBM成型TiAl合金室温和高温疲劳强度能达到现有铸件技术水平，并且表现出比铸件优异的裂纹扩展抗力和与镍基高温合金相当的高温蠕变性能。

（4）镍基高温合金

2014年，在瑞典Arcam公司用户年会上，美国橡树岭国家实验室的研究人员报道，对于航空航天领域应用最为广泛的Inconel718合金，EBM成型材料的静态力学性能已经基本达到锻件技术水平。

总之，EBM成型材料的力学性能已经达到或超过传统铸造材料，并且部分材料的力学性能已达到锻件技术水平。

9.2.5 成型影响因素

(1)“吹粉”现象

“吹粉”是EBM成型过程中特有的现象，指金属粉末在成型熔化前即已偏离原来位置的现象，从而导致无法进行后续的成型工作。严重时，成型底板上的粉末床会全面溃散，从而在成型池内出现类似“沙尘暴”的现象。“吹粉”实质上是电子束与粉末相互作用问题。

(2)球化现象

球化现象是EBM成型过程中一种普遍存在的现象，指金属粉末熔化后未能均匀地铺展，而是形成大量隔离的金属球的现象。球化现象的出现不仅影响成型质量，导致内部孔隙的产生，严重时还会阻碍铺粉过程的进行，最终导致成型零件失败。球化现象取决于三个方面：熔融小液滴表面张力、粉末是否湿润、粉末间的粘结力。

(3)变形与开裂

复杂金属零件在直接成型过程中，由于热源迅速移动，粉末温度随时间和空间急剧变化，导致热应力的形成。另外，由于电子束加热、熔化、凝固和冷却速度快，受热不平衡严重、温度梯度高，同时存在一定的凝固收缩应力和组织应力，成型零件容易发生变形甚至开裂，成型结束后存在残余应力分布。

(4)表面粗糙度

电子束成型零件表面粗糙度一般低于精铸表面，对于不能加工的表面，很难达到精密产品的要求。影响电子束成型零件表面粗糙度的因素主要有切片方式及铺粉厚度、电子扫描精度、表面粘粉等。其中切片方式及铺粉厚度、电子扫描精度与成型设备有关，而表面粘粉与预热、预烧结及熔化凝固工艺过程有关。

(5)气孔与熔化不良

EBM普遍采用惰性气体雾化球形粉末作为原料，在雾化制粉过程中不可避免地形成一定含量的空心粉，由于熔化和凝固速度较快，空心粉中含有的气体来不及逃逸，从而在成型件中残留形成气孔。此外，成型工艺参数或成型工艺不匹配时，成型件同样会出现孔洞。

9.2.6 典型应用

EBM技术所展现的技术优势已经得到广泛的认可，在生物医疗、航空航天等领域取得一定的应用。

1. 航空航天领域

图9-19为Moscow Machine-Building Enterprise采用EBM技术制造的火箭汽轮机压缩机承重体，尺寸为ϕ267 mm×73 mm，质量为3.5 kg，制造时间仅为30 h。

图9-19 EBM制造的航天用复杂零件

意大利Avio公司采用EBM技术制备的航空发动机低压涡轮采用TiAl叶片，如图9-20所示。该零件尺寸为8 mm×

12 mm×325 mm，质量为 0.5 kg，比传统镍基高温合金叶片减重达 20%。相对于传统精密铸造技术，采用 EBM 技术能够在一台 EBM 设备上 72 h 内完成 7 个第 8 级低压涡轮叶片，展现出巨大优势。

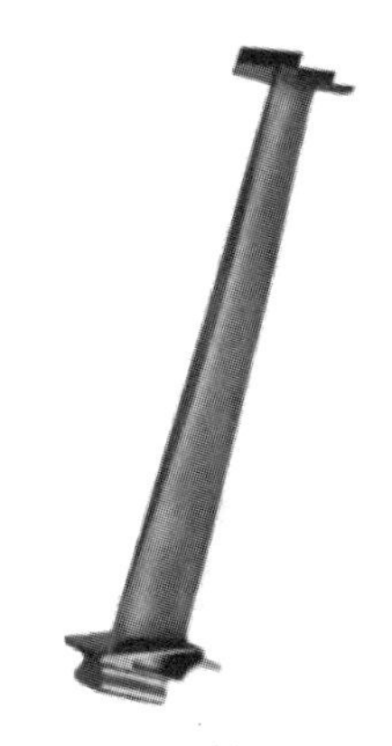

图 9-20 EBM 制造的 TiAl 叶片

2. 生物医疗领域

目前 EBM 制备金属多孔材料最为典型的应用主要集中在生物植入体方面。2007 年，意大利 Adler Ortho 公司采用 EBM 设备制造出的表面具有人体骨小梁结构的髋关节产品获得欧洲 CE 认证，如图 9-21 所示。

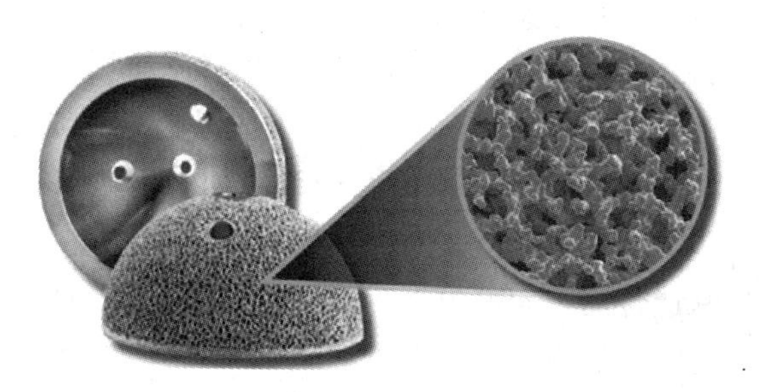

图 9-21 EBM 制造的表面具有人体骨小梁结构的髋臼杯

3. 其他领域

EBM 技术在过滤分离、高效换热、减振降噪等领域同样具有广泛的应用前景。图 9-22 为美国橡树岭国家实验室采用 EBM 技术研发的水下液压控制元件。

图 9-22 EBM 制造的水下液压控制元件

9.3　激光近净成型工艺及材料

9.3.1　概述

激光近净成型（Laser Engineered Net Shaping，LENS）又称激光工程化净成型，是利用高能激光束将同轴输送的粉末材料快速熔化凝固，通过层层叠加，最后得到近净形的零件实体。同LENS工艺原理相近的技术有激光粉末成型（LPF）、直接金属沉积（DMD）、直接光制造（DLF）或激光立体成型（LSF）等。LENS的成型材料主要有金属合金粉末、陶瓷粉末及复合材料粉末等。LENS主要用于制造成型金属注射模、修复模具和大型金属零件、制造大尺寸薄壁形状的整体结构零件，也可用于加工活性金属，如钛、镍、钽、钨、铼及其他特殊金属。

1992年左右，美国军方解密以合金粉末为原料的激光直接加工成型的概念。美国Sandia国家实验室与美国联合技术公司（UTC）于1996年联合提出了LENS的思想，并于2000年获得了相关专利。在美国能源部研究计划支持下，Sandia国家实验室及Los Alamos国家实验室率先发展了LENS技术。同年，Optomec公司成功推出了商业化的激光近净成型系统。Sandia国家实验室组织了11家美国单位组成激光近净成型联盟进行后续研发，最后由美国Optomec公司进行商业运作。图9-23为Optomec公司开发的第三代成型机LENS 850-R系统。除了Optomec公司以外，法国BeAM公司、德国通快公司以及专为CNC机床公司提供增材制造包的HYBRID公司也纷纷推出了各自的LENS系统。

国内对于激光近净成型工艺的研究起步较晚。1995年，西北工业大学凝固技术国家重点实验室提出了金属材料的激光立体成型技术思想。1997年，西北工业大学联合北京航空工艺研究所开始对LENS系统进行研究。北京航空航天大学在国际上首次全面突破了钛合金、超高强度钢等难加工大型复杂整体关键部件的激光成型工艺和成套设备，已经为我国提供飞机的大型零部件并完成装机，如发动机框架、起落架等，并且成本低、速度快，处于国际领先水平。图9-24为西安铂力特公司开发的BLT-C1000系统。

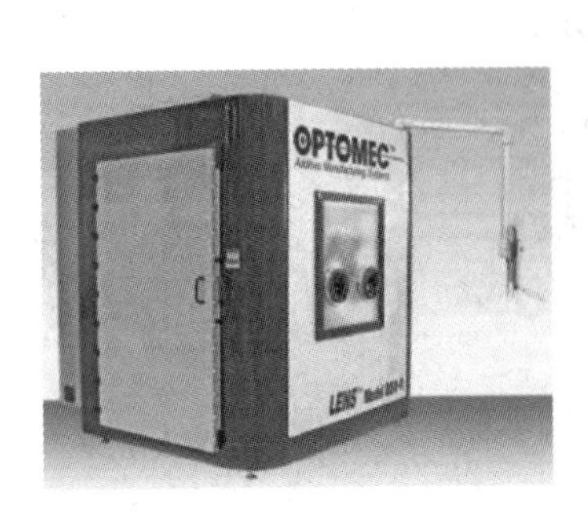

图9-23　Optomec LENS 850-R系统

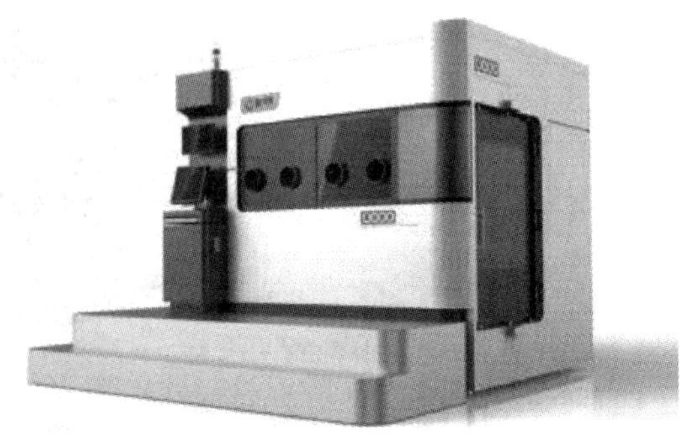

图9-24　铂力特BLT-C1000系统

9.3.2　成型原理及工艺

1. 成型原理

（1）熔池的传热与传质

1）激光作用下的传热

激光辐射材料时，其光能被材料吸收转换为热，能量通过热传导在材料内部扩散，造成一定的温度场。对于各向同性的均质材料，热传导偏微分方程的一般形式为

$$\rho(T)c_p(T)\frac{\partial T}{\partial t}=\frac{\partial}{\partial x}\left[K(T)\frac{\partial T}{\partial x}\right]+\frac{\partial}{\partial y}\left[K(T)\frac{\partial T}{\partial y}\right]+\frac{\partial}{\partial z}\left[K(T)\frac{\partial T}{\partial z}\right]+Q(x,\ y,\ z,\ t) \quad (9-5)$$

式中：ρ 为材料密度；c_p 为比（定压）热容；T 为温度；t 为时间；K 为材料热导率；Q 为单位时间单位体积内的发热量。激光处理时一般不存在体积热源，即 $Q=0$，激光在材料表面被吸收，是表面热源。

在 K 为常数，不随温度与位置而变化的情况下，热传导方程可简化为

$$\frac{1}{a}\ \frac{\partial T}{\partial t}=\frac{\partial^2 T}{\partial x^2}+\frac{\partial^2 T}{\partial y^2}+\frac{\partial^2 T}{\partial z^2} \quad (9-6)$$

式中：a 为材料的热扩散率，$a=K/(\rho c_p)$。

至于边界条件，对于激光处理过程来讲，表面对流和辐射换热常常可以忽略，不受激光辐射的表面可视为绝热边界，而直接受激光辐照的表面区域，其表面沿法线 n 方向的温度梯度由下式确定：

$$AI=-K\frac{\partial T}{\partial n} \quad (9-7)$$

式中：A 为表面对激光的吸收系数；I 为激光功率密度。

此外，激光束横截面的能量或者强度分布在不同情况下是不同的，在实际应用中通常取近似。

对多模激光束，可以假设在半径为 R_s 的圆形光斑内能量分布是均匀的，即

$$I(r)=\begin{cases} I_0 & r\leqslant R_s \\ 0 & r>R_s \end{cases} \quad (9-8)$$

其次为高斯分布。当光斑特征尺寸 $R_s=R_s^e$ 是由光强为圆心的 $1/e$ 时的半径决定时：

$$I(r)=I_0\exp[-r^2/(R_s^e)^2] \quad (9-9)$$

配合其他的边界条件，如表面对流和辐射换热，就可以通过求解方程得到不同时刻、不同位置的温度。当试件足够厚时，如果忽略表面的对流和辐射换热，其边界条件为

$$T(\pm\infty,\ y,\ z,\ t)=T(x,\ \pm\infty,\ z,\ t)=T(x,\ y,\ \pm\infty,\ t)=T(x,\ y,\ z,\ 0)=T_0 \quad (9-10)$$

采用能量呈高斯分布和均匀对称分布的激光束辐照材料表面时，温度场沿 Y 轴是对称分布的。由于光束的移动，温度场的最高温度并不在正中心，而是在相对于光束扫描方向略偏后的位置，并且随着扫描速度的提高移动量加大。熔池内温度沿深度方向 Z 轴的分布是不均匀的，在熔池辐照表面熔化时间最长，温度最高；在熔池底部液固界面附近，温度低，同时也只是瞬时熔化。

2）激光作用下的传质

在激光熔覆工艺过程中，必然有激光作用下液相的传质过程。由于激光作用使熔体处于高温和熔体表面张力梯度效应，使激光作用下的液相传质具有对流传质和蒸发传质的复合特性。图9-25所示为激光快速熔凝示意图。

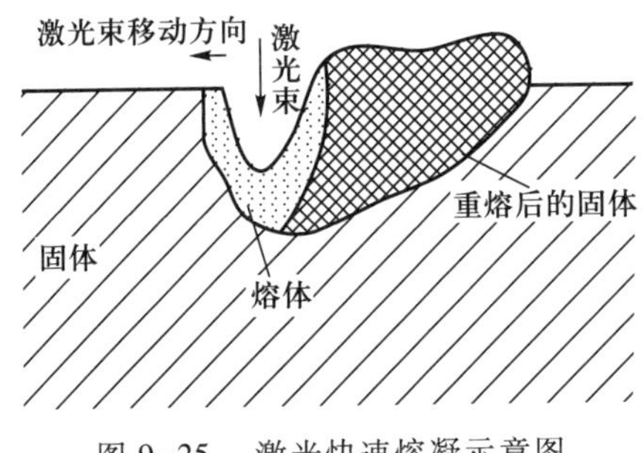

图9-25 激光快速熔凝示意图

① 面张力流的形成与对流传质。

温度梯度和浓度梯度都会形成液体的表面张力梯度。由图9-26可知，在激光作用下，熔体中从内到外都存在温度梯度，加上激光作用下溶质元素的选择性蒸发和与温度梯度相适应溶质元素的化学位梯度所形成的浓度梯度，二者综合作用使液体形成图中所示的表面张力梯度及由它决定的液流方向。

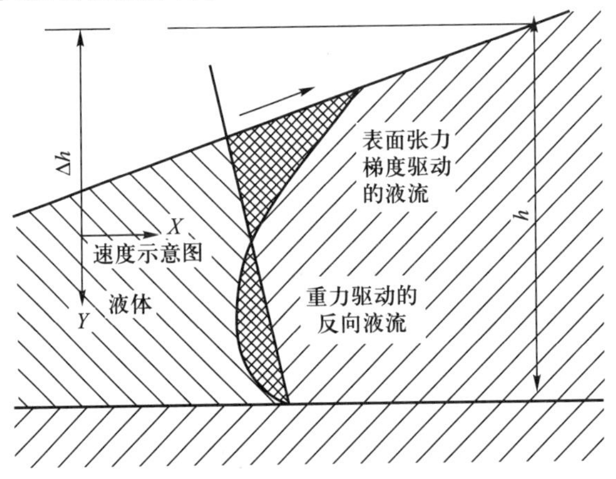

图9-26 熔池的表面张力梯度和液体流动模式

由于熔池中心温度最高，其表面张力值最小。熔池横截面内的表面张力流如图9-27所示。图中 h 为整个熔池的深度，Δh 为表面张力梯度的固-液界面与熔池底部之间的高度差。

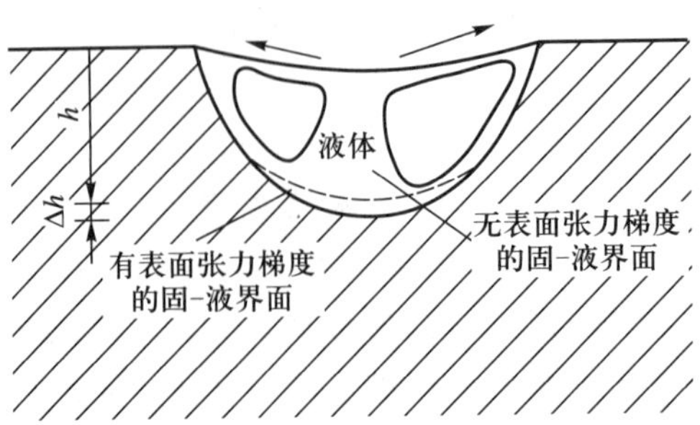

图9-27 熔池横截面内的表面张力流示意图

对于大多数液体来讲，其$\partial\sigma/\partial T<0$。因此，表面张力流使液体表层与底层发生对流传质，其平均对流传质系数取决于层流条件。因为尽管液面在激光作用下存在表面紊流，但对流传质是在熔池下部进行的，由于底部液体的表面张力偏高，因此属于层流条件。

② 表面蒸发传质。

激光作用于熔体或其他液体表面时，所产生的高温和激光对物质原子或分子的激发作用会有相当快地蒸发。如果激光的波长正好是溶质原子的强吸收峰，还将出现选择性的优先蒸发。表面蒸发传质包括表面汽化和溶质原子在表层内部扩散到最表层两个重要环节。表层内的扩散是在紊流条件下进行的。

实验研究表明，在激光熔凝后的合金内部，许多溶质元素在最表层的含量低于内部，而呈一定的浓度梯度分布。这说明，这些溶质原子的汽化速率大于它们在液体内的扩散速度，这也说明激光的照射作用是一个重要因素。实际上，激光熔凝后，材料中溶质元素分布状态受固、液分配系数和凝固速度的影响。

（2）熔池的凝固与成长

在激光束连续扫描作用下，金属熔体的凝固不是静态的，而是一个动态凝固的过程，如图 9-28 所示。随着激光束的连续扫描，在熔池中金属的熔化和凝固过程是同时进行的，在熔池的前半部分，固态金属粉末连续不断地进入熔池形成熔体，进行着熔化过程。而在熔池的后半部分，液态金属不断地脱离熔池形成固体，进行着凝固过程。其凝固特点是，成型层与已成型层必须牢固结合，扫描线间也必须是冶金结合，只有这样才能使成型过程正常进行，并使成型零件具备一定的力学性能。

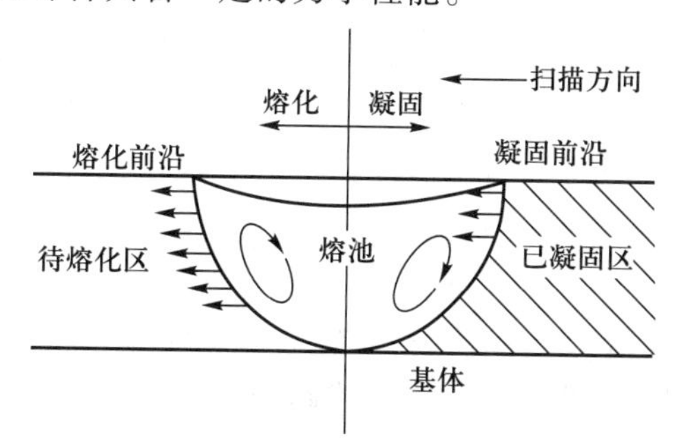

图 9-28　激光熔池动态凝固示意图

（3）激光束焦点位置

快速成型金属零件时，需要考虑激光束焦平面与加工平面的位置关系，两者的位置关系是否合理将直接影响零件的成型质量。加工平面与激光束焦平面之间的距离称为离焦量，离焦有三种形式：焦点位置（零离焦）、负离焦和正离焦，焦平面位于加工面下方时是负离焦，反之是正离焦，如图 9-29 所示。由于激光自身的发散以及受镜片和装置精度的影响，光路聚焦点的半径不为零，而是外径为 0.5~1 mm 的圆环斑。

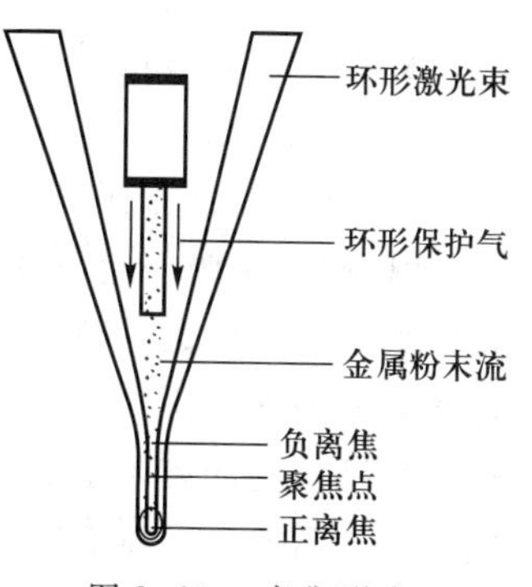

图 9-29　离焦形式

粉末流穿过激光束到达熔覆层表面时的状态可能存在以下三种情况：固相颗粒、液体状态、固相颗粒与液体状态的混合。一般来说，载气固体粉末颗粒碰到熔覆层会有反弹，不利于熔覆层质量平衡，且粉末利用率不高；液态和固态混合颗粒将跟熔覆层粘合在一起；虽然固相颗粒进入液态熔池也会被吸收，但极可能存在熔化不完全的情况。因此，在成型加工过程中不希望粉末颗粒到达熔覆层表面时是固体状态。

① 零离焦和负离焦

这种成型方式下，粉末流被激光束完全包围，成型件侧面质量可以得到很好的保证。但是在激光束的运动过程中，只有极少数粉末颗粒在极短时间内吸收激光能量，中心位置的粉末将不与激光发生作用，但这些粉末将以固体形式并以较高速度到达熔覆层，粉末极易反弹飞溅，不利于良好熔覆层的形成；由于粉末大多以固体形式到达熔覆层，所以要形成对流充分的熔池，需降低扫描速度或提高激光功率，使熔覆面单位时间吸收热量提高。负离焦时激光焦点位于喷头最底面以下，难以观察焦点位置，聚焦的激光束极可能碰到喷头内壁，烧坏喷头。因此，成型时一般不采用负离焦的成型方法。

② 正离焦

正离焦的形式要优于零离焦和负离焦，原因如下：

a. 与零离焦和负离焦形式相比，到达熔覆层之前，粉末颗粒将穿过焦点位置，会吸收更多激光能量，颗粒以液态或者液固两态混合物进入激光熔池，有利于形成更致密的熔覆层，且粉末利用率更高。

b. 正离焦时，加工表面与光学镜片间距离较大，有利于保护光路系统。

c. 正离焦时的焦点位于喷头最底面以上，可以有效地保护送粉喷头。

2. 成型工艺

LENS 技术是将选区激光烧结技术和同步送粉激光熔覆技术相融合而成的先进制造技术，能够实现高性能复杂结构零件的无模具、快速近净成型制造。LENS 工艺成型过程包括前期准备、成型过程和后处理等三个部分。

（1）前期处理

1）模型准备

与其他 3D 打印工艺类似，将 CAD 三维模型转换成 STL 格式文件，在切片软件中导入 STL 文件进行切片处理，生成每一层的二维路径信息。

2）材料准备

材料准备主要包括金属粉末的准备，成型基板的准备以及工具箱等准备。

3）工作腔准备

金属粉末在激光加工过程中会发生氧化，通常需要在工作腔内添加惰性气体，降低加工过程中材料的氧化反应。

（2）成型过程

LENS 工艺成型过程如图 9-30 所示，成型过程是：通过计算机切片软件对零件的三维 CAD 模型按照一定厚度分层切片，得到零件的二维平面轮廓数据，生成 NC 代码，并转化为工作台的运动轨迹；激光束按照预定的运动轨迹扫描，同时粉末材料以一定的送粉速率送入激光聚焦区域内，快速熔化凝固，通过点、线的叠加沉积出和切片厚度一样的薄片；将已成型的熔覆层下降一定高度并重复上述过程，沉积下一薄层，如此逐层堆积直至成型出所需要的三维近净成型实体零件，所得实体成型件不需要或者只需要少量加工即可使用。

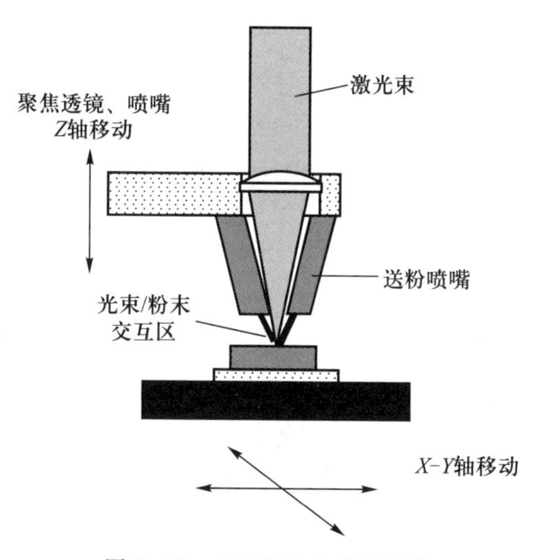

图 9-30 LENS 工艺成型过程

(3) 后处理

LENS 所成型的零件与 SLM 相比，表面粗糙度较高，一般需要集合数控加工进一步得到最终的零件。

3. 工艺特点

LENS 成型工艺是一种新型 3D 打印技术，具有以下优点：

1) 制造过程柔性化程度高。制造过程仅需改变 CAD 模型并设置参数即可获得不同形状的零件，能方便地实现多品种、多批量零件加工的快速转换。

2) 产品研制周期短，加工速度快。适合于新产品的开发，适合小批量、复杂、异形零件的快速生产。

3) 技术集成度高。零件的整个制造过程全部由计算机完成，无需或只需较少的人工干预即可制造出需要的原型或零件。

4) 有很高的力学性能和化学性能。LENS 制造的零件不但强度高，而且塑性也较高，耐蚀性突出。成型的零件几乎是完全致密，纤维组织十分细小、均匀，没有宏观组织缺陷。

5) 能实现多种材料以任意方式组合的零件成型。原则上可以在成型过程中根据零件的实际工况任意改变其各部分的成分和组织，实现零件各部分材质和性能的最佳搭配。

6) 应用范围广。不仅可以用于金属零件的快速制造，而且可用于再制造工程中大型金属零部件的修复，为建设循环经济和节约型社会提供技术支撑。

LENS 技术仍面临以下难题：

1) 无粉床支撑，复杂结构零部件成型较困难。

2) 成型时热应力较大，成型精度较低。

3) 激光光斑较粗，一般加工余量为 3~6 mm。

4) 需使用高功率激光器，设备造价高昂。

9.3.3　成型系统

LENS系统结构组成如图9-31所示，主要由数控系统、激光系统、送粉系统和气氛控制系统等组成。

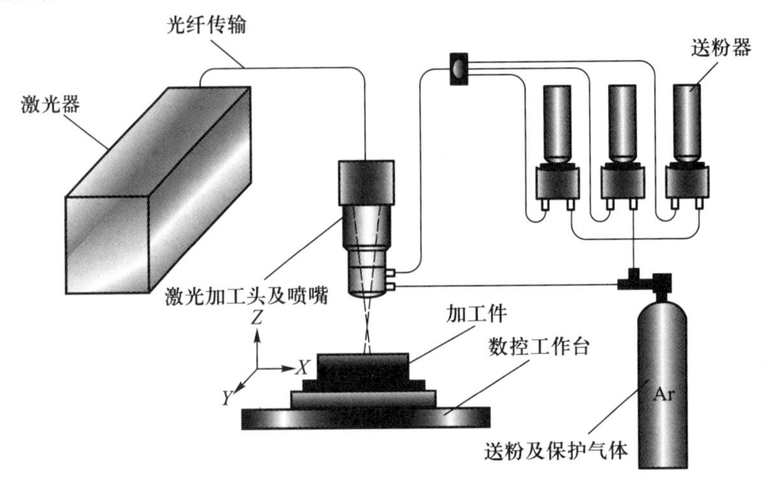

图9-31　LENS系统结构组成

(1) 数控系统

数控系统控制零件成型全部过程，对系统中各部件（包括激光器光闸、校正光开关、保护器气阀、铺粉电动机、活塞电动机以及 *X-Y* 工作台电动机等）进行统一指令下的有序控制，完成金属零件的加工过程。

(2) 激光系统

激光系统由激光器及其辅助设施，如气体循环系统、冷却系统、充排气系统等组成。高功率激光器作为LENS的核心部分，其性能将直接影响成型的效果。目前最为常用的主要是 CO_2 激光器、YAG激光器和光纤激光器等，能量范围从百瓦级到万瓦级不等。

YAG激光波长为1 064 nm，比 CO_2 激光波长小一个数量级，因此金属及陶瓷材料对其吸收系数更高；同时YAG激光器能够以脉冲和连续两种方式工作，可获得超短脉冲，加工范围比 CO_2 激光器更加广泛；YAG激光比 CO_2 激光一个最大的优势是能用光纤传输，还可以通过功率分割技术和时间分割技术，将一束激光传递到多个工位或远距离工位，使得加工更加柔性化。

YAG激光器的主要缺点是：① 转换效率较低（1%~3%）；② YAG激光器每瓦输出功率的成本费比 CO_2 激光高；③ YAG激光棒在工作过程中存在内部温度梯度，这将会引起热应力效应和热透镜效应，限制了YAG激光器平均功率以及光束质量的进一步提高。

光纤激光器以其优异的光束质量和更小的光斑直径在精细结构加工方面得到快速发展。其波长为1.074 μm，因此材料对它的吸收率也较高，也可通过光纤进行传输，加工的柔性与YAG激光相同。

(3) 送粉系统

送粉系统是LENS中最为关键和核心的部分，其性能的好坏直接决定了成型零件的最终质量，包括成型精度和性能。送粉系统包括送粉器、粉末传输通道和喷嘴三部分。

送粉器是送粉系统的基础，要求其能够连续、均匀地输送粉末，粉末流不能出现忽大忽小和暂停的现象。送粉器的送粉原理通常有重力送粉、气动送粉和机械送粉等几种。其中，依靠重力进行送粉时对粉末的流动性要求较高；机械送粉方式主要有刮板式送粉器、螺旋式送粉器等，粉末和送粉元件之间摩擦、挤压严重，粉末易堵塞，造成送粉不稳定；载气式送粉器由于其送粉稳定，调节方便，是目前世界上激光成型和熔覆系统的主流送粉器。

喷嘴是送粉系统中另一个核心部件，按照喷嘴与激光束之间的相对位置关系，主要分为侧向喷嘴和同轴喷嘴两种，如图 9-32 所示。

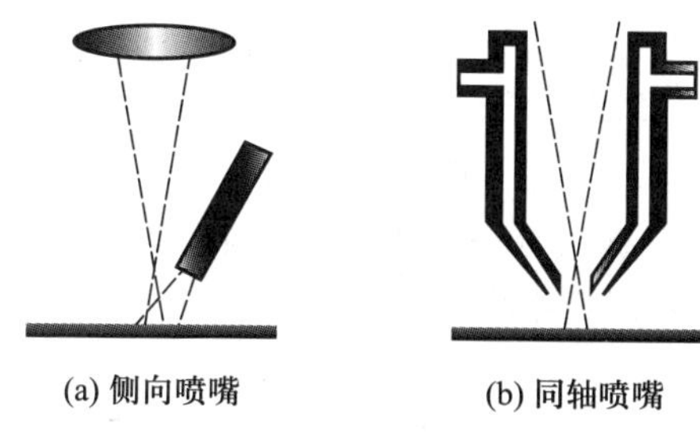

图 9-32　LENS 送粉方式

侧向喷嘴的使用和控制比较简单，特别是对粉末流约束和定向上较为容易，因而多用于激光熔覆领域，但它难以成型复杂形状零件，而且由于其无法在熔池附近区域形成一个稳定的惰性保护气氛，在成型过程的氧化防护方面不足。同轴喷嘴粉末流呈对称形状，整个粉末流分布均匀、粉末流与激光束完全同心，因此同轴喷嘴没有成型方向性问题，能够完成复杂形状零件的成型。同时，惰性气体能在熔池附近形成保护性气氛，能够较好地解决成型过程中的材料氧化问题。

（4）气氛控制系统

气氛控制系统即能控制成型过程中环境气氛的装置，是为了防止金属粉末在激光加工过程中发生氧化，降低沉积层的表面张力，提高层与层之间的浸润性，同时有利于提高工作安全性。即创造一个通常以惰性气体为主的保护环境，降低加工过程中的材料氧化反应，对性质活泼的材料是必需的。

9.3.4　成型材料

（1）基板材料

LENS 技术是在基板上进行逐层的熔覆扫描成型，前几层都是与基板相结合，所以基体材料的选择对整个零件的成型质量至关重要，一般多采用金属基板，其选择原则如下：

1）润湿性良好。基板与成型材料之间应形成良好的润湿性，否则连接不可靠。

2）结合面无剧烈反应。剧烈的反应会极大削弱两者的结合稳定性。

3）热膨胀系数相近，避免过多的相互作用力。

（2）成型材料

金属粉末材料特性对成型质量的影响较大，因此对粉末材料的堆积特性、粒径分布、颗粒形状、流动性、含氧量及对激光的吸收率等均有较严格的要求。

1）自熔性合金粉末

自熔性合金粉末是指加入 Si、B 等元素的熔覆用合金粉末，具有强烈自脱氧和自造渣作用，可以防止熔覆层氧化，提高表面质量。在激光熔覆的过程中，它们优先与熔池中的氧反应生成 SiO_2 和 B_2O_3，在熔池表面形成保护层，以防止液态金属过度氧化。同时可降低合金熔点，从而改善液体对基体的润湿能力和熔覆层的工艺成型性能。常用于激光熔覆的自熔性合金粉末有镍基、铁基、钴基等合金粉末。

2）陶瓷粉末

陶瓷粉末具有高硬度、高熔点、低韧性的特点，所以在激光熔覆中一般作为增强相来改善涂层的硬度及耐磨性。但是陶瓷粉末与金属基体之间的线胀系数、弹性模量、热导率等热物理性质相差较大，并且陶瓷粉末的熔点较高，因此熔池温度梯度大，陶瓷硬质相与熔覆层基体的结合处易萌生裂纹，容易造成熔覆层开裂。所以，激光熔覆陶瓷粉末时多采用原位合成或梯度熔覆方法来解决这一问题。陶瓷粉末按化学成分不同可分为碳化物粉末、氧化物粉末、氮化物粉末、硼化物粉末等。

3）复合材料粉末

在严重磨损的工况下，熔覆单一的粉末不能满足使用要求，因此可选择激光熔覆复合粉末。由两种或两种以上不同性质的固相物质颗粒经过机械混合而形成的颗粒称为复合材料粉末，按照成分可分为金属与金属、金属与陶瓷、陶瓷与陶瓷等。复合粉末是单一颗粒的非均质性与粉末整体的均质性的统一，实现了组织与性能的优化。

4）稀土及其氧化物粉末

稀土及其氧化物粉末的添加量在质量分数为2%以内就可以明显改善激光熔覆层的组织与性能，目前研究较多的是 Ce、La、Y 等稀土元素及其氧化物。纯稀土元素易与其他元素反应生成化合物作为异质形核基体，从而增加形核率，显著细化枝晶组织，使硬质相颗粒形状得到改善并在熔覆层中均匀分布。

9.3.5　成型影响因素

（1）体积收缩率过大

由于金属粉末的密度即使在高温压实的状态下仍然比较低，而烧结后密度将增加，从而造成在相同质量条件下体积的收缩。这种体积收缩现象在选区激光烧结中不明显，因为烧结后的零件仍然是强度和密度均较低的多孔金属零件，其密度一般只能达到该金属密度的50%。但是在 LENS 系统中，体积收缩是一个十分明显且不容忽视的问题，因为在高功率激光熔覆作用下，加工后金属件的密度将与其冶金密度相近，从而造成较大的体积收缩现象。

在 LENS 中，由于体积收缩过大，要求铺粉厚度必须远大于分层厚度才能保证加工后实体高度误差在较小的范围之内。然而过大的铺粉厚度会引起金属粉末严重迸飞流失，使下一条扫描线上粉末厚度骤减，无法实现连续扫描。

（2）粉末爆炸迸飞

粉末爆炸迸飞是指在高功率脉冲激光的作用下，粉末温度由常温骤增至其熔点之上而引起其急剧热膨胀致使周围粉末飞溅流失的现象。发生粉末爆炸迸飞时常常伴有“啪啪”声，在扫描熔覆时会形成犁沟现象，使粉末上表面的宽度常常大于熔覆面宽度两倍之多，从而使相邻扫描线上没有足够厚度的粉末参与扫描熔覆，无法实现连续扫描熔覆加工。

这种粉末爆炸迸飞现象是在高功率脉冲激光熔覆加工中所特有的现象，原因有两个：其一是该激光器一般运行在500 W的平均功率上，但脉冲峰值功率可高达10 kW，大于平均功率15倍之多；其二是脉冲激光使加工呈不连续状态，在铺粉层上形成热的周期性剧烈变化。

（3）加工表面质量

在激光扫描熔覆过程中，每一层的表面质量都至关重要，它总是下一层加工面的基础，所以单层表面的粗糙度以及缺陷直接影响后续加工质量，而其积累结果将决定金属零件的最终生成质量。影响加工表面质量的因素很多，主要的有光斑重合率和扫描轮廓线。

1）光斑重合率

光斑重合率是指相邻两个脉冲光斑或相邻两条扫描线间的重合程度。当两个相邻光斑完全重合时，重合率为100%；相切时为0；相交时则为0~100%，如图9-33所示。

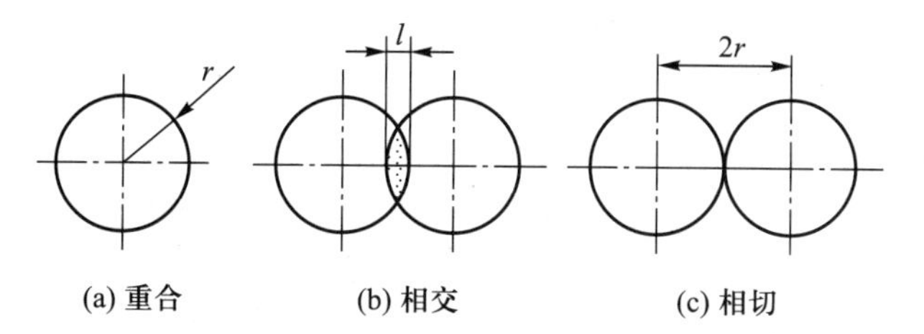

图9-33　LENS系统的脉冲光斑

光斑重合率的计算公式如下：

$$\eta=\frac{l}{2r}\times100\% \tag{9-11}$$

式中：l的长度决定于光斑半径r、脉冲频率f和扫描速度v，当激光脉冲频率$f=2$ Hz时，l与v的关系如下：

$$2r-l=v \tag{9-12}$$

将式（9-12）代入式（9-11）并加以整理得

$$\eta=\left(1-\frac{v}{2r}\right)\times100\% \tag{9-13}$$

由式（9-13）可以看出，光斑重合率随扫描速度的增加而减小、随光斑半径的增加而增加。由于光斑重合率的取值范围为0~1，所以要满足下面的关系式：

$$0<1-\frac{v}{2r}<1 \tag{9-14}$$

由式（9-14）可得$v<2r$，即扫描速度必须小于激光光斑的直径。相反若$v\geqslant 2r$，则相邻光斑则完全分离，无法实现连续的熔覆烧结，显然无法生成实体零件。

理论上讲，重合率越大，加工后的表面越均匀，然而过大的重合率会严重影响加工的效率。采用50%的重合率，即相邻光斑以及相邻扫描线之间的距离均取光斑半径长度，这样既保证了一定的表面质量，又提高了加工效率。

2）扫描轮廓线

在选择性激光烧结中，每一层都要先扫描轮廓线，然后再对轮廓线内部进行扫描填充，这样可保证轮廓清晰，并获得较好的侧表面质量。铺粉后先扫描的轮廓线没有受到粉末爆炸迸飞的影响，但会导致十分明显的边缘凸起现象。解决轮廓线凸起的方法就是不对轮廓线进行扫描，或者先扫描填充线后扫描轮廓线。

9.3.6　典型应用

LENS 技术在直接制造航空航天、船舶、机械、动力等领域中大型复杂整体构建方面具有突出优势。同时，LENS 技术也可用于修补和在已有物体上二次添加新部件。

1. 航空装备制造

全球知名的航空产品供应商 MTS 公司旗下的 AeroMat 采用 LENS 技术制造 F/A-18E/F 战斗机钛合金机翼件，可以使生产周期缩短 75%、成本节约 20%，生产 400 架飞机即可节约 5 000 万美元。美国 Sandia 国家实验室利用 LENS 技术已制造出了 W、Ti、Nd、Fe、B 等难加工材料的小型金属件，其中所制造的难熔金属零件已在火箭发动机上得到应用。图 9-34 为 LENS 制造的叶片。

2. 航空装备维修

英国 Birmingham 大学吴鑫华等利用 LENS 技术为 Rolls-Royce 公司成功修复 Trent500 航空发动机密封圈。图 9-35 为美国 Optomec 公司利用 LENS 修复 AM355 合金制造的整体叶盘。

图 9-34　LENS 制造的叶片

图 9-35　LENS 修复的整体叶盘

3. 快速模具制造

LENS 技术可以显著缩短模具制造时间，还可以加工共形冷却通道。共形冷却通道是根据型芯和型腔形状在模具内部设计的复杂冷却液通道，可以显著改善模具的导热状况，延长模具使用寿命。由于共形冷却通道完全隐匿于零件内部且形状复杂，因此用传统加工方法很难甚至根本无法制造出来。图 9-36 为 LENS 工艺制造的金属模具样件，其中的三角形孔洞即为共形冷却通道。

4. 医疗植入体

LENS 技术在专业手术器械的开发、原型制造及产品生产、骨科植入体（如臀部、膝盖和脊柱等）等方面也得到广泛应用。

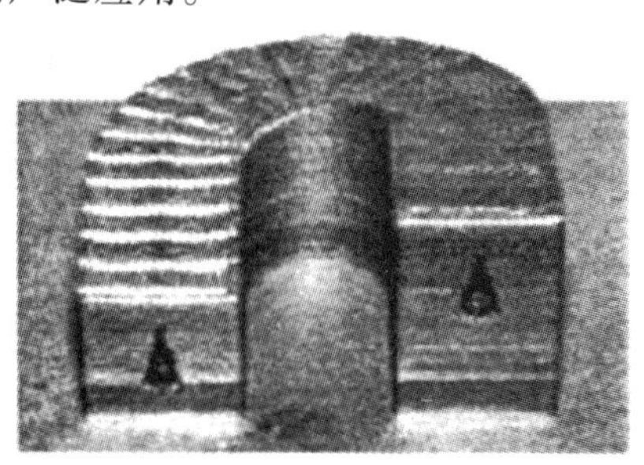

图 9-36　LENS 制造的金属模具样件

思考与练习

1. 简述形状沉积制造工艺的原理。
2. 分别阐述 Carnegie Mellon 大学和 Stanford 大学搭建的 SDM 成型系统的组成。
3. 简述 EBM 的特点。
4. 通过网络、文献、报刊等途径，查阅 EBM 成型工艺的研究现状。
5. 简述 LENS 成型系统的组成。
6. LENS 的主要应用有哪些？

第 10 章　3D 打印综合实例

在前面的章节中，虽然已经介绍了不同 3D 打印工艺的成型原理，但无法真正了解 3D 打印的实际成型过程。本章重点介绍光固化成型、选区激光烧结、选区激光熔化、熔融沉积成型及三维印刷成型的综合案例，详细介绍典型工艺的 3D 打印机及 3D 打印过程。

10.1　光固化成型综合实例

10.1.1　案例分析

3 自由度机械臂采用 3 个四杆机构，如图 10-1 所示。各杆件尺寸设计合理，避免了杆件限位、碰撞现象。机械臂的夹持部分可调整，从而实现书写、分类、抓取、3D 打印等功能，本案例中为书写功能。同时，该机构可以制成教具，供有关专业教学。

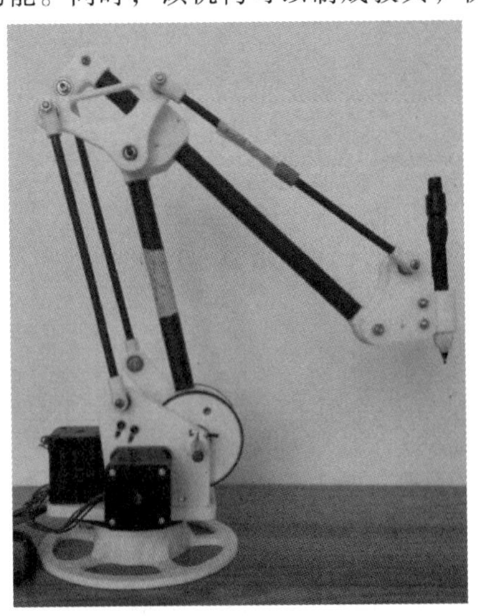

图 10-1　3 自由度机械臂

3 自由度机械臂采用碳纤维管材料，碳纤维具有许多优良性能，如轴向强度和模量高，密度低，比性能高，无蠕变，非氧化环境下耐超高温，耐疲劳性好，比热及导电性介于非金属和金属之间，热膨胀系数小且具有各向异性，耐蚀性好，X 射线透过性好，良好的导电导热性能，电磁屏蔽性好等。3 自由度机械臂采用 3 个步进电动机（转矩为 0.55 N·m、步距角为 1.8°、电流为 1.7 A），所有需要外购的配件清单如表 10-1 所示。

其他零件均可通过 3D 打印机打印完成，零件详细清单如表 10-2 所示。

表 10-1 3 自由度机械臂外购配件清单

序号	零件名	规格
1	碳纤维管	5 种长度
2	光轴	
3	闭口	2GT-232
4	同步齿轮	2GT-10
5	开关电源	12 V
6	控制面板	ramp1.4 或 melzi 控制板
7	42 步进电动机	3 个
8	螺钉、螺母	各种
9	轴承	624ZZ、625ZZ、608ZZ

表 10-2 3 自由度机械臂打印零件清单

序号	零件名称	序号	零件名称
1	8MMLock	13	Gears_bottom
2	15mm_bracket	14	GT2 16tooth
3	15mm_bracket_1	15	mainArmEndstop
4	15mm_bracket_2	16	mainArmGear
5	arm2_corner1	17	mainBracket
6	arm2_corner2	18	newtriangle
7	arm2_end	19	Pen clip1
8	bottomPlate	20	Pen clip2
9	bottomPlate1	21	secondArmEndstop
10	bottomPlate2	22	rod_ends
11	bottomPlate3	23	secondArmGear685
12	end1		

10.1.2 成型设备

本案例采用杭州先临三维科技股份有限公司自主研发的 iSLA-450 光固化快速成型机，如图 10-2 所示。iSLA-450 光固化快速成型机贴近客户实际需求，设备更稳定，操作更容易，效果更精细。

图10-2　iSLA-450光固化快速成型机

iSLA-450光固化快速成型机具有以下特点：

（1）成型精度高

自适应分层，有效提高成型精度同时减少后处理工作量；紫外激光自动检测聚焦，光斑直径一般为0.1~0.15 mm；振镜精度自动标定，保证更好的成型质量。

（2）成型细节好

表面光洁（表面粗糙度小于0.1 μm）；可制作任意复杂结构的零件（如空心零件）；负压吸附式刮板，涂层均匀可靠。

（3）高度自动化、智能化

成型过程高度自动化，后处理简单；在同一局域网内，可以实现远程监控；语音控制，短信提醒；激光在线测量，工艺参数全自动设置；扫描路径自动化；液位自动控制。

（4）操作简便

配置触摸式操控面板，液晶显示；软件一键操作，简化设备操作流程；总体结构紧凑，占地面积小；三面开门，易于观察，可操作空间大；软件具备中断处理能力，可实现接续打印；设备集成温度和湿度的显示；可拆卸式工作台，操作方便。

（5）材料丰富，满足不同应用需求

透明、不透明、高强度、耐高温等不同的光敏树脂材料可供选择。

iSLA-450光固化3D打印机的技术参数如表10-3所示。

表10-3　iSLA-450光固化3D打印机的技术参数

外观尺寸	1 100 mm×1 400 mm×1 800 mm
质量	约900 kg（含树脂）
激光器	355 nm（12个月质保期）
振镜	德国进口
光斑大小	<0.2 mm，一般为0.1~0.15 mm；
工作面光斑校正	动态聚焦

续表

扫描速度	最大 10 m/s
加热方式	PTC 加热板加热
材料	GP 等 355 nm 光敏树脂材料，可选
成型空间	450 mm×450 mm×400 mm
成型精度	±0.05 mm（100 mm 以内）或±0.1%（大于 100 mm）
层厚	0.05～0.2 mm 可选
成型速度	最高可达 120 g/h
功率	2 kW
数据接口	STL、SLC
树脂槽	可更换、可升级

10.1.3　3D 打印

1. 前处理

3D 打印前需要利用 Magics 软件对模型添加支撑，具体步骤如下：

1）打开 Magics 软件，Magics 软件界面如图 10-3 所示。

2）导入零件 newtriangle.stl，如图 10-4 所示。

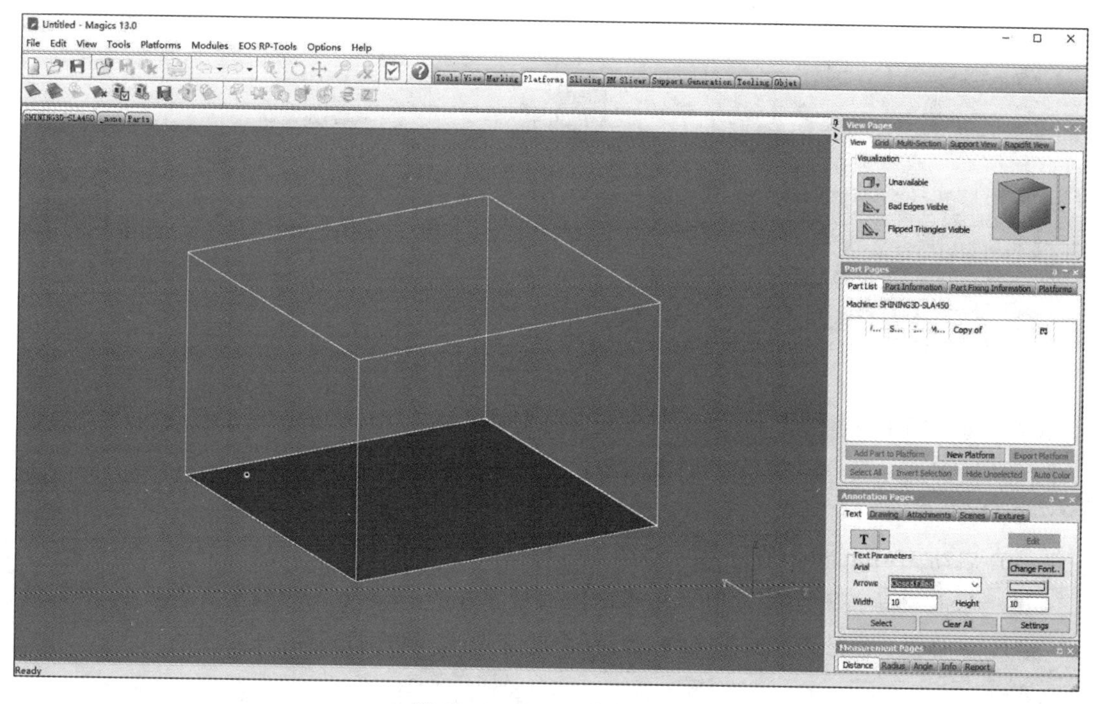

图 10-3　Magics 软件界面

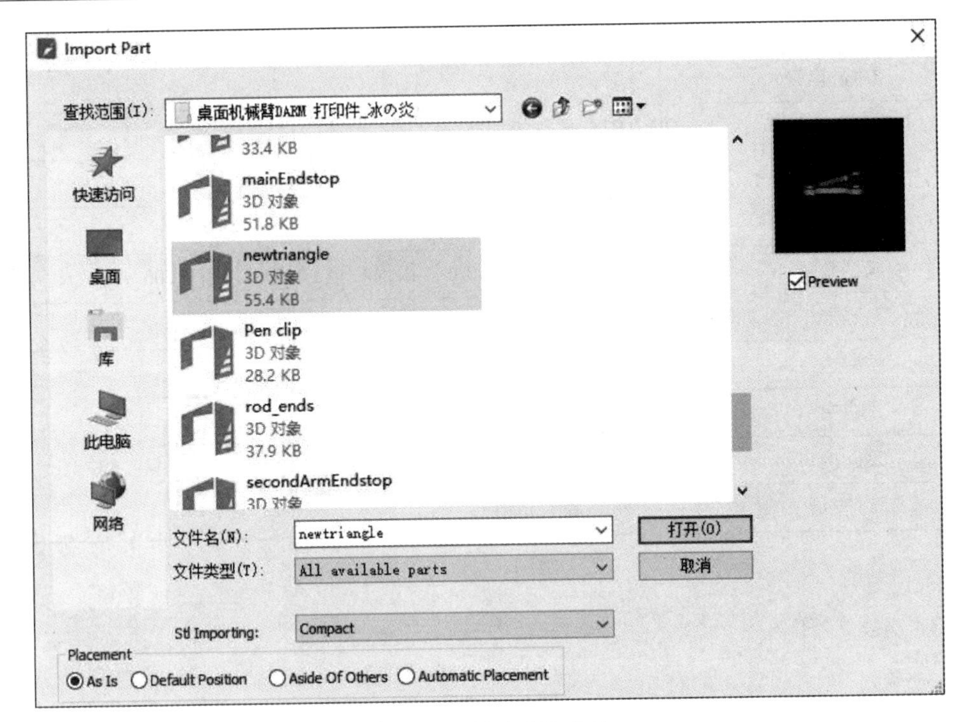

图 10-4　导入 STL 文件

3）选择模型底面，并设置距离平台高度，如图 10-5 所示。

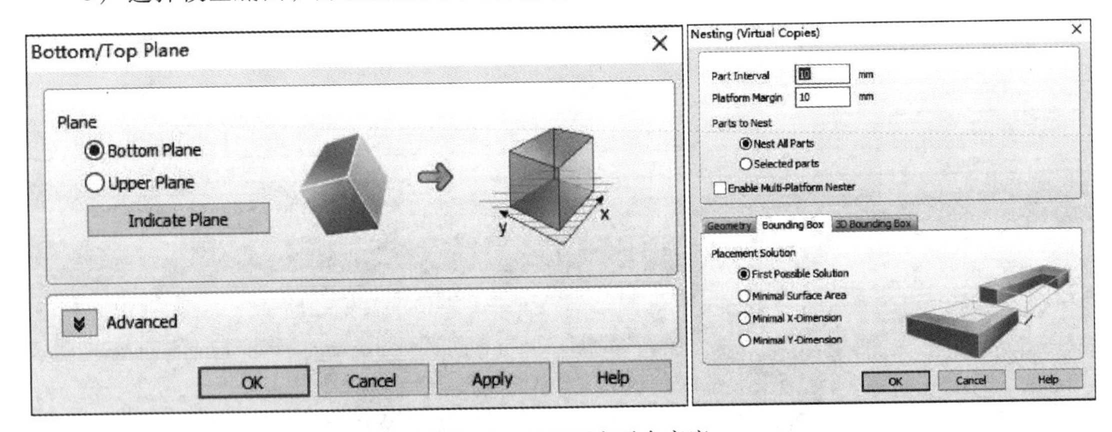

图 10-5　设置距离平台高度

4）零件添加支撑，选择支撑类型为面支撑，如图 10-6 所示。

5）返回主界面，并保存到桌面新建文件夹。

2. 打印模型

1）启动 3D-Rapidise 软件，如图 10-7 所示。

2）单击“导入模型”按钮，在弹出的对话框中选择要导入的模型文件（stl 格式或 slc 格式）加载。若只选择支撑文件（s_开头的文件），软件将忽略。

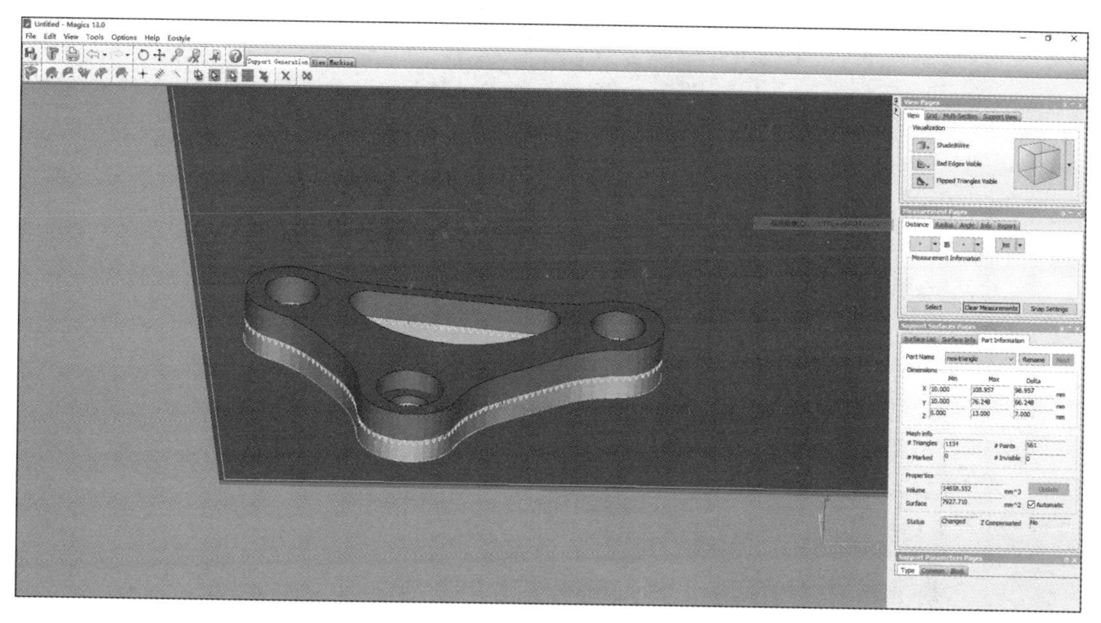

图 10-6 零件添加支撑

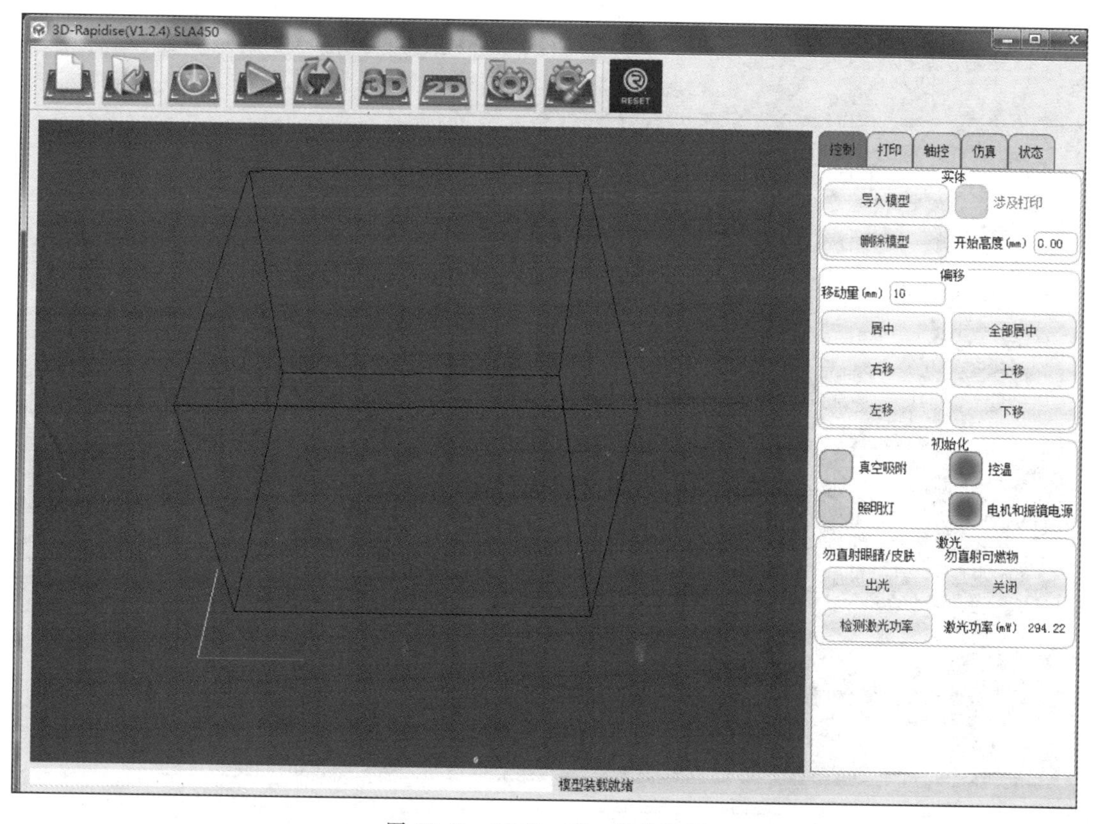

图 10-7 3D-Rapidise 软件界面

3）在控制菜单中打开照明灯、真空吸附，如图 10-8 所示。

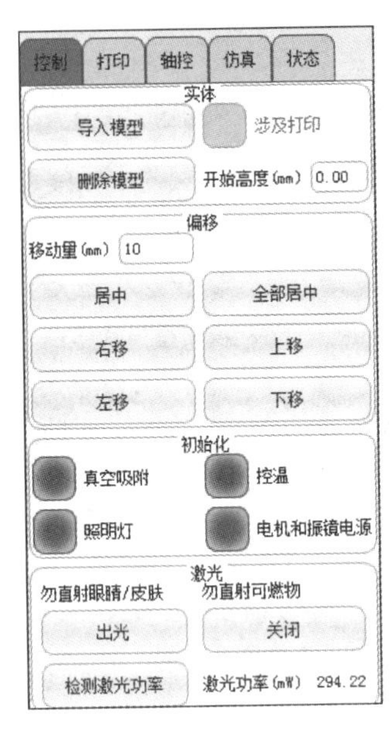

图 10-8　控制菜单

4）导入零件模型，如图 10-9 所示。

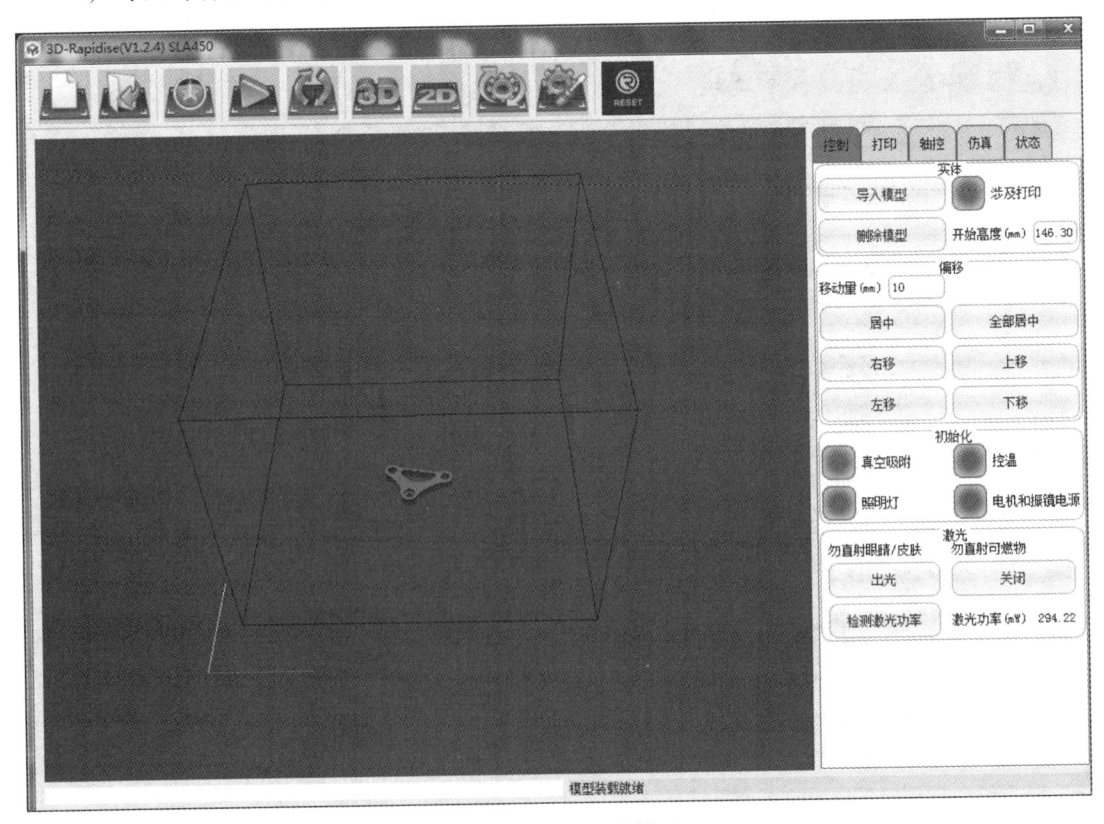

图 10-9　导入零件模型

5）准备打印。

单击打印准备图标按钮，系统将自动进行如下流程：

① 检查激光功率：若功率检测不达标，会弹出提示；

② 检查树脂余量：若树脂余量不足或过多，会弹出提示；

③ 刮刀及吸附检查：弹出提示进行刮刀及吸附检查，清理干净网板和刮刀底部后单击“确定”按钮即可；

④ 自动刮气泡：刮刀会自动来回走一遍进行刮气泡操作；

⑤ 除此之外，还需要确认一下当前树脂温度和打印工艺参数是否合理。

6）开始打印。

单击开始制作图标按钮（从指定高度开始打印）或重新制作图标按钮（始终从高度0开始打印），系统会自动进行打印，如图10-10所示。

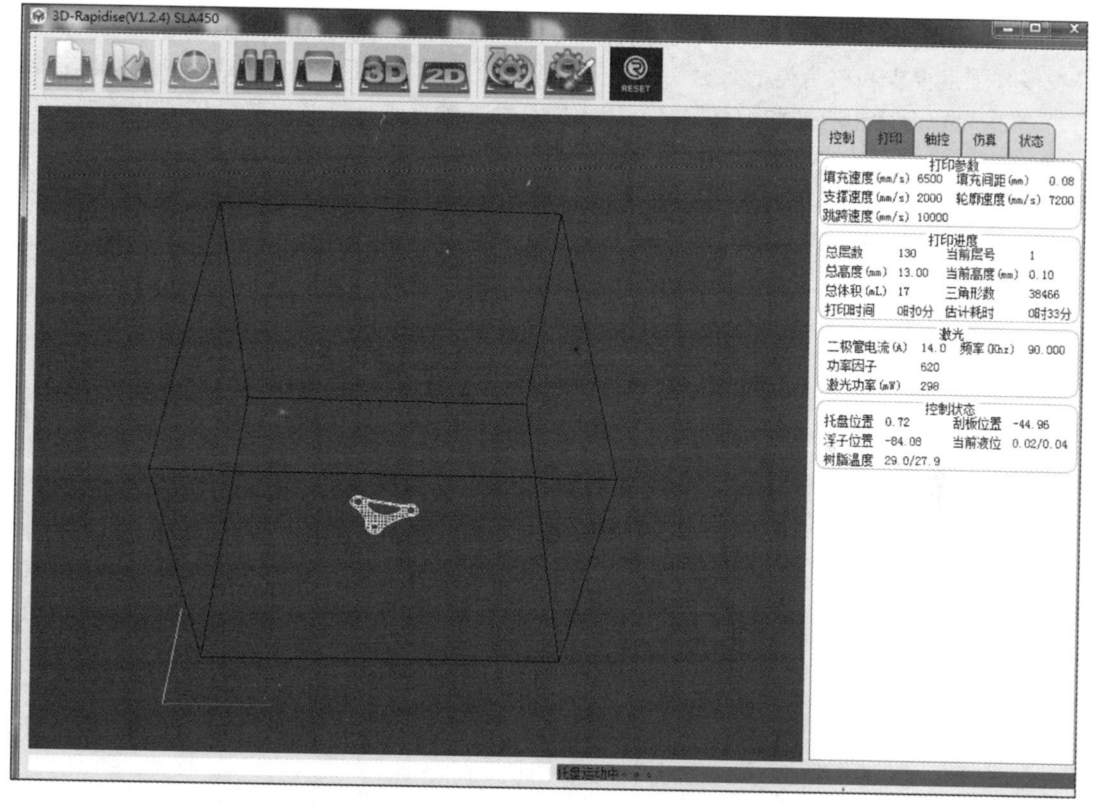

图10-10 开始打印

7）取件。

打印完成后，如图10-11所示，在取件之前先要确定产品结构及其支撑结构，用铲刀沿网板底面小心铲下零件。

3. 后处理

零件取下后应进行清洗。清洗前，可先将制作得到的零件在清洗剂（如工业酒精）中浸泡几分钟（8000树脂一般为2~3 min，其他树脂视具体情况而定，透明树脂可不浸泡），如图10-12所示。对于薄壁零件或比较软的零件，也不需要浸泡。然后用毛刷刷去表面的树脂，并将支撑剥去，当实体表面不再“粘粘”的，可取出零件，用气枪吹干其表面。

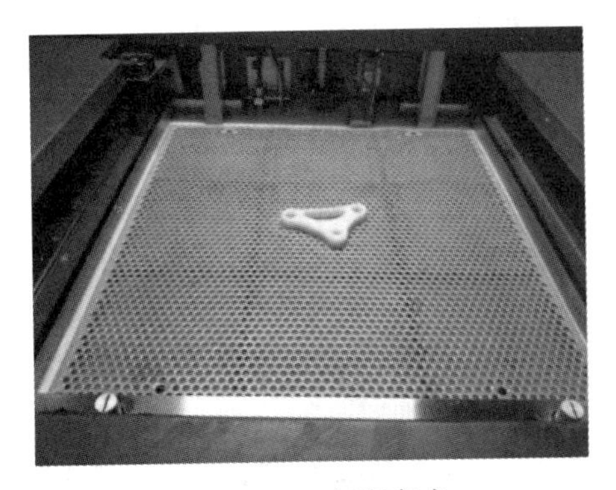

图 10-11 打印完成

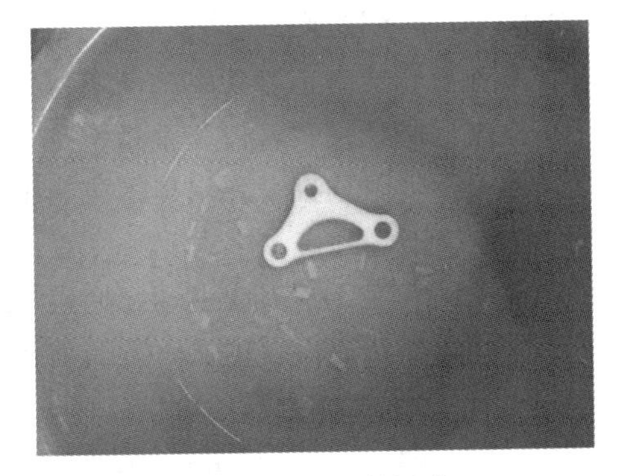

图 10-12 酒精浸泡

去除支撑后，可将零件放置于紫外固化箱中进行后固化，固化时长为 20 min ~ 2 h（视零件强度要求和树脂类型而定，透明树脂等部分树脂为保证零件效果可选择不固化）。

打磨可以分为粗打磨和细打磨，利用不同目数的砂纸进行打磨，然后在水中清洗，使表面光滑。打印好的成品如图 10-13 所示。

图 10-13 打印成品

10.2 选区激光烧结综合实例

10.2.1 案例分析

如图 10-14 所示，无人机机架是根据力学结构优化和轻量化分析设计而成的一体化结构，该设计在满足功能的情况下，使得机架各部位力学结构合理，重量较小。无人机机架采用 3D 打印完成，安装标准化配件之后可以实现自由飞行。3D 打印无人机机架是概念模型可视化、装配校核和功能性测试的一个典型案例。

图 10-14　无人机机架

10.2.2　成型设备

本案例采用杭州先临三维科技股份有限公司自主研发的 EP-P3850 选区激光烧结快速成型机，如图 10-15 所示。

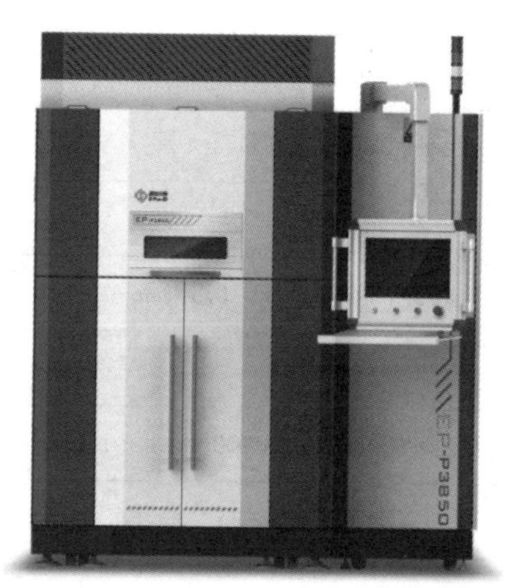

图 10-15　EP-P3850 选区激光烧结快速成型机

EP-P3850 选区激光烧结快速成型机具有以下特点：

（1）加工材料多样化

包括 PA12（尼龙 12）、PA12GF（玻纤尼龙）、PEBA（聚醚嵌段尼龙）、TPA（聚酰胺弹性体）、PP（聚丙烯）。

（2）工艺参数开放

方便客户依据需要调整，配置塑料类和弹性体类多种材料工艺包。

（3）机组模块化设计

可以独立更换，方便标准化设计，用户亦可选配。

（4）气氛模块可靠耐用

价格成本低，性能稳定，易维护，使用寿命长。

（5）成型室温场均匀，对材料的适应性强

采用辊筒式铺粉机构，能够使用 50～200 μm 的粉末。

（6）高度自动化智能化

成型过程高度自动化，后处理简单，工艺参数在加工中可以再次设置，扫描路径自动化，异常自动处理。

EP-P3850 选区激光烧结快速成型机的技术参数如表 10-4 所示。

表 10-4　EP-P3850 选区激光烧结快速成型机

产品型号	EP-P3850
外观尺寸	2 100 mm×1 250 mm×2 500 mm
成型缸尺寸	380 mm×380 mm×500 mm
实际成型尺寸	340 mm×340 mm×450 mm
操作系统	Windows 7 及以上
激光功率	55 W
光斑大小	0.57 mm
扫描速度	最高可达 7.8 m/s
成型速度	20 mm/h
层厚	0.1 mm（0.04～0.18 mm）
温度控制精度	±0.5 ℃
打印精度	±0.15 mm（<100 mm）；0.15%（>100 mm）
可打印材料	尼龙 12、尼龙 11、玻纤尼龙等

10.2.3　3D 打印

1. 前处理

3D 打印前需要利用 Magics 软件对打印模型进行位置调整，具体步骤如下：

1）打开 Magics 软件，出现如图 10-16 所示界面。

2）导入 STL 文件“无人机机架 .stl”，如图 10-17 所示。

3）选择模型底面，并设置距离平台高度，如图 10-18 所示。

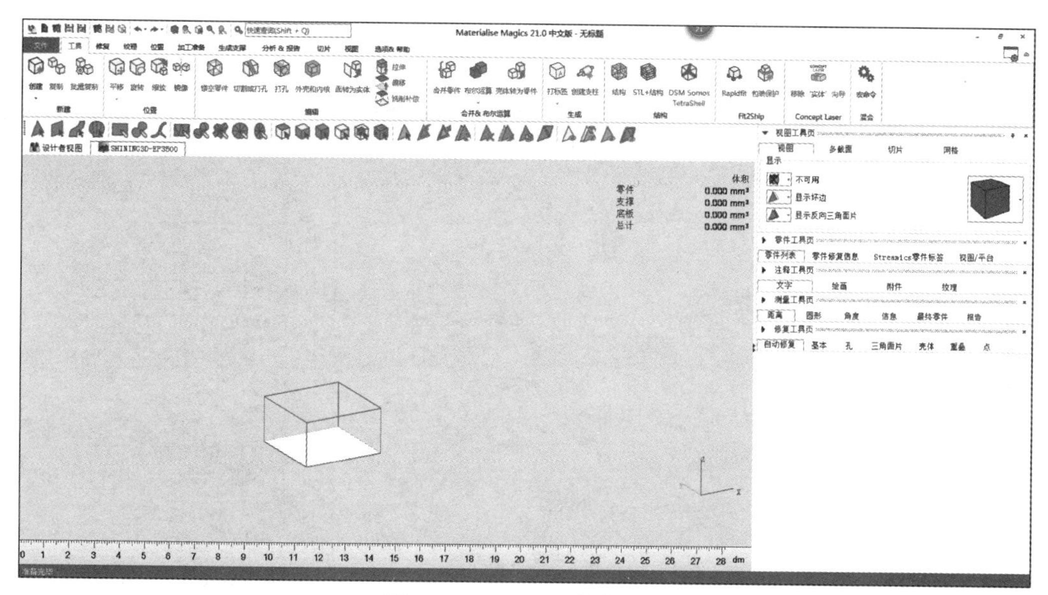

图 10-16　Magics 软件界面

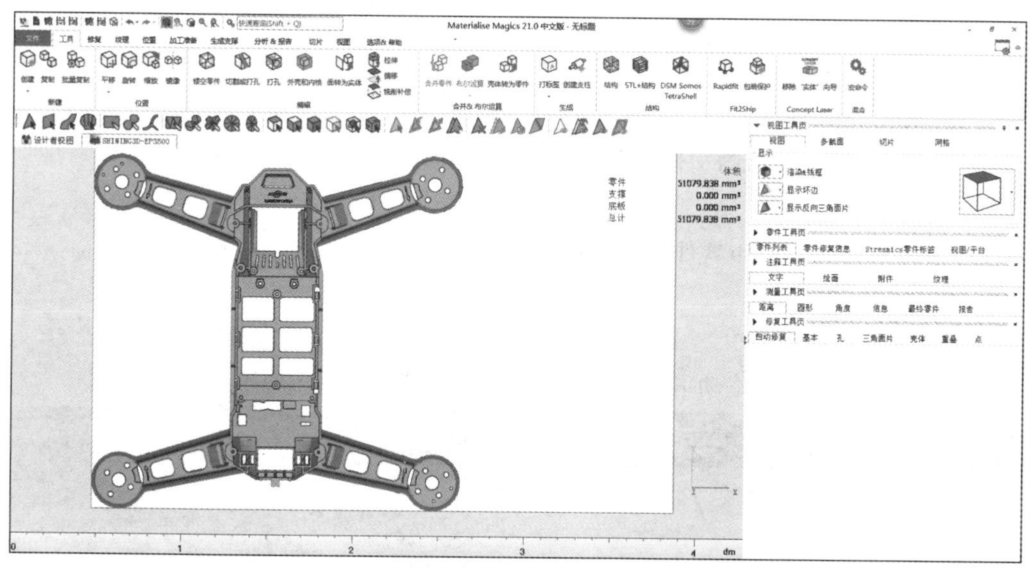

图 10-17　导入 STL 文件

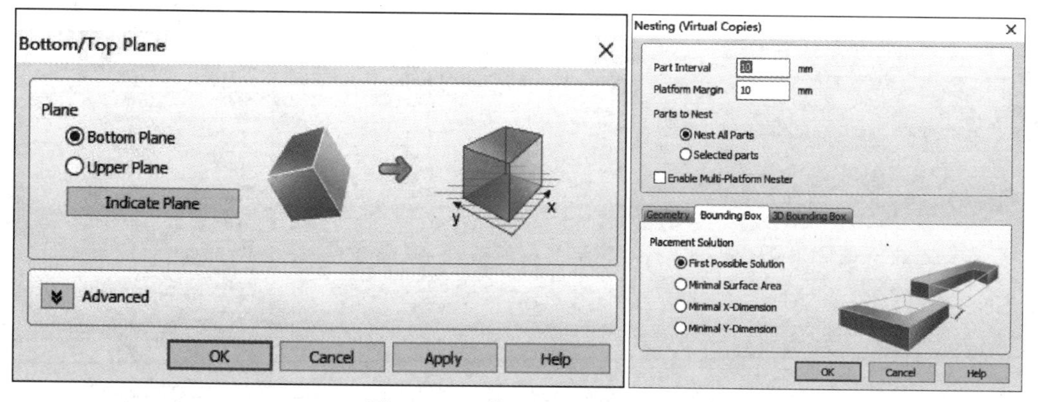

图 10-18　设置距离平台高度

4）调整好摆放角度并进行切片，得到切片文件。

5）将切片文件导入填充软件，得到填充了激光扫描路径的可打印文件，如图 10-19 所示。

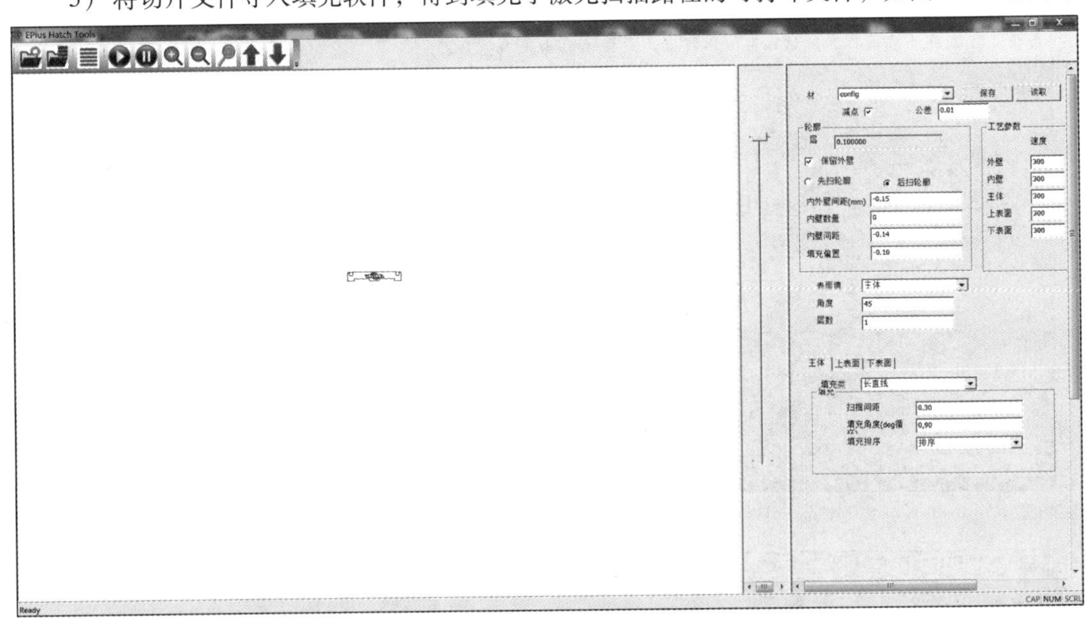

图 10-19　激光扫描路径填充

6）将第 5）步完成后的文件保存，即可完成切片和填充，备用。

2. 打印模型

1）启动 EPlus 3D 打印软件。

2）载入烧结零件。

执行“文件”→“打开”菜单命令，选择需要烧结的可打印文件，单击“确定”按钮即完成载入，通过鼠标拖动可以更改零件的摆放位置，如图 10-20 所示。

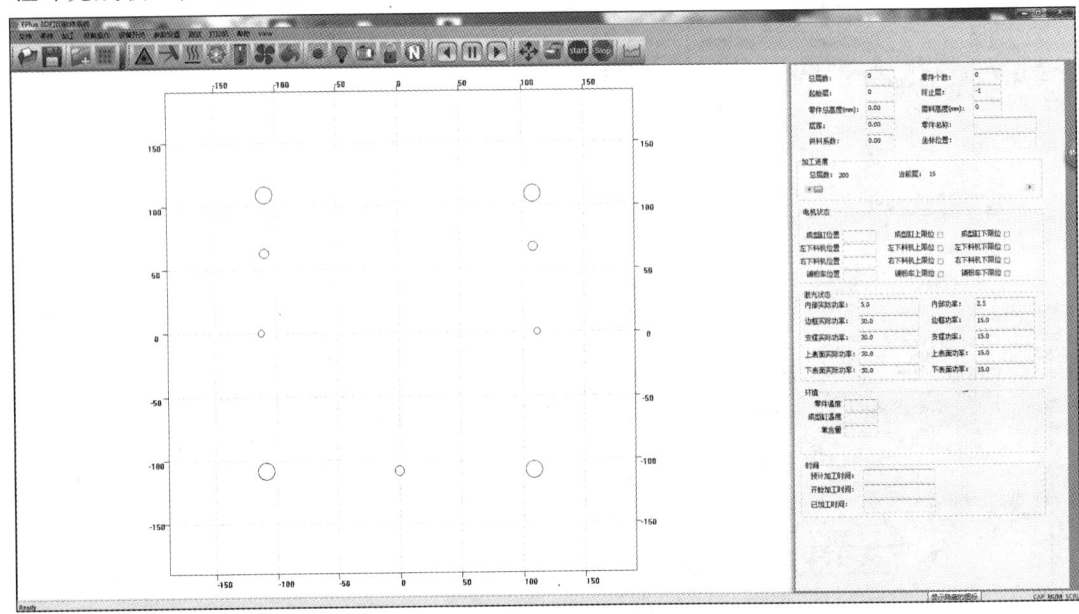

图 10-20　载入零件

3）设定烧结参数。

执行“参数设置”→“加工参数”菜单命令，在弹出的“激光设置”对话框内分别设置内部和轮廓的激光烧结功率和扫描速度并单击“保存”按钮，单击“确定”按钮后即完成参数设置，如图 10-21 所示。

图 10-21 烧结参数设置

4）设定烧结温控曲线。

执行“参数设置”→“温控曲线”菜单命令，弹出“设置温控曲线”对话框。先填写零件加工前铺粉参数、零件加工后铺粉参数，单击“确定”按钮，然后单击界面上的“温控曲线”按钮保存设定参数即完成温控曲线设定，如图 10-22 所示。

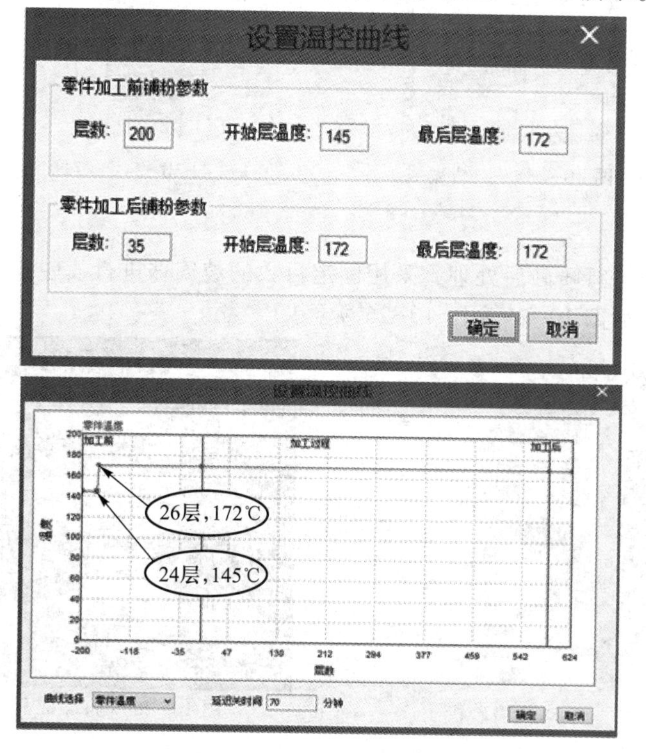

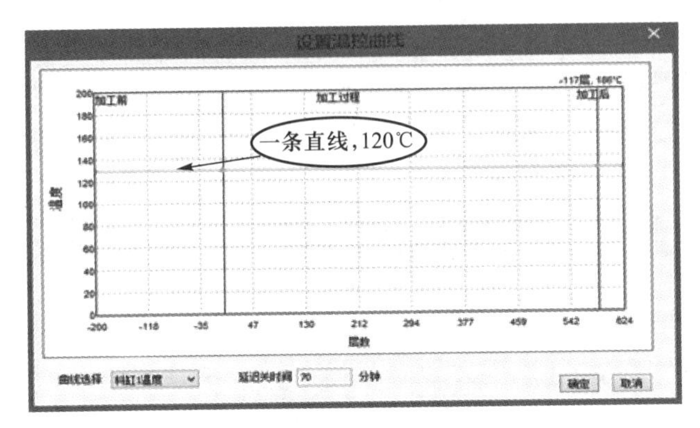

图 10-22　烧结温控曲线设置

依次单击界面上的“加热”“自动上料”“扫描器”“激光器”按钮，等到按钮图标颜色变成灰色时，单击“加工”按钮选择“开始加工”即可使设备开始正常工作。零件加工完成后弹出对话框零件加工完成，表明零件已经加工完成，如图 10-23 所示。

5）取件。

零件加工完成后，保温一段时间（大约 10 h），等到零件温度降到 80 ℃以下，如图 10-24 所示。先单击界面电动机按钮，给电动机上电；然后单击界面控制按钮，弹出电动机移动对话框，选择成型缸下降 50 mm，下降完成后再次单击界面电动机按钮给电动机下电，断开成型缸电源，采用专用推车拉出成型缸，移动到清粉平台进行取件。

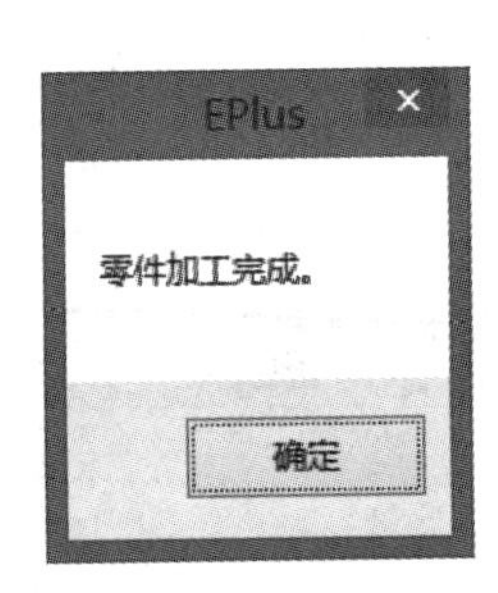

图 10-23　烧结完成

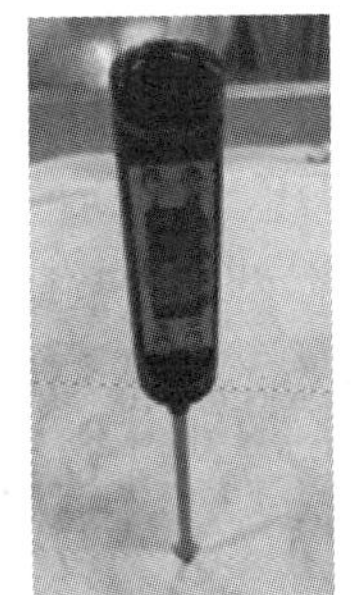

图 10-24　打印完成

3. 后处理

零件取出后应进行喷砂后处理，采用固定目数的玻璃珠进行喷砂处理，完毕后用气枪吹净其表面即可，如图 10-25 和图 10-26 所示。

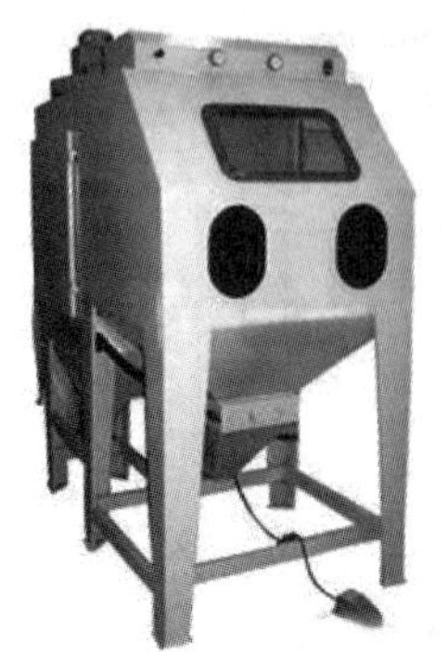

图 10-25　手动式喷砂机

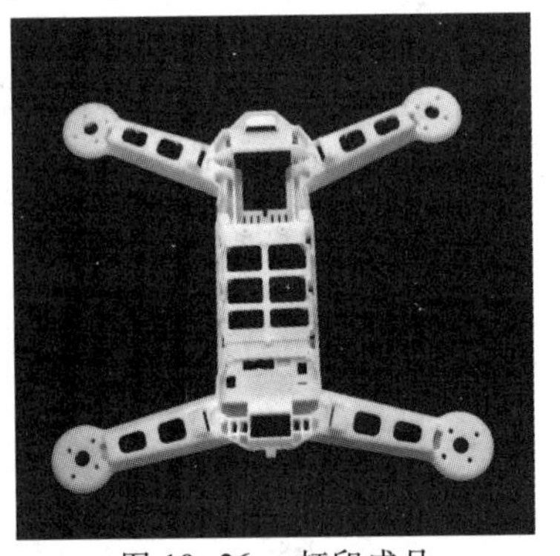

图 10-26　打印成品

10.3 选区激光熔化综合实例

10.3.1 案例分析

以点阵结构的模型为例，此模型是轻量化里面常用的晶胞结构，可以承载自身重量400多倍的力，传统工艺难以实现，而使用金属3D打印可以轻松地实现此结构，可广泛应用于汽车、航空航天、工业领域的轻量化结构设计中。

10.3.2 成型设备

本案例采用杭州先临三维科技股份有限公司自主研发的EP-M250金属3D成型机，如图10-27所示。EP-M250金属3D成型机利用较小功率激光直接熔化单质或合金金属粉末材料，能够在无需刀具和模具的条件下形成任意复杂结构的金属零件。该技术利用粉末材料叠层成型，材料利用率超过了90%。

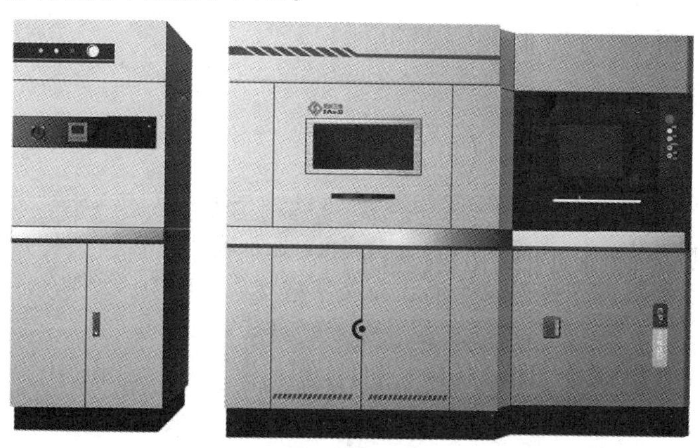

图10-27 EP-M250金属3D成型机

EP-M250金属3D成型机具有以下优点：

(1) 多材料多工艺开放系统

客户可以根据需要调整，配置不同材料的工艺参数包，无需另外支付费用。

(2) 使用成本低

独特的铺粉设计、先进的过滤系统和气体循环设计使得粉末的损耗少，耗品使用寿命长，保证了整机的使用成本低廉。

(3) 成型精度高

自主设计的光路系统、优异的风场设计等保证了较高的成型精度。

EP-M250金属3D成型机基本参数如表10-5所示。

表 10-5 EP-M250 金属 3D 成型机基本参数

激光器	光纤激光器 200 W/500 W
扫描系统	高精度扫描振镜
扫描速度	8 m/s
成型尺寸	250 mm×250 mm×300 mm
分层厚度	0.02~0.1 mm
成型材料	不锈钢、模具钢、钴铬钼、钛合金、高温镍基合金、铜合金、铝合金等粉末
操作系统	Windows 7
控制软件	EPlus 3D 打印软件系统
气体供给	Ar/N_2 保护
数据格式	STL 文件或其他可转换格式
电源与耗电功率	380 V，6 kW
设备外形尺寸	2 500 mm×1 000 mm×2 100 mm
环境温度	15~30 ℃

10.3.3 3D打印

1. 前处理

（1）数据格式转换

各种三维软件如 Pro/ENGINEER、UG、CATIA、SOLIDWORKS 等三维数据均需要转换成 STL 格式，设备上的三维打印软件才能做数据处理。在转换文件过程中，转换的精度要尽量精细，从而保持零件的原始形状和尺寸精度，如图 10-28 所示。

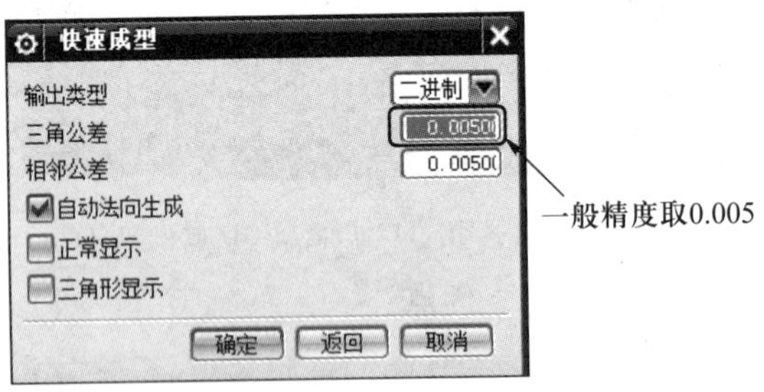

图 10-28 数据格式转换

（2）STL 文件修复

把 STL 文件导入到 Materialise Magics（3D 打印数据处理软件）中，检查文件中的零件是否有破面、烂面、重叠、缺失特征等问题，如图 10-29 所示。

（3）零件搭建支撑

零件有大于 0.8 mm 以上的悬空特征时，尽量添加支撑，加工平面与成型平台夹角小于 45°时也需要添加支撑。在保证零件打印成功的状态下，支撑添加越少越好，从而缩短打印时间，提高打印效率，因此零件的摆放位置和角度非常重要，零件越高，打印时间越长，成本越高。需要综合平衡零件添加支撑与打印成本关系，如图 10-30 所示。

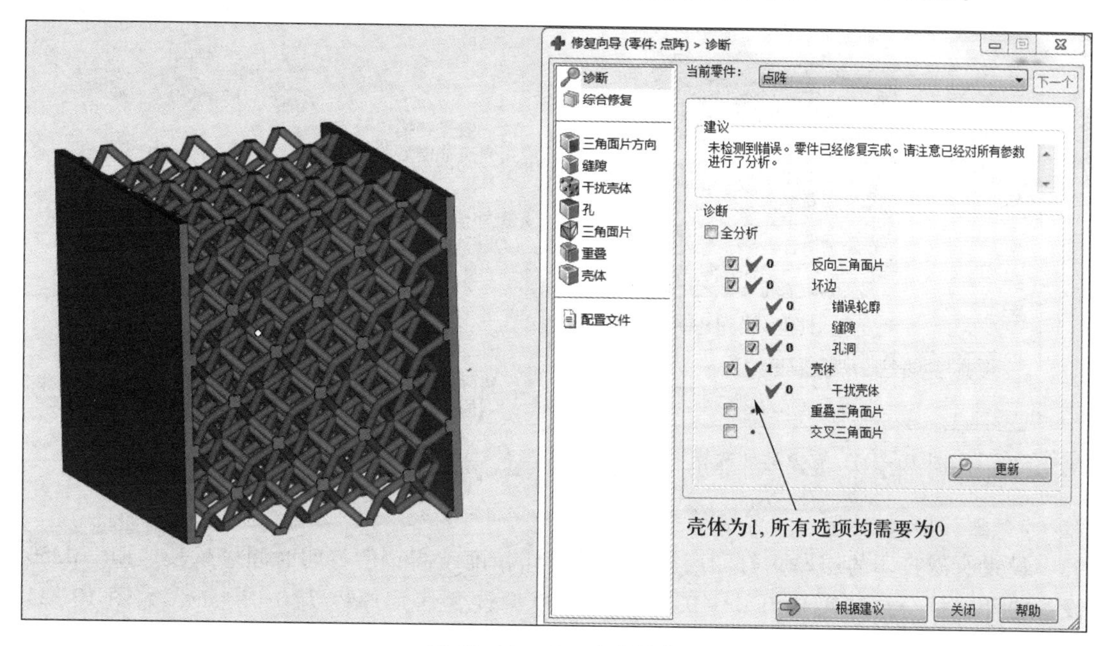

图 10-29　STL 文件修复

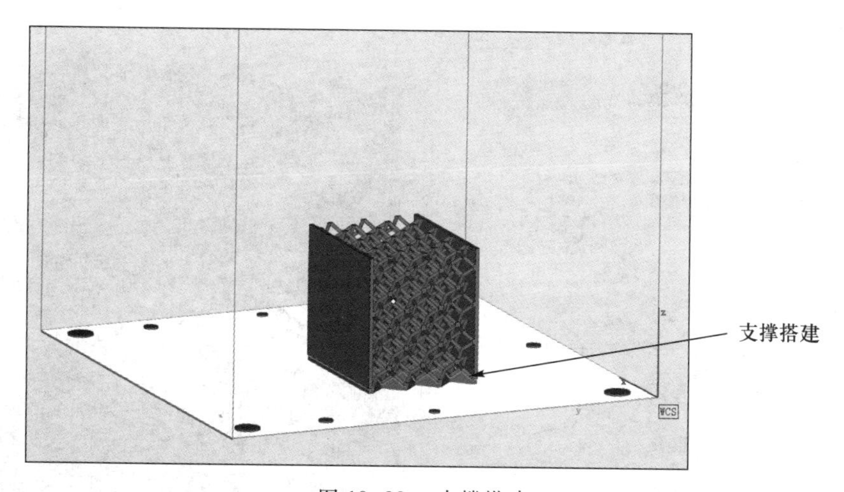

图 10-30　支撑搭建

支撑类型一般以块状为主，线状、点状、网状等辅助，支撑参数设置需要根据打印零件的大小、形状来设置，如图 10-31 所示。

（4）数据切片

数据导出前，需要设置相关参数。

1）光斑补偿。

由于激光光斑存在一定面积，会导致打印出来的实际成型轮廓和理论轮廓间存在误差，故需要增加光斑补偿。此值跟设备调机情况有关，如图 10-32 所示。

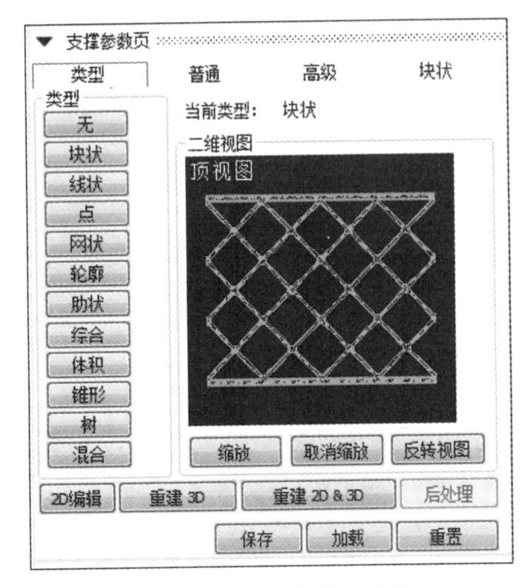

图 10-31 支撑类型选择

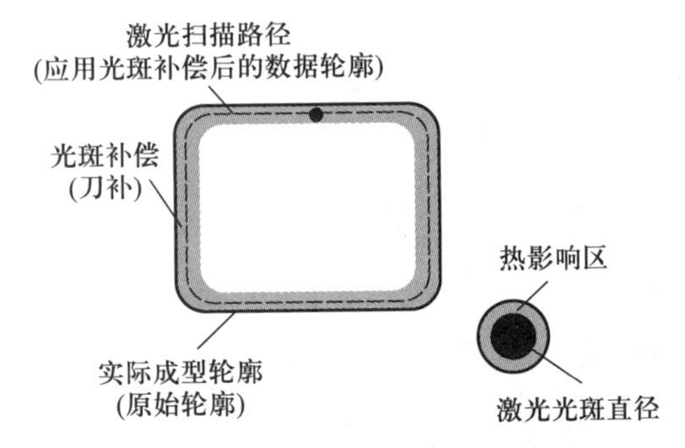

图 10-32 光斑补偿

2）切片厚度。

设置所需打印的层厚，打印层厚越小，打印精度越高，但打印时间也越长。EP-M250 设备的可支持分层厚度为 0.02～0.1 mm，此模型设置切片厚度为 0.03 mm，如图 10-33 所示。

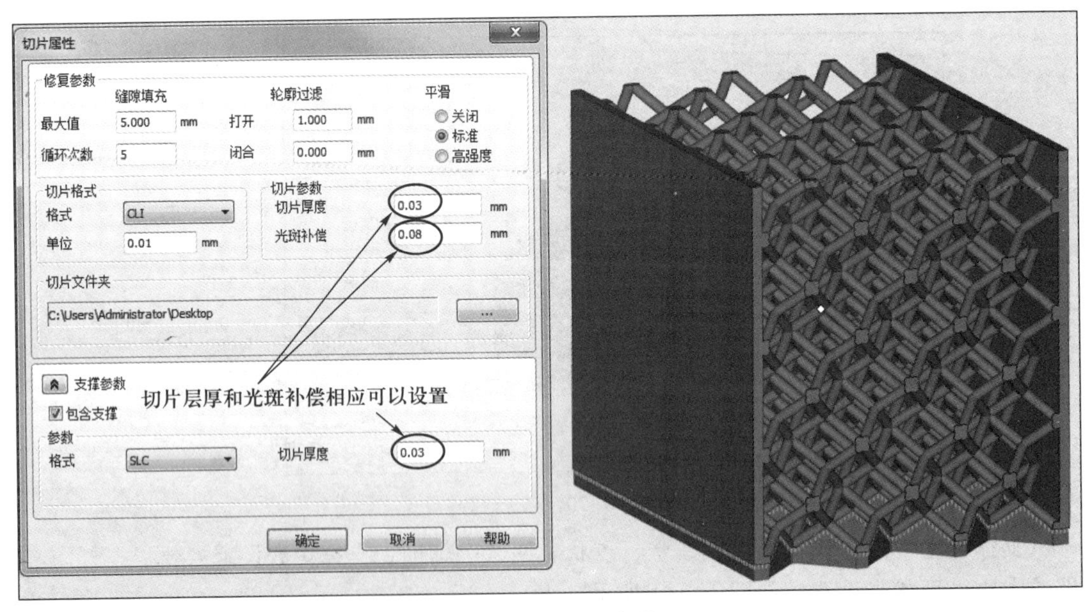

图 10-33 切片厚度设置

3）工艺参数设置。

根据打印零件材料选择相应的打印材料的参数包，材料参数包是根据设备性能和金属粉末材料性能研发的工艺参数，打印材料参数设置是至关重要的，决定打印零件的性能和品质。打印材料参数选择如图 10-34 所示。

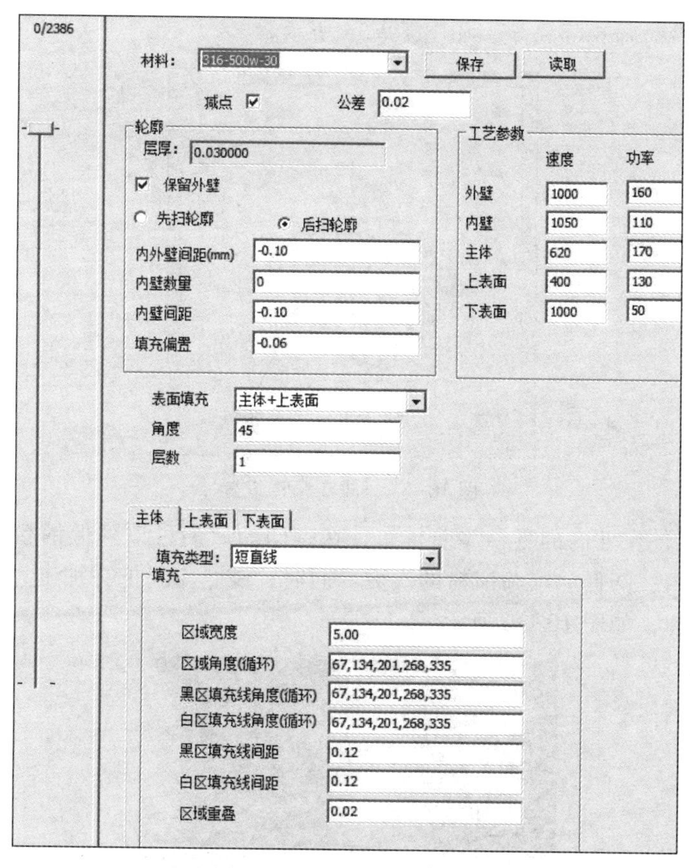

图 10-34 打印材料参数选择

2. 打印过程

(1) 打印成型基板材质选择

若已知该打印零件所使用的材料，则应选择相应基板的材质，相关材料使用的基板材质如表 10-6 所示。若基板材质未知，可选用与成型材料成分、热膨胀系数相近，焊接性能好的材质的基板，观察成型过程中及结束后加工件与基板间的结合强度（是否易产生裂纹、冶金结合程度低）来判断选用的基板材质是否合适。

表 10-6 基板材质选择

粉末材质	成型用基板材质
316L 不锈钢	316L 不锈钢、45 钢
MS1、H13 模具钢	MS1、H13
AlSi10Mg	AlSi10Mg
CoCrMo	316L
TC4	TC4

(2) 打印零件布局

1）应将尺寸大、重要性及成本高、无支撑或支撑少、打印失败风险低的零件靠前排布，排布时尽可能旋转 30°~50°，降低刮刀铺粉的接触面积，提高刮刀铺粉质量和使用寿命，防止刮刀铺粉时弹粉的风险，如图 10-35 所示。

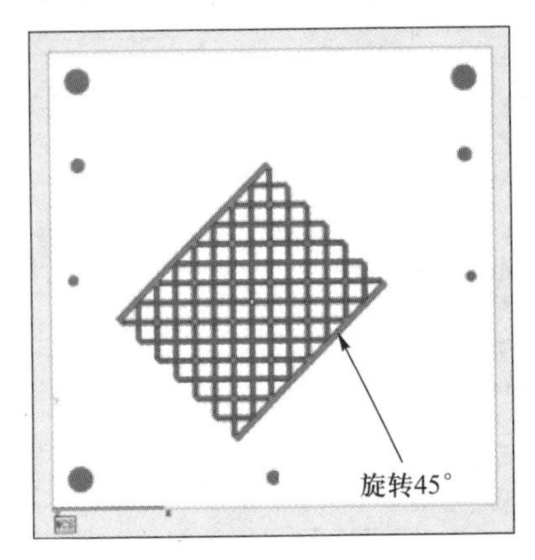

图 10-35　排布角度设置

2）已打印零件尺寸高的零件靠前排布，在打印的后期可以降低铺粉比例，从而降低料缸金属粉的使用，降低后续筛旧粉的次数。同时，防止溢粉槽在加工过程中溢满，以免造成中途停机清粉，如图 10-36 所示。

图 10-36　溢粉槽

（3）加工基板调试

1）调试基板前设置成型缸加热温度，打开加热和保温显示，把加热温度设置为 40 ℃；

2）用刀尺看基板与成型缸的间隙，慢慢把基板调到平行；

3）观察首层铺粉，尽量不要太厚，能看清粉底面；

4）料缸加粉后需要把金属粉弄实，把成型缸与基板间隙填满；

5）刮板两侧擦拭干净，防止粘粉、在后续铺粉时掉粉；

6）用光学擦镜纸加酒精擦干净场镜的烟尘，再把风场排气管放进成型室，充氮气。

具体过程如图 10-37 所示。

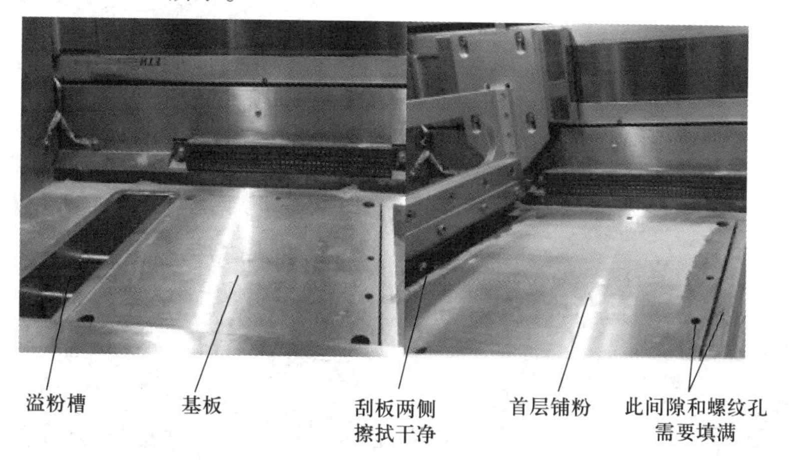

图 10-37 加工基板调试

（4）扫描当前层及铺粉比例设置

当氧含量降到 0.3%以下时，可以点扫描当前层加工首层，观察当前层的加工状态。

首层铺粉可能会有轻微不均匀，扫描首层需要 2~3 遍。

刚开始铺粉系数需要设置高一些，观察前面几层扫描状态，然后把铺粉比例调到合理的数值，如图 10-38 所示。

图 10-38 首层铺粉不均匀

（5）风场及激光调试

打印时，观察成型室里面风场的状态，风场的风速及风量可以相应调节，如图 10-39 所示。

打印时，观察激光烧结时的火花状态，扩束镜可以做相应的调整，如图 10-40 所示。

（6）打印完成

打印完成，等待冷却，开始取件。取件时，风机阀门开关需关上（图 10-41 中所示为往上），防止风机内部重新进入氧气，缩短下次充气的时间。

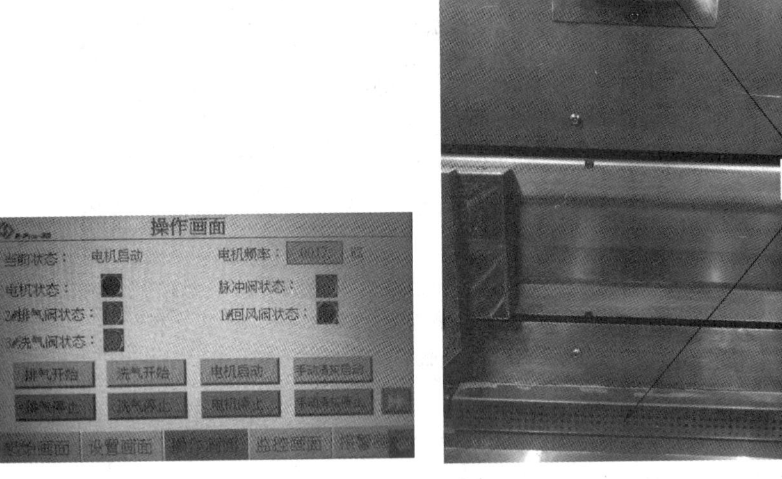

图 10-39　风场调试

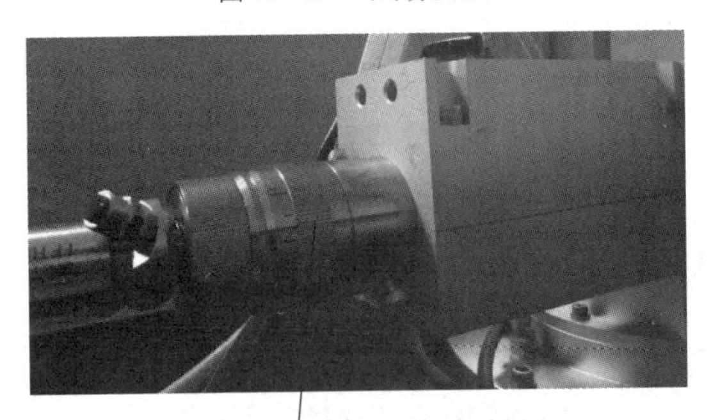

图 10-40　激光调试

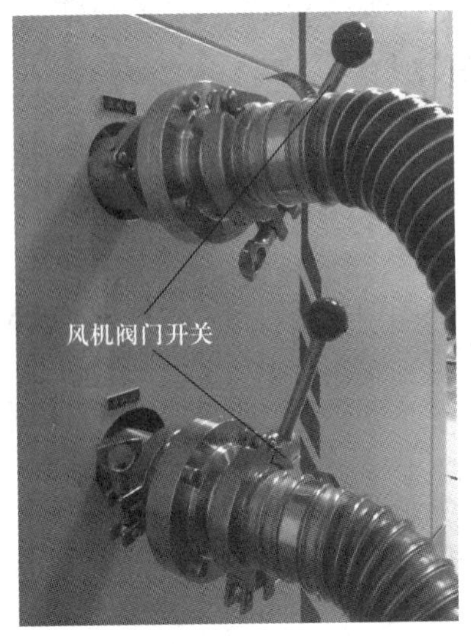

图 10-41　风机阀门开关

（7）打印后处理

打印后处理包括去支撑、打磨、喷砂、抛光、线切割、热处理、磨粒流抛光和精加工等，如图 10-42 所示。

热处理(去应力)

线切割(零件去除)

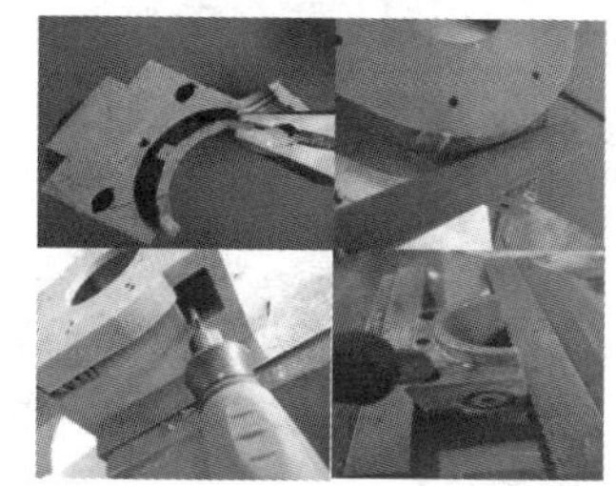

修磨(支撑接触面处理)

喷砂(表面处理)

磨粒流抛光(表面处理)

图 10-42　打印后处理

打印完成后的模具零件线切割之前，需要把金属打印模型中的粉清理干净，同时需要留有足够的线割余量，如果是易变形薄壁件，需要先热处理后再线切割。

打印的模具零件需进行热处理以消除内应力。此模型选用 MS1 材料，热处理温度为 490 ℃，时间在 8～10 h，硬度可以达到 48～54 HRC。

10.4　熔融沉积成型综合实例

10.4.1　案例分析

以 3 自由度机械臂中典型零件——底座（bottomPlate. stl）为例（图 10-43），该零件为 3 自由度机械臂底座，需支承整个机械臂的重量。

图 10-43　3 自由度机械臂底座零件示意图

10.4.2 成型设备

Einstart 3D 打印机是杭州先临三维科技股份有限公司生产的桌面级熔融沉积 3D 打印机，具有携带方便、操作简易、使用维护方便等特点。图 10-44 为 Einstart 3D 打印机外观及组成。表 10-7 为 Einstart 3D 打印机的系统规格。

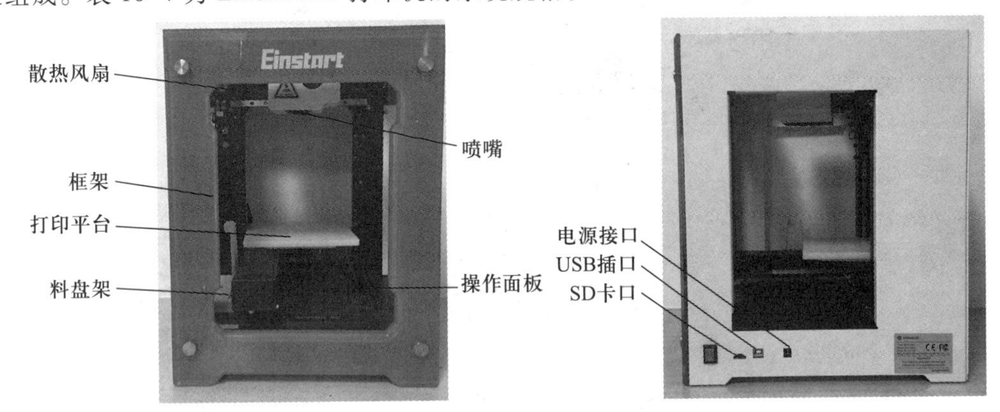

图 10-44 Einstart 3D 打印机外观及组成

表 10-7 Einstart 3D 打印机的系统规格

构件尺寸	160 mm×160 mm×160 mm
层厚控制	0.15~0.25 mm
喷嘴直径	0.4 mm
运动速度	60 mm/s
垂直构建速度	30 cm^3/h
定位精度	0.01 mm
打印材料	PLA
设备尺寸/质量	300 mm×320 mm×390 mm/9.5 kg
装箱尺寸/质量	459 mm×424 mm×474 mm/13.5 kg
通信	USB、SD 卡
喷嘴数目	1 个

10.4.3 3D 打印

1. 运行 3dStart 软件

打开应用程序 3dStart.exe，等待计算机自动连接成功，如图 10-45 所示。

2. 机器调平

1）操作前，先了解打印平台的固定方式以及平台与喷嘴间距的调整方式。

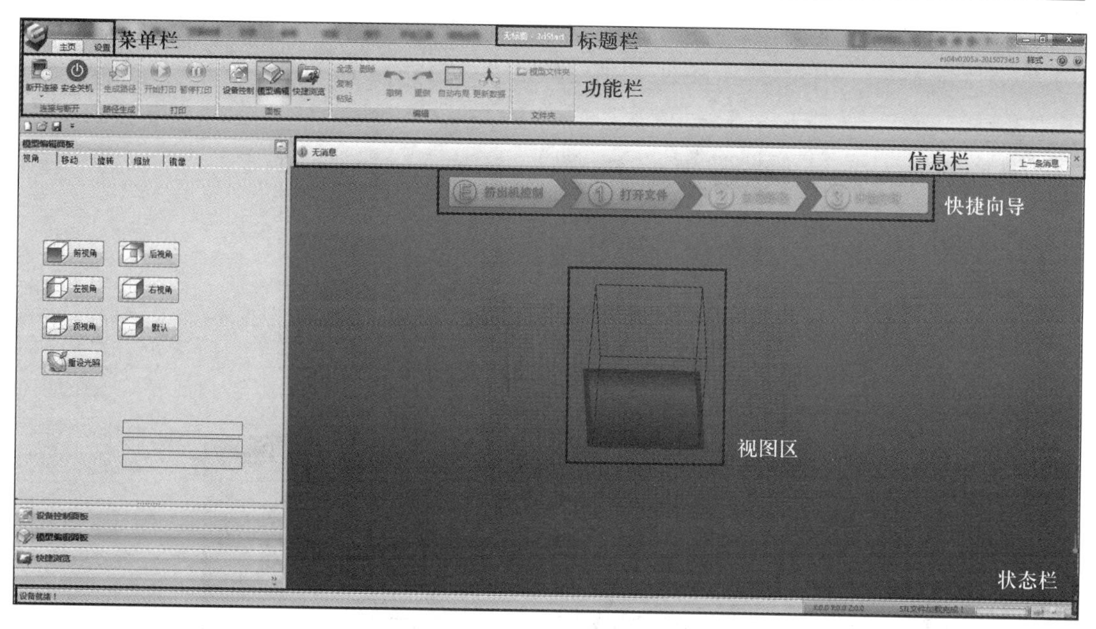

图 10-45　3dStart 软件界面

通过三颗螺钉和三个压簧来固定打印平台，如图 10-46 所示。拧紧螺钉（顺时针），平台会下移，拧松螺钉（逆时针），平台会上移，如图 10-47 所示。

图 10-46　螺钉和压簧

图 10-47　拧紧螺钉

2）单击“设置”页面的“平台调平”按钮进行平台调平及平台与喷头的间距设置。此时“面板区”会自动切换到“设备控制面板”，并打开“平台调平”对话框。在“设备控制面板”设置平台目标温度为 0 ℃，如图 10-48 所示。并将喷嘴清理干净，以免影响调平判断。

3）单击“平台调平”对话框的“左下”按钮，将平台移动到螺钉对应的平台角（“左下角”），如图 10-49 所示。

4）单击“平台调平”对话框的“Z↑”按钮，使平台上升到最高高度。如果平台与喷嘴过于接近，则从“设备控制面板”微调。如平台与喷嘴过远，可以暂时不调整，待平台调平后再设置 *Z* 轴高度即可。

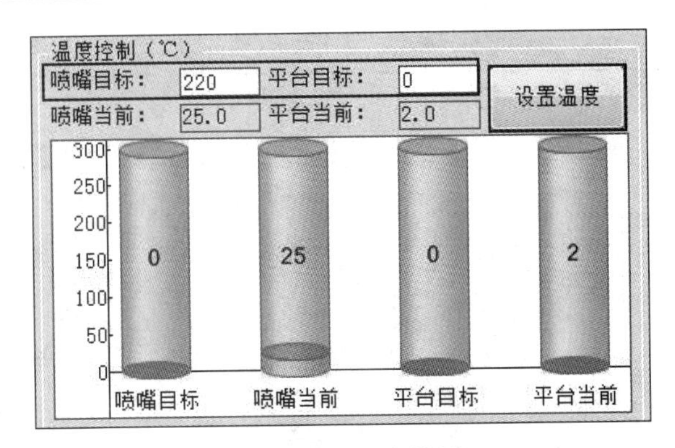

图 10-48　温度设置

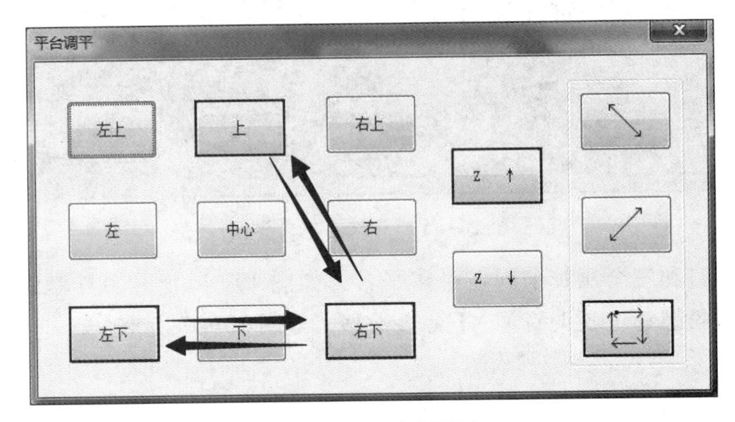

图 10-49　平台调平

5）单击“平台调平”对话框的“右下”按钮，将平台移动到螺钉对应的平台角（“右下角”）。对比刚才“左下角”的高度（喷嘴与平台的高度，下同），调整螺钉，使其与刚刚“左下角”的高度相等。重复单击“左下”与“右下”按钮，观察高度差并调整，直至两个角与喷嘴的高度相同。完成后不能再动这两颗螺钉。

6）点击“平台调平”对话框的“上”按钮，将平台移动到 *Y* 轴上中心点。观察此时的高度，调整螺钉使其高度与刚刚得到的高度相同。重复单击“上”与“右下”按钮，观察高度差并调整螺钉，直至两个位置与喷嘴的高度相同（随着调整的进行，平台可能和喷嘴有一点点距离，此时可以通过“设备控制面板”微调平台与喷嘴的高度）。

7）单击“循环”按钮，检查平台是否调平。如果没有，请从第 3）步重新开始。

3. 打开模型文件 bottomPlate. stl

在生成路径前根据需求对 STL 文件进行移动、旋转、缩放、镜像等操作。需要注意的是，必须确保模型在打印平台上，否则无法进行打印操作。可以通过“模型编辑面板”—“移动”—“到平台”“到中心”一系列操作，将模型摆放至打印平台上，如图 10-50 所示。

4. 生成路径

单击“生成路径”按钮，弹出“路径生成器”对话框，修改对应的参数后单击“开始生成路径”按钮，如图 10-51 所示。

路径生成结束，加载路径完成后将显示打印这个模型所需时间，如图 10-52 所示。

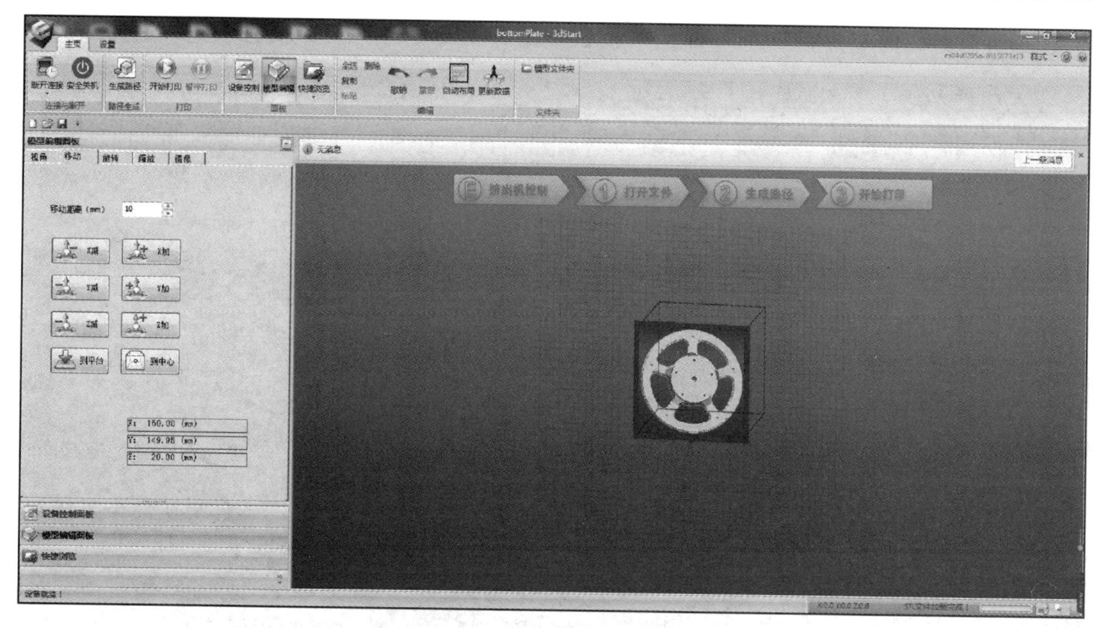

图 10-50 模型编辑

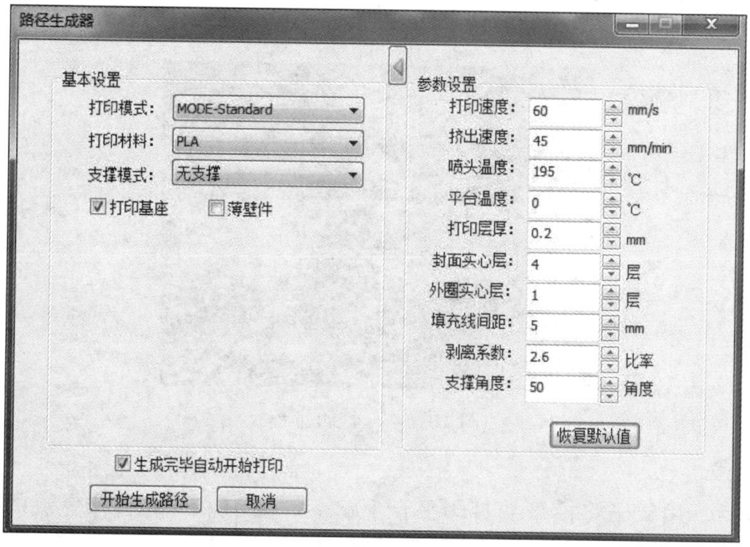

路径生成器

基本设置
打印模式：MODE-Standard
打印材料：PLA
支撑模式：无支撑
☑打印基座 ☐薄壁件

参数设置
打印速度：60 mm/s
挤出速度：45 mm/min
喷头温度：195 ℃
平台温度：0 ℃
打印层厚：0.2 mm
封面实心层：4 层
外圈实心层：1 层
填充线间距：5 mm
剥离系数：2.6 比率
支撑角度：50 角度
恢复默认值

☑生成完毕自动开始打印
开始生成路径 取消

图 10-51 路径生成器

图 10-52 时间显示

5. 开始打印

打印方式有两种：联机打印和脱机打印。

若选择联机打印，只需再单击“开始打印”按钮，则打印机开始工作，打印出所需的模型，如图 10-53 所示。

若选择脱机打印，则需将路径文件保存到 SD 卡中，然后将 SD 卡插入到打印机的卡槽中。单击打印机“设置”界面中“从 SD 打印”按钮，在打开的“文件列表”对话框中选择所需打印的文件，单击“确定”按钮即可。图 10-54 为打印机打印过程。

图 10-53 开始打印

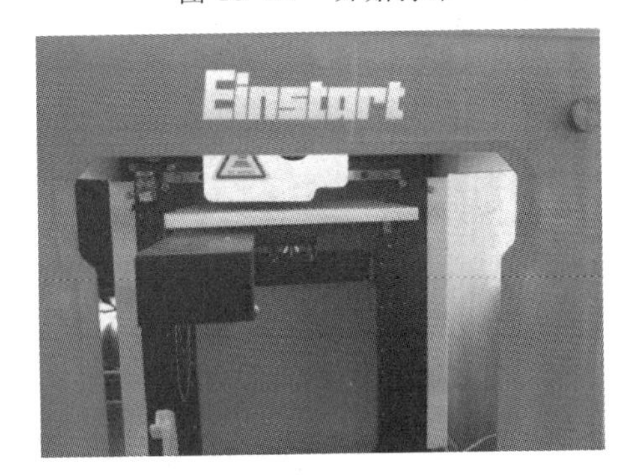

图 10-54 打印过程

6. 打印完成

打印完成后，用铲子将模型从打印平台上铲下。图 10-55 为打印完成的模型。

图 10-55 打印成品

10.5 三维印刷成型综合实例

10.5.1 案例分析

以彩色手环为例，如图 10-56 所示。该手环的特点：彩色，镂空结构。因此，需采用三维印刷成型工艺对其进行成型。

图 10-56 彩色手环

10.5.2 成型设备

本案例采用江苏薄荷新材料科技有限公司自主研发的 Mint-I 型全彩粉末 3D 打印机，如图 10-57 所示。Mint-I 型全彩粉末 3D 打印机集成了该公司自主设计的打印喷头、打印引擎、三维处理软件和喷胶粘粉技术，结合自主研发的复合基石膏粉末，来构建全彩 3D 打印模型。该设备具有能实现快速 3D 打印、无需额外的支撑以及采用粉末 3D 打印技术等特点。

图 10-57 Mint-I 型 3D 打印机

Mint-I型全彩粉末3D打印机的基本参数如表10-8所示。

表10-8 Mint-I型全彩粉末3D打印机的基本参数

成型空间	200 mm×160 mm×150 mm
机体形式	桌面型
垂直方向成型速度	约25 mm/h
分层厚度	0.08~0.12 mm
分辨率	1 200×556 DPI
喷头数量	2套
喷嘴数量	4 800个（每套集成喷头含2 400个喷嘴）
系统软件	支持格式：STL/VRML
电源要求	100~120 V/MAX 2 A 50/60 Hz或2相3线，50 Hz，220~240 V，1 A
耗材	石膏基复合粉末、陶瓷粉末
	透明、乳白、青蓝、红、黄色墨水
净重	60 kg

设备内部结构如图10-58所示。

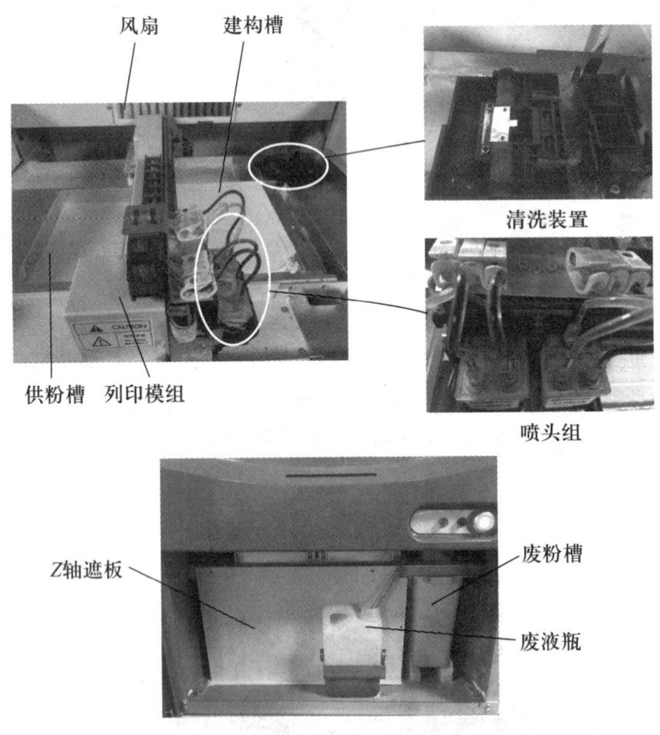

图10-58 内部结构示意图

10.5.3 3D打印

本节中以打印具有代表性的手环为例，介绍其3D打印过程。

1. 打开打印机软件 ComeTrue Print，导入手环模型，如图 10-59 所示。

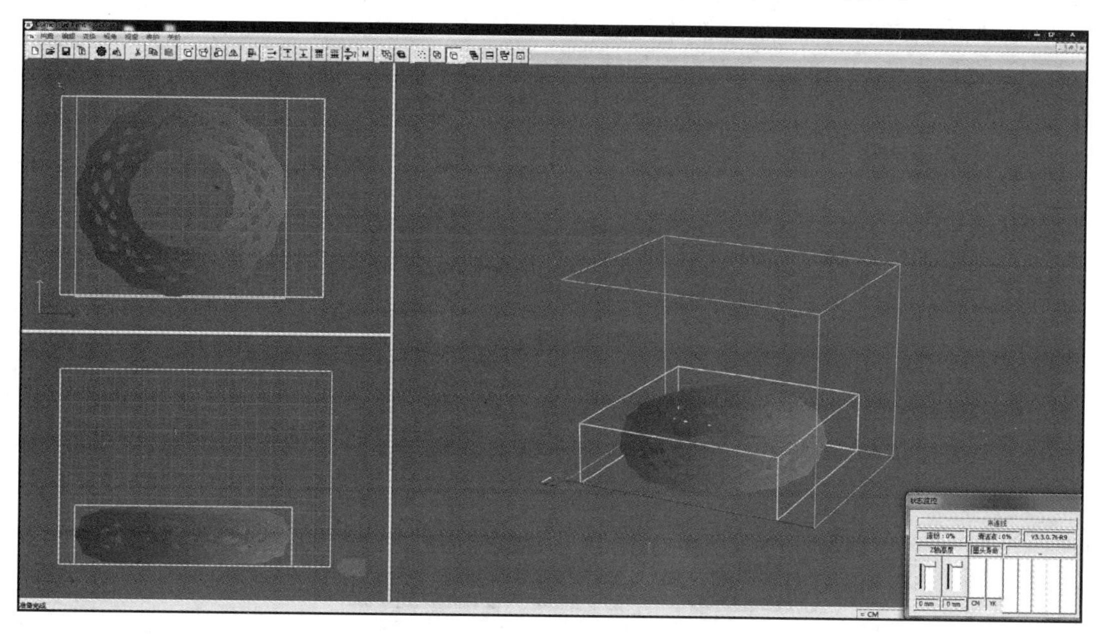

图 10-59 导入模型

2. 倒粉至供粉槽

1）打开切片软件的维护工具，设置“Z 轴位置（供粉槽）”为 180 mm，然后供粉槽下降至底部，如图 10-60 所示。

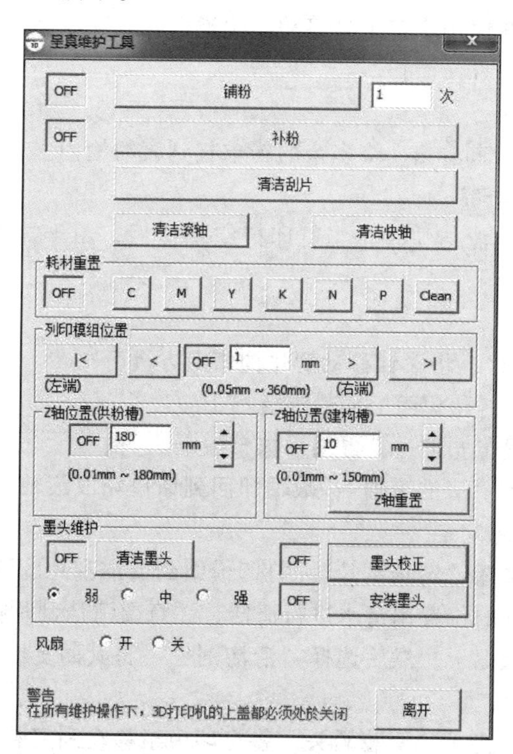

图 10-60 切片软件维护工具

2）加粉到供粉槽。

3）加粉到近满时用铲子进行捣粉，使粉槽中的粉末均匀。

4）重复步骤 2）、3），直至粉末加满供粉槽。

3. 铺粉

1）先将建构槽上升至最高位置，通过调节 Z 轴位置来改变 Z 轴的高度，如图 10-61 所示。

图 10-61　建构槽上升

2）在铺粉一栏旁输入铺粉次数 6~11 次，然后开始铺粉。

3）确认铺完粉后，两槽之间完成平整铺粉。

4. 平台粉末清扫

平台粉末清扫可以在使用维护工具移动打印模组，设定数字后按下左、右键，打印模组会移动到设定的位置，方便清扫。

5. 清除多余粉末

用油漆刷进行平台粉末清扫，将多余的粉末扫到废粉槽内。

6. 清理打印轴和传动带

打开维护工具，选择清洁快轴，当打印模组定位后，用干抹布将打印轴和传动带擦干净。

7. 清洁滚轴

1）选择“清洁滚轴”，将滚轴移动到建构槽上方进行空转。

2）用粉末刷将整个打印模组上的粉末清扫干净。

3）滚轴用沾水的湿布先擦过，再用干抹布擦干。

4）清洁完成后选择“清洁滚轴”，滚轴即回到原位完成滚轴清洁。

8. 清洁刮片

1）在维护工具中选择“清洁刮片”，打印模组到清洁刮片的位置。

2）用牙刷对准刮片的位置用清水进行清洁，注意要清洁刮片橡胶处。

3）清洁完成后用纸擦干，然后选择“清洁刮片”将其回复原位。

9. 清洁喷头

1）开启维护工具，选择“安装墨头”将打印模组移动到安装墨头位置。

2）将喷头拆下来，用纸擦拭干净（顺着流道方向）。

3）喷头擦拭完将软板上的金属也擦拭一遍，再将喷头安装到喷头座上。注意，墨头拆卸过后，必须做一遍喷头校正。

10. 墨头校正

1）在切片软件里打开“墨头校正”。

2）单击“Next”按钮，如图10-62所示。

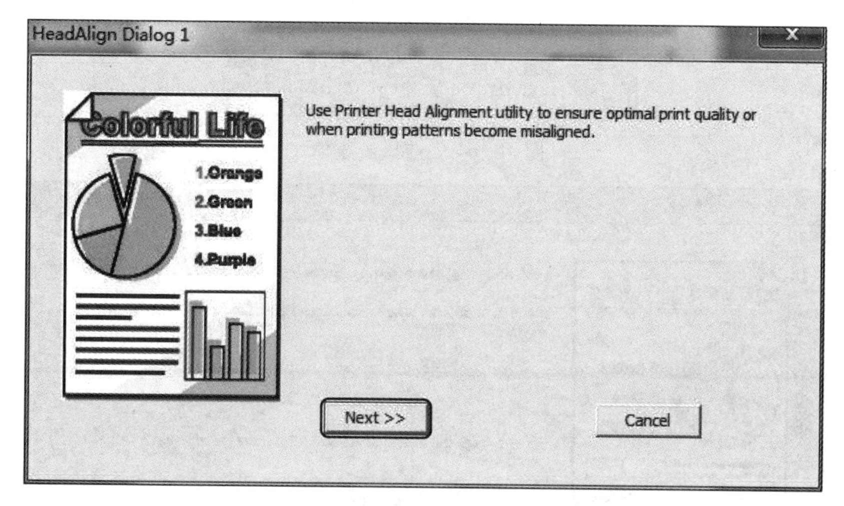

图10-62 单击“Next”按钮

3）在以下界面单击“Print”按钮开始打印测试。

校正值A是指两喷头左右偏移（水平方向），校正值B是指两喷头上下偏移（垂直向），校正值C是指两喷头上下两刷的偏移，如图10-63所示。

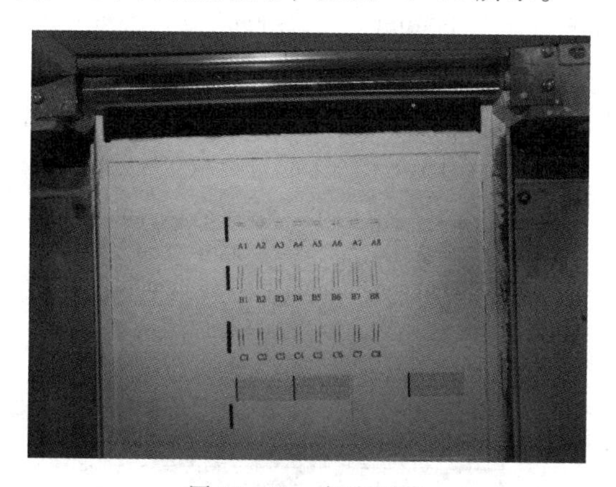

图10-63 打印测试

4）分别记住A、B、C偏移量最小的值，图10-64所示的偏移量最小值为A6、B6、C6。

5）将步骤4）中的最小值分别设置为标准值A、B、C，然后单击“Finish”按钮以完成校正测试，如图10-65所示。

11. 将玻璃放置在建构槽上

降低建构槽约5 mm并将玻璃放置在建构槽上。

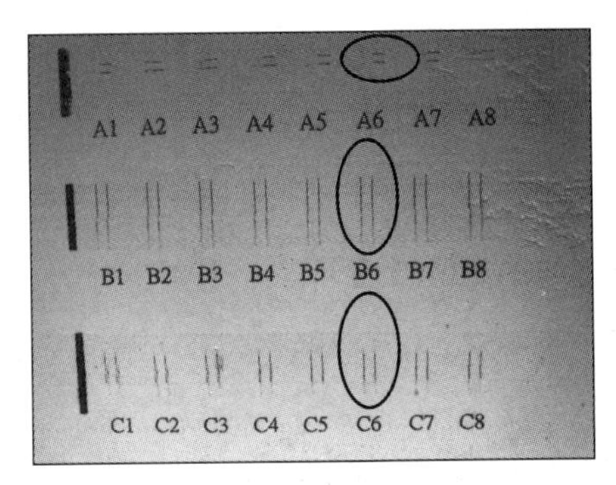

图 10-64　选择最小值

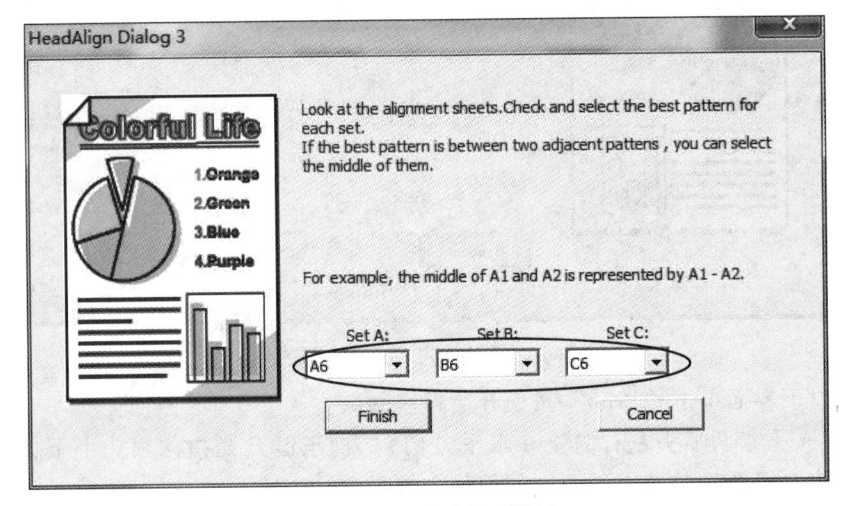

图 10-65　完成校正测试

12. 打印准备

在建构槽上铺一层粉末，在档案命令中选择打印条件、打印所使用的材料，准备完毕后开始打印，分别如图 10-66～图 10-68 所示。

图 10-66　档案命令

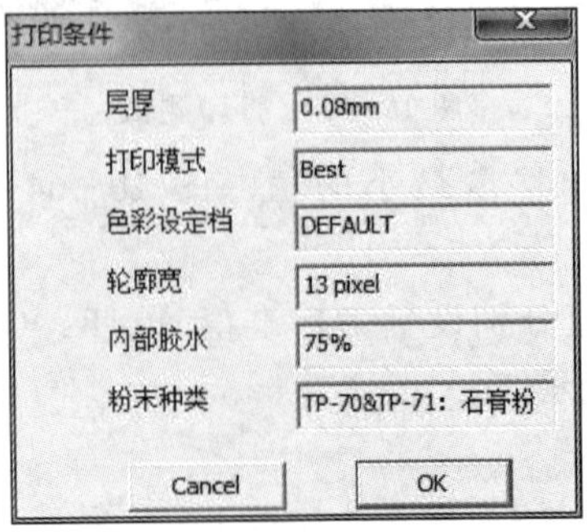

打印条件

层厚	0.08mm
打印模式	Best
色彩设定档	DEFAULT
轮廓宽	13 pixel
内部胶水	75%
粉末种类	TP-70&TP-71：石膏粉

Cancel　OK

图 10-67　打印条件

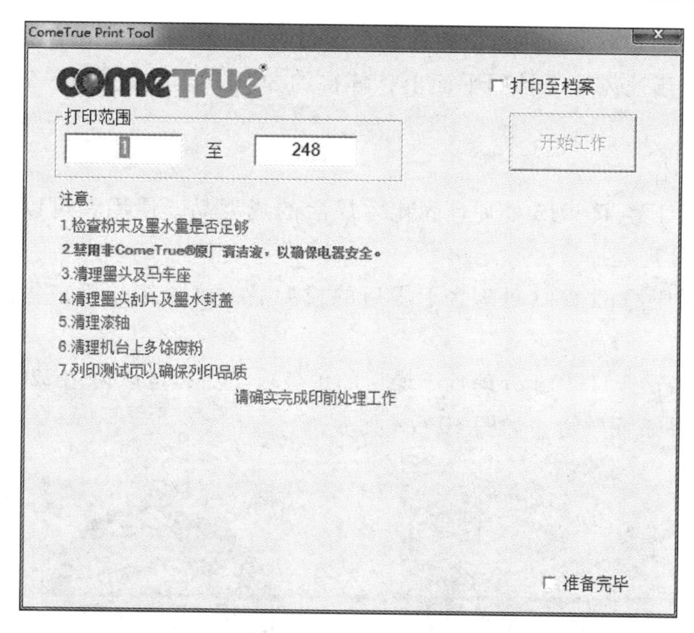

图 10-68　选择材料

13. 打印完成

打印完成的彩色手环如图 10-69 所示。

14. 后处理

1）戴上手套，将打印件从打印机中小心取出，放入除粉回收系统 TD3 中，如图 10-70 所示。

图 10-69　打印完成的彩色手环

图 10-70　TD3 后处理设备

2）按下“Heater”及“Depowder”按钮，系统开始加温，鼓风机开始运作。

3）加温静置处理 20 min。

4）将两只手伸入袖套，一只手拿喷枪，一只手拿物件或者直接将物件放置在工作平台上。

5）将喷枪保持适当距离对准物件，开始除粉。

6）除粉完成后将物件轻轻取出，放置在后处理溶液 TI-913 中浸泡 20 s 直至无气泡产生，如图 10-71 所示。

7）将成型品小心取出，用纸巾擦除其上多余的 TI-913，放置在容器中密封 20 min。

8）放置成品于通风且不粘的平面上，等待约 30 min，成品与 TI-913 完全反应固化冷却。

15. 选择性操作

1）上色：对于经 TI-913 处理且固化干燥后的成型品，使用者可以直接进行自由上色，无需额外的处理程序。

2）粘合：对于经 TI-913 处理且干燥后的成型品，可直接使用市售的粘结剂进行粘结或修补。

3）抛光：对于经 TI-913 处理且干燥后的单色成型品，可以使用 220 号以上的砂纸进行打磨，使成型品表面顺滑，如图 10-72 所示。

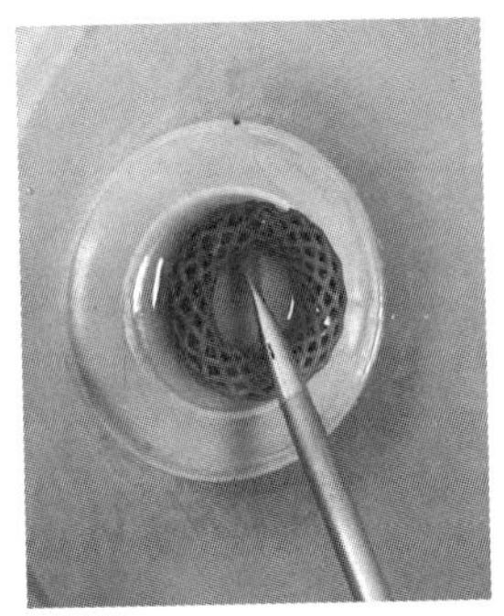

图 10-71 后处理

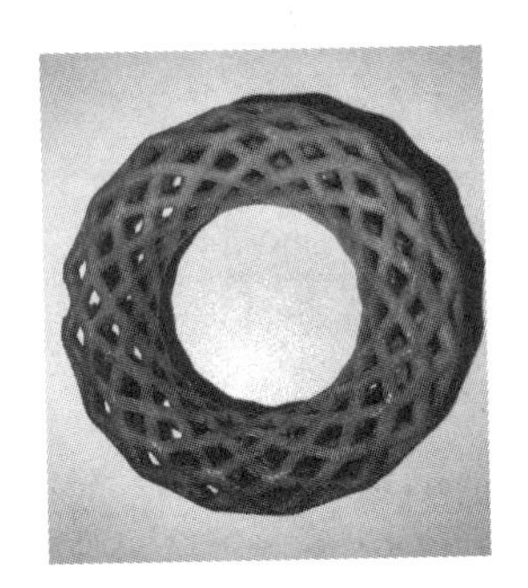

图 10-72 最终成品

思考与练习

1. 通过访问 http://abook.hep.com.cn/1256281 获取图 10-73 所示的小型移动侦查机器人打印文件，并选择合适的 3D 打印工艺进行打印，打印完成后进行组装。

2. 通过访问 http://abook.hep.com.cn/1256281 获取图 10-74 所示的太阳能电子音响打印文件，并选择合适的 3D 打印工艺进行打印，打印完成后进行组装。

图 10-73 小型移动侦查机器人

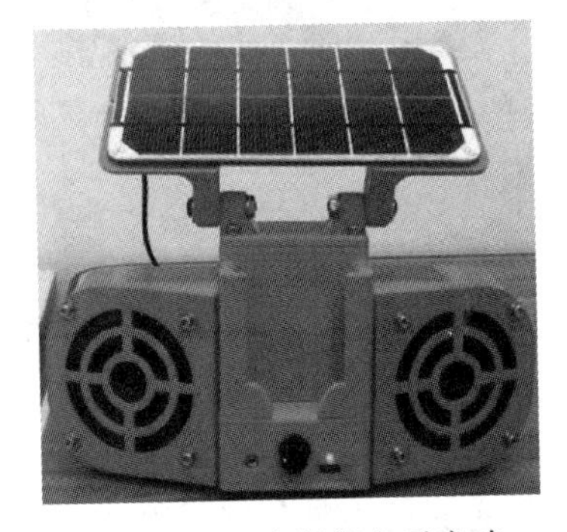

图 10-74 太阳能电子音响

3. 通过访问 http://abook.hep.com.cn/1256281 获取图 10-75 所示的仿生智能宠物狗打印文件，并选择合适的 3D 打印工艺进行打印，打印完成后进行组装。

4. 通过访问 http://abook.hep.com.cn/1256281 获取图 10-76 所示的仿生灵巧手打印文件，并选择合适的 3D 打印工艺进行打印，打印完成后进行组装。

图 10-75　仿生智能宠物狗

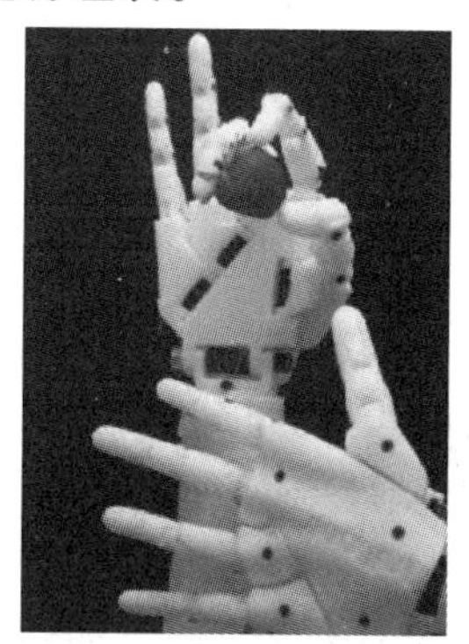

图 10-76　仿生灵巧手

参考文献

[1] 蔡志楷，梁家辉. 3D 打印和增材制造的原理及应用［M］. 陈继民，陈晓佳，译. 4 版. 北京：国防工业出版社，2017.

[2] 王广春. 增材制造技术及应用实例［M］. 北京：机械工业出版社，2014.

[3] 李博，张勇，刘谷川，等. 3D 打印技术［M］. 北京：中国轻工业出版社，2017.

[4] 杨占尧，赵敬云. 增材制造与 3D 打印技术及应用［M］. 北京：清华大学出版社，2017.

[5] 周伟民，闵国全. 3D 打印技术［M］. 北京：科学出版社，2016.

[6] 王运赣，王宣，孙健. 三维打印自由成形［M］. 北京：机械工业出版社，2012.

[7] 韩霞，杨恩源. 快速成型技术与应用［M］. 北京：机械工业出版社，2012.

[8] 王广春. 3D 打印技术及应用实例［M］. 北京：机械工业出版社，2016.

[9] 刘静，刘昊，程艳，等. 3D 打印技术理论与实践［M］. 武汉：武汉大学出版社，2017.

[10] 姜杰，朱莉娅，杨建飞，等. 3D 打印技术在医学领域的应用与展望［J］. 机械设计与制造工程，2014，43（11）：5-9.

[11] Ian Campbell，Olaf Diegel，Joseph Kowen，et al. Wohlers report 2018：3D printing and additive manufacturing state of the industry annual worldwide progress report［M］. Fort Collins：Wohlers Associates，Inc.，2018.

[12] 王广春，赵国群. 快速成型与快速模具制造技术及其应用［M］. 北京：机械工业出版社，2013.

[13] 李东方，陈继民，袁艳萍，等. 光固化快速成型技术的进展及应用［J］. 北京工业大学学报，2015，41（12）：1769-1774.

[14] 李振，张云波，张鑫鑫，等. 光敏树脂和光固化 3D 打印技术的发展及应用［J］. 理化检验（物理分册），2016，52（10）：686-689，712.

[15] Nagamori S，Yoshizawa T. Research on solidification of resin in stereolithography［J］. Optical Engineering，2003，42（7）：2096-2103.

[16] 赵祎宁. 光固化快速成型树脂的制备及其阻燃改性［D］. 北京：北京化工大学，2016.

[17] 王生杰，范晓东，倡庆法，等. 树状硅基大分子光引发剂的合成与表征［J］. 高分子学报，2006，1（5）：707-711.

[18] 谭帼馨，王迎军，关燕霞. 聚乙二醇双丙烯酸酯的紫外光聚合［J］. 高分子材料科学与工程，2008，24（10）：33-36.

[19] 李双江，李基，肖横洋. 选择性激光烧结（SLS）专利技术综述［J］. 中国科技信息，2018（11）：46-47.

[20] 郭长城，张国祥. 选择性激光烧结制件翘曲变形研究现状与模型改进［J］. 内燃机与配件，2018（7）：119-120.

[21] 文世峰，季羡泰. 激光选区烧结技术的研究现状及应用进展［J］. 苏州市职业大学学报，2018，29（1）：26-31，71.

[22] 杨来侠，陈梦瑶，赖明月，等. 选择性激光烧结 PS/PET/GF 复合粉末工艺参数的研究［J］. 塑料工业，2018，46（1）：40-43，70.

[23] 罗洪峰，张先满. 多孔金属激光增材制造研究进展［J］. 铸造技术，2018，39（1）：236-239，245.

[24] 宋彬，及晓阳，任瑞，等. 3D 打印蜡粉成形工艺研究和应用验证［J］. 金属加工（热加工），2018（1）：23-26.

[25] 杨洁，王庆顺，关鹤. 选择性激光烧结技术原材料及技术发展研究［J］. 黑龙江科学，2017，8（20）：30-33.

[26] 伍海东，刘伟，伍尚华，等. 陶瓷增材制造技术研究进展［J］. 陶瓷学报，2017，38（4）：451-459.

[27] 张弘. 基于 SLM 的能量密度及其组成工艺参数对成形件性能影响的研究［D］. 杭州：浙江大学，2018.

[28] 朱小刚，孙靖，王联凤，等. 激光选区熔化成形铝合金的组织、性能与倾斜面成形质量［J］. 机械工程材料，2017，41（2）：77-80.

[29] 张国庆. 激光选区熔化成型植入体优化设计及应用基础研究［D］. 广州：华南理工大学，2016.

[30] 杨永强，宋长辉，王迪. 激光选区熔化技术及其在个性化医学中的应用［J］. 机械工程学报，2014，50（21）：140-151.

[31] 刘业胜，韩品连，胡寿丰，等. 金属材料激光增材制造技术及在航空发动机上的应用［J］. 航空制造技术，2014（10）：62-67.

[32] 宋长辉，杨永强，叶梓恒，等. 基于选区激光熔化快速成型的自由设计与制造进展［J］. 激光与光电子学进展，2013，50（8）：235-240.

[33] 杨永强，刘洋，宋长辉. 金属零件 3D 打印技术现状及研究进展［J］. 机电工程技术，2013，42（4）：1-8.

[34] 杨永强，王迪，吴伟辉. 金属零件选区激光熔化直接成型技术研究进展［J］. 中国激光，2011，38（6）：54-64.

[35] 赵曙明，沈显峰，杨家林，等. 水雾化 316L 不锈钢选区激光熔化致密度与组织性能研究［J］. 应用激光，2017（3）：319-326.

[36] 闫岸如，杨恬恬，王燕灵，等. 变能量激光选区熔化 IN718 镍基超合金的成形工艺及高温机械性能［J］. 光学精密工程，2015（6）：1695-1704.

[37] 吴根丽，刘婷婷，张长东，等. Ti-6A1-4V 激光选区熔化成形悬垂结构的质量研究［J］. 中国机械工程，2016，27（13）：1810-1814.

[38] Wang D，Wang D，Liu Y，et al. Theoretical and experimental study on surface roughness

of 316L stainless steel metal parts obtained through selective laser melting [J]. Rapid Prototyping Journal, 2016, 22 (4): 706-716.

[39] 吴伟辉，肖冬冬，杨永强，等. 激光选区熔化成型过程的粉末粘附问题分析 [J]. 热加工工艺，2016，45 (24)：43-47.

[40] 麦淑珍，杨永强，王迪. 激光选区熔化成型 NiCr 合金曲面表面形貌及粗糙度变化规律研究 [J]. 中国激光，2015，42 (12)：88-97.

[41] 余伟泳，肖志瑜，程玉婉，等. 成形角度对激光选区熔化成形 CoCrMoW 合金的影响 [J]. 中国有色金属学报，2017，27 (11)：2251-2259.

[42] 王迪，刘睿诚，杨永强. 激光选区熔化成型免组装机构间隙设计及工艺优化 [J]. 中国激光，2014 (2)：226-232.

[43] 张晓刚，李宗义，刘艳，等. 激光选区熔化纯铜成形件尺寸精度的研究 [J]. 激光技术，2017，41 (6)：852-857.

[44] 魏青松，等. 粉末激光熔化增材制造技术 [M]. 武汉：华中科技大学出版社，2013.

[45] 兰芳，梁艳娟，黄斌斌. 选区激光熔化成形质量研究 [J]. 装备制造技术，2018 (5)：156-158，166.

[46] 黄江. FDM 快速成型过程熔体及喷头的研究 [D]. 包头：内蒙古科技大学，2014.

[47] 王远伟. FDM 快速成型进给系统的研究与设计 [D]. 武汉：华中科技大学，2015.

[48] 童炜山. 熔融沉积快速成型出丝系统关键技术研究 [D]. 南京：东南大学，2015.

[49] 汪甜田. FDM 送丝机构的研究与设计 [D]. 武汉：华中科技大学，2007.

[50] 狄科云. 激光熔覆快速成形光内同轴送粉斜壁堆积的初步研究 [D]. 苏州：苏州大学，2008.

[51] 李生鹏. 熔融沉积成型零件精度及机械性能研究 [D]. 徐州：中国矿业大学，2015.

[52] 曹东伟. 基于熔融沉积快速成型原理的三维打印关键技术研究 [D]. 苏州：苏州大学，2012.

[53] 张媛. 熔融沉积快速成型精度及工艺研究 [D]. 大连：大连理工大学，2009.

[54] 陈葆娟. 熔融沉积快速成形精度及工艺实验研究 [D]. 大连：大连理工大学，2012.

[55] 杨柏森. 散热条件对 FDM 丝材粘结质量的影响研究 [D]. 大连：大连理工大学，2014.

[56] 肖建华，高延峰，陈思维，等. 基于塑料微挤出成型的熔融沉积成型技术表面粗糙度研究进展 [J]. 高分子材料科学与工程，2017，33 (4)：160-167.

[57] 罗晋. 熔融沉积成型控制系统的研究 [D]. 武汉：华中科技大学，2006.

[58] 余梦. 熔融沉积成型材料与支撑材料的研究 [D]. 武汉：华中科技大学，2007.

[59] 程爽. 粉末粘接三维打印机喷头驱动控制系统设计 [D]. 武汉：华中科技大学，2013.

[60] 李晓燕. 3DP 成形技术的机理研究及过程优化 [D]. 上海：同济大学，2006.

[61] 胡飞飞. 面向三维打印的压电式喷头的驱动与控制 [D]. 西安：西安电子科技大学，2012.

[62] 赵火平，樊自田，叶春生. 三维打印技术在粉末材料快速成形中的研究现状评述 [J]. 航空制造技术，2011 (9)：42-45.

[63] 李晓燕，张曙. 三维打印成形技术在制药工程中的应用 [J]. 中国制造业信息化，2004，33 (4)：105-107.

[64] 张鸿海，朱天柱，曹澍，等. 基于喷墨打印机的三维打印快速成型系统开发及实验研究 [J]. 机械设计与制造，2012 (7)：122-124.

[65] 周宸宇，罗岚，刘勇，等. 金属增材制造技术的研究现状 [J]. 热加工工艺，2018，47 (6)：9-14.

[66] 余灯广，刘洁，杨勇，等. 三维打印成形技术制备药物梯度控释给药系统研究 [J]. 中国药学杂志，2006 (14)：1080-1083.

[67] 余灯广. 基于三维打印技术的新型口服控释给药系统研究 [D]. 武汉：华中科技大学，2007.

[68] 段海波. 三维打印多孔生物陶瓷支架组装药物控释微球及细胞相容性研究 [D]. 广州：华南理工大学，2016.

[69] 黄卫东，郑启新，刘先利，等. 三维打印技术制备植入式药物控释装置及体外释药研究 [J]. 中国新药杂志，2009，18 (20)：1989-1994.

[70] 林素敏. 三维打印制件精度分析、建模及实验研究 [D]. 西安：西安理工大学，2016.

[71] 董宾. 生产型三维打印设备工艺与结构研究 [D]. 武汉：华中科技大学，2014.

[72] 尹亚楠. 数字微喷光固化三维打印成型装置设计与试验 [D]. 南京：南京师范大学，2015.

[73] 吴森洋. 微液滴喷射成形的压电式喷头研究 [D]. 杭州：浙江大学，2013.

[74] 卢秉恒，李涤尘，田小永. 增材制造 (3D 打印) 发展趋势 [J]. Engineering，2015，1 (1)：175-183.

[75] 张迪渥，杨建明，黄大志，等. 3DP 法三维打印技术的发展与研究现状 [J]. 制造技术与机床，2017 (3)：38-43.

[76] Elhajje A，Kolos E C，Wang J K，et al. Physical and mechanical characterisation of 3D-printed porous titanium for biomedical applications [J]. Journal of Materials Science：Materials in Medicine，2014，25 (11)：2471-2480.

[77] Asadi-Eydivand M，Solati-Hashjin M，Farzad A，et al. Effect of technical parameters on porous structure and strength of 3D printed calcium sulfate prototypes [J]. Robotics and Computer-Integrated Manufacturing，2016，37：57-67.

[78] Zhou C C，Yang K，wang K F，et al. Combination of fused deposition modeling and gas foaming technique to fabricated hierarchical macro/microporous polymer scaffolds [J]. Materials and Design，2016，109：415-424.

[79] 李倩. 锐发打印：用更低的价格制造出更好的国产喷墨打印头 [J]. 今日印刷，2017 (12)：37-38.

[80] Shu C，Yang Q，Xing F W，et al. Experimental and theoretical investigation on ultra-thin powder layering in three dimensional printing (3DP) by a novel double-smoothing mechanism [J]. Journal of Materials Processing Technology，2015，220 (18)：231-242.

[81] 左红艳. 薄材叠层快速成型件精度影响因素及应用研究 [D]. 昆明：昆明理工大学，2006.

[82] 于冬梅. LOM（分层实体制造）快速成型设备研究与设计 [D]. 石家庄：河北科技大学，2011.

[83] 崔国起，张连洪，郝艳玲，等. LOM 激光快速成型系统及其应用 [J]. 航空制造技术，1999（5）：25-27.

[84] 纪丰伟，张根保. 提高分层实体制造精度和效率的研究 [J]. 机械设计与制造工程，1999（4）：38-41.

[85] 闫旭日，颜永年，张人佶，等. 分层实体制造中层间应力和翘曲变形的研究 [J]. 机械工程学报，2003（5）：36-40.

[86] 雷建国，罗伟洪，程蓉，等. 阻焊式分层实体制造技术研究 [J]. 现代制造工程，2011（9）：75-79.

[87] 陈中中，蒋志强. 快速成型技术与生物医学导论 [M]. 北京：知识产权出版社，2013.

[88] 张刚. 面向皮肤组织工程的生物三维打印统研制 [D]. 杭州：浙江大学，2016.

[89] 杨飞飞. 基于宾汉流体支撑的凝胶 3D 打印工艺研究 [D]. 杭州：浙江大学，2017.

[90] Novakova-Marcincinova L，Fecova V，Novak-Marcincin J，et al. Effective utilization of rapid prototyping technology [C]. Materials Science Forum. 2012，713：61-66.

[91] Mironov V，Trusk T，Kasyanov V，et al. Biofabrication：a 21st century manufacturing paradigm [J]. Biofabrication，2009，1（2）：1-16.

[92] 高庆. 流道网络的生物 3D 打印及其在跨尺度血管制造中的应用 [D]. 杭州：浙江大学，2017.

[93] 曹谊林. 组织工程学的研究进展 [J]. 中国美容医学，2005，14（2）：134-135.

[94] 汪朝阳，赵耀明，郑绿茵，等. 生物降解材料聚（乳酸-乙醇酸）研究进展 [J]. 江苏化工，2005，33（2）：9-12.

[95] Cahill S，Lohfeld S，McHugh P E. Finite element predictions compared to experimental results for the effective modulus of bone tissue engineering scaffolds fabricated by selective laser sintering [J]. Journal of Materials Science：Materials in Medicine，2009，20（6）：1255-1262.

[96] 杨磊. 牙胚三维数字化模型的构建及含细胞 3D 打印生物墨水的研究 [D]. 西安：第四军医大学，2015.

[97] 董世磊. 三维生物打印构建电活性水凝胶组织工程支架的研究 [D]. 北京：北京印刷学院，2017.

[98] Korpela J，Kokkari A，Korhonen H，et al. Biodegradable and bioactive porous scaffold structures prepared using fused deposition modeling [J]. Journal of Biomedical Materials Research（Part B）：Applied Biomaterials，2013，101（4）：610-619.

[99] Ahn D，Kweon J H，Choi J，et al. Quantification of surface roughness of parts processed by laminated object manufacturing [J]. Journal of Materials Processing Technology，2012，212（2）：339-346.

[100] 胡锦花. 生物3D打印多层皮肤组织模型的研究 [D]. 杭州: 杭州电子科技大学, 2017.
[101] Melchels F P W, Feijen J, Grijpma D W. A review on stereolithography and its applications in biomedical engineering [J]. Biomaterials, 2010, 31 (24): 6121-6130.
[102] Boland T, Xu T, Damon B, et al. Application of inkjet printing to tissue engineering [J]. Biotechnology Journal, 2006, 1 (9): 910-917.
[103] 吴任东, 杨辉, 张磊, 等. 组织工程支架快速成形技术研究现状 [J]. 机械工程学报, 2011, 47 (5): 170-176.
[104] 汪朝阳, 赵耀明, 郑绿茵, 等. 生物降解材料聚 (乳酸-乙醇酸) 研究进展 [J]. 江苏化工, 2005, 33 (2): 9-12.
[105] 何进, 郭云珠, 曹慧玲, 等. 组织工程支架研究进展 [J]. 材料导报, 2012, 26 (3): 73-77.
[106] Xu T, Gregory C A, Molnar P, et al. Viability and electrophysiology of neural cell structures generated by the inkjet printing method [J]. Biomaterials, 2006, 27 (19): 3580-3588.
[107] 谭帼馨, 宁成云, 王迎军, 等. PEGDA/NVP水凝胶支架的制备及力学性能 [J]. 高分子材料科学与工程, 2009, 25 (4): 81-83.
[108] Zink C, Hall H, Brunette D M, et al. Orthogonal nanometer-micrometer roughness gradients probe morphological influences on cell behavior [J]. Biomaterials, 2012, 33 (32): 8055-8061.
[109] Sang L, Luo D, Xu S, et al. Fabrication and evaluation of biomimetic scaffolds by using collagen-alginate fibrillar gels for potential tissue engineering applications [J]. Materials Science and Engineering: C, 2011, 31 (2): 262-271.
[110] Yu J D, Sakai S, Sethian J. A coupled quadrilateral grid level set projection method applied to ink jet simulation [J]. Journal of Computational Physics, 2005, 206 (1): 227-251.
[111] Merz R. Shape deposition manufacturing [J]. Robotics Research International Symposium, 1994, 57 (1): 231-234.
[112] 冯培锋, 龚志坚, 王大镇. 形状沉积制造及其发展 [J]. 组合机床与自动化加工技术, 2010 (8): 67-70, 73.
[113] 张靖. 电子束选区熔化数字式扫描控制系统研究 [D]. 北京: 清华大学, 2011.
[114] 汤慧萍, 王建, 逯圣路, 等. 电子束选区熔化成形技术研究进展 [J]. 中国材料进展, 2015, 34 (3): 225-235.
[115] 卢卫锋. 氧化铝复合ZrO_2基陶瓷激光近净成形实验研究 [D]. 大连: 大连理工大学, 2012.